工业和信息化普通高等教育"十二五"规划教材

21 世纪高等院校电气工程与自动化规划教材
21 century institutions of higher learning materials of Electrical Engineering and Automation Planning

Foundation and Application of Microcontroller
(C Language Version)

单片机原理与应用
（C 语言版）

王浩全 李晋华 张敏娟 李文强 编著

U0240242

人民邮电出版社
北京

图书在版编目（ＣＩＰ）数据

单片机原理与应用：C语言版 / 王浩全等编著. --
北京 ：人民邮电出版社，2013.9（2024.1重印）
21世纪高等院校电气工程与自动化规划教材
ISBN 978-7-115-32300-2

Ⅰ．①单… Ⅱ．①王… Ⅲ．①单片微型计算机－高等
学校－教材 Ⅳ．①TP368.1

中国版本图书馆CIP数据核字（2013）第172918号

内 容 提 要

本书介绍 C51 单片机的内部结构、工作原理及其应用，内容包括 C51 单片机的编程结构、工作原理、内部硬件资源、C 语言编程方法、C51 单片机接口技术及各资源的应用开发等相关知识。全书以单片机的内部编程结构为主线，从内部资源的原理与应用出发，延伸到外部接口的连接及其编程方法，并根据实际应用详细介绍了 C51 单片机在相关领域的应用开发。另外，本书从学习者的角度出发，用工程实例阐述了编译器 Keil C51 和 Proteus 仿真软件的使用方法。

本书体系结构严谨，内容由浅入深，案例取材广泛，书中实例均来自实际科研项目，附有源程序和验证结果。本书可作为普通高校电子、通信、自动化、计算机及应用等相关专业师生的教材和教学参考书，也可作为从事单片机技术应用与研究人员的参考资料。

◆ 编　　著　王浩全　李晋华　张敏娟　李文强
　　责任编辑　邹文波
　　责任印制　彭志环　焦志炜

◆ 人民邮电出版社出版发行　北京市丰台区成寿寺路 11 号
　　邮编　100164　电子邮件　315@ptpress.com.cn
　　网址　http://www.ptpress.com.cn
　　固安县铭成印刷有限公司印刷

◆ 开本：787×1092　1/16
　　印张：22.25　　　　　　　　2013 年 9 月第 1 版
　　字数：616 千字　　　　　　2024 年 1 月河北第 13 次印刷

定价：46.00 元

读者服务热线：(010)81055256　印装质量热线：(010)81055316
反盗版热线：(010)81055315

单片机是 20 世纪 70 年代发展起来的一种大规模集成电路，将 CPU、RAM、ROM、I/O、C/T、UART 和中断系统等集成在同一芯片。由于单片机具有功能强、体积小、可靠性高和价格便宜等优点，因而受到人们的重视，逐渐成为传统工业技术改造和新产品更新换代的机种之一。

目前，单片机教材不仅多而且厚，但对初学者来说真正关心的问题真有这么多吗？有些初学者看完了书，感觉还是迷茫，无从下手。学习单片机，必须实践、动手，否则看 10 遍书还是不能完成具体的应用任务。针对以上问题，结合多年的教学、科研实践，编者编写了此书。本书以 AT89C51 单片机为例，侧重 C 语言程序设计的描述。全书以理论与实践相结合的方式讲解，避免枯燥、乏味的感觉。对即使没有任何单片机基础的初学者，也可通过本书的学习，踏入单片机的大门。本书具有以下鲜明特点。

1. 定位明确，符合初学者的认知规律。根据教学要求，针对初学者的特点，按照理论教学深入浅出的原则，从应用角度出发，精选教学内容，分散难点，将复杂问题简单化，做到选材新颖、概念清晰、通俗易懂、实用性强。

2. 结构紧凑，适应性强。将理论教学与实验有机结合，不给学生提供习题参考答案，给学生留下自己思考的空间。

3. 以应用为背景，兼顾趣味性和实用性。程序实例以应用为背景，在介绍知识点时，紧密联系实际应用，以此激发学习兴趣，使读者感到"乐在其中，用在其中"。

4. 案例典型、丰富，注重能力培养和思维训练。精选大量典型程序，并经反复推敲，先进行题意分析，然后给出实现过程和结果。特色实例提供多种设计方案，引导读者去思考、去探索，寻求更多、更好的实现方法，提高分析和解决问题的能力。全部程序在相应环境下通过验证，并且提供注释和说明。

5. 有机地贯穿软硬件设计方法。将单片机的内部资源、常见接口及其软件设计有机结合，使学生掌握系统设计的方法，并具有一定的应用能力。

6. 加强实践，培养动手能力。本书习题内容丰富，与各知识点相匹配，帮助读者理解基本概念，通过理论联系实际来练习，提高综合能力。

　　本书可作为普通高校电子信息、通信、自动化、计算机及应用等相关专业师生的教材和参考书，也可作为从事单片机技术应用与研究人员的参考资料。

　　参与本书编写的有王浩全、李晋华、张敏娟、李文强。其中王浩全编写第 1 章和第 3 章，李晋华编写第 2 章、第 5 章和第 6 章，张敏娟编写第 7 章、第 8 章和第 10 章，李文强编写第 4 章和第 9 章。全书由王浩全统稿。

　　由于时间仓促和水平有限，书中错漏在所难免，敬请读者批评指正。

编　者

2013 年 7 月

目　录

第 **1** 章　单片机概述

本章主要介绍单片机的基本概念、发展现状、特点和应用，以及一些常用的单片机。通过本章学习，读者可对单片机有一个初步的认识。

1.1　单片机的基本概念

什么是单片机？单片机是把微处理器、存储器、I/O 接口、定时器/计数器、串行接口、中断系统等电路集成在一块芯片上形成的单片计算机，因此被称为单片微型计算机，简称为单片机。由于单片机的指令功能是按照工业控制的要求设计，所以单片机又称为微控制器。

单片机作为微型计算机的一个分支，是基于测控领域的发展而诞生和发展的。它的组成结构既包含通用微型计算机中的基本组成部件，又包含一些具有测控功能的部件。例如，目前一部分单片机已经在主芯片上集成了 A/D、D/A、PWM、HSO、HSI 等外围设备，增强了单片机的处理能力。

同时，在单片机使用上，应注意区分理解以下几个既有相同点也有区别的概念。

（1）单板机：将微处理器（CPU）、存储器、I/O 接口以及简单的输入/输出设备组装在一块电路板上的微型计算机，称为单板机。

（2）单片机：将微处理器（CPU）、存储器、I/O 接口和相应的控制部件集成在一块芯片上形成的微型计算机，称为单片机。

（3）多板机：在计算机组成中，如果组成计算机的各个功能部件是由多块电路板连接而成，这样的计算机称为多板机。

1.2　单片机的发展

1971 年 Intel 公司制造出世界上第一块微处理器芯片 4004，在这不久之后就出现了单片的微型计算机。单片机在几十年的发展过程中，先后经历了 4 位机、8 位机、16 位机、32 位机等几个有代表性的发展阶段。

（1）4 位单片机。

自 1975 年美国德克萨斯仪器公司首次推出 4 位单片机 TMS-1000 后，各个计算机生产公司相继推出 4 位单片机。4 位单片机主要生产国家是日本，如 SHARP 公司的 SM 系列、TOSHIBA 公司的 TLCS 系列、NEC 公司的 Ucom 75XX 系列等。我国国内生产的 COP400 系列单片机是 4 位单片机。

4 位单片机的特点是价格便宜，主要用于家用电器、电子玩具等产品领域。

（2）8 位单片机。

1976 年 9 月，美国 Intel 公司推出了 MCS-48 系列 8 位单片机，使单片机发展进入了一个新的阶段。随后多个计算机公司先后推出了它们各自的 8 位单片机。如仙童公司（FAIRCHILD）的 F8 系列，摩托罗拉（Motorola）公司的 6801 系列，Zilog 公司的 Z8 系列，NEC 公司的 uPD78XX 系列。

虽然 8 位单片机的种类很多，但在我国使用最多的是 Intel 公司的 C51 系列单片机。C51 单片机是在 MCS-48 的基础上发展起来的，虽然仍是 8 位单片机，但是它品种全、兼容性好、软硬件资源丰富，到目前为止，仍是单片机的主流系列，广泛应用于工业控制、智能接口、仪器仪表等多个领域。特别是高端 8 位单片机，是现在使用的主流机型。

（3）16 位单片机。

1983 年以后，集成电路的集成度进一步提高，可达到十几万只管/片，出现了 16 位单片机。16 位单片机把单片机的性能又推向一个新的阶段。它内部集成多个 CPU、8KB 以上的存储器、多个并行接口、多个串行接口等，有的单片机还集成有高速输入/输出接口、脉冲宽度调制输出、特殊用途的监视定时器等电路。如 Intel 公司的 MCS-96 系列、美国国家半导体公司的 HPC16040 系列、NEC 公司的 783XX 系列单片机都是 16 位单片机。

16 位单片机常应用于高度复杂的控制系统中。

（4）32 位单片机。

近年来，多个计算机厂家已经推出更高性能的 32 位单片机。但是在测控领域中，32 位单片机应用得比较少，因而，目前 32 位单片机使用并不多。

1.3 单片机的主要特点及应用

1.3.1 单片机的主要特点

单片机的基本组成和基本工作原理与一般的微型计算机相同，在具体结构和处理过程上又有自己的特点，其主要特点如下。

（1）在存储器结构上，存储器采用哈佛（Harvard）结构。

在单片机中，ROM 和 RAM 是严格分开的。ROM 称为程序存储器，只存放程序、固定常数和数据表格；RAM 称为数据存储器，用作工作区及存放数据。两者的访问方式、寻址方式都不相同。程序存储器存储空间较大，数据存储器存储空间小，这主要是考虑到单片机常应用于控制系统的特点。程序存储器和数据存储器又有片内和片外之分，而且访问方式也不相同。所以，单片机的存储器在操作时分为片内程序存储器、片外程序存储器、片内数据存储器和片外数据存储器。

（2）在芯片引脚上，大部分采用分时复用技术。

单片机芯片内集成了较多的功能部件，需要的信号引脚比较多，但由于工艺和应用场合的限制，芯片上引脚数目又不能太多。为解决实际的引脚数和需要的引脚数数量上的矛盾，一个引脚往往设计了两个或多个功能，每个引脚在当前起什么作用，由指令和当前机器的状态来决定。

（3）在内部资源访问上，通过采用特殊功能寄存器（SFR）完成。

在单片机中，微处理器、存储器、I/O 接口、定时器/计数器、串行接口、中断系统等资源是以特殊功能寄存器（SFR）的形式提供给用户的。用户对这些资源的访问通过对相应的特殊功能寄存器（SFR）进行访问来实现。

（4）在指令系统上，采用面向控制的指令系统。

为了满足控制系统的要求，单片机有很强的逻辑控制能力。在单片机内部一般都设置有一个独立的位处理器，又称为布尔处理器，专门用于位运算。

（5）单片机内部一般都集成有全双工的串行接口。

通过全双工的串行接口，可以很方便地与其他外围设备进行通信，也可以与另外的单片机或微型计算机通信，组成计算机分布式控制系统。

（6）单片机有很强的外部扩展能力。

当单片机内部的各功能部件不能满足应用系统要求时，可以很方便地在外部扩展各种电路和器件，且能与多种通用的接口芯片兼容。

1.3.2　单片机的主要应用

单片机具有体积小、功耗低、面向控制、可靠性高、价格低廉、可以方便地实现多机和分布式控制等优点，使其广泛地应用于多种控制系统和分布式系统中。单片机主要应用于以下几个领域。

（1）工业测控：对工业设备（如机床、汽车、锅炉、温度控制系统、自动报警系统、生产自动化设备等）进行智能控制，大大降低了劳动强度和生产成本，提高了产品质量的稳定性。

（2）智能设备：基于单片机改造的传统仪器、仪表，使其（集测量、处理、控制、报警等功能为一体）智能化、小型化，如智能仪器、数字示波器、医疗器械等。

（3）家用电子产品：如全自动洗衣机、空调机、冰箱、手机、电子遥控玩具等均采用单片机作为自动控制系统。

（4）商用产品：如自动售货机、收款机、电子称等。

（5）网络与通信智能接口：在大型计算机控制的网络或通信电路与外围设备的接口电路中，采用单片机控制和管理，以提高系统的运行速度，如传真机、打印机、绘图仪等。

1.4　C51 单片机系列

1.4.1　80C51 单片机系列

80C51 单片机系列是在 C51 系列单片机的基础上发展起来的，早期的 80C51 仅是 C51 系列中的一类芯片，但是随着单片机的发展，80C51 已经形成独立的系列，并成为当前 8 位单片机的典型代表。

80C51 单片机最早是由 Intel 公司推出的，并且是 C51 系列单片机的一部分，并按 C51 芯片的规则命名，例如 80C31、80C51、87C51、89C51。随着越来越多的厂商，如 Philips、Atmel、LG、华邦等公司开始生产 80C51 系列芯片，这些芯片都以 80C51 为核心并且与 C51 芯片兼容，但又各具特点。由于厂商增多，芯片的种类增加，使得芯片的命名很难遵循统一的规律，使得用户很难通过型号对芯片进行识别。例如，Philips 公司生产的 80C51 系列芯片名称有 80CXXX（无ROM）、83CXXX（ROM）、87CXXX（EPROM）和 89CXXX（E2PROM）；Siemens 公司将该类芯片命名为 C500 系列，芯片的型号以 "C5" 开头；而华邦公司则命名为 W77C51 和 W78C51 系列。

新一代 80C51 单片机在芯片内增加了一些外部接口功能，如数/模转换器（A/D）、可编程计算器阵列（PCA）、监视定时器（WDT）、高速 I/O 口等功能模块。

1.4.2　80C51 与 8051 单片机的比较

80C51 系列单片机是在 C51 系列单片机的基础上发展起来的，因此有必要对两者的联系和区别进行比较。下面主要从以下几个方面进行比较。

兼容性：80C51 单片机兼容 8051 单片机，主要表现在指令、引脚信号、总线等多个方面。指令兼容能保证两者之间不存在指令障碍，可实现软件的可移植性；而引脚信号、封装以及总线的兼容确保两者在系统扩展和接口方面的一致，有利于系统开发。

芯片工艺：C51 系列单片机采用 HMOS 工艺，即高密度短沟道 MOS 工艺，而 80C51 采用 CHMOS 工艺，即互补金属氧化物的 HMOS 工艺。CHMOS 是 CMOS 和 HMOS 的结合，既保留了 HMOS 的高速和高密度特点，又保留了 CMOS 低功耗的特点。例如 8051 芯片的功耗为 630mW，而 80C51 芯片的功耗只有 120mW。

功能方面：80C51 单片机较 8051 增加了许多功能。例如，80C51 单片机增加了待机和掉电保护两种工作方式。

存储方面：在 80C51 系列芯片中，内部程序存储器除了有 ROM 型和 EPROM 型外，增加了 E2PROM 型，例如 89C51 含有 4KB 的 E2PROM。并且随着集成度的提高，80C51 系列单片机的内部程序存储器的容量也越来越大。

1.5　单片机发展趋势

单片机的发展趋势向大容量、高性能化、外围电路内装化等方面发展。为满足不同用户要求，各公司竞相推出能满足不同需求的产品。

1. 改进 CPU

增加 CPU 的数据总线宽度。例如，16 位单片机和 32 位单片机，其数据处理能力要优于 8 位单片机。另外，8 位单片机内部采用 16 位数据总线，其数据处理能力明显优于一般 8 位单片机。采用双 CPU 结构，可以提高数据处理能力。

2. 改进存储器

片内程序存储器采用 Flash 存储器。Flash 存储器能在+5V 下读/写，既有静态 RAM 的读/写操作简便，又有在掉电时数据不会丢失的优点。使用片内 Flash 存储器，单片机可不用扩展片外程序存储器，大大简化了应用系统结构。加大存储容量。目前有的单片机片内程序存储器容量可达 128 KB，甚至更多。

3. 改进片内 I/O

增加 I/O 口的驱动能力，以减少外部驱动芯片。有的单片机可直接输出大电流和高电压，以便能直接驱动 LED 和 VFD（荧光显示器）。有些单片机设置了一些特殊的串行 I/O 功能，为构成分布式、网络化系统提供了方便条件。

4. 低功耗化

8 位单片机产品已 CMOS 化。CMOS 化的单片机具有功耗小的优点，而且为了充分发挥低功耗的特点，这类单片机普遍配置有等待状态、睡眠状态、关闭状态等工作方式。在这些状态下低电压工作的单片机，其消耗的电流仅在 μA 或 nA 量级，非常适合于电池供电的便携式、手持式仪器仪表，及其他消费类电子产品。

5. 外围电路内装化

随着集成电路技术及工艺的不断发展，把所需的众多外围电路全部集成在单片机内部，即系统的单片化是目前单片机发展趋势之一。例如，美国 Cygnal 公司的 8 位单片机 C8051F020，内部采用流水线结构，大部分指令的执行时间为 1 个或 2 个时钟周期，峰值处理能力为 25MIPS。片上集成有 8 通道 A/D、两路 D/A、两路电压比较器、内置温度传感器、定时器、可编程数字交叉开关和 64 个通用 I/O 口、电源监测、看门狗、多种类型的串行接口（两个 UART、SPI）等。一片芯片就是一个测控系统。

综上所述，单片机正在向多功能、高性能、高速度（时钟达 40MHz）、低电压（2.7V 即可工作）、低功耗、低价格（几元钱）、外围电路内装化以及片内程序存储器和数据存储器容量不断增大的方向发展。

1.6 其他几种主流单片机

目前已投放市场的主要单片机产品多达 70 多个系列，500 多个品种，这还不包括那些系统或整机厂商定制的专用单片机，及针对专门业务、专门市场的单片机品种。下面仅对除 C51 系列外的部分常见的主流单片机进行介绍。

1. Motorola 单片机

Motorola 是世界上较大的单片机厂商，产品品种全。在 8 位机方面有 68HC05 和升级产品 68HC08。68HC05 有 30 多个系列，200 多个品种，产量已超过 20 亿片。16 位的 68HC16 也有十多个品种。32 位的 683XX 系列也有几十个品种。Motorola 单片机的特点之一是在同样速率下所用的时钟频率较 Intel 类单片机低得多，因而使得高频噪声低、抗干扰能力强，更适合用于工业控制领域及恶劣的环境。

2. Microchip 单片机

Microchip 单片机是市场份额增长最快的单片机。它的主要产品是 16C 系列 8 位单片机，CPU 采用 RISC 结构，仅 33 条指令，其高速度、低电压、低功耗、大电流 LCD 驱动能力和低价位 OTP 技术等都体现出单片机产业的发展新趋势。该系列产品以低价位著称，一般单片机价格都在 1 美元以下。由 Microchip 公司推出的 PIC 单片机系列产品，已有 3 种系列、多种型号的产品问世，在计算机外设、家电控制、电讯通信、智能仪器、汽车电子到金融电子的多个领域都得到广泛应用。Microchip 单片机没有掩膜产品，全都是 OTP 器件（近年已推出 Flash 型单片机）。Microchip 注重开发节约成本的最优化设计是使用量大、档次低、价格敏感的产品。

3. Atmel 单片机

Atmel 公司的 90 系列单片机是增强型 RISC 内载 Flash 的单片机，通常简称为 AVR 单片机。这种结构在 20 世纪 90 年代开发出来，综合了半导体集成技术和软件性能的新结构，使得在 8 位微处理器市场上 AVR 单片机具有最高峰值处理能力。

4. NEC 单片机

NEC 单片机自成体系，以 8 位单片机 78K 系列产量最高，也有 16 位、32 位单片机。16 位以上单片机采用内部倍频技术，以降低外时钟频率，有的采用内置操作系统。NEC 的销售策略着重于服务大客户，并投入相当大的技术力量帮助大客户开发产品。

5. TOSHIBA 单片机

TOSHIBA 单片机从 4 位到 64 位，门类齐全。4 位单片机在家电领域仍有较大的市场。8 位机主要有 870 系列、90 系列等，该类单片机允许使用慢模式，采用 32kHz 时钟时功耗低至 10μA 数量级。CPU 内部多组寄存器的使用，使得中断响应与处理更加快捷。TOSHIBA 的 32 位单片机采用 MIPS3000A、RISC 的 CPU 结构，主要面向 VCD、数字相机、图像处理等市场。

6. 富士通单片机

富士通有 8 位、16 位和 32 位单片机，其中 8 位单片机主要有 3V 和 5V 产品，3V 产品应用于消费类及便携设备，如空调、洗衣机、冰箱、电表、小家电等，5V 产品应用于工业及汽车电子产品。8 位单片机有 8L 和 8FX 两个系列，是市场上较常见的两个系列。16 位主流单片机有 MB90F387、MB90F462、MB90F548、MB90F428 等，这些单片机主要采用 64 脚或 100 脚 QFP 封装，1 路或多路 CAN 总线，并可外扩总线，适用于电梯、汽车电子车身控制及工业控制等。32 位单片机采用 RISC 结构，主要产品有 MB91101A，它采用 100 脚 QFP 封装，成本超低，可外扩总线，适用于 POS 机、银行税控打印机等；MB91F362GA，208 脚 QFP 封装，CAN 总线，可外扩总线，适用于电力及工业控制等；MB91F364GA，120 脚 LQFP 封装，CAN 总线，I2C 等丰富通信接口，支持低成本的在线仿真技术 AccemiCMDE，广泛适用于高性能、低成本的应用。富士通公司注重于服务大公司、大客户，帮助大客户开发产品。

7. MSP430 单片机

德州仪器生产的 16 位 MSP430 系列单片机，具有强大的处置能力。它采用 RISC 构造，具有丰富的寻址方式（7 种源操作数寻址、4 种目的操作数寻址）、简约的 27 条内核指令以及大量的模仿指令；大量的寄存器以及片内数据存储器都可参与多种运算；还有高效的查表处理指令；有较高的处理速度，在 8MHz 晶振时钟驱动下指令周期为 125 ns。这些特性保证了该系列单片机可编制出高效率的源程序。MSP430 单片机之所以有超低的功耗，是由于其在降低芯片的电源电压及灵敏而可控的运转时钟方面都有其独到之处。

自单片机从 20 世纪 70 年代产生以来，在短短几十年的时间内得到了飞速的发展，并且随着工艺技术及技术的不断发展，新的单片机将会不断出现。

习　　题

1-1　什么是单片机？

1-2　单片机的主要特点是什么？

1-3　简述单片机的主要应用领域。

1-4　C51 单片机的分类。

1-5　80C51 与 8051 的区别和联系。

第2章 C51 单片机的硬件结构

本章主要对 C51 单片机的硬件结构、性能特点、存储器结构、I/O 接口以及工作方式等进行介绍。只有在了解单片机的硬件结构和内部资源的基础上，才能合理应用。

2.1 MCS-51 单片机的内部结构

2.1.1 C51 单片机的内部结构

89C51 是 8051 系列单片机的典型产品，下面以 89C51 单片机为例，来介绍 C51 型单片机的内部结构。

89C51 单片机片内集成了中央处理器（CPU）、程序存储器（ROM）、数据存储器（RAM）、2 个 16 位的定时器/计数器（T0 和 T1）、4 个 8 位的并行 I/O 口（P0、P1、P2 和 P3）、串行口。它们通过总线连接起来，如图 2-1 所示。

为进一步阐述单片机的功能，图 2-2 给出 89C51 单片机的内部逻辑结构图。

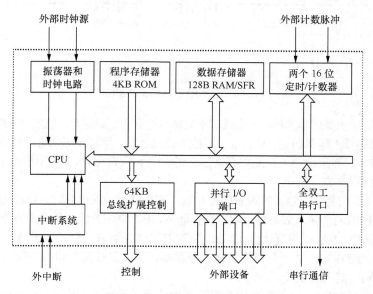

图 2-1　89C51 单片机的内部基本结构

1. 中央处理器

中央处理器与通用微处理器相同，由运算器和控制器组成，是单片机的核心。

（1）运算器 ALU。

运算器是单片机的运算单元，实现二进制数据的算术运算和逻辑运算。它由图 2-2 中的 ALU（算术运算单元）、累加器 ACC、寄存器 B、程序状态字 PSW、两个暂存器和位处理器组成。

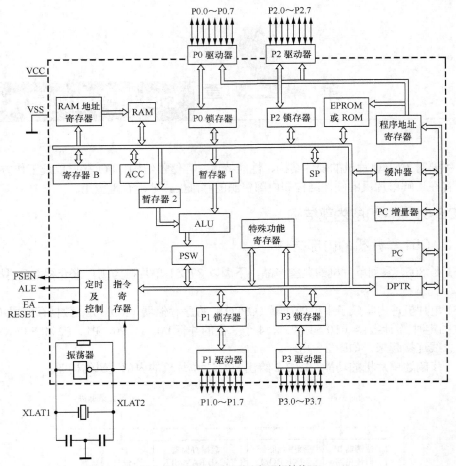

图 2-2 89C51 单片机的内部逻辑结构图

运算器 ALU：中央处理器的核心，完成基本的算术运算和逻辑运算，包括加、减、乘、除、加 1、减 1、十进制调整等算术运算和与、或、非、异或等逻辑运算。运算结果状态保存在程序状态字中。

累加器 ACC，简称累加器 A，或寄存器 A：是一个 8 位寄存器，使用频率最高，运算的操作数和运算结果多保存在寄存器 A 中。

寄存器 B：是专门为乘、除运算设置的寄存器，在不做乘、除运算时，可作为普通的寄存器使用。乘法中，ALU 的两个输入数值分别取自寄存器 A、B，乘积的低 8 位存放寄存器 A，高 8 位存放寄存器 B；除法中，被除数取自寄存器 A，除数取自寄存器 B，商存放于 A，余数存放于 B。

程序状态字（PSW）：是一个 8 位的标志寄存器，用来保存指令执行结果的特征信息，以供程序的查询和判别，其各位的定义如下。

奇偶标志位 P（PSW.0）：在每个指令周期由硬件置 1 或清 0，用于表示累加器中值为 1 的位数是奇数还是偶数，若为奇数，P 置 1；若为偶数，P 清 0。在串行通信中，通过该位来校验传输数据的可靠性。

溢出标志位 OV（PSW.2）：当执行运算指令时，由硬件置 1 或清 0，以指示运算是否产生溢出；OV 置 1 表示运算结果超出了累加器的运算范围（无符号数的范围为 0~255，以补码形式表示的有符号数的范围为：−128～+127。

工作寄存器组选择位 RS1、RS0（PSW.4、PSW.3）：用于选定当前使用的工作寄存器。

用户自定义标志位 F0（PSW.5）：用户可根据自己需要对 F0 赋予一定的含义。

辅助进位标志位 AC（PSW.6）：表示进行加减运算时，低 4 位向高 4 位是否有进（借）位。

进位标志位 CY（PSW.7）：表示运算结果是否有进位或借位，在执行某些算术、逻辑运算时，可被软件和硬件置位或清零。

（2）控制器。

控制器是单片机的神经枢纽，它保证单片机的各部分能自动协调工作，图 2-2 中的定时及控制、指令寄存器、程序计数器（PC）等均属于控制器的组成部分。

2. 内部数据存储器

在图 2-2 中，内部数据存储器包括 0-127B 片内数据存储器和 128～256B 地址寄存器，共有 256 个 RAM 单元。其中高 128 个单元被特殊功能寄存器占用，故用户存放数据的只有前 128 个单元。

3. 内部程序存储器

89C51 单片机内部有 4KB 的程序存储器，主要用于存放程序、原始数据和表格等内容。

4. 定时器/计数器

89C51 单片机共有 2 个 16 位的定时/计数器，实现定时或计数功能。

5. 并行 I/O 口

89C51 单片机共有 4 个 8 位的并行 I/O 口，实现数据的并行、串行输入或输出。

6. 串行口

89C51 单片机有一个全双工的串行口，实现单片机和其他设备间的串行数据传输。

7. 中断控制系统

89C51 单片机有较强的中断功能，共有 5 个中断源，即 2 个外部中断源、2 个定时/计数中断源、1 个串口中断源，全部中断都分为高级和低级两个优先级别。

8. 时钟电路

时钟电路为单片机产生必不可少的时钟脉冲序列。89C51 单片机芯片内部含有时钟电路，但石英晶体和微调电容需要外部提供。典型的晶振频率为 12MHz。

2.1.2　C51 单片机的外部引脚说明

C51 系列单片机的引脚互相兼容，引脚情况基本相同。C51 系列单片机采用低功耗、CHMOS 工艺制造。89C51 作为 C51 系列单片机的典型产品，40 个引脚的双列直插式封装 DIP40，引脚排列如图 2-3 所示，各引脚功能介绍如下。

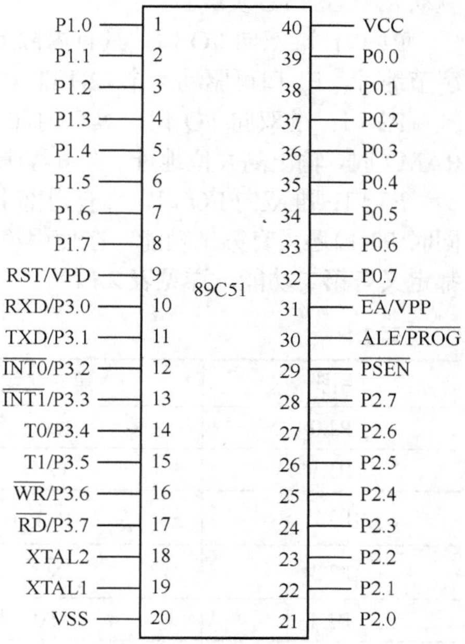

1. 电源

VCC：典型值为＋5V 电源。

VSS：接地。

2. 晶振

图 2-3 89C51 单片机引脚

XTAL1 和 XTAL2：外部晶振引脚。当使用内部时钟时，此二引脚用于外接石英晶体和微调电容；当使用外部时钟时，XTAL2 用于外接时钟脉冲信号，XTAL1 悬空。

3. 控制线

RST/VPD、ALE/$\overline{PROG}$、$\overline{PSEN}$ 组成了 89C51 单片机的控制线。

（1）RST/VPD

RST/VPD：复位信号输入端（高电平有效）。在振荡器工作时，在 RST 上持续两个周期的高电平，将使单片机复位；其第二功能是在该引脚加+5V 备用电源，可以实现掉电保护 RAM 信息不丢失。

（2）ALE/$\overline{PROG}$

ALE/$\overline{PROG}$：地址锁存允许信号。控制 P0 口输出的低 8 位地址锁存到地址锁存器，以实现低 8 位地址与数据的分时传输。此外，ALE 以时钟振荡频率的 1/6 的固定频率输出正脉冲，因此可作为外部时钟或外部定时脉冲使用。ALE 也可驱动 8 个 LSTTL 负载；其第二功能是作为编程脉冲的输入端。

（3）$\overline{PSEN}$

$\overline{PSEN}$：外部程序存储器 ROM 的读选通信号，实现外部 ROM 单元的读操作。

（4）$\overline{EA}$/VPP

$\overline{EA}$/VPP 是访问程序存储器的控制信号。当$\overline{EA}$ 为低电平时，对 ROM 的读操作限定在外部程序存储器；而当$\overline{EA}$ 为高电平时，对 ROM 的读操作从内部程序存储器开始，并可延续到外部程序存储器；其第二功能是在编程时在此引脚施加 12V 的编程电压。

4. I/O 口

89C51 单片机具有 4 个 I/O 口，分别是：P0 口（P0.0～P0.7）、P1 口（P1.0～P1.7）、P2 口（P2.0～P2.7）和 P3 口（P3.0～P3.7），且 4 个 8 位口都为双向。

P0 口：漏极开路的双向 I/O。当使用外部存储器时（ROM 或 RAM）时，作为地址和数据总线分时复用。在程序校验时，输出指令字节（这时需加外部上拉电阻）。作为总线时 P0 口能驱动 8 个 LSTTL 负载。

P1 口：准双向 I/O 口，具有内部上拉电阻，是通用的 I/O。在编程/校验时，用作输入低位字节地址，P1 口可驱动 4 个 LSTTL 负载。

P2 口：准双向 I/O 口，具有内部上拉电阻，是通用的 I/O 口。当使用片外存储器（ROM 或 RAM）时，输出高 8 位地址。在编程/校验时，接收高位字节地址。P2 口可驱动 4 个 LSTTL 负载。

P3 口：准双向 I/O 口，具有内部上拉电阻，是通用的 I/O 口。P3 口可驱动 4 个 LSTTL 负载。同时 P3 口还具有第二功能，在使用第二功能时，其输出锁存器应由程序置 1。P3 口的 8 条口线都定义有第二功能，详见表 2.1。

表 2.1   **P3 口的第二功能**

引脚	第二功能	信号名称
P3.0	RXD	串行数据接收
P3.1	TXD	串行数据发送
P3.2	$\overline{INT_0}$	外部中断 0 请求
P3.3	$\overline{INT_1}$	外部中断 1 请求
P3.4	T0	定时/计数器 0 计数输入
P3.5	T1	定时/计数器 1 计数输入
P3.6	$\overline{WR}$	向外部写数据选通
P3.7	$\overline{RD}$	从外部读数据选通

2.2　C51 单片机存储器结构

89C51 系列单片机将程序存储器和数据存储器截然分开，各有自己的寻址方式、寻址空间和控制系统。这种结构对于"面向控制"的单片机极为方便、有利。89C51 单片机不仅有一定容量的程序存储器、数据存储器和特殊功能的寄存器，而且还具有极强的外部存储器扩展能力，寻址范围可达 64KB。89C51 单片机的存储器结构如图 2-4 所示。

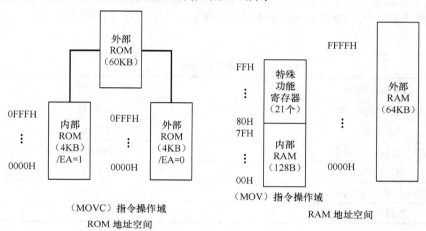

图 2-4　89C51 单片机的存储器结构图

1.　在物理上存储器分为 4 个存储空间

程序存储器：片内程序存储器和片外程序存储器。

数据存储器：片内数据存储器和片外数据存储器。

2.　在逻辑上分为 3 个存储器地址空间

片内外统一的 64KB 程序存储器地址空间。

片内 128B 的数据存储器地址空间。

片外 64KB 的数据存储器地址空间。

在访问这 3 个不同的地址空间时，应选用不同形式的指令。

片内数据存储器在物理上，包含两部分：对于 89C51 单片机，0～127 号单元为片内数据存储器空间；128～255 号单元为特殊功能寄存器空间（实际使用了 20 多个单元）。

2.2.1　程序存储器

程序存储器采用 16 位程序计数器（PC）和 16 位地址总线进行寻址和扩展，因此可扩展的程序存储空间为 64KB。

在 C51 系列单片机中，不同的芯片其片内程序存储器的容量不尽相同。80C31 内部不含 ROM，80C51 内部含有 4KB 的 ROM，89C51 含有 4KB 的 ROM，89C52 含有 8KB 的 ROM。随着器件集成度的提高，片内程序存储器的容量越来越大，已达 64KB。

89C51 单片机的片内程序存储器为电可擦除型 ROM（即可重复编程的 Flash 存储器），整体擦除一次的时间仅为 10ms，可写入/擦除 1000 次以上，数据可保存 10 年以上。

1.　程序存储器分为片内存储和片外存储两部分，可通过 $\overline{EA}$ 引脚的电平确定

当 $\overline{EA}$ 引脚为高电平时，程序从片内存储器开始执行，即访问片内存储器，当 PC 值超过片内存储器的范围时，自动跳转到片外程序存储器空间执行。

当$\overline{EA}$引脚为低电平时，系统全部执行片外程序存储器程序。

使用说明：对于不含片内 ROM 的单片机，应将$\overline{EA}$引脚固定为低电平；对于含有片内 ROM 的单片机，在正常运行时，应将$\overline{EA}$引脚置为高电平；当处于调试状态时，可将$\overline{EA}$引脚置为低电平。

2. 程序存储器的某些单元被保留为特定的程序入口地址

系统复位后，程序计数器 PC 的地址为 0000H，故系统从 0000H 单元开始执行程序，所以一般在 0000H 单元设置一条无条件转移指令，使程序转向用户的主程序。因此，0000H～0003H 单元被保留，用于初始化。0003H～002BH 单元被保留，用于 5 个中断服务程序的入口地址，如表 2.2 所示。

表 2.2 程序入口地址

特定服务程序	程序入口地址
复位或非屏蔽中断	0000H
外部中断 0	0003H
定时/计数器 T0 中断	000BH
外部中断 1	0013H
定时/计数器 T1 中断	001BH
串行口中断	0023H

在程序设计时，通常在这些中断入口地址设置无条件转移指令。当中断响应后，通过访问中断入口地址，使程序转向对应的中断服务程序。

2.2.2 数据存储器

数据存储器由 RAM 构成，用来存放随机数据。对于 89C51 单片机，内部数据存储器共有 256 个存储单元，分为低 128 单元（00H～7FH）和高 128 单元（80H～FFH）。低 128 单元按用途可分为 3 个区域，如图 2-5 所示。

1. 通用寄存器

内部 RAM 的前 32 个单元作为寄存器使用，共分为 4 个工作组，每组 8 个寄存器，编号分别为 R0～R7。寄存器通常用于存放操作数和中间结果等，它们的功能不预先规定，因此称为通用寄存器。在某一时刻，只能选择一组工作区，工作区的选择是通过程序状态寄存器 PSW 中 RS1 和 RS0 两位的组合状态决定的。

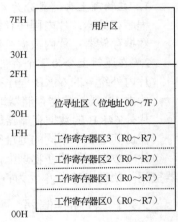

图 2-5　内部数据存储器的结构

例如，若 RS1 和 RS0 均为 0，则选择工作寄存器 0 组为当前工作寄存器；若选用工作寄存器 2 为当前工作寄存器，则须将 RS1 设为 1，RS0 设为 0 来实现。

通用寄存器有两种使用方式，一种是以寄存器的形式使用，用寄存器符号表示；另一种是以存储单元的形式使用，以单元地址表示。

2. 位寻址区

片内数据存储区 20H～2FH 的 16 字节单元，共包含 128 位，是既可字节寻址又可位寻址的 RAM 区。字节地址与位地址之间的关系如表 2.3 所示。

这 16 个位地址再加上可位寻址的特殊功能寄存器，共同构成了布尔（位）处理器的数据存储器空间。在这一存储空间，所有位都可直接寻址。

表 2.3 字节地址与位地址之间关系

字节地址	位地址							
	7	6	5	4	3	2	1	0
2FH	7FH	7EH	7DH	7CH	7BH	7AH	79H	78H
2EH	77H	76H	75H	74H	73H	72H	71H	70H
2DH	6FH	6EH	6DH	6CH	6BH	6AH	69H	68H
2CH	67H	66H	65H	64H	63H	62H	61H	60H
2BH	5FH	5EH	5DH	5CH	5BH	5AH	59H	58H
2AH	57H	56H	55H	54H	53H	52H	51H	50H
29H	4FH	4EH	4DH	4CH	4BH	4AH	49H	48H
28H	47H	46H	45H	44H	43H	42H	41H	40H
27H	3FH	3EH	3DH	3CH	3BH	3AH	39H	38H
26H	37H	36H	35H	34H	33H	32H	31H	30H
25H	2FH	2EH	2DH	2CH	2BH	2AH	29H	28H
24H	27H	26H	25H	24H	23H	22H	21H	20H
23H	1FH	1EH	1DH	1CH	1BH	1AH	19H	18H
22H	17H	16H	15H	14H	13H	12H	11H	10H
21H	0FH	0HH	0DH	0CH	0BH	0AH	09H	08H
20H	07H	06H	05H	04H	03H	02H	01H	00H

3．用户 RAM 区

片内存储区的 30H～7FH，共 80 个字节单元，为用户 RAM 区，用作堆栈或存放各种数据和中间结果，起到数据缓冲的作用，可采用直接字节寻址的方式访问。

由于通用寄存器区、位寻址区、数据缓冲区为统一编址，使用统一的指令访问，而且这 3 个区既有自己独特的地方，又可统一使用，因此，对于通用寄存器区和位寻址区中未使用的单元也可作为数据缓冲区使用。

4．特殊功能寄存器区 SFR

内部数据存储器的高 128 单元是为特殊功能寄存器提供的，因此称为特殊功能寄存器区，其单元地址为 80H～FFH，专用于控制、管理单片机内部并行 I/O 口、串行口、算术逻辑部件、定时/计数器、中断系统等功能模块的工作。用户在编程时可设置寄存器的值，但不能将寄存器的值改为他用。

89C51 单片机共定义了 21 个专用寄存器，其名称和字节地址列于表 2.4 中。有 11 个可位寻址，而其余的寄存器是不能位寻址。如表 2.4 所示，标示符前标星号（*）的寄存器为可位寻址的寄存器。可位寻址的专用寄存器的位寻址表如表 2.5 所示。

表 2.4 89C51 单片机专用寄存器一览表

序号	标示符	名称	字节地址	位地址
1	*ACC	累加器	0E0H	0E0H～0E7H
2	*B	B 寄存器	0F0H	0F0H～0F7H
3	*PSW	程序状态字	0D0H	0D0H～0D7H
4	SP	堆栈指针	81H	

续表

序号	标示符	名称	字节地址	位地址
5	DPTR	数据指针（DPH、DPL）	83H、82H	
6	*P0	P0 口	80H	80H～87H
7	*P1	P1 口	90H	90H～97H
8	*P2	P2 口	0A0H	0A0H～0A7H
9	*P3	P3 口	0B0H	0B0H～0B7H
10	*IP	中断优先级控制	0B8H	0B8H～0BFH
11	*IE	中断使能控制	0A8H	0A8H～0AFH
12	TMOD	定时器/计数器模式控制	89H	
13	*TCON	定时器/计数器控制	88H	88H～8FH
14	TH0	定时器/计数器 0（高字节）	8CH	
15	TL0	定时器/计数器 0（低字节）	8AH	
16	TH1	定时器/计数器 1（高字节）	8DH	
17	TL1	定时器/计数器 1（低字节）	8BH	
18	PCON	电源控制/波特率选择寄存器	97H	
19	*SCON	串行口控制	98H	98H～9FH
20	SBUF	串行数据缓冲	99H	

专用寄存器字节寻址问题的几点说明如下。

（1）专用寄存器不是连续地分布在内部 RAM 的高 128 单元中，且剩余空闲的寄存器用户不能使用。

（2）21 个专用寄存器都可寻址，唯独程序计数器（PC）不能寻址，此程序计数器在物理上是独立的，不占用 RAM 单元。

（3）只能采用直接寻址方式访问专用寄存器。在指令中既可使用寄存器符号表示，也可使用寄存器地址表示。

表 2.5　　　　　　　　　　　　89C51 单片机特殊功能寄存器地址表

SFR		位地址							
名称	字节地址	7	6	5	4	3	2	1	0
B	0F0H	0F7H	0F6H	0F5H	0F4H	0F3H	0F2H	0F1H	0F0H
ACC	0E0H	0E7H	0E6H	0E5H	0E4H	0E3H	0E2H	0E1H	0E0H
PSW	0D0H	0D7H	0D6H	0D5H	0D4H	0D3H	0D2H	0D1H	0D0H
		CY	AC	F0	RS1	RS0	OV	—	P
IP	0B8H	0BFH	0BEH	0BDH	0BCH	0BBH	0BAH	0B9H	0B8H
		—	—	—	PS	PT1	PX1	PT0	PX0
P3	0B0H	0B7H	0B6H	0B5H	0B4H	0B3H	0B2H	0B1H	0B0H
		P3.7	P3.6	P3.5	P3.4	P3.3	P3.2	P3.1	P3.0
IE	0A8H	0AFH	0AEH	0ADH	0ACH	0ABH	0AAH	0A9H	0A8H
		EA	—	—	ES	ET1	EX1	ET0	EX0

SFR		位地址							
名称	字节地址	7	6	5	4	3	2	1	0
P2	0A0H	0A7H	0A6H	0A5H	0A4H	0A3H	0A2H	0A1H	0A0H
		P2.7	P2.6	P2.5	P2.4	P2.3	P2.2	P2.1	P2.0
SCON	98H	9FH	9EH	9DH	9CH	9BH	9AH	99H	98H
		SM0	SM1	SM2	REN	TB8	RB8	TI	RI
P1	90H	97H	96H	95H	94H	93H	92H	91H	90H
		P1.7	P1.6	P1.5	P1.4	P1.3	P1.2	P1.1	P1.0
TCON	88H	8FH	8EH	8DH	8CH	8BH	8AH	89H	88H
		TF1	TR1	TF0	TR0	IE1	IT1	IE0	IT0
P0	80H	87H	86H	85H	84H	83H	82H	81H	80H
		P0.7	P0.6	P0.5	P0.4	P0.3	P0.2	P0.1	P0.0

2.2.3　C51 单片机的堆栈操作

堆栈是一种数据结构，只允许在堆栈的一端进行数据存储和取出操作的线性表。数据写入堆栈称为入栈（PUSH），数据的读出称为出栈（POP）。堆栈的最大特点是"后进先出"的数据操作规则。

1. 堆栈在单片机系统中的功能

在单片机程序设计中，堆栈主要是为子程序调用和中断操作设立，保护断点和现场。

无论是执行子程序还是执行中断操作，都要返回到主程序，因此需要在转去执行子程序或中断程序前，预先保护主程序的断点，使得程序能正确返回到主程序中，即保护断点。

在转去执行子程序或中断程序后，可能会改变寄存器的原有内容。为了在执行子程序或中断程序时能使用这些寄存器，又不改变寄存器的原内容，必须在执行子程序或中断程序前，将寄存器的原内容保存，即保护现场。

堆栈是在执行子程序或中断程序时，用来保存断点和现场。为了能够实现多级中断嵌套及多重子程序，一般要求堆栈具有足够的容量（堆栈深度）。

此外，堆栈也可用于存放临时数据。

2. 堆栈的设置

堆栈只能设置在单片机的内部数据存储器中，即内堆栈。其主要优点是操作速度快，但容量有限。

3. 堆栈的状态指示

堆栈有两种操作：入栈和出栈。但无论是数据的入栈还是出栈都是对堆栈的栈顶单元进行操作，即对栈顶数据的读和写。为了指示栈顶地址，要设置堆栈指示器（Stack Pointer，SP）。SP 的内容就是栈顶单元的地址。

C51 单片机的堆栈设置在内部数据存储器中，因此 SP 是一个 8 位的专用寄存器。系统复位后 SP 的内容为 07H，但一般将堆栈设置在内部 RAM 的 30H~7FH 单元中，以免使用寄存器区和位寻址区。

4. 堆栈的类型

堆栈有两种类型：向上生长型和向下生长型。

向上生长型的堆栈，栈底设在低地址单元，随着数据入栈，栈顶地址递增，SP 的内容越来越大，指针上移；反之，地址减小，SP 的内容减小，指针下移。其操作规则是：入栈 SP 先加 1，后写入数据；出栈先读出数据，SP 后减 1。

向下生长型的堆栈，栈底设在高地址单元，随着数据入栈，栈顶地址递减，SP 的内容越来越小，指针下移；反之，地址增加，SP 的内容增大，指针上移。其操作规则与向上生长型的堆栈相反。

5. 堆栈的使用方式

堆栈有两种使用方式：自动方式和指令方式。自动方式是在调用子程序或中断时，断点自动入栈，程序返回后，断点再自动弹回 PC。这种方式不需用户参与，自动完成。指令方式是使用专用的堆栈操作指令，进行进出栈操作。其入栈指令为 PUSH，出栈指令为 POP。如现场保护就是指令方式的入栈操作，而现场恢复则是指令的出栈操作。

2.3 C51 单片机的并行输入/输出接口

C51 共有 4 个 8 位的并行 I/O 口，分别记作 P0、P1、P2、P3。这 4 个 I/O 口都是 8 位双向口，在结构和特性上基本是相同的，但又各具特点，且它们具有字节寻址和位寻址功能，属于 SFR。

1. P0 口

P0 口是一个三态双向口，可作地址 / 数据分时复用口，也可作通用的 I/O 口。它包括一个输出锁存器、两个三态缓冲器、输出驱动电路和输出控制电路，它的一位结构如图 2-6 所示。

当控制信号为高电平"1"时，P0 口作地址 / 数据分时复用总线使用。这时可分为两种情况，一种是从 P0 口输出地址或数据，另一种是从 P0 口输入数据。

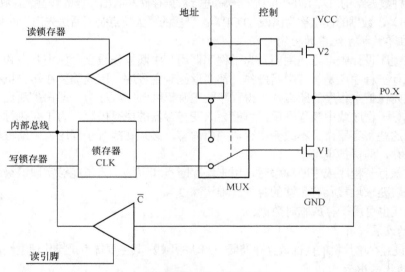

图 2-6 P0 口的一位结构图

当控制信号为高电平"0"时，P0 口作通用 I/O 接口使用。此时，应注意以下几点。

（1）P0 口的输出级是漏极开路电路，必须外接上拉电阻。

（2）P0 口在输入数据前，应先向 P0 口写"1"，此时锁存器的 Q 端为"0"，使输出级的两个场效应管 V1、V2 均截止，引脚处于悬浮状态，以便作高阻输入。

（3）另外，P0 口的输出级具有驱动 8 个 LSTTL 负载的能力，输出电流不大于 800μA。

2. P1 口

P1 口是准双向口，它只能作通用 I/O 使用。P1 口的结构与 P0 口不同，它的输出仅由一个场效应管 V1 与内部上拉电阻组成，如图 2-7 所示。

输入、输出原理特性与 P0 口作为通用 I/O 使用相同。但当其输出时，可提供电流负载，不必外接上拉电阻。P1 口具有驱动 4 个 LSTTL 负载的能力。

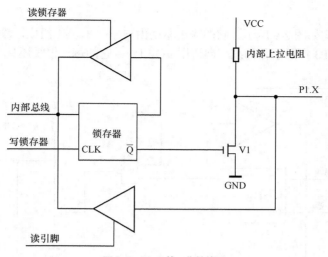

图 2-7　P1 口的一位结构图

3．P2 口

P2 口是准双向口，有两种用途：通用 I/O 接口和高 8 位地址线。它的一位结构如图 2-8 所示，与 P1 口相比，它只在输出驱动电路上比 P1 口多了一个模拟转换开关 MUX 和反相器。

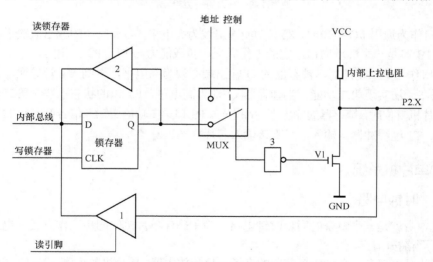

图 2-8　P2 口的一位结构图

当控制信号为高电平"1"时，转换开关接右侧，P2 口用作高 8 位地址总线时，访问片外存储器的高 8 位地址 A8～A15 由 P2 口输出。如系统扩展了 ROM，由于单片机工作时一直不断地取指令，因而 P2 口将不断地送出高 8 位地址，P2 口将不能作通用 I/O 口用。如系统仅仅扩展 RAM，这时分几种情况：当片外 RAM 容量不超过 256 字节时，访问 RAM，只需 P0 口送低 8 位地址即可，P2 口仍可作为通用 I/O 口使用；当片外 RAM 容量大于 256 字节时，需要 P2 口提供高 8 位地址，这时 P2 口不能用作通用 I/O 口。

当控制信号为高电平"0"时，转换开关接下侧，P2 口作为准双向通用 I/O 口。控制信号使转换开关接下侧，其工作原理与 P1 口相同，只是 P1 口输出端由锁存器 $\overline{Q}$ 接 V1，而 P2 口是由锁存器 Q 端经反相器 3 接 V1，也具有输入、输出、端口操作 3 种工作方式，负载能力与 P1 口相同。

4．P3 口

P3 口一位的结构如图 2-9 所示。它的输出驱动由与非门 3、V1 组成，输入比 P0、P1、P2 口多了一个缓冲器 4。P3 口除了作为准双向通用 I/O 口外，它的每一根线还具有第二功能。

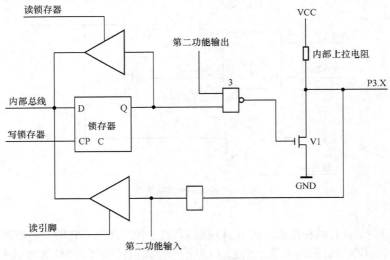

图 2-9　P3 口的一位结构图

当 P3 口作为通用 I/O 接口时，第二功能输出线为高电平，与非门 3 的输出取决于锁存器的状态。这时，P3 口是一个准双向口，它的工作原理、负载能力与 P1、P2 口相同。

当 P3 口作为第二功能时，锁存器的 Q 输出端必须为高电平，否则 V1 管导通，引脚将被箝位在低电平，无法实现第二功能。当锁存器 Q 端为高电平，P3 口的状态取决于第二功能输出线的状态。单片机复位时，锁存器的输出端为高电平。P3 口第二功能中输入信号 RXD、TXD、$\overline{INT0}$、$\overline{INT1}$、T0、T1 经缓冲器 4 输入，可直接输入芯片内部。

2.4　最小单片机系统

2.4.1　时钟电路

单片机本身就是一个复杂的同步时钟电路，为了确保单片机的同步工作方式，电路应在时钟控制信号下严格按时序工作。

C51 单片机内部有一个构成振荡器的高增益反相放大器，单片机的引脚 XTAL1 和 XTAL2 分别为此放大器的输入端和输出端。在引脚 XTAL1 和 XTAL2 两端跨接晶体和微调电容，形成反馈电路，可构成一个稳定的自激振荡器。

单片机的时钟电路主要有两种方式：内部时钟电路和外部时钟电路。

1．内部时钟电路

图 2-10 所示为单片机的振荡电路，XTAL1 端和 XTAL2 端将晶振、电容 C1、电容 C2 和内部的反相放大器组成并联谐振电路，图中 C1、C2 取 30pF，振荡频率范围为 2～12MHz。随着单片机技术的发展，单片机的时钟频率也在逐渐提高，高速芯片可达 40 MHz。

定时振荡器的工作可由专用寄存器 PCON 的 PD 位进行控制，当 PD 置"1"时，振荡器停止工作，系统处于低功耗状态。

振荡电路产生的振荡脉冲并不直接使用，而是经过分频后再为系统使用。

振荡频率经过二分频后作为系统的时钟信号；在二分频的基础上再进行三分频产生 ALE 信号；同时在二分频的基础上再进行六分频可得到机器周期信号。

2. 外部方式时钟电路

在多单片机组成的系统中，为使各单片机之间时钟信号同步，应引入唯一的公用外部脉冲信号作为各单片机的振荡脉冲。对于 89C51 单片机，外部脉冲连接如图 2-11 所示，外部脉冲信号经过 XTAL2 引脚输入、XTAL1 悬空。且由于 XTAL2 端不是 TTL 逻辑电平，故外接一个上拉电阻。

同时，外接的脉冲信号应当是高低电平持续时间大于 20ns 的方波信号，且脉冲频率低于 12MHz。

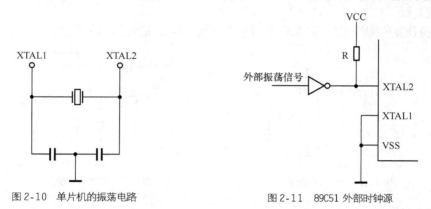

图 2-10　单片机的振荡电路　　　　　图 2-11　89C51 外部时钟源

2.4.2　CPU 时序

C51 单片机有 111 条指令，CPU 在执行这些指令时，各控制信号按时序工作，时序由 4 种周期构成。

振荡周期（T）：晶体振荡器产生的振荡信号的周期。

时钟周期（S）：一个时钟周期等于两个振荡周期，即对振荡信号进行二分频得到时钟信号。

机器周期：完成一个基本操作所需的时间。一个机器周期等于 6 个时钟周期，12 个振荡周期。

指令周期（IC）：执行一条指令所需的时间。MCS-51 单片机的指令周期一般为 1、2、4 个机器周期。

C51 单片机的指令，按其长度可分为单字节指令、双字节指令和 3 字节指令。执行这些指令所需要的时间不尽相同，可分为以下几种：单字节指令单机器周期和单字节指令双机器周期；双字节指令单机器周期和双字节指令双机器周期。3 字节指令双机器周期，单字节的乘除指令是 4 个机器周期。

【例 2-1】 已知单片机的外接晶体振荡频率为 6MHz、12MHz，试分别计算出机器周期和指令周期。

解：当晶振频率为 6MHz 时，振荡周期=1/振荡频率=1/6(μs)，时钟周期=2×振荡周期=2/6(μs)，机器周期=6×时钟周期=2(μs)，指令周期=(1~4)×机器周期=2~8(μs)。

当晶振频率为 12MHz 时，振荡周期=1/振荡频率=1/12(μs)，时钟周期=2×振荡周期=1/6(μs)，机器周期=6×时钟周期=1(μs)，指令周期=(1~4)×机器周期=1~4(μs)。

2.4.3　复位电路

复位是单片机的初始化操作，其功能之一是把程序指针 PC 初始化为 0000H，使单片机从 0000H 单元开始执行程序。除了正常进入系统初始化外，由于程序运行出错或操作错误，会使得系统处于死锁状态，因此为使系统能恢复正常，一般通过复位操作进行初始化。复位后，特殊功能寄存器的状态如表 2.6 所示。

89C51 单片机有一个复位引脚 RST，高电平有效。单片机系统复位的条件：在时钟电路工作的条件下，当外部电路在复位引脚 RST 持续施加 2 个机器周期以上的高电平时，系统复位。

单片机有 3 种复位方式：上电自动复位、按键电平复位和外部脉冲复位。

1. 上电自动复位

通过电容充电实现，其电路如图 2-12 所示。只要电源 VCC 的上升时间不超过 1ms 就可实现自动上电复位，即接通电源就可完成系统的复位初始化。

2. 按键复位

通过按键使复位端经电阻与 VCC 电源接通实现，其电路如图 2-13 所示。

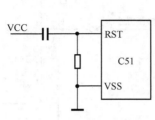

图 2-12 上电自动复位

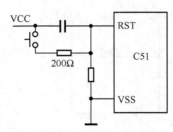

图 2-13 按键电平复位

3. 外部脉冲复位

由外部提供一个复位脉冲，复位脉冲后，通过内部下拉电阻保证 RST 端的低电平。

表 2.6　　　　　　　　　　　　复位后各特殊功能寄存器的初始状态

寄存器	复位后内容	寄存器	复位后内容
PC	0000H	IE	0XX00000B
ACC	00H	TL0	00H
B	00H	TH0	00H
PSW	00H	TL1	00H
SP	07H	TH1	00H
DPTR	0000H	SCON	00H
P0~P3	FFH	SBUF	不定
TMOD	00H	PCON	0XXX0000B
TCON	00H	IP	XXX00000B

2.4.4　C51 单片机工作方式

1. 程序执行方式

程序执行方式是单片机的基本工作方式。

2. 低功耗工作方式

89C51 提供两种节电方式：空闲方式和掉电方式，即这两种工作方式都是通过对电源控制寄存器（PCON）的相关位控制来执行。电源控制寄存器（PCON）各位定义如下。

MSD							LSB
SMOD	—	—	—	GF1	GF0	PD	IDL

SMOD——波特率倍增位，在串行通信时使用；

GF1——通用标志位 1；

GF0——通用标志位 0；

PD——掉电方式位，PD=1，则进入掉电方式；

IDL——待机方式位，IDL=1，则进入待机方式。

要使单片机进入掉电或待机方式，只要执行一条能使 PD 或 IDL 位为 1 的指令即可。

（1）待机方式。

待机方式的进入：若使 PCON 寄存器的 IDL 位置"1"，则 89C51 单片机进入待机状态。这时振荡器仍处于运行状态，并向中断逻辑、串行口和定时器/计数器电路提供时钟，但不给 CPU 电路提供时钟。这就使得中断功能继续存在，而与 CPU 有关的寄存器被"冻结"。

待机方式的退出：采用中断方式退出待机状态。在待机状态下，若引入一个外部中断请求信号，单片机在相应中断请求的同时，IDL 位被硬件自动清零，单片机退出待机方式。

通常在中断程序中放置一条 RETI 指令，就可使单片机恢复正常工作，返回断点继续工作。

（2）掉电方式。

掉电方式的进入：当 89C51 单片机检测到电源故障时，除进行信息保护，还将 PD 位置"1"，进入掉电状态。此时单片机停止一切工作，只有内部的 RAM 单元内容被保存。

掉电方式的退出：当 VCC 恢复正常后，主要硬件复位信号维持 10ms，单片机退出掉电方式。

本章小结

C51 单片机是将 CPU、ROM、RAM、I/O 口、UART、C/T、中断系统等集成在一块芯片上的器件。存储器在物理上设计为程序存储器和数据存储器，两个独立的空间。89C51 内部有 4KB 的程序存储空间，可扩展外部程序存储空间至 64KB。89C51 有 256KB 的片内 RAM，片外的 RAM 最多为 64KB。89C51 有 4 个、8 位的并行 I/O 口 P0～P3、1 可编程的全双工串行接口，以及 2 个 16 位的定时/计数器。

习　题

2-1　C51 单片机内部包含哪些主要功能部件，分别主要完成什么功能？

2-2　C51 单片机的核心器件是什么？它由哪些部分组成？各部分的主要功能是什么？

2-3　C51 单片机有哪些信号需要芯片引脚以第二功能的方式提供。（P3 口引脚的第二功能）。

2-4　C51 单片机的存储器有什么特点？如何划分存储空间。

2-5　片内 RAM 低 128 单元划分为哪 3 个部分？各部分主要功能是什么？

2-6　堆栈有什么功能？堆栈指示器（SP）的作用是什么？在程序设计中，为什么需要对堆栈进行重新赋值。

2-7　单片机时钟电路有何用途？

2-8　什么是指令周期、机器周期和时钟周期？如何计算指令周期？

2-9　单片机复位有几种方法？复位后各寄存器的状态如何？

2-10　89C51 单片机运行出错或程序"跑飞"时，如何摆脱困境？

2-11　基于 89C51 单片机设计一个最小单片机系统。

2-12　$\overline{EA}$/VPP 引脚的功能是什么？

第**3**章 C51 单片机的指令系统与程序设计

　　单片机通过执行程序来完成一定的任务和功能，而程序由若干条指令构成，CPU 能识别、执行的指令集合就构成该 CPU 的指令系统。指令也叫语句，它是构成程序的基础。本章先介绍 C51 单片机指令的有关知识，然后在此基础上介绍其程序设计的有关内容。本章内容是学习、掌握、应用单片机的软件基础。

3.1　概述

3.1.1　指令格式

　　C51 单片机的指令系统共有 111 条指令，绝大多数指令包含操作码和操作数两个部分。操作码表明指令要执行的操作；操作数即操作对象，指明参与操作的数据或数据所存放的地址。

　　C51 单片机的所有指令都以机器语言形式表示，分为单字节、双字节、三字节，共 3 种格式，如表 3.1 所示。用二进制编码表示的机器语言由于阅读困难，且难记忆，因此采用汇编语言指令来编写程序。

表 3.1　　　　　　　　　　　　　　汇编指令与指令代码

代码字节	指令代码	汇编指令	指令周期
单字节	84	DIV AB	四周期
单字节	A3	INC DPTR	双周期
双字节	7410	MOV A，#10H	单周期
三字节	B440 rel	CJNE A，#40H，LOOP	双周期

　　一条汇编语言指令中最多包含 4 个部分。

　　标号：操作码　　目的操作数,源操作数；注释

　　标号与操作码之间用 "："冒号隔开；操作码与操作数之间用 " " 空格隔开；目的操作数和源操作数之间用 "，" 逗号隔开；操作数与注释之间用 "；" 分号隔开。

　　标号是由用户定义的符号组成，必须由英文字母开始。标号可有可无，若一条指令中有标号，则标号代表该指令被存放的第一个字节存储单元的地址，故标号又称为符号地址，在汇编时把该地址赋值给标号。操作码是指令的功能部分，不能默认。C51 单片机指令系统中共有 42 种助记符，代表了 33 种不同的功能，如 "MOV" 是数据传送助记符。操作数是指令要操作的数据信息，根据指令的不同功能，可有 3、2、1 或 0 个操作数。例如 "MOV A，#20H"，包含了 2 个操作数 "A" 和 "#20H"。注释可有可无，有注释可便于阅读。

3.1.2　指令分类及指令系统中使用的符号

C51 指令系统有 42 种助记符，代表了 33 种功能，指令助记符与寻址方式相结合，构成 111 条指令。在这些指令中，单字节指令有 49 条，双字节指令有 45 条，三字节指令有 17 条；从指令执行的时间来看，单周期指令有 64 条，双周期指令有 45 条，只有乘法、除法两条指令是 4 周期指令。

按指令的功能，C51 指令系统可分为下列 5 类。

（1）数据传送类指令（29 条）

（2）算术运算类指令（24 条）

（3）逻辑运算及移位类指令（24 条）

（4）位操作类指令（17 条）

（5）控制转移类指令（17 条）

在 C51 指令系统中，一些符号的意义约定如下。

Rn：R0～R7，即 n=0～7。

Ri：R0、R1，即 i=0、1。

Direct：8 位内部 RAM 单元的地址，它可以是一个内部数据区 RAM 单元（00H～7FH）或特殊功能寄存器地址（I/O 端口、控制寄存器、状态寄存器 80H～FFH）。

#data：指令中的 8 位常数。

#data16：指令中的 16 位常数。

addr16：16 位地址，用于 LJMP、LCALL，可指向 64KB 程序存储器的地址空间。

addr11：11 位地址，用于 AJMP、ACALL 指令。

rel：8 位带符号的偏移量字节，用于 SJMP 和所有条件转移指令中。偏移量相对于下一条指令的第一个字节计算，可在-128～+127 范围内取值。

bit：内部数据 RAM 或特殊功能寄存器中的可直接寻址位。

DPTR：数据指针，可用作 16 位的地址寄存器。

A：累加器。

B：寄存器，用于 MUL 和 DIV 指令中。

C：进位或借位位。

@：间接寄存器或基址寄存器的前缀，如@Ri、@DPTR。

／：位操作前缀，表示对该位取反。

（X）：X 中的内容。

（（X））：由 X 寻址的单元中的内容。

←：箭头左边的内容被箭头右边的内容所替代。

3.2　寻址方式与寻址空间

所谓寻址方式是指 CPU 指令系统中规定的寻找操作数所在地址的方式，或者说通过什么方式可找到操作数。通常所讨论的寻址方式指源操作数的寻址方式，原因有两点：其一，源操作数的寻址方式比目的操作数的寻址方式复杂；其二，目的操作数的地址一般都很明确。寻址方式的方便与快捷是衡量 CPU 性能的一个重要指标，C51 单片机有 7 种寻址方式。

3.2.1　立即寻址

立即寻址指以立即数为操作数，因此由指令可直接知道操作数的具体数值，其数值在编制程序时指定，以指令字节的形式存放在程序存储器中。注意的是：立即寻址没有寻址空间，立即数只能作为源操作数，不能作为目的操作数。例如：

```
MOV A, #52H          ;A←52H
MOV DPTR, #5678H     ;DPTR←5678H
```

立即寻址示意图如图 3-1 所示。

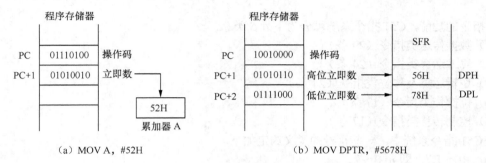

（a）MOV A, #52H   （b）MOV DPTR, #5678H

图 3-1 立即寻址示意图

3.2.2 直接寻址

直接寻址以直接地址为操作数，因此由指令可直接知道操作数所在的具体地址，可为字节地址也可为位地址。例如：

```
MOV A, 52H       ;把片内 RAM 字节地址 52H 单元的内容送累加器 A 中
MOV 50H, 60H     ;把片内 RAM 字节地址 60H 单元的内容送到 50H 单元中
INC DPTR         ;地址指针 DPTR 所指的地址自加 1
```

直接寻址方式示意图如图 3-2 所示。

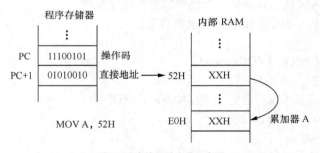

MOV A, 52H

图 3-2 直接寻址方式示意图

在 C51 单片机指令系统中，直接寻址方式可访问 2 种存储空间：（1）内部数据存储器的低 128 个字节单元（00H～7FH）；（2）80H～FFH 中的特殊功能寄存器。指令"MOV A，#52H"与"MOV A，52H"的区别是，前者表示把立即数 52H 送到累加器 A，后者表示把片内 RAM 字节地址为 52H 单元的内容送到累加器 A，即#52H 因为带"#"表示立即数，而 52H 因为无"#"表示地址。

3.2.3 寄存器寻址

寄存器寻址是寄存器直接寻址的简称，是指以寄存器的内容为操作数，寄存器直接给出了操作数的数值。寄存器一般指累加器 A 和工作寄存器 R0～R7。例如：

```
MOV A, Rn          ; A←（Rn）其中 n 的范围为 0～7
MOV Rn, A          ; Rn←（A）
MOV B, A           ; B←（A）
```

寄存器寻址方式的寻址范围包括通用寄存器和部分专用寄存器。

通用寄存器共有 4 组 32 个通用寄存器，但寄存器寻址只能使用当前寄存器组，因此指令中的寄存器名称只能是 R0～R7。在使用本指令前，需通过对 PSW 中 RS1、RS0 位的状态设置来选择当前的寄存器组。

部分专用寄存器包括累加器 A、B 寄存器以及数据指针 DPTR 等。

3.2.4　寄存器间接寻址

寄存器间接寻址是指以寄存器的内容作为操作数的地址，通过寄存器给出操作数的地址，即没有直接给出操作数的数值，而是间接给出。

寄存器间接寻址只能使用寄存器 R0 或 R1 作为地址指针，来寻址内部 RAM（00H～FFH）中的数据。寄存器间接寻址也适用于访问外部 RAM，可使用 R0、R1 或 DPTR 作为地址指针。寄存器间接寻址用符号"@"表示，例如：

```
MOV R0, #31H       ; R0←31H
MOV A, @R0         ; A←（（R0））
```

这两条指令的功能是把 R0 所指出的内部 RAM 地址 31H 单元中的内容送到累加器 A。如果（31H）=20H，则指令的功能是将 20H 这个数送到累加器 A。例如：

```
MOV DPTR, #3456H   ; DPTR←3456H
MOVX A, @DPTR      ; A←（（DPTR））
```

这两条指令的功能是把数据指针 DPTR 所指的 3456H 外部数据存储器的内容传送给 A，如果（3456H）=99H，指令运行后（A）=99H。

寄存器间接寻址方式示意图如图 3-3 所示。

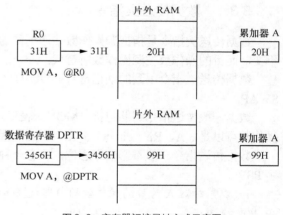

图 3-3　寄存器间接寻址方式示意图

3.2.5　位寻址

C51 单片机中设有独立的位处理器。位操作指令能对内部 RAM 中的位寻址区（20H～2FH）和某些有位地址的特殊功能寄存器进行位操作，实现位状态传送、状态控制、逻辑运算操作。例如：

```
SETB TR0      ; TR0←1
CLR 00H       ; （00H）←0
MOV C, 57H    ; 将 57H 位地址的内容传送到位 C 中
ANL C, 5FH    ; 将 5FH 位状态与位 C 相与，结果放在 C 中
```

3.2.6　基址寄存器加变址寄存器间接寻址

基址寄存器加变址寄存器间接寻址方式用于访问程序存储器中的数据表格，它以基址寄存器（DPTR 或 PC）的内容为基本地址，加上变址寄存器 A 的内容形成 16 位的地址，访问程序存储

器中的数据表格。通常将基址寄存器加变址寄存器间接寻址简称为基址+变址寻址。例如：

```
MOVC A, @A+DPTR
MOVC A, @A+PC
JMP @A+DPTR
```

基址寄存器加变址寄存器间接寻址方式示意图如图 3-4 所示。

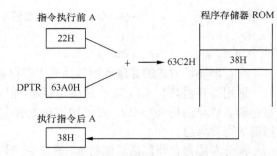

图 3-4 基址寄存器加变址寄存器间接寻址方式示意图

3.2.7 相对寻址

相对寻址以程序计数器 PC 的当前值作为基地址，与指令中给出的相对偏移量 rel 进行相加，把所得之和作为程序的转移地址。这种寻址方式用于相对转移指令中，指令中的相对偏移量是一个 8 位带符号数，用补码表示，可正可负，转移的范围为-128～+127。例如：

```
JZ LOOP
DJNE R0, DISPLAY
```

3.3 指令系统

3.3.1 数据传送类指令

数据传送类指令是指把源操作数传送到目的操作数。因此，执行完该指令后，源操作数保持不变，而目的操作数被源操作数所替代。

数据传送类指令用到的助记符有：MOV，MOVX，MOVC，XCH，XCHD，PUSH，POP，SWAP。

数据一般传送指令用助记符"MOV"表示。其格式为 MOV [目的操作数], [源操作数]。源操作数可以是：A、Rn、direct、@Ri、#data。目的操作数可以是：A、Rn、direct、@Ri。

数据传送指令一般不影响标志位，只有一种堆栈操作，即"POP PSW"可直接修改程序状态字 PSW。

1. 以累加器 A 为目的操作数的内部数据传送指令

```
MOV A, Rn          ; A←(Rn)
MOV A, direct      ; A←(direct)
MOV A, @Ri         ; A←((Ri))
MOV A, #data       ; A←data
```

这组指令的功能是把源操作数的内容送入累加器 A。例如"MOV A，#10H"，该指令执行后，将立即数 10H 送入累加器 A 中。

2. 数据传送到工作寄存器 Rn 指令

```
MOV Rn, A          ; Rn←(A)
MOV Rn, direct     ; Rn←(direct)
MOV Rn, #data      ; Rn←data
```

这组指令的功能是把源操作数的内容送入当前工作寄存器区 R0～R7 中的某个寄存器。指令中 Rn 在内部数据存储器中的地址由当前的工作寄存器区选择位 RS1、RS0 确定，地址是 00H～07H、08H～0FH、10H～17H、18H～1FH。例如，MOV R0, A，若当前 RS1、RS0 设置为 00（即工作寄存器 0 区），执行该指令后，将累加器 A 中的数据传送至工作寄存器 R0 中。

3. 数据传送到内部 RAM 单元或特殊功能寄存器 SFR 的指令

```
MOV direct, A            ; direct←（A）
MOV direct, Rn           ; direct←（Rn）
MOV direct1, direct2     ; direct1←（direct2）
MOV direct, @Ri          ; direct←（（Ri））
MOV direct, #data        ; direct←data
MOV @Ri, A               ; （Ri）←（A）
MOV @Ri, direct          ; （Ri）←（direct）
MOV @Ri, #data           ; （Ri）←data
MOV DPTR, #data16        ; DPTR←data16
```

这组指令的功能是把源操作数的内容送入内部 RAM 单元或特殊功能寄存器，其中第三条指令和最后一条指令都是三字节指令。第三条指令的功能很强，能实现内部 RAM 之间、特殊功能寄存器之间或特殊功能寄存器与内部 RAM 之间的直接数据传送。最后一条指令是将 16 位的立即数送入数据指针寄存器 DPTR 中。

片内数据 RAM 及寄存器的数据传送指令 MOV、PUSH 和 POP 共 18 条，如图 3-5 所示。

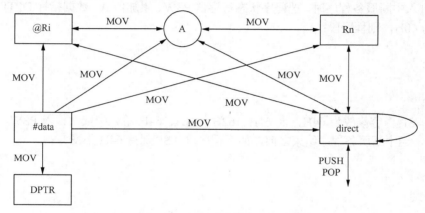

图 3-5　片内 RAM 及寄存器的数据传送指令

4. 累加器 A 与外部数据存储器间的传送指令

```
MOVX A, @DPTR         ; A←（DPTR）
MOVX A, @Ri           ; A←（（Ri））
MOVX @DPTR, A         ; （DPTR）←A
MOVX @Ri, A           ; （Ri）←A
```

这组指令功能可以实现累加器 A 与外部数据存储器 RAM 单元或 I/O 口间的数据传送。前两条指令执行时，P3.7 引脚（$\overline{RD}$）上输出有效信号，用作外部数据存储器的读选通信号；后两条指令执行时，P3.6 引脚（$\overline{WR}$）上输出有效信号，用作外部数据存储器的写选通信号。DPTR 所包含的 16 位地址信息由 P0（低 8 位）和 P2（高 8 位）输出，而数据信息由 P0 口传送，P0 口作分时复用的总线。由 Ri 作为间接寻址寄存器时，P0 口上分时指定 Ri 的 8 位地址信息及传送 8 位数据，指令的寻址范围只限于外部 RAM 的低 256 个单元。

5. 程序存储器内容送累加器 A 指令

```
MOVC A, @A+PC
MOVC A, @A+DPTR
```

这两条查表指令可用来查找存放在程序存储器中的常数表格。第一条指令是以 PC 作为基址寄存器，A 的内容作为无符号数和 PC 的内容（下一条指令的起始地址）相加后得到一个 16 位的地址，并将该地址指出的程序存储器单元的内容送到累加器 A。这条指令的优点是不改变特殊功能寄存器 PC 的状态，只要根据 A 的内容就可取出表格中的常数；缺点是表格只能放在该条指令后面的 256 个单元之中，表格的大小受到限制。第二条指令是以 DPTR 作为基址寄存器，累加器 A 的内容作为无符号数与 DPTR 内容相加，得到一个 16 位的地址，并把该地址指出的程序存储器单元的内容送到累加器 A。这条指令的执行结果只与指针 DPTR 及累加器 A 的内容有关，与该指令存放的地址无关，因此，表格的大小和位置可以在 64KB 程序存储器中任意安排。

6. 堆栈操作指令

```
PUSH direct
POP  direct
```

在 C51 单片机内部 RAM 中，可设定一个先进后出、后进先出的区域，称其为堆栈。在特殊功能寄存器中有一个堆栈指针 SP，它指出栈顶的位置。进栈指令的功能：首先将堆栈指针 SP 的内容加 1，然后将直接地址所指出的内容送入 SP 所指出的内部 RAM 单元。出栈指令的功能：将 SP 所指出的内部 RAM 单元的内容送入由直接地址所指出的字节单元，接着将 SP 的内容减 1。

例如，进入中断服务程序时，把程序状态寄存器 PSW、累加器 A、数据指针 DPTR 进栈保护。设当前 SP 为 60H，则程序段：

```
PUSH PSW
PUSH ACC
PUSH DPL
PUSH DPH
```

执行后，SP 内容修改为 64H，而 61H、62H、63H、64H 单元中依次栈入 PSW、A、DPL、DPH 的内容，当中断服务程序结束之前，如下程序段（SP 保持 64H 不变）：

```
POP  DPH
POP  DPL
POP  ACC
POP  PSW
```

执行后，SP 内容修改为 60H，而 64H、63H、62H、61H 单元的内容依次弹出到 DPH、DPL、A、PSW 中。

C51 提供一个向上的堆栈，因此 SP 置初值时，要充分考虑堆栈的深度，要留出适当的单元空间，以满足堆栈的使用。

7. 字节交换指令

数据交换主要是在内部 RAM 单元与累加器 A 之间进行，有字节和半字节两种交换。

（1）字节交换指令。

```
XCH A, Rn
XCH A, direct
XCH A, @Ri
```

（2）半字节交换指令。

字节单元与累加器 A 进行低 4 位的半字节数据交换，只有一条指令，即"XCHD A, @Ri"。

（3）累加器高低半字节交换指令。

只有一条指令，即："SWAP A"。

【例 3-1】 设：（R0）=30H，（A）=65H，（30H）=8FH。

只执行指令：XCH A，@R0 后，（R0）=
30H，（A）=8FH，（30H）=65H；

只执行指令：CHD A，@R0 后，（R0）=
30H，（A）=6FH，（30H）=85H；

只执行指令：SWAP A 后；（A）=56H。

数据交换指令 XCH、XCHD 和 SWAP 共
5 条，如图 3-6 所示。

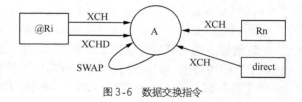

图 3-6　数据交换指令

3.3.2　算术运算类指令

算术运算类指令共有 24 条，包括加、减、乘、除 4 种基本算术运算指令。这 4 种指令能对 8
位的无符号数进行直接运算；借助溢出标志可对带符号数进行补码运算；借助进借位标志，可实
现多字节的加、减运算，同时还可对压缩的 BCD 码进行运算。算术指令用到的助记符共有 8 种：
ADD、ADDC、INC、SUBB、DEC、DA、MUL、DIV。算术运算指令执行结果将影响进位标志
CY、辅助进位标志 AC、溢出标志位 OV，但是加 1 和减 1 指令不影响这些标志。算术运算指令
对标志位的影响如表 3.2 所示。

表 3.2　算术运算指令对标志位影响

标志位	ADD	ADDC	SUBB	DA	MUL	DIV	INC A	DEC A
CY	√	√	√	√	0	0	×	×
AC	√	√	√	√	×	×	×	×
OV	√	√	√	×	√	√	×	×
P	√	√	√	√	√	√	√	√

注：√表示影响标志位，×表示不影响标志位，0 表示清零。

1. 加法指令

加法指令分为普通加法指令、带进位加法指令和加 1 指令。

（1）普通加法指令。

```
ADD  A, Rn         ; A←（A）+（Rn）
ADD  A, direct     ; A←（A）+（direct）
ADD  A, @Ri        ; A←（A）+（（Ri））
ADD  A, #data      ; A←（A）+ data
```

这组指令的功能是将累加器 A 的内容与源操作数相加，并将结果放在累加器 A 中。相加过程
中如果位 7（D7）有进位，则进位标志 CY 置"1"，否则清"0"；如果位 3（D3）位有进位，
则辅助进位标志 AC 置"1"，否则清"0"。对于无符号数相加，若 CY 置"1"，说明和数溢出
（大于 255）。对于带符号数相加时，和数是否溢出（大于+127 或小于-128），可通过溢出标志
OV 来判断，若 OV 置为"1"，说明和数溢出。

【例 3-2】设（A）=85H，R0=20H，（20H）=AFH，执行指令：ADD A，@R0 后，结果：
（A）=34H，CY=1，AC=1，OV=1。

对于加法，溢出只能发生在两个加数符号相同的情况。在进行带符号数的加法运算时，溢出
标志 OV 是一个重要的编程标志，利用它可判断两个带符号数相加得到的和数是否溢出。

（2）带进位加法指令。

```
ADDC A, Rn           ; A←（A）+（Rn）+（CY）
```

```
ADDC  A, direct    ; A←(A)+(direct)+(CY)
ADDC  A, @Ri       ; A←(A)+((Ri))+(CY)
ADDC  A, #data     ; A←(A)+data+(CY)
```

这组指令的功能与普通加法指令类似，唯一的不同之处是在执行加法时，还要将上一次进位标志 CY 的内容也一起加进去，对于标志位的影响也与普通加法指令相同。

【例 3-3】 设（A）=85H，（20H）=FFH，CY=1 执行指令：ADDC A, 20H 后，结果：（A）= 85H，CY=1，AC=1，OV=0。

（3）增量指令（加 1 指令）。

```
INC  A           ; A←(A)+1
INC  Rn          ; Rn←(Rn)+1
INC  direct      ; direct←(direct)+1
INC  @Ri         ; (Ri)←((Ri))+1
INC  DPTR        ; DPTR←(DPTR)+1
```

这组指令的功能是将指令中操作数的内容加 1。若原来的内容为 FFH，则加 1 后将产生溢出，使操作数的内容变成 00H，但不影响任何标志。最后一条指令是对 16 位的数据指针寄存器 DPTR 执行加 1 操作，指令执行时，先对低 8 位指针 DPL 的内容加 1，当产生溢出时就对高 8 位指针 DPH 加 1，但不影响任何标志。

【例 3-4】 设（A）=12H，（R3）=0FH，（35H）=4AH，（R0）=56H，（56H）=00H，执行如下指令：

```
INC  A           ; 执行后（A）=13H
INC  R3          ; 执行后（R3）=10H
INC  35H         ; 执行后（35H）=4BH
INC  @R0         ; 执行后（56H）=01H
```

（4）十进制调整指令。

```
DA A
```

这条指令对累加器 A 参与的 BCD 码加法运算所获得的 8 位结果进行十进制调整，使累加器 A 中的内容调整为二位压缩型 BCD 码的数。使用时必须注意，它只能跟在加法指令之后，不能对减法指令的结果进行调整，且其结果不影响溢出标志位。

执行该指令时，判断 A 中的低 4 位是否大于 9，若大于则低 4 位加 6；如果 A 中的高 4 位大于 9 则高 4 位加 6。

例如：有两个 BCD 数 36H 与 45H 相加，结果应为 BCD 码 81H，程序如下：

```
MOV A, #36H
ADD A, #45H
DA A
```

这段程序中，第一条指令将立即数 36H（BCD 码 36H）送入累加器 A；第二条指令进行如下加法：

```
     0011  0110        36
  +  0100  0101        45
     ───────────       ────
     0111  1011        7B
  +  0000  0110        06
     ───────────       ────
     1000  0001        81
```

得结果 7BH；第三条指令对累加器 A 进行十进制调整，低 4 位（为 0BH）大于 9，因此要加 6，最后得到调整的 BCD 码 81H。

2. 减法指令

（1）带进位减法指令。

```
SUBB  A, Rn          ; A←(A)－(Rn)－(CY)
SUBB  A, direct      ; A←(A)－(direct)－(CY)
SUBB  A, @Ri         ; A←(A)－(Ri)－(CY)
SUBB  A, #data       ; A←(A)－data－(CY)
```

这组指令的功能是将累加器 A 的内容与源操作数及进位标志相减，结果送回到累加器 A 中。在执行减法过程中，如果位 7（D7）有借位，则进位标志 CY 置"1"，否则清"0"；如果位 3（D3）有借位，则辅助进位标志 AC 置"1"，否则清"0"。若要进行不带借位的减法操作，则必须先将 CY 清"0"。

（2）减 1 指令。

```
DEC  A          ; A←(A)－1
DEC  Rn         ; Rn←(Rn)－1
DEC  direct     ; direct←(direct)－1
DEC  @Ri        ; (Ri)←((Ri))－1
```

这组指令的功能是将操作数内容减 1。如果原来的操作数为 00H，则减 1 后将产生溢出，使操作数变成 FFH，但不影响任何标志。

3. 乘法指令

乘法指令完成单字节的乘法，只有一条指令，即"MUL AB"。

这条指令的功能是将累加器 A 的内容与寄存器 B 的内容相乘，乘积的低 8 存放在累加器 A 中，高 8 位存放于寄存器 B 中，如果乘积超过 FFH，则溢出标志 OV 置"1"，否则清"0"，进位标志 CY 总是被清"0"。

【例 3-5】 设（A）＝50H，（B）＝A0H，执行指令：MUL AB，结果：（B）＝32H，（A）＝00H（即乘积为 3200H），CY＝0，OV＝1。

4. 除法指令

除法指令完成单字节的除法，只有一条指令，即"DIV AB"。

这条指令的功能是将累加器 A 中的内容除以寄存器 B 中的 8 位无符号整数，所得商的整数部分放在累加器 A 中，余数部分放在寄存器 B 中，进借位标志 CY 和溢出标志 OV 都为"0"。若原来 B 中的内容为 0，则执行该指令后 A 与 B 中的内容不能确定，并将溢出标志 OV 置"1"，在任何情况下，进借位标志 CY 总是被清"0"。

3.3.3　逻辑运算类指令

逻辑运算指令共有 24 条，分为简单逻辑操作指令、逻辑与指令、逻辑或指令和逻辑异或指令。逻辑运算指令用到的助记符有 CLR、CPL、ANL、ORL、XRL、RL、RLC、RR、RRC。

1. 简单逻辑操作指令

```
CLR   A    ; 累加器 A 的内容清"0"
CPL   A    ; 累加器 A 的内容按位取反
RL    A    ; 累加器 A 的内容向左循环移 1 位
RLC   A    ; 累加器 A 的内容带进位标志向左循环移 1 位
RR    A    ; 累加器 A 的内容向右循环移 1 位
RRC   A    ; 累加器 A 的内容带进位标志向右循环移 1 位，如图 3-8 所示。
```

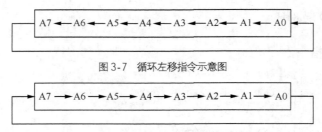

图 3-7　循环左移指令示意图

图 3-8　循环右移指令示意图

这组指令的功能是对累加器 A 的内容进行简单的逻辑操作，除了带进位的移位指令外，其他都不影响 CY、AC、OV 等标志。

2. 逻辑与指令

```
ANL  A, Rn            ; A←（A）∧（Rn）
ANL  A, direct        ; A←（A）∧（direct）
ANL  A, @Ri           ; A←（A）∧（（Ri））
ANL  A, #data         ; A←（A）∧ data
ANL  direct, A        ; direct←（direct）∧（A）
ANL  direct, #data    ; direct←（direct）∧ data
```

这组指令的功能是将两个操作数的内容按位进行逻辑与操作，并将结果送回目的操作数的单元中。

【例 3-6】　设（A）＝37H，（R0）＝A9H，执行指令：ANL A，R0，执行后（A）＝21H。

3. 逻辑或指令

```
ORL  A, Rn            ; A←（A）∨（Rn）
ORL  A, direct        ; A←（A）∨（direct）
ORL  A, @Ri           ; A←（A）∨（（Ri））
ORL  A, #data         ; A←（A）∨ data
ORL  direct, A        ; direct←（direct）∨（A）
ORL  direct, #data    ; direct←（direct）∨ data
```

这组指令的功能是将两个操作数的内容按位进行逻辑或操作，并将结果送回目的操作数的单元中。

【例 3-7】　设（A）＝37H，（P1）＝09H，执行指令：ORL A，P1，结果：（A）＝3FH。

4. 逻辑异或指令

```
XRL  A, Rn            ; A←（A）⊕（Rn）
XRL  A, direct        ; A←（A）⊕（direct）
XRL  A, @Ri           ; A←（A）⊕（（Ri））
XRL  A, #data         ; A←（A）⊕ data
XRL  direct, A        ; direct←（direct）⊕（A）
XRL  direct, #data    ; direct←（direct）⊕data
```

这组指令的功能是将两个操作数的内容按位进行逻辑异或操作，并将结果送回目的操作数的单元中。

3.3.4　控制转移类指令

控制转移指令共有 17 条，不包括按布尔变量控制程序转移指令。其中有 64K 范围的长调用、长转移指令；2KB 范围的绝对调用和绝对转移指令；有全空间的长相对转移和一页范围内的短相对转移指令；还有多种条件转移指令。这类指令用到的助记符共有 10 种：AJMP、LJMP、SJMP、JMP、ACALL、LCALL、JZ、JNZ、CJNE 和 DJNZ。

1. 无条件转移指令

（1）绝对转移指令。

```
AJMP addr11
```

这是 2KB 范围内的无条件跳转指令。执行该指令时，先将 PC+2，然后将 addr11 送入 PC10～PC0，而 PC15～PC11 保持不变，这样得到跳转的目的地址。需要注意的是，目标地址与 AJMP 后一条指令的第一个字节必须在同一 2KB 区域的存储器区域内。操作过程可表示为：PC←（PC）+2；PC10～PC0←addr11。

例如，程序存储器的 2070H 地址单元有绝对转移指令：

2070H　　AJMP　16AH（00101101010B）

程序计数器 PC 当前=PC+2=2070H+02H=2072H，取其高 5 位 00100 和指令机器代码给出的 11 位地址 00101101010，最后形成的目的地址为：0010 0001 0110 1010B=216AH。

（2）相对转移指令。

```
SJMP  rel
```

执行指令时，先将 PC+2，再把指令中带符号的偏移量加到 PC 上，得到跳转的目的地址送入 PC。

目标地址=源地址+2+rel。源地址是 SJMP 指令操作码所在的地址。相对偏移量 rel 是一个用补码表示的 8 位带符号数，转移范围为当前 PC 值的-128～+127，共 256 个单元。

若偏移量 rel 取值为 FEH（-2 的补码），则目标地址等于源地址，相当于动态停机，程序终止在这条指令上。停机指令在调试程序时很有用。C51 没有专用的停机指令，若要求动态停机可用 SJMP 指令来实现。

```
HERE: SJMP  HERE;  动态停机（80H，FEH）
```

或写成：SJMP $，其中"$"表示本指令首字节所在单元的地址，使用它可省略标号。

（3）长跳转指令。

```
LJMP addr16 ; PC ←addr16
```

执行该指令时，将 16 位目标地址 addr16 装入 PC，程序无条件转向指定的目标地址。转移指令的目标地址可以是 64KB 程序存储器地址空间的任何地方，不影响任何标志。

（4）间接转移指令（散转指令）。

```
JMP @A+DPTR ; PC ←（A）＋（DPTR）
```

这条指令的功能是把累加器 A 中的 8 位无符号数与数据指针 DPTR 的 16 位数相加，相加之和作为下一条指令的地址送入 PC 中，不改变 A 和 DPTR 的内容，也不影响标志。间接转移指令采用变址方式实现无条件转移，其特点是转移地址可在程序运行中加以改变。例如，当把 DPTR 作为基地址且确定时，根据 A 的不同值就可以实现多分支转移，故一条指令可完成多条件判断转移指令功能。这种功能称为散转功能，所以间接转移指令又称为散转指令。

2. 条件转移指令

```
JZ  rel     ; （A）=0 转移
JNZ  rel    ; （A）≠0 转移
```

这类指令是依据累加器 A 的内容是否为 0 的条件转移。条件满足时转移（相当于一条相对转移指令），条件不满足时则顺序执行下面一条指令。转移的目标地址在以下一条指令的起始地址为中心的 256 个字节范围之内（-128～+127）。当条件满足时，PC←（PC）+2+rel，其中（PC）

为该条件转移指令的第一个字节的地址。

3. 比较转移指令

在 C51 中没有专门的比较指令，但提供了下面 4 条比较不相等转移指令。

```
CJNE  A, direct, rel     ;（A）≠（direct）转移
CJNE  A, #data, rel      ;（A）≠ data 转移
CJNE  Rn, #data, rel     ;（Rn）≠ data 转移
CJNE  @Ri, #data, rel    ;（（Ri））≠ data 转移
```

这组指令的功能是比较前面两个操作数的大小，如果它们的值不相等则转移。转移地址的计算方法与上述两条指令相同。如果第一个操作数（无符号整数）小于第二个操作数，则进位标志 CY 置"1"，否则清"0"，但不影响任何操作数的内容。

4. 减 1 不为 0 转移指令

```
DJNZ  Rn, rel          ;Rn←（Rn）−1≠0 转移
DJNZ  direct, rel      ;direct ←（direct）−1≠0 转移
```

这两条指令把源操作数减 1，结果回送到源操作数中去，如果结果不为 0 则转移，否则顺序执行。

5. 调用及返回指令

在程序设计中，通常把具有一定功能的公用程序段编成子程序，当子程序需要使用子程序时用调用指令，而在子程序的最后安排一条子程序返回指令，以便执行完子程序后能返回主程序继续执行。

（1）绝对调用指令。

```
ACALL  addr11
```

这是一条 2KB 范围内的子程序调用指令，执行该指令时的过程如下。

$PC \leftarrow PC+2$

$SP \leftarrow (SP)+1，(SP) \leftarrow (PC_7 \sim PC_0)$

$SP \leftarrow (SP)+1，(SP) \leftarrow (PC_{15} \sim PC_8)$

$PC_{10} \sim PC_0 \leftarrow addr11$

（2）长调用指令。

```
LCALL  addr16
```

这条指令无条件调用位于 16 位地址 addr16 的子程序。执行该指令时，先将 PC+3 以获得下条指令的首地址，并把它入堆栈（先低字节后高字节），SP 内容加 2，然后将 16 位地址放入 PC 中，转去执行以该地址为入口的程序。LCALL 指令可调用 64KB 范围内任何地方的子程序。指令执行后不影响任何标志，其操作过程如下。

$PC \leftarrow PC+3$

$SP \leftarrow (SP)+1，(SP) \leftarrow (PC_7 \sim PC_0)$

$SP \leftarrow (SP)+1，(SP) \leftarrow (PC_{15} \sim PC_8)$

$PC_{10} \sim PC_0 \leftarrow addr16$

（3）子程序返回指令。

```
RET
```

（4）中断返回指令。

```
RETI
```

RETI 指令的功能与 RET 指令相类似，通常安排在中断服务程序的最后。

（5）空操作指令。

```
NOP  ; PC ←PC＋1
```

空操作也是 CPU 控制指令，它没有使程序转移的功能，只消耗一个机器周期的时间。常用于程序等待或延时。

3.3.5　位操作指令

C51 指令系统加强了对位变量的处理能力，具有丰富的位操作指令。位操作指令的操作对象是内部 RAM 的位寻址区，即字节地址为 20H～2FH 单元中连续的 128 位，以及特殊功能寄存器中可进行位寻址的位。位操作指令包括布尔变量的传送、逻辑运算、控制转移等指令，共 17 条，助记符有 MOV、CLR、CPL、SETB、ANL、ORL、JC、JNC、JB、JNB 和 JBC，共 11 种。

在布尔处理机中，进位标志 CY 的作用相当于 CPU 中的累加器 A，通过 CY 完成位的传送和逻辑运算。指令中位地址的表达方式有以下几种。

（1）直接地址方式：如 A8H。

（2）点操作符方式：如 IE.0。

（3）位名称方式：如 EX0。

（4）用户定义名方式：如用伪指令 BIT 定义 BZD0 BIT EX0，经定义后，允许指令中使用 ZD0 代替 EX0。

以上 4 种方式都是指中断控制寄存器 IE 中的位 0（外部中断 0 允许位 EX0），它的位地址是 A8H，而名称为 EX0，用户定义名为 BDZ0。

1. 位传送指令

```
MOV C, bit    ; CY←(bit)
MOV bit, C    ; bit←(CY)
```

这组指令的功能是把源操作数的布尔变量送到目的操作数的位地址单元，其中一个操作数必须为进位标志 CY，另一个操作数可以是任何可直接寻址位。

2. 位修改指令

```
CLR  C        ; CY ←0
CLR  bit      ; bit ←0
CPL  C        ; CY ←(/CY)
CPL  bit      ; bit ←(/bit)
SETB C        ; CY ←1
SETB bit      ; bit ←1
```

这组指令对操作数的位进行清"0"、取反、置"1"操作，不影响其他标志。

3. 位逻辑与指令

```
ANL  C, bit   ; CY ←(CY)∧(bit)
ANL  C, /bit  ; CY ←(CY)∧(/bit)
```

4. 位逻辑或指令

```
ORL  C, bit   ; CY ←(CY)∨(bit)
ORL  C, /bit  ; CY ←(CY)∨(/bit)
```

5. 位变量条件转移指令

```
JC   rel      ; 若（CY）=1，则转移 PC←(PC)+2+rel
JNC  rel      ; 若（CY）=0，则转移 PC←(PC)+2+rel
JB   bit, rel ; 若（bit）=1，则转移 PC←(PC)+3+rel
```

```
JNB    bit, rel       ;若 (bit) =0，则转移 PC←(PC)+3+rel
JBC    bit, rel       ;若 (bit) =1，则转移 PC←(PC)+3+rel，并 bit←0
```

这组指令的功能是当某一特定条件满足时，执行转移操作指令（相当于一条相对转移指令）；条件不满足时，顺序执行下面的一条指令。前面 4 条指令在执行中不改变条件位的值，最后一条指令在转移时将 bit 位清"0"。

【例 3-8】 指出下列程序段的每条指令的寻址方式，并写出每步运算的结果。

设程序存储器（1050H）=5AH。

MOV A, #0FH	A=0FH，立即寻址
MOV 30H, #0F0H	（30H）=F0H，立即寻址
MOV R2, A	R2=0FH，寄存器寻址
MOV R1, #30H	R1=30H，立即寻址
MOV A, @R1	A=F0H，寄存器间接寻址
MOV DPTR, #1000H	DPTR=1000H，立即寻址
MOV A, #50H	A=50H，立即寻址
MOVC A, @A+DPTR	A=5AH，基址变址寻址
JMP @A+DPTR	PC 目标=105AH，基址变址寻址
CLR C	C=0，寄存器寻址
MOV 20H, C	（20H）=0，寄存器寻址

【例 3-9】 用数据传送指令实现下列要求的数据传送。

（1）R0 的内容传送到 R1。

（2）内部 RAM20H 单元的内容传送到 A。

（3）外部 RAM30H 单元的内容送到 R0。

（4）外部 RAM30H 单元的内容传送到内部 RAM20H 单元。

（5）外部 RAM1000H 单元的内容传送到内部 RAM20H 单元。

（6）程序存储器 ROM2000H 单元的内容送到 R1。

（7）ROM2000H 单元的内容传送到内部 RAM20H 单元。

（8）ROM2000H 单元的内容传送到外部 RAM30H 单元。

（9）ROM2000H 单元的内容送到外部 RAM1000H 单元。

解： （1）
```
MOV    A, R0
MOV    R1, A
```
（2）
```
MOV    A, 20H
```
（3）
```
MOV    R0, #30H
MOVX   A, @R0
MOV    R0, A
```
（4）
```
MOV    R0, #30H
MOVX   A, @R0
MOV    20H, A
```
（5）
```
MOV    DPTR, #1000H
MOVX   A, @DPTR
MOV    20H, A
```

```
（6）MOV    DPTR, #2000H
    CLR    A
    MOVC   A, @A+DPTR
    MOV    R1, A
（7）MOV    DPTR, #2000H
    CLR    A
    MOVC   A, @A+DPTR
    MOV    20H, A
（8）MOV    DPTR, #2000H
    CLR    A
    MOVC   A, @A+DPTR
    MOV    R0, #30H
    MOVX   @R0, A
（9）MOV    DPTR, #2000H
    CLR    A
    MOVC   A, @A+DPTR
    MOV    DPTR, #1000H
    MOVX   @DPTR, A
```

3.4　汇编语言及其程序设计

3.4.1　汇编语言语句的种类和格式

汇编语言语句有两种基本类型：指令语句和伪指令语句。指令语句：每一条指令语句在汇编时都产生一个指令代码——机器代码。伪指令语句：为汇编服务，在汇编时无机器代码与之对应。下面是一段汇编语言程序的四分段书写格式。

标号字段	操作码字段	操作数字段	注释字段
START:	MOV	A, #00H	; 0→A
	MOV	R1, #10	; 10→R1
	MOV	R2, #00000011B	; 3→R2
LOOP:	ADD	A, R2	; （A）+（R2）→A
	DJNZ	R1, LOOP	; R1 内容减 1 不为零, 则循环
	NOP		
HERE:	SJMP HERE		

汇编语言语句基本语法规则按以下几方面考虑。

1. 标号字段

标号字段是语句所在地址的标志符号。

（1）标号后边必须紧跟冒号"："。

（2）由 1～8 个 ASCII 字符组成。

（3）同一标号在一个程序中只能定义一次。

（4）不能使用汇编语言已经定义的符号作为标号。

2. 操作码字段

汇编程序就是根据操作码字段来生成机器代码。

3. 操作数字段

通常有单操作数、双操作数和无操作数 3 种情况。如果是双操作数，则操作数间要用逗号隔开。

（1）十六进制、二进制和十进制形式的操作数表示。

常用十六进制形式来表示源操作数，特殊场合才用二进制或十进制的表示形式。用十六进制形式表示时后缀"H"，二进制后缀"B"，十进制后缀"D"，D 也可省略。若十六进制的操作数以字符 A～F 中的某个开头时，则需在它前面加一个"0"，以便在汇编时把它和字符 A～F 区分。

（2）工作寄存器和特殊功能寄存器的表示。

采用工作寄存器和特殊功能寄存器的代号来表示，也可用其地址来表示。例如，累加器可用 A（或 Acc）表示，也可用 E0H 来表示，E0H 为累加器 A 的地址。

（3）美元符号$的使用。

用于表示该转移指令操作码所在的地址。如指令"JNB F0，$"与指令"HERE：JNB F0，HERE"等价。

4. 注释字段

必须以分号"；"开头，换行书写时也必须以分号"；"开头。

3.4.2　伪指令语句

在 C51 单片机汇编语言源程序中应有向汇编程序发出的指示信息，告诉它如何完成汇编工作，这些要通过使用伪指令来实现，也称为汇编程序控制命令。只有在汇编前的源程序中才有伪指令，经过汇编得到目标程序（机器代码）后，伪指令已无存在的必要，所以"伪"体现在汇编时。伪指令没有产生相应的机器代码。常用的伪指令主要有以下 5 种。

1. ORG 地址对准命令

在汇编语言源程序的开始和中断程序入口地址，通常都用一条 ORG 伪指令来实现规定程序的起始地址。如不用 ORG 规定，则汇编得到的目标程序将从 0000H 开始。例如：

```
ORG 2000H

START: MOV  A,#00H
```

规定标号 START 代表地址从 2000H 开始。

在一个源程序中，可多次使用 ORG 指令，来规定不同的程序段的起始地址。但是，地址必须由小到大排列，地址不能交叉、重叠。例如：

```
ORG  2000H
    ⋮
ORG  2500H
    ⋮
ORG  3000H
    ⋮
```

2. END 汇编终止命令

汇编语言源程序的结束标志，用于终止源程序的汇编工作，END 后面的语句将不会被 CPU 执行。在整个源程序中只能有一条 END 命令，且位于程序的最后。

3. DB 定义字节命令

在程序存储器的连续单元中定义字节数据。

```
ORG 2000H

DB 30H, 40H, 24, "C", "B"
```

汇编后：（2000H）=30H，（2001H）=40H，（2002H）=18H，（2003H）=43H（字符 "C" 的 ASCII 码），（2004H）=42H（字符 "B" 的 ASCII 码）。

DB 功能是从指定单元开始定义（存储）若干个字节，十进制数自然转换成十六进制数，字母按 ASCII 码存储。

4. DW 定义数据字命令

从指定的地址开始，在程序存储器的连续单元中定义 16 位的数据字。例如：

```
ORG 2000H
DW 1246H, 7BH, 10
```

汇编后：（2000H）=12H，（2001H）=46H，第 1 个字；（2002H）=00H，（2003H）=7BH，第 2 个字；（2004H）=00H，（2005H）=0AH，第 3 个字。

5. EQU 赋值命令

用于给标号赋值。赋值以后其标号值在整个程序有效。例如：

```
TEST EQU 2000H
```

表示标号 TEST=2000H，在汇编时，凡是遇到标号 TEST 时，均以 2000H 代替。

3.4.3　汇编语言程序设计步骤

汇编语言程序的设计一般有如下步骤。

（1）分析问题，确定算法。

（2）根据算法，画出程序流程图。

（3）分配内存工作区及有关端口地址。

（4）编写程序。

（5）上机调试。

编写完毕的程序，必须 "汇编" 成机器代码，才能调试和运行，调试与硬件有关的程序还要借助于仿真开发工具并与硬件连接。汇编语言源程序 "翻译" 成机器代码（指令代码）的过程称为 "汇编"。汇编可分为手工汇编和机器汇编两类。

1. 手工汇编

人工查表翻译指令。但遇到的相对转移指令的偏移量计算时，要根据转移的目标地址计算偏移量，不仅麻烦，且容易出错，因此目前基本不用手工汇编。

2. 机器汇编

用编辑软件进行源程序的汇编。源程序编辑完成后，生成一个 ASCII 码文件，扩展名为 ".ASM"。然后在微计算机上运行汇编程序，把源程序翻译成机器代码。C51 单片机的应用程序的完成，应经过 3 个步骤。

（1）在微计算机上，运行编辑程序，进行源程序的输入和编辑。

（2）对源程序进行交叉汇编得到机器代码。

（3）通过微计算机的串行口、并行口或 USB 接口把机器代码传送到用户样机（或在线仿真器）进行程序的调试和运行。

3.4.4　汇编语言程序设计与程序结构

汇编语言程序有 3 种基本结构：顺序结构、分支结构和循环结构，另外还有子程序和中断服务子程序。

1. 顺序结构

【例 3-10】　程序初始化。初始化是为变量、寄存器、存储单元赋初值，是最简单、最常用的操作。如将 R0～R3、P1、30H 和 40H 单元初始化为 0，把 R4、R5 初始化为 FFH。

参考程序如下。

```
ORG   0000H              ; PC 起始地址
LJMP  START              ; 转主程序
ORG   0030H              ; 主程序起始地址
START: MOV SP, #68H      ; 设置堆栈空间
       MOV R0, #00H      ; 初始化
       MOV R1, #00H
       MOV R2, #00H
       MOV R3, #00H
       MOV P1, #00H
       MOV R4, #0FFH
       MOV R5, #0FFH
       MOV 30H, #00H
       MOV 40H, #00H
HERE:  SJMP HERE         ; 反复执行该指令，相当于等待
       END
```

【例 3-11】 逻辑运算。逻辑操作在控制过程中经常使用，掌握逻辑运算的特点是提高程序效率的重要途径之一。在逻辑运算中，进位标志 CY 的地位很特殊，大多数逻辑操作要通过 CY 来完成。用程序实现图 3-9 所示的逻辑电路功能。

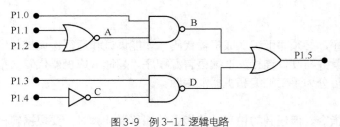

图 3-9　例 3-11 逻辑电路

参考程序如下。

```
ORG        0000H
LJMP       START
ORG        0030H
START: MOV SP, #68H;设置堆栈空间
MOV  P1, #1FH          ; P1.0～P1.4 设置为输入
LOOP:  MOV C, P1.1
       ORL C, P1.2     ; P1.1 与 P1.2 逻辑或运算
       CPL C           ; 取反
       ANL C, P1.0     ; C 与 P1.0 逻辑与运算
       CPL C
       MOV 07H, C      ; C 暂存于 07H 位单元中
       MOV C, P1.3
       ANL C, /P1.4    ; P1.3 与 P1.4 的反逻辑与运算
```

```
CPL C
ORL C, 07H
MOV P1.5, C        ;把结果在 P1.5 口输出
SJMP $             ;原地等待
END
```

2. 分支结构

分支程序的主要特点是程序包含有判断环节，不同的条件对应不同的执行路径。编程的关键是合理选用具有逻辑判断功能的指令。由于选择结构程序的走向不是单一的，因此，在程序设计时，应该借助程序流程图（判断框）来明确程序的走向，避免犯逻辑错误。一般情况下，每个选择分支均需单独一段程序，并有特定的名字，以便当条件满足时实现转移。

（1）单分支选择结构。

当程序的判断条件是二选一时，称为单分支选择结构。通常用条件转移指令实现判断及转移，单分支选择结构有 3 种典型表现形式，如图 3-10 所示。

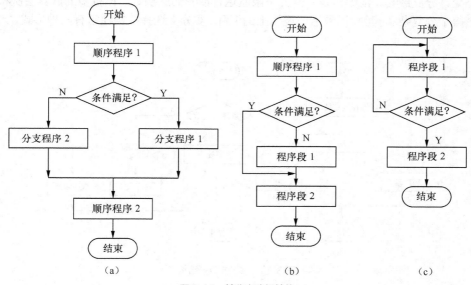

图 3-10　单分支选择结构

在图 3-10（a）中，当条件满足时执行分支程序 1，否则执行分支程序 2。

在图 3-10（b）中，当条件满足时跳过程序段 1，从程序段 2 顺序执行；否则顺序执行程序段 1 和程序段 2。

在图 3-10（c）中，当条件满足时程序顺序执行程序段 2；否则重复执行程序段 1，直到条件满足为止。

由于条件转移指令均属相对寻址方式，其相对偏移量 rel 是个带符号的 8 位二进制数，可正可负。因此，它可向高地址方向转移，也可向低地址方向转移。

对于第三种形式，可用程序段 1 重复执行的次数作为判断条件，当重复次数达到某一数值时，停止重复，程序顺序往下执行，用这种方式可方便实现状态检测。单分支程序一般要使用状态标志，并应注意标志位的建立。

【例 3-12】设 a 存放在累加器 A 中，b 存放在寄存器 B 中，若 $a \geqslant 0$，$Y=a-b$；若 $a<0$，则 $Y=a+b$。经分析，本例的关键是判断 a 的正负，因此可通过判断 ACC.7 来实现。

```
ORG   0000H
JMP   BR
ORG   0030H
BR:   MOV SP,#68H    ; 设置堆栈空间
JB    ACC.7, MINUS   ; 负数，转到MINUS
CLR   C              ; 清进位位
SUBB A, B            ; A-B
SJMP DONE
MINUS: ADD  A, B     ; A+B
DONE: SJMP  $        ; 等待
END
```

（2）多分支选择结构。

当程序的判别输出有两个以上的出口流向时，称为多分支选择结构，C51 单片机的多分支结构程序还允许分支嵌套。汇编语言本身并不限制这种嵌套的层次数，但过多的嵌套层次将使程序的结构变得十分复杂和臃肿，以致造成逻辑上的混乱。多分支选择结构通常有两种形式，如图 3-11 所示。

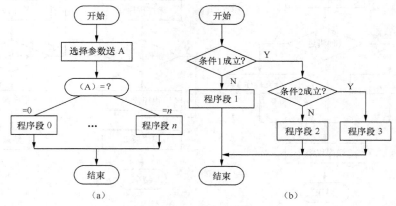

图 3-11　多分支选择结构

C51 单片机的散转指令和比较指令均可实现多分支转移，如散转指令 JMP　@A+DPTR，比较指令 CJNE A，direct，rel。使用散转指令前，先将各分支程序编写好，并将各分支程序的入口地址组成一个表格放在一起，把表格的首地址送入 DPTR，把子程序的序号放入 A 中。

3. 循环结构

在实际应用中经常会遇到功能相同，需要多次重复执行某段程序的情况，这时可把该段程序设计成循环结构，这样有助于节省程序存储空间，提高程序质量。循环程序一般由 4 部分组成。

（1）初始化。设置循环过程中有关工作单元的初始值，如循环次数、地址指针及工作单元等。

（2）循环体。循环处理部分，完成主要的计算或操作任务，即重复执行的程序段。

（3）循环控制。每循环一次，就要修改循环次数、数据及地址指针等循环变量，并根据循环结束条件判断是否结束循环。

（4）循环结束处理。对结果进行分析、处理、保存。

循环程序结构有两种，如图 3-12 所示。

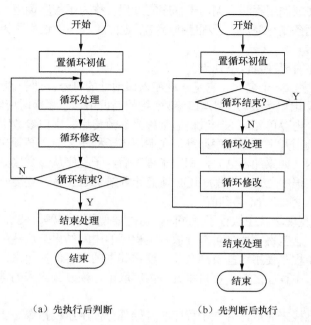

（a）先执行后判断　　　　　　　（b）先判断后执行

图 3-12　循环程序结构

图 3-12（a）所示为"先执行后判断"结构，适用于循环次数已知的情况。其特点是进入循环后，先执行循环处理部分，然后根据循环次数判断是否结束循环。

图 3-12（b）所示为"先判断后执行"结构，适用于循环次数未知的情况。其特点是将循环控制部分放在循环的入口处，先根据循环控制条件判断是否结束循环，若不结束则执行循环操作；若结束则退出循环。

【例 3-13】 50ms 软件延时程序。软件延时程序一般是由"DJNZ Rn，rel"指令构成。执行一条 DJNZ 指令需要 2 个机器周期。软件延时程序的延时时间主要与机器周期和延时程序中的循环次数有关，在使用 12MHz 晶振时，一个机器周期为 1μs，执行一条 DJNZ 指令需 2μs。

参考程序如下。

```
ORG   0000H
LJMP  MAIN
MAIN: SP,#68H        ;设置堆栈空间
DEL:  MOV R7, #125   ;外循环次数，该指令为一个机器周期
DEL1: MOV R6, #200   ;内循环次数
DEL2: DJNZ R6, DEL2  ;200×2＝400μs（内循环时间）
      DJNZ R7, DEL1  ;0.4ms×125＝50ms（外循环时间）
      SJMP $
END
```

4. 子程序

在实际应用中，一些特定的运算或操作经常使用，如多字节加、减、乘、除、代码转换、字符处理等。如果每次遇到这些运算或操作都重复编写程序，不仅会使程序烦琐冗长，而且也浪费编程时间。因此经常把这些功能模块按一定结构编写成固定的程序段即可，当需要时调用这些程序段即可。通常将这种能够完成一定功能、可被其他程序调用的程序段称为子程序。调用子

程序的程序称为主程序或调用程序。调用子程序的过程，称为子程序调用，用"ACALL addr11"和"LCALL addr16"两条指令完成。子程序执行完后返回主程序的过程称为子程序返回，用 RET 指令完成。

（1）在编写子程序时要注意以下几点。

① 要给每个子程序赋一个名字。它是子程序入口地址的符号，便于调用。

② 明确入口参数、出口参数。所谓入口参数，指的是调用该子程序时应给哪些变量传递数值、放在哪个寄存器或哪个内存单元，这一过程通常称为参数传递。出口参数则表明了子程序执行的结果存在何处。例如调用开平方子程序计算，在调用该子程序之前，必须先将 x 值送到主程序与子程序的某一交接处 N（如累加器 A），调用子程序后，子程序从该交接处取得被开方数，并进行开方计算。在返回主程序之前，子程序还必须把计算结果送到另一交接处 M，这样在返回主程序之后，主程序才能从交接处 M 得到值。

③ 保护现场和恢复现场。在执行子程序时，可能要使用累加器、PSW 或某些工作寄存器，而在调用子程序之前，这些寄存器中可能存放有主程序的中间结果，这些中间结果在主程序中仍然有用，这就要求在子程序使用这些资源之前，要将其中的内容保护起来，即保护现场。当子程序执行完毕，即将返回主程序之前，可再将这些内容取出，恢复到原来的寄存器，这一过程称为恢复现场。

保护现场通常用堆栈来完成，并在子程序的开始部分使用压栈指令 PUSH，把需要保护的寄存器内容压入堆栈。当子程序执行结束时，在返回指令 RET 前使用出栈指令 POP，把堆栈中保护的内容弹出到原来的寄存器。由于堆栈操作是"先入后出"的原则，因此，先压入堆栈的参数应该后弹出，才能保证恢复原来的数据。

为了做到子程序有一定的通用性，子程序中的操作对象，尽量用地址或寄存器形式，而不用立即数、绝对地址形式。

（2）子程序的调用与返回。

主程序调用子程序时，CPU 会自动将 PC 中的当前值（调用指令下一条指令地址，称为断点地址）压入堆栈（即保护断点），然后将子程序入口地址送入 PC，使程序转入子程序运行。

子程序的返回是通过返回指令 RET 实现的。这条指令的功能是将堆栈中返回地址（即断点）弹出堆栈，送回到 PC，使程序返回到主程序断点处继续往下执行。子程序调用过程如图 3-13 所示。

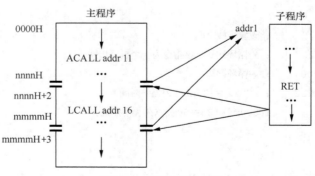

图 3-13　子程序调用过程

子程序嵌套是指在子程序执行过程中，还调用其他子程序。

【**例 3-14**】 求平方。用程序实现 $C = a^2 + b^2$。设 a、b 均小于 10，a 存在 31H 单元，b 存在 32H 单元，把 C 存入 33H 单元。

因本题两次用到平方值，所以在程序中把求平方编为子程序。

子程序名称：SQR。

功能：求平方，通过查平方表来获得。

入口参数：某数在 A 中。

出口参数：某数的平方在 A 中。

参考程序如下。

主程序：

```
ORG    0000H

LJMP   MAIN

MAIN:  MOV  SP, #68H      ; 设堆栈指针

MOV    A, 31H            ; 取 a 值

LCALL  SQR              ; 第一次调用，求 a²

MOV    R1, A            ; a² 值暂存 R1 中

MOV    A, 32H            ; 取 b 值

LCALL  SQR              ; 第二次调用，求 b²

ADD    A, R1            ; 完成 a²＋b²

MOV    33H, A            ; 存结果到 33H

SJMP   $                ; 暂停
```

子程序：

```
SQR:   MOV DPTR, #TAB    ; DPTR 指向平方计算表头

MOVC   A, @A+DPTR        ; 查表取平方值

RET                     ; 子程序返回

TAB: DB  0, 1, 4, 9, 16, 25, 36, 49, 64, 81

END
```

5. 查表程序

数据补偿、修正、计算、转换等各种功能都需要查表来实现，因为查表具有简单、执行速度快等优点。查表就是根据自变量 x，在表格中寻找 y，使 $y=f(x)$。

执行查表指令时，发出读程序存储器选通脉冲 $\overline{\text{PSEN}}$。在 C51 单片机的指令系统中，给用户提供了两条查表指令：MOVC A，@A+DPTR 和 MOVC A，@A+PC。

指令"MOVC A，@A+DPTR"完成把 A 中的内容作为一个无符号数与 DPTR 中的内容相加，所得结果为某一程序存储单元的地址，然后把该地址单元中的内容送到累加器 A 中。

指令"MOVC A，@A+PC"以 PC 作为基址寄存器，PC 的内容和 A 的内容作为无符号数，相加后所得的数作为某一程序存储器单元的地址，根据地址取出程序存储器相应单元中的内容送到累加器 A 中。指令执行完，PC 的内容不变，仍指向查表指令的下一条指令。该指令的优点在于预处理较少且不影响其他特殊功能寄存器的值，所以不必保护其他特殊功能寄存器的原值。

【例 3-15】　在一个以 C51 单片机为核心的温度控制器中，温度传感器的输出电压与温度为非线性关系，设传感器的输出电压已由 A/D 转换为 10 位二进制数。根据测得不同温度下的电压值数据构成一个表，表中放温度 y。设测得的电压值 x 放入 R2R3 中，根据电压值 x，查找对应的温度值 y，仍放入 R2R3 中。其中 x 和 y 均为双字节无符号数，低 8 位在 R3、高 2 位在 R2。

程序如下。

```
LTB2:   MOV     DPTR，#TAB2
        MOV     A，R3
        CLR     C
        RLC     A
        MOV     R3，A
        MOV     A，R2
        RLC     A
        MOV     R2，A
        MOV     A，R3
        ADD     A，DPL
        MOV     DPL，A
        MOV     A，DPH
        ADDC    A，R2
        MOV     DPH，A
        CLR     A
        MOVC    A，@A+DPTR      ; 查第一字节
        MOV     R2，A           ; 第一字节存入R2中
        CLR     A
        INC     DPTR
        MOVC    A，@A+DPTR      ; 查第二字节
        MOV     R3，A           ; 第二字节存入R3中
        RET
TAB2:   DW......                ; 温度值表
```

【例3-16】 设有一个巡回检测报警装置，需对16路输入进行检测，每路有一最大允许值，为双字节数。运行时需根据测量的路数，找出每路的最大允许值。看输入值是否大于最大允许值，如大于就报警。根据上述要求，编一个查表程序。取路数为 x（0fH）， y 为最大允许值，放在表格中。设进入查表程序前，路数 x 已放于 R2 中，查表后最大值 y 放于 R3R4 中，且 R3、R4 分别存放高字节和低字节。本例中的 x 为单字节数， y 为双字节数。

查表程序如下。

```
TB3:    MOV     A，R2
        ADD     A，R2
        MOV     R4，A
        MOV     DPTR，#TAB3
        MOVC    A，@A+DPTR      ; 查第一字节
        MOV     R3，A
        INC     DPTR
        MOV     A，R4
        MOVC    A，@A+DPTR      ; 查第二字节
        MOV     R4，A
        RET
TAB3:   DW 1520，3721，42645，7580     ; 最大值表
```

```
        DW  3483, 32657, 883, 9943
        DW  10000, 40511, 6758, 8931
        DW  4468, 5871, 13284, 27808
```

6. 关键字查找程序设计

从第 1 项开始逐项顺序查找，判断所取数据是否与关键字相等。

【例 3-17】 从 50 个字节的无序表中查找一个关键字××H。

参考程序如下。

```
ORG         0000H
MOV         30H, #××H        ; 关键字××H送30H单元
MOV         R1, #50          ; 查找次数送R1
MOV         A, #0            ; 修正值送A
MOV         DPTR, #TAB4      ; 表首地址送DPTR
MOV         R0, A
MOVC        A, @ A+DPTR      ; 查表结果送A
CJNE        A, 30H, LOOP1    ; （30H）不等于关键字则转LOOP1
MOV         A, R0
MDD         A, DPL
MOV         R3, A
MOV         A, DPH
ADDC        A, #0
MOV         R2, A            ; 已查到关键字，把该字的地址送R2、R3
DONE:       RET
LOOP1: MOV  A, R0
INC         A                ; A+1→A
DJNZ        R1, LOOP         ; R1≠0，未查完，继续查找
MOV         R2, #00H         ; R1=0，清零R2、R3
MOV         R3, #00H         ; 表中50个数已查完
AJMP        DONE             ; 从子程序返回
TAB4: DB ..., ..., ...       ; 50个无序数据表
END
```

7. 数据极值查找程序设计

在指定的数据区中找出最大值或最小值。程序要进行数值大小的比较，从一批数据中找出最大值（或最小值）并存于某一单元中。

【例 3-18】 片内 RAM 中存放一批数据，查找出最大值并存放于首地址中。设 R0 中存首地址，R2 中存放字节数。

参考程序如下。

```
MOV         R2, n            ; n 为要比较的数据字节数
MOV         A, @R0           ; 取首个字节数据
LOOP:       INC  R0
CLR         C
SUBB        A, @R0           ; 两个数比较
```

```
JNC        LOOP1                    ; C=0，A 中的数大，跳 LOOP1
MOV        A, @R0                   ; C=1，则大数送 A
LOOP1:     DJNZ  R2, LOOP           ; 是否比较结束
MOV        @R0, A                   ; 存最大数
RET
```

习   题

3-1　C51 单片机有哪几种寻址方式？适用于什么地址空间？

3-2　C51 单片机的 PSW 程序状态字中无 ZERO（零）标志位，怎样判断某内部数据单元的内容是否为零？

3-3　编程查找内部 RAM 的 32H～41H 单元中是否有 0AAH 这个数据，若有这一数据，则将 50H 单元置为 0FFH，否则将 50H 单元清零。

3-4　内部 RAM 从 DATA 开始的区域中存放着 10 个单字节十进制数，求其累加和，并将结果存入 SUM 和 SUM+1 单元。

3-5　MOVX 指令的功能是什么？试编程序实现：将外部 RAM 中 60H～6FH 单元的内容，依次搬移至 3A0H～3AFH 单元。

3-6　MOVC 指令的功能是什么？试编程序实现：将程序存储区以 TABLE 为表首地址定义的 16 个字节型数据，依次搬移至内部 RAM 中 30H～3FH 单元。

3-7　什么是位操作指令，有什么特点？试编程序实现：

（1）将从 P1.0 引脚连续输入的 8 个状态，按顺序依次存入内部 RAM 中 31H 单元，其中第 1 个输入状态存储在最高位，第 8 个输入状态存储在最低位；

（2）将内部 RAM 中 31H 单元的内容取反后，依次通过 P1.0 引脚输出，其中最低位 D0 先输出，最高位 D7 后输出。

程序存储区以 TABLE 为表首地址定义的 16 个字节型数据，依次搬移至内部 RAM 中 30H～3FH 单元。

3-8　设在寄存器 R3 的低 4 位中存有 0～F 中的一个数，试将其转换成 ASCII 码，并存入片外 RAM 的 2000H 单元。

3-9　设 5AH 单元中有一变量 X，请编写计算下述函数式的程序，结果存入 5BH 单元。如果 $X<10$，$Y=X-1$；如果 $15 \geqslant X \geqslant 10$，$Y=X+8$；如果 $X>15$，$Y=41$。

3-10　试编程把以 2000H 为首地址的连续 50 个单元的内容按升序排列，存放到以 3000H 为首地址的存储区中。

3-11　设有 100 个无符号数，连续存放在以 2000H 为首地址的存储区中，试编程统计奇数和偶数的个数。

第4章 C51单片机程序设计基础

采用汇编语言编写的程序，便于硬件操作，执行速度快，但程序的可读性和移植性较差，使用不方便。同时，汇编语言设计周期长，调试、排错较难。为提高程序设计效率，增强程序的可读性和移植性，将高级语言编写程序引入单片机程序设计。由于C语言既有高级语言使用方便的特点，又有汇编语言直接面对硬件操作的特点，因此在现代单片机控制系统设计中，常采用C语言进行开发。

本章以89C51单片机为例，介绍单片机C语言编程技术，从C51数据类型、运算量、运算符、表达式、程序、语句、输入、输出格式和常见函数等方面介绍。

4.1 C51 的数据类型

标准C语言的数据类型可分为基本数据类型和组合数据类型,基本数据类型有字符型（char）、整型（int）、长整型（long）、浮点型（float）和双精度型（double），组合数据类型有数组类型（array）、结构体类型（struct）、共同体类型（union）和枚举类型（enum），另外还有指针类型和空类型。C51的指针类型与标准C基本相同，其中char型与short型相同，float型与double型相同，另外还有专门针对于MCS-51单片机的特殊功能寄存器型和位类型。C51的基本数据类型如表4.1所示。

表 4.1 　　　　　　　　　　Keil C51 编译器能够识别的基本数据类型

基本数据类型	长度	取值范围
unsigned char	1 字节	0～255
signed char	1 字节	−128～127
unsigned int	2 字节	0～65535
signed int	2 字节	−32768～32767
unsigned long	4 字节	0～4294967295
signed long	4 字节	−2147483648～2147483647
float	4 字节	1.175494E−38～±3.402823E+38
bit	1 位	0 或 1
sbit	1 位	0 或 1
sfr	1 字节	0～255
sfr16	2 字节	0～65535

1. 字符型 char

char 型的数据长度是一个字节，常用于定义变量或常量。分无符号字符类型（unsigned char）和有符号字符类型（signed char），默认值为 signed char 类型。对于 signed char 类型，其字节的最高位是符号位，"0"表示正数，"1"表示负数，以补码形式表示，表示的数值范围是-128～+127；对于 unsigned char 类型，表示的数值范围是 0～255，可用来存放无符号的数值，也可存放西文字符。正数的反码、补码和原码三者相同，而负二进制数的补码等于它的绝对值按位取反后加 1。

2. 整型 int

int 型长度为两个字节，用于存放一个双字节数据，分为有符号整型数（signed int）和无符号整型数（unsigned int），默认值为 signed int 类型。对于 signed int，可存放双字节有符号的数值，以补码表示，表示的数值范围是-32768～+32767，字节中最高位表示数据的符号，"0"表示正数，"1"表示负数；对于 unsigned int，它存放双字节无符号的数值，表示的数值范围是 0～65535。

【例 4-1】 用 unsigned char 和 unsigned int 定义变量用于延时，说明它们的长度不一样产生的延时效果不同。其中，用 D1 点亮表明用 unsigned int 型数值延时，用 D2 点亮表明用 unsigned char 型数值延时。电路如图 4-1 所示。

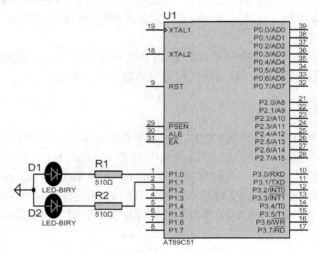

图 4-1　无符号字符型和无符号整型延时演示

程序如下。

```
#include <REG51.H>
#include <intrins.h>
sbit    LED1=P1^0;
sbit    LED2=P1^1;
void main( )
{
    unsigned int a;          //定义变量a 为 unsigned int 类型
    unsigned char b;         //定义变量b 为 unsigned char 类型
    while(1)
    {
    LED1=0;                  //P1.0 口为低电平，点亮 D1
    for(a=0;a<65535;a++)     //执行 65535 个空操作
    _nop_();
    LED1=1;                  //P1.0 口为高电平，熄灭 D1
```

```
    LED2=0;                    //P1.1 口为低电平，点亮 D2
    for(b=0;b<255;b++)         //执行 255 个空操作
    _nop_();
    LED2=1;                    //P1.1 口为高电平，熄灭 D2
   }
}
```

在 Proteus 环境下仿真，D1 点亮的时间远远长于 D2 点亮的时间。

这里应注意，当定义一个变量为特定的数据类型时，使用该变量时不应使它的值超过该数据类型的值域。如在本例中变量 b 不能超出 0～255，如 "for(b=0; b<255; b++)" 改为 "for (b=0; b<256; b++)"，编译时能通过，但运行时会出现问题，因为 b 的值永远都小于 256，所以无法跳出循环执行下一句 LED2=1，从而造成死循环。同理 a 的值不应超出 0～65535。

3. 长整型 long

long 型长度为 4 个字节，用于存放一个四字节数据。long 分为有符号长整型 signed long 和无符号长整型 unsigned long，默认值为 signed long 类型。对于 signed long 型，它存放 4 字节有符号的数值，以补码表示，表示的数值范围是 -2147483648～+2147483647；对于 unsigned long 型，它存放 4 字节无符号的数值，表示的数值范围是 0～4294967295。

4. 浮点型 float

float 型数据长度为 4 个字节，格式符合 IEEE-754 标准的单精度浮点型数据，包含指数和尾数两部分，最高位为符号位，"0" 表示正数，"1" 表示负数，其余 8 位为阶码，最后 23 位为尾数的有效数位，由于尾数的整数部分隐含为 "1"，所以尾数的精度为 24 位。表示的数值范围是 ±1.175494E-38～±3.402823E+38。在内存中的格式如图 4-2 所示。

字节地址	3	2	1	0
浮点数的内容	SEEEEEEE	EMMMMMMM	MMMMMMMM	MMMMMMMM

图 4-2　单精度浮点数的格式

其中，S 表示符号位；E 为阶码位，共 8 位，用补码表示，阶码 E 的正常范围为 1～254，而对应的指数范围为 -126～+127；M 为尾数的小数部分，共 23 位，尾数的整数部分始终为 "1"。故一个浮点数的取值范围为 $(-1)^S \times 2^{E-127} \times (1.M)$。

【例 4-2】 浮点数 124.75 的浮点型数据格式表示。

浮点数 124.75=+1111100.11B=+1.11110011×2^{110}，符号位为 "0"，8 位阶码 E=6+127=133=10000101B，23 位数值位为 111 1001 1000 0000 0000 0000B，32 位浮点数表示为 0100 0010 11111001 10000000 00000000B=42F98000H，在内存中的表示形式如图 4-3 所示。

字节地址	3	2	1	0
浮点数的内容	01000010	11111001	10000000	00000000

图 4-3　浮点数 +124.75 在内存中的表示

对于浮点数，除了正常数值外，还可能存在非正常数值。根据 IEEE 标准，当浮点数取以下数值时为非正常值：

FFFFFFFFH　非数（NAN）

7F800000H　正溢出（+1NF）

FF800000H　负溢出（-1NF）

5. 特殊功能寄存器型 sfr

特殊功能寄存器型是 C51 扩展的数据类型，用于访问 MCS-51 单片机中的特殊功能寄存器。它分为 sfr 和 sfr16 两种类型。sfr 为字节型特殊功能寄存器类型，占一个字节单元，利用它可访问单片机内部占一个字节的特殊功能寄存器；sfr16 为双字节型特殊功能寄存器类型，占两个字节单元，利用它可访问单片机内部占两个字节的特殊功能寄存器。C51 中特殊功能寄存器的访问必须先用 sfr 和 sfr16 进行声明，通常通过调用 C51 编译器的头文件来完成声明。

例如：sfr P1= 0x90，即约定 P1 为 P1 端口在片内的寄存器，在后面的语句编程中可通过对 P1 赋值，实现对 P1 端口的赋值。如用 P1=255 对 P1 端口的所有引脚置"1"。

6. 位类型 bit

bit 型是 C51 扩展的数据类型，用于访问 MCS-51 单片机中可寻址的位单元。它分为 bit 和 sbit 两种类型，在内存中都只占一个二进制位。其中，用 bit 定义的位变量在 C51 编译器编译时，在不同的时候位地址可变化，而 sbit 定义的位变量必须与 MCS-51 单片机的可寻址位单元或可位寻址位联系在一起，在 C51 编译器编译时，其对应的位地址不可变化。

例如：

```
sfr   P1= 0x90;            //因 P1 端口的寄存器可位寻址，所以能定义
sbit  P1_1 = P1^1;         //P1_1 为 P1.1 引脚
```

同样可用 P1.1 的地址去写，如 "sbit P1_1 = 0x91;"，这样在以后的程序中就可用 P1_1 对 P1.1 引脚进行读写。

7. 数据类型的转换

在 C51 程序中，可能会出现运算数据类型不一致的情况。C51 允许任何标准数据类型之间的转换，转换分为自动转换和强制转换两种。

自动转换：如果计算中包含不同类型的数据，则根据情况，先自动转换成相同类型的数据，然后计算。转换规则是向高精度数据类型转换、向有符号数据类型转换。如位变量与字符类型或整型变换相加时，则位变量先转换为字符型或整型数据。

自动转换的优先级顺序如下。

```
bit → char → int → long → float
signed → unsigned
```

其中箭头方向表示数据类型级别的高低，转换是由低向高进行。如果有几个不同类型的数据同时参加运算，则先将低级别类型的数据转换成高级别类型，再作运算处理，并且运算结果为高级别类型数据。

强制转换：通过强制转换的方式实现数据转换。

例如：

```
unsigned int  b;
float c;
b=(int) c;
```

4.2 C51 的运算量

4.2.1 常量

常量在运行过程中不能改变，其数据类型有整型、浮点型、字符型、字符串型和位类型。

1. 整型常量

整型常量也称整型常数，根据其范围分配不同长度的字节数来存储，在 C51 中分为以下几种

形式。

整型常量表示为十进制数，如 123、0、-20 等。

整型常量表示为十六进制数，以 0x 开头，如 0x23、-0x3F 等。

长整型常量，如 102L、037L、0xe245L 等。

2. 浮点型常量

浮点型常量也称实型常量，有十进制和指数表示两种形式。

十进制表示由数字和小数点组成，如 123.45、-34.56 等。

指数表示：[±]数字[.数字]e[±]数字。例如：12.34e-3、-4.55e4 等。

3. 字符型常量

字符型常量是用单引号括起的字符，如 'a'、'2'、'F' 等。它可以是能显示的 ASCII 字符，也可以是不能显示的控制字符。对于不显示的控制字符，需要在前面加反斜杠 "\" 组成转义字符。利用它可完成一些特殊功能和输出时的格式控制。常用的转义字符如表 4.2 所示。

表 4.2　　　　　　　　　　　　　　　　常用的转义字符

转义字符	含义	ASCII 码（十六进制数）
\0	空字符	00H
\n	换行字符（LF）	0AH
\r	回车符（CR）	0DH
\t	水平制表符（HT）	09H
\b	退格符（BS）	08H
\f	换页符（FF）	0CH
\'	单引号	27H
\"	双引号	22H
\\	反斜杠	5CH

4. 字符串型常量

字符串型常量是用双引号括起来的字符组成，如 "D"、"1234"、"12Acd" 等。注意：字符串常量和字符常量是不一样的，一个字符常量在内存中占用一个字节的存储单元，而一个字符串常量在内存中存储时，不仅引号内的一个字符各占用一个字节，而且系统会自动在字符串后面加一个转义字符 "\0" 作为字符串结束符。因此不能将字符和字符串混淆，如字符常量 'A' 和字符串常量 "A" 是不同的。

5. 位标志

位标志是一个二进制位。

常量可用在数值不改变的场合，如固定的数据表、字库等。常量的定义方式有以下几种：

```
#define  False  0x0;          //用预定义语句定义常量，定义 False 为 0，True 为 1
#define  True   0x1;          //在程序中 False 编译时自动用 0 替换，True 替换为 1
unsigned  int  code a=100;    //用 code 定义 a 为无符号 int 常量并赋值 100
const unsigned int c=100;     //用 const 定义 c 为无符号 int 常量并赋值 100
```

以上后两句所定义的常量都保存在程序存储器中，因此如果在这两句后面有类似 "a=110"、"a++" 这样的赋值语句，编译时会出错。

4.2.2 变量

变量是在程序运行过程中可改变的量，变量由变量名和变量值两部分组成。每个变量都有一个变量名，在存储器中占用一定的存储单元。变量的数据类型不同，占用存储单元个数也不同。在存储单元中存储变量值。

在 C51 中，变量在使用前必须进行定义，指出变量的数据类型和存储模式，便于编译系统为它分配存储单元，变量定义格式如下。

[存储类型] 数据类型说明符 [存储器类型] 变量名 1[=初值]，变量名 2[=初值]，…；

在定义格式中除了数据类型和变量名必要，其他都是可选项。

1. 数据类型说明符

数据类型说明符用来指明数据的类型和在存储器中占用的字节数，可以是基本数据类型，也可以是组合数据类型，可以用 typedef 或#define 定义类型名称，其格式如下。

```
typedef   数据类型说明符   别名；
#define   别名   数据类型说明符；
```

【例 4-3】 利用 typedef 和#define 定义变量。

```
typedef   unsigned int   WORD;
#define   BYTE   unsigned char;
BYTE      a1=0x12;
WORD      a2= 0x1234;
```

2. 变量的存储类型

变量的存储类型指变量在程序执行过程中的作用范围，C51 变量的存储类型有 4 类：自动（auto）、外部（extern）、静态（static）和寄存器（register），默认类型为自动（auto）。

（1）自动 auto 变量。

自动变量只在定义它的函数体和复合体内有效。它属于动态存储，只有在使用它时，即该函数或复合体被调用时才给它分配存储单元，结束调用时释放存储单元。因此函数调用结束后自动变量的值不能保留。由于自动变量限于定义它的个体内，因此不同的个体内允许使用相同的变量名而不会发生混淆。

（2）外部 extern 变量。

在一个函数体内，要使用一个在该函数体外或其他程序中定义过的外部变量时，该变量在该函数体内要用 extern 说明。外部变量定义后被分配固定的存储空间，在程序的整个执行过程中都有效。

【例 4-4】 外部变量的使用。

文件 1：

```
unsigned int array[10];
void main()
{
  unsigned char i;
  for(i=0;i<10;i++)
  {
   printf("array[%d]=%d\n",i,array[i]);
  }
}
```

文件 2:

```
extern int array[10];
void fillarray( )
{
  unsigned int i;
  for(i=0;i<10;i++)
  {
   array[i]=i;
  }
}
```

在该例题中，文件 1 定义了无符号整型数组 array[10]，文件 2 通过 extern 声明数组 array[10]，于是在文件 2 中可实现对数组 array[10]的操作，而在文件 1 中实现数组 array[10]的输出，从而实现数据、参数在不同文件中的传递。

（3）静态 static 变量。

静态变量分为内部静态变量和外部静态变量。在函数体内定义的静态变量为内部静态变量，它在对应的函数体内有效，一直存在，但在函数体外不可见，即函数体外得到保护；在函数体外定义的静态变量为外部静态变量，它在定义的文件内可任意使用和修改，外部静态变量一直存在，但在文件外不可见，即在文件外得到保护。

使用静态变量时，需注意以下几个问题。

① 静态局部变量在程序整个运行期间都不会释放内存。

② 静态局部变量在编译时要赋初值，只赋值一次。如果在程序运行时已有初值，则以后每次调用时不再重新赋值。

③ 如果定义局部变量时未赋值，则编译时自动赋 0。

④ 虽然静态变量在函数调用结束后仍然存在，但是其他函数不能引用。

（4）寄存器 register 变量。

寄存器变量存放在 CPU 的寄存器中，这种变量处理速度快，但数目少。C51 编译时能自动识别使用频率高的变量，并将其安排为寄存器变量，不需要用户专门声明。

3. 存储器类型

MCS-51 单片机有 4 个存储空间，分为 3 类：片内数据存储空间、片外数据存储空间和程序存储空间。由于片内数据存储器和片外数据存储器又分为不同的区域，所以变量有更多的存储区域。在定义变量时需指明存放在哪个区域。表 4.3 所示为存储区域关键字、含义以及存储空间的对应关系。

表 4.3　存储区域关键字、含义以及存储空间的对应关系

符　号	存储空间和存储范围
bit	片内数据区的位寻址区，位地址 0x00～0x7F，128 位（字节地址 0x20～0x2f）
data	直接寻址片内数据区的低 128 字节
bdata	片内数据区的位寻址区 0x20～0x2f，16 字节，也可字节访问
idata	间接寻址片内数据区的 256 字节
pdata	分页寻址片外数据区的 256 字节
xdata	片外数据区的全空间，64KB
code	全部程序存储空间，64KB

片内数据比片外数据访问速度快，所以要尽量使用片内数据存储区。

4. C51 的位变量

C51 编程时定义了位变量，可以用来表示 C51 单片机的位寻址单元，有两种类型：bit 型和 sbit 型。

（1）bit 型位变量。

C51 的 bit 型位变量定义的格式为：

[存储类型]bit 位变量名 1[=初值]，位变量名 2[=初值]，…；

在位定义中，允许定义存储类型，位变量都被放入一个位段，bit 位变量被保存在 RAM 中的位寻址区域（字节地址为 0x20～0x2f）。因此，存储类型限制为 bdata，如果将位变量的存储类型定义成其他存储类型，将编译出错。

如：

```
bit  direction_bit, receiv_bit=0 ;   /* direction_bit,receiv_bit 定义为位变量 */
static bit  look_pointer ;           /* 把 look_pointer 定义为位变量 */
```

说明：

① bit 型位变量与其他变量一样，可以作为函数的形参，也可以作为函数的返回值。如

```
bit  func(bit b0, bit b1)            /* 变量 b0,b1 作为函数的参数 */
  {
      return (b1);                   /* 变量 b1 作为函数的返回值 */
  }
```

使用（#pragma disable）或包含明确的寄存器组切换（using n）的函数不能返回位值，否则编译出错。

② 位变量不能使用关键字"_at_"绝对定位。

③ 位变量不能定义指针，不能定义数组，例如不能定义：bit * bit_pointer，bit b_array[ ]。

（2）sbit 型位变量的定义。

对于能够按位寻址的特殊功能寄存器，可以对寄存器的各位定义位变量，位变量定义的一般格式：

sbit 位变量名=位地址表达式；

位地址表达式有 3 种形式：直接位地址、特殊功能寄存器名带位号、字节地址带位号。

① 直接位地址定义位变量。

格式为：sbit 位变量名=位地址常数；

把位的绝对地址赋给位变量，sbit 的位地址必须位于 80H～FFH 之间，例如：

```
sbit  P0_0=0x80;
sbit  P1_1=0x91;
sbit  RS0=0xd3;           /* 实际定义的是特殊功能寄存器 PSW 的第 3 位*/
sbit  ET0=0xa9;           /* 实际定义的是特殊功能寄存器 IE 的第 1 位*/
```

② 用特殊功能寄存器名带位号定义位变量。

格式为：sbit 位变量名= 特殊功能寄存器^位号常数；

这里的位号常数为 0～7。例如：

```
sfr P1 = 0x90;
sbit P1_1 = P1 ^ 1;     /* 先定义一个特殊功能寄存器名再指定位变量名所在位置*/
                        /* 当可寻址位位于特殊功能寄存器中时可采用这种方法*/
sbit OV=PSW^2;          /* 定义特殊功能寄存器 PSW 的第 2 位*/
```

```
sbit ES=IE^4;                    /* 定义特殊功能寄存器 IE 的第 4 位*/
```
③ 用字节地址带位号定义位变量。

例如：
```
sbit P1_1=0x90^1;
sbit AC=0xd0^6;                  /* 定义特殊功能寄存器 PSW 的第 6 位*/
sbit EA=0xa8^7;                  /* 定义特殊功能寄存器 IE 的第 7 位*/
```
这种方法和用特殊功能寄存器名带位号定义相同，只是把特殊功能寄存器的地址直接用常数表示。

说明：

a. 用 sbit 定义的位变量，必须能位寻址和按位操作。如 PCON 中的各位不能用 sbit 定义位变量，因为 PCON 不能位寻址。

b. 用 sbit 定义的位变量，必须放在函数外面作为全局位变量，而不能在函数内部定义。

c. 用 sbit 每次只能定义一个位变量。

d. 对其他模块定义的位变量的引用声明，也可使用 bit，如：extern bit P1_7;

e. 用 sbit 定义的是一种绝对定位的位变量（名称与确定的位地址对应），在应用时不能像 bit 型位变量使用方便。

（3）bdata 变量的位变量定义。

bdata 型变量被保存在 RAM 中的位寻址区，因此可以对 bdata 型变量各位做位变量定义，这样既对 bdata 型变量做字节（或整型、长整型）操作，也可以做位操作。

bdata 型变量的位变量定义格式：
```
sbit 位变量名=bdata 型变量名^位号常数;
```
bdata 型变量在使用前需定义，位号常数是 0～7（8 位字节变量），或 0～15（16 位整型变量），或 0～31（32 位长整型变量）之间的数。

【**例 4-5**】 定义变量的数据类型和位变量。
```
bdata int ibase;                 /* 定义 ibase 为 bdata 整型变量 */
bdata char bary[4];              /* bary[4]定义为 bdata 字符型数组 */
```
然后可使用"sbit"定义可独立寻址访问的位：
```
sbit  mybit0 = ibase^0;          /* mybit0 定义为 ibase 的第 0 位 */
sbit  mybit15 = ibase^15;        /* mybit0 定义为 ibase 的第 15 位 */
sbit  Ary07 = bary[0]^7;         /* Ary07 定义为 abry[0]的第 7 位 */
sbit  Ary37 = bary[3]^7;         /* Ary37 定义为 abry[3]的第 7 位 */
```
5. C51 特殊功能寄存器

C51 特殊功能寄存器定义分为 8 位寄存器和 16 位寄存器两种，分别使用标识符 sfr、sfr16 定义。

（1）8 位特殊寄存器定义。

格式为 sfr 特殊功能寄存器=地址常数;

对于 MCS-51 单片机，地址常数为 8 位，位于 0x80~0xFF。特殊功能寄存器定义参见 reg51.h 等文件。

例如：
```
sfr  SCON=0x98;          /* 串口控制寄存器地址 98H */
sfr  TMOD=0x89;          /* 定时/计数器方式控制寄存器地址 89H */
```
（2）16 位特殊寄存器定义。

格式为：sfr16 特殊功能寄存器=地址常数;

对于 MCS-51 单片机，地址常数仍为 8 位，其范围也为 0x80～0xFF，并且为低字节的地址。例如：

```
sfr16  DPTR = 0x82;  /*16 位 DPTR 特殊功能寄存器：低 8 位地址为 0x82H，高 8 位地址为 0x83H*/
```

说明：

① 定义特殊功能寄存器中的地址必须在 0x80～0xFF 范围内；

② 特殊功能寄存器的定义必须放在函数外面作为全局位变量，而不能在函数内部定义；

③ 用 sfr 或 sfr16 每次只能定义一个特殊功能寄存器；

④ 像 sbit 变量一样，用 sfr 或 sfr16 定义的是一种绝对定位的位变量。

4.2.3　数据的存储

1. C51 数据变量的存储

MCS-51 单片机只有 bit 和 unsigned char 两种类型支持机器指令，而其他类型的数据都要转换为 bit 或 unsigned char 型进行存储。因此，为减少存储空间、提高运行速度，尽可能使用 bit 和 unsigned char 型数据。

（1）位变量的存储。

位变量有 bit 和 sbit 两类，其值可以是 1（true）或 0（false），必须存储在片内 RAM 的位寻址空间内。

（2）字符变量的存储。

字符变量无论是无符号还是有符号字符型数据，其长度均为 1 个字节，直接存储在 RAM 中，可以存储在 0～0x7f 区域，也可存储在 0x80～0xff 区域，与变量的定义无关。

虽然 unsigned char 数据和 signed char 数据都占用 1 个字节，但处理过程不一样。unsigned char 数据可直接被 MCS-51 接受，而 signed char 数据需要额外的操作来测试、处理符号位。

（3）整型变量的存储。

整型变量占用 2 个字节的存储单元。MCS–51 单片机整型变量存放时高位字节在低地址，低位字节在高地址。如整型变量 x 的值为 0x1234，在内存中的存放方式如图 4-4 所示。

（4）长整型变量的存储。

长整型变量占用 4 个字节的存储单元，其存储方式与整型数据相同。高位字节存放在低地址位置，低位字节存放在高地址位置。如长整型变量 x 的值为 0x12345678，在内存中的存放方式如图 4-5 所示。

（5）浮点型变量的存储。

浮点型变量为 32 位，占用 4 个字节的存储单元，用指数方式表示，其具体格式与编译器有关。对于 Keil C，采用 IEEE-754 标准，24 位精度，浮点数 124.75 在内存中的存储如图 4-6 所示。

地址	...
+0	0x12
+1	0x34
+2	...

图 4-4　整型变量在内存的存放

地址	...
+0	0x12
+1	0x34
+2	0x56
+3	0x78
+4	...

图 4-5　长整型变量在内存的存放

地址	...
+0	0x00
+1	0x00
+2	0XF9
+3	0x4
+4	...

图 4-6　124.75 在内存的存放

2．C51 变量的存储模式

如果在定义变量时缺省了存储区属性，则编译器会自动选择默认的存储区域，即存储模式。变量的存储模式也是程序的编译模式。C51 编译器支持 3 种存储模式：small 模式、compact 模式和 large 模式。不同的存储模式对变量默认的存储类型不一样。

（1）small 模式。

small 模式称为小编译模式。small 模式下变量的默认存储区域是"data"，即将未指出存储区域的变量保存到片内数据存储器低 128 字节中。small 模式的特点是存储容量小，但速度快。在 small 模式下，通过寄存器、堆栈或片内数据存储区完成参数传递。

（2）compact 模式。

在 compact 模式下，变量的默认存储区域是"pdata"，即将未指出存储区域的变量保存到片外数据存储器的一页中，最大变量数为 256 字节。compact 模式的特点是存储容量较 small 模式大，速度较 small 模式稍慢，但比 large 模式要快。在 compact 模式下，通过片外数据区的一个固定页完成参数传递。

（3）large 模式。

在 large 模式下，变量的默认存储区域是"xdata"，即将未指出存储区域的变量保存到片外数据存储器，最大变量数为 64KB。large 模式的特点是存储容量大、速度慢。在 large 模式下，通过片外数据区完成参数传递。

C51 支持混合模式，即可对函数设置编译模式。如在 large 模式下，可对某些函数设置为 compact 模式或 small 模式，从而提高运行速度。如果文件或函数没有指明编译模式，则编译器按 small 模式处理。在程序中变量的存储模式通过#pragma 预处理命令来指定。

【例 4-6】　定义变量的存储模式。

```
#pragma  small                  /*变量的存储模式为 small*/
char  k1;
int  xdata  m1;
#pragma  compact                /*变量的存储模式为 compact */
char  k2;
int  xdata  m2;
int  func1(int  x1,int  y1)  large   /*函数的存储模式为 large */
{  return(x1+y1);  }
int  func2(int  x2,int  y2)          /*函数的存储模式隐含为 small*/
{  return(x2-y2);  }
```

编译时 k1 变量存储器类型为 data，k2 变量存储器类型为 pdata，而 m1 和 m2 由于定义时带了存储器类型 xdata，因而它们为 xdata 型；函数 func1 的形参 x1 和 y1 的存储器类型为 xdata 型，而函数 func2 由于没有指明存储模式，隐含为 small 模式，形参 x2 和 y2 的存储器类型为 data。

4.3　C51 的运算符及表达式

运算符是表示特定的算术或逻辑操作的符号，也称为操作符。例如，"*"表示乘法运算符，"&&"表示逻辑与运算符。在 C51 语言中，需要进行运算的各个量（常量或变量）通过运算符连接起来便构成一个表达式。

C51 中不仅有算术运算符、关系运算符、逻辑运算符、位运算符等常用运算符，还有用于辅助完成复杂功能的特殊运算符，如"，"运算符、"?"运算符、地址操作运算符、联合操作运算符、"sizeof"运算符、类型转换运算符等。使用特殊运算符可简化程序设计，下面对常用运算符的含义和用法分别进行介绍。

4.3.1　C51 算术运算符及表达式

1. 赋值运算符

在 C51 中，赋值运算符 "=" 的功能是将一个数据值赋给一个变量，如 x=10。利用赋值运算符将一个变量与一个表达式连接起来的式子称为赋值表达式，在赋值表达式的后面加一个分号";"就构成了赋值语句。

赋值语句的形式为：变量=表达式;

执行时先计算出右边表达式的值，然后赋给左边的变量。

例如：

x=8+9;　　/*将 8+9 的值赋给变量 x*/

x=y=5;　　/*将常数 5 同时赋给变量 x 和 y*/

在 C51 中，允许在一个语句中同时给多个变量赋值，赋值顺序为自右向左。

2. 算术运算符

算术运算符是用来进行算术运算的操作符。C51 语言中的算术运算符继承了高级语言的特点，用法也基本一致。C51 语言中的算术运算符有如下几种。

"−" 运算符：进行减法或取负的运算。

"+" 运算符：进行加法运算。

"*" 运算符：进行乘法运算。

"/" 运算符：进行除法运算。

"%" 运算符：进行模运算。

"—" 运算符：进行自减 1 运算。

"++" 运算符：进行自增 1 运算。

用算术运算符和括号将运算对象连接起来的式子，称为算术表达式。运算对象包括常量、变量、函数、数组和结构等。

如：a*b/c-2.5 + d

算术运算符的优先级规定为：先乘除模，后加减，括号最优先。运算符执行的先后取决于运算符的优先级，当优先级相同时，再看结合性。

如：a-b*c 等价于 a− (b*c)；a*b/c 等价于(a*b)/c。

说明：

① 除法运算符的运算规则和一般算术运算规则有所不同。如果两个浮点数相除，其结果为浮点数；如果两个整数相除，结果为整数。

如：10.0/20.0 所得值为 0.5；7/3 结果为 2。

② "++" 运算符和 "——" 运算符，其作用就是分别对运算对象作加 1 和减 1 运算。但应注意，运算对象在该运算符前或后时的含义不同。

如：I++，++I；I——，——I。

I++（或 I——）是先使用 I 值，再执行 I+1（或 I−1）；而++I（或——I）是先执行 I+1（或 I−1），再使用 I 值。增减量运算符只允许用于变量的运算中，不能用于常数或表达式中。

【例 4-7】 举例说明增减量运算符的使用方法。

```
unsigned char  i=10, j;
j=i++; //执行完该语句后, j=10, i=11;
i=10;
```

```
j=++i; //执行完该语句后，j=11, i=11;
i=10;
j=i--; //执行完该语句后，j=10, i=9;
i=10;
j=--i; //执行完该语句后，j=9, i=9。
```

4.3.2　C51 关系运算符及表达式

1. 关系运算符

关系运算符主要用于比较操作数的大小，与 C 语言相似。常用的关系运算符有：

"＞"运算符：判断是否大于。

"＞="运算符：判断是否大于等于。

"＜"运算符：判断是否小于。

"＜="运算符：判断是否小于等于。

"=="运算符：判断是否等于。

"!="运算符：判断是否不等于。

用关系运算符将两个表达式连接起来的表达式称为关系表达式。关系表达式作为判别条件，构成分支或循环程序。

关系表达式为：表达式 1　关系运算符　表达式 2

关系表达式的结果只有两种，即"真"和"假"，其中"真"用"1"表示、"假"用"0"表示，其结果可作为一个逻辑量参与逻辑运算。

【例 4-8】　若 a=4、b=3、c=1，有

a>b 的值为"真"，表达式的值为"1"；

b+c<a 的值为"假"，表达式的值为"0"；

(a>b)==c 值为"真"，表达式的值为"1"；

d=a>b，d 的值为"1"；

f=a>b>c，由于关系运算符的左结合性，故 a>b 的值为"1"，而 1>c 的值为"0"，故 f 值为"0"。

2. 逻辑运算符

逻辑运算符和关系运算符的功能、用法较为相似，都是用来进行条件判断的。C51 中的逻辑运算符有如下几种。

"!"运算符：进行逻辑非运算。

"||"运算符：进行逻辑或运算。

"&&"运算符：进行逻辑与运算。

逻辑运算符把变量（或常量）连接起来组成逻辑表达式。关系运算符反映两个表达式间的大小关系，逻辑运算符反映条件表达式的逻辑值。

逻辑运算符的优先级由高到低依次为：!逻辑非、&&逻辑与、||逻辑或。

逻辑表达式为：条件式 1　逻辑运算符　条件式 2

若逻辑运算符为逻辑与运算符，则当条件式 1 与条件式 2 都为真时结果为真，否则为假；若为逻辑或运算符，只要条件式 1 或条件式 2 至少有 1 个为真时结果为真，否则为假；若为逻辑非运算符，则当条件式 1 与条件式 2 都为真时结果为假，否则为真。

运算符优先级由高到低依次为：逻辑非、算术运算符、关系运算符、逻辑或和逻辑与、赋值运算符。

例：若 a=8，b=3，c=0，则! a 为假，a && b 为真，b && c 为假。

【例 4-9】 若 a=1，b=2，c=3，d=4，m=n=1，计算表达式 1 和表达式 2 的值。

表达式 1：(m=a>b)&&(n=c>d) 结果：表达式 1 为假，即"0"。

表达式 2：(m=a>b)｜｜(n=c>d) 结果：表达式 2 为假，即"0"。

【例 4-10】 举例说明逻辑运算符的功能。程序如下：

```c
#include  <REG51.H>
#include  <intrins.h>
#define    uchar unsigned char
   void main( )
   {
       uchar i,j,k;
           i=9;
           j=8;
       if((i>=10)&&(j>=10))        //如果i和j都大于等于10，则给k赋值8
           { k=8; }
       else if((i>=10)||(j>=10))   //如果i和j中至少有1个大于等于10，则给k赋值9
           { k=9; }
       else if(!(i>=10))           //如果i不大于等于10，即i小于10，则给k赋值10
           { k=10; }
       while(1)
           { _nop_(); }
   }
```

4.3.3 位运算符及表达式

位运算符是对字节或字中的二进制位 bit 进行位逻辑处理或移位的运算符，它不改变参与运算的变量值。若要按位改变变量值，则要利用相应的赋值运算。C51 中的位运算符只能对整数进行操作，不能对浮点数进行操作。C51 中的位运算符有如下几种。

"&"运算符：进行逻辑与（AND）运算。

"|"运算符：进行逻辑或（OR）运算。

"^"运算符：进行逻辑异或（XOR）运算。

"～"运算符：进行按位取反（NOT）运算。

">>"运算符：进行右移运算。

"<<"运算符：进行左移运算。

位运算的表达式为：变量 1 位运算符 变量 2 。

位运算符优先级，从高到低依次是："～"位取反、"<<"左移、">>"右移、"&"位与、"^"位异或、"|"位或。

表 4.4 所示为位逻辑运算真值表，其中 X、Y 分别表示变量 1 和变量 2。

表 4.4   位逻辑运算真值表

X	Y	~X	~Y	X&Y	X|Y	X^Y
0	0	1	1	0	0	0
0	1	1	0	0	1	1
1	0	0	1	0	1	1
1	1	0	0	1	1	0

【例 4-11】 设 a=0x54=01010100B，b=0x3b=00111011B，则 a&b、a|b、a^b、~a、a<<2、b>>2
分别为多少？

解：

a&b=00010000b=0x10；

a|b=01111111B=0x7f；

a^b=01101111B=0x6f；

~a=10101011B=0xab；

a<<2=01010000B=0x50；

b>>2=00001110B=0x0e。

4.3.4 逗号运算符及表达式

在 C51 中，",' 运算符是一个特殊的运算符，用它可把几个表达式连接起来，称为逗号表达式。
逗号表达式的一般格式为：表达式 1，表达式 2，…，表达式 n。

逗号表达式按照从左向右的顺序，依次计算出各个表达式的值，但将最右侧表达式的值作为
整个表达式的值。

例如：x=(a=3，6*7)，结果 x 的值为 42。示例程序如下。

```
#include <stdio.h>          //头文件
void main( )                //主函数
{
    int a,b,c;              //定义变量
    a=37;                   //赋值
    b=179;
    c=(a++,++b,b+a);        //执行","运算符，为 c 赋值
    printf("c=%d\n",c);     //输出结果
}
```

4.3.5 条件运算符及表达式

"(? :)" 运算符是 C51 中唯一的一个三目运算符，它有 3 个运算对象，用它可将 3 个表达
式连接起来构成一个条件表达式。

条件表达式的一般格式为：逻辑表达式？表达式 1：表达式 2。

其功能为：首先计算逻辑表达式的值，根据逻辑表达式值的真假再判断和计算其余表达式的
值并输出结果。当逻辑表达式值为真时，计算表达式 1 的值作为整个表达式的值返回；当逻辑表
达式值为假时，计算表达式 2 的值作为整个表达式的值返回。

例如：条件表达式 max=(a>b)?a:b 执行结果是将 a 和 b 中最大的值赋给变量 max。

4.3.6 指针与地址操作运算符

指针是 C51 一个专用的数据类型。指针为变量提供了另一种访问方式，变量的指针就是变量
的地址。为了表示指针变量和它所指向的变量地址间的关系，C51 提供了两种运算符："*"指针
运算符和"&"取地址运算符。

指针运算符"*"是单目操作符，放在指针变量前面，通过它可访问以指针变量的内容为地址
所指向的存储单元，将存储单元的内容返回。例如，指针变量的地址是 2000H，则*p 所访问的是
地址为 2000H 的存储单元内容，x=*p 把地址 2000H 的存储单元的内容赋值给变量 x。

取地址运算符"&"，放在变量前面，得到变量的地址，将变量的地址送给指针变量。

例如：设变量 x 的内容为 12H，地址为 2000H，则&x 的值为 2000H。示例程序如下：

```
#include <stdio.h>              //头文件
  main( )                      //主函数
  {
      char ch1,ch2;            //定义字符型变量
      char *p;                 //定义指针型变量
      ch1='A';                 //为字符型变量 ch1 赋值
      p=&ch1;                  //将变量 ch1 的地址赋给 p
      ch2=*p;                  //地址 p 所指的单元值赋给 ch2
      printf("ch2=%c\n",ch2);  //输出 ch2
  }
```

【例 4-12】 定义两个 unsigned int 变量 a、b，将 a 存放在 0x0028 中，b 存放在 0x002A，另有一个指针变量 PointA 存放在 0x002C 中。

程序如下：

```
#include  <REG51.H>
#include  <intrins.h>
#define    uchar unsigned char
unsigned  int  data  a  _at_  0x0028;
unsigned  int  data  b  _at_  0x002A;
unsigned  int  data  *PointA _at_  0x002C;
void main( )
{
    a =20;  //设初值 a=20;
    PointA =&a;            //取 a 的地址放到指针变量 PointA
    *PointA =30;           //更改指针变量 PointA 所指地址的内容
    b=50;  //设置 b =50;
    PointA =&b;            //取 b 的地址放到指针变量 PointA
    a =*PointA;            //把当前 PointA 所指地址的内容赋给变量 a
    while(1)
    {
      _nop_();
    }
}
```

4.3.7 联合操作运算符及表达式

联合操作运算符用来简化一些特殊的赋值语句，这类赋值语句的一般形式如下所示。

<变量 1>=<变量 1><操作符><表达式>

利用联合操作运算符可以简化为如下形式。

<变量 1><操作符>=<表达式>

联合操作运算符适合于所有双目操作符。C51 中常用的联合操作运算符有：

a+=b，相当于 a=a+b。

a*=b，相当于 a=a*b。

a&=b，相当于 a=a&b。

a|=b，相当于 a=a|b。

a/=x+y−z，相当于 a=a/(x+y−z)。

4.4　C51 的输入与输出

C51 本身不提供输入、输出语句，输入、输出操作由函数实现。在 C51 的标准函数库中提供了一个名为"stdio.h"的一般 I/O 函数库，定义了 C51 中的输入、输出函数。

C51 的一般 I/O 函数库中定义的 I/O 函数，以 getkey()和 putchar()函数为基础，包含字符输入函数 getchar()和字符输出函数 putchar()、字符串输入函数 get()和字符串输出函数 puts()、格式输出函数 printf()和格式输入函数 scanf()等。在 C51 中，输入、输出函数用得较少，格式输入、输出函数用的较多。

C51 的一般 I/O 函数库中定义的 I/O 函数都是通过串行接口实现的，波特率由定时/计数器 1 溢出率决定。在使用 I/O 函数前，应先对 MCS-51 单片机的串行接口和定时/计数器 1 进行初始化。

初始化时，选择串行工作方式 1、定时/计数器 1 工作方式 2（8 位自动重载方式）、系统时钟为 12MHz、波特率为 2400，则初始化程序如下所示。

```
SCON=0x50;
TMOD=0x20;
TH1=0xf3;
TL1=0xf3;
TR1=1;
```

4.4.1　格式输出函数 printf

printf( )函数可通过串行接口输出若干任意类型的数据，printf 语句的格式如下：

```
printf(格式控制, 输出参数表)
```

格式控制是用双引号括起来的字符串，也称转换控制字符串，它包括 3 种信息：格式说明符、普通字符和转义字符。

① 格式说明符。

格式说明符由"%"和格式字符组成，用于指明输出数据的格式，如%d、%f 等，它们的具体功能如表 4.5 所示。

② 普通字符。

普通字符按原样输出，用来输出某些提示信息。

③ 转义字符。

转义字符是用来输出特定的功能控制符，如输出转义字符"\n"使输出换行。转义字符介绍如表 4.2 所示。

输出参数表是要输出的一组数据，也可是表达式。

表 4.5　　　　　　　　　　　　　　**C51 中 printf( )函数的格式字符及功能**

格式字符	数据类型	输出格式
d	int	带符号十进制数
u	int	无符号十进制数
o	int	无符号八进制数

续表

格式字符	数据类型	输出格式
x	int	无符号十六进制数，用"a～f"表示
X	int	无符号十六进制数，用"A～F"表示
f	float	带符号十进制浮点数，形式为[-]dddd.dddd
e/E	float	带符号十进制浮点数，形式为[-]d.ddddE±dd
g/G	float	自动选择 e 或 f 格式中更紧凑的一种输出格式
c	char	单个字符
s	指针	指向一个带结束符的字符串
p	指针	带存储器批示符和偏移量的指针，形式为 M：aaaa，其中，M 可分别为：C（code）、D（data）、I（idata）、P（pdata），如 M 为 a，则表示的是指针偏移量

4.4.2　格式输入函数 scanf

scanf( )函数可通过串行接口实现数据输入，使用方法与 printf( )类似，scanf( )的格式如下：

scanf（格式控制，地址列表）

格式控制与 printf( )函数的情况类似，也是用双引号括起来的一些字符，可包括以下 3 种信息：空白字符、普通字符和格式说明。

① 空白字符。

空白字符包含空格、制表符、换行符等，这些字符在输出时被忽略。

② 普通字符。

除了以百分号"%"开头的格式说明符外的所有非空白字符，在输入时要求原样输入。

③ 格式说明。

格式说明由百分号"%"和格式说明符组成，用于指明输入数据的格式，详细介绍如表 4.6 所示。

地址列表由若干个地址组成的，它可以是指针变量、取地址运算符"&"加变量或字符串名。

表 4.6　　　　　　　　　　C51 中 scanf( )函数的格式字符及功能

格式字符	数据类型	输出格式
d	int 指针	带符号十进制数
u	int 指针	无符号十进制数
o	int 指针	无符号八进制数
x	int 指针	无符号十六进制数
f e E	float 指针	浮点数
c	char 指针	字符
s	string 指针	字符串

【例 4-13】　举例说明格式输入/输出函数的应用，程序如下：

```
#include  <reg51.h>          //包含特殊功能寄存器库
#include  <stdio.h>          //包含 I/O 函数库
void main(void)              //主函数
    {
    int  x,y;               //定义整型变量 x 和 y
```

```
    SCON=0x50;                          //串口初始化
    TMOD=0x20;
    TH1=0xF3;
    TL1=0xF3;
    TR1=1;
    printf("input x,y:\n");             //输出提示信息
    scanf("%d%d",&x,&y);                //输入 x 和 y 的值
    printf("\n");                       //输出换行
    printf("%d+%d=%d",x,y,x+y);         //按十进制形式输出
    printf("\n");                       //输出换行
    printf("%xH+%xH=%XH",x,y,x+y);      //按十六进制形式输出
    while(1);                           //结束
}
```

4.5 C51 程序基本结构与相关语句

4.5.1 C51 的基本结构

1. 顺序结构

顺序结构是最基本、最简单的结构。在这种结构中,程序由低地址到高地址依次执行,图 4-7 所示为顺序结构流程图,程序先执行语句 1,然后再执行语句 2。

2. 选择结构

选择结构可使程序根据不同的情况,选择执行不同的分支。在选择结构中,程序先对一个条件进行判断,当条件成立时,执行一个分支,当条件不成立时,执行另一个分支。如图 4-8 所示,当条件成立时,执行语句 1,当条件不成立时,执行语句 2。

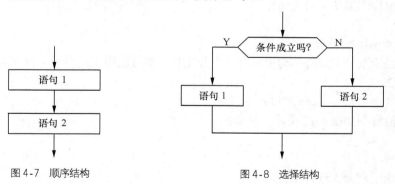

图 4-7 顺序结构   图 4-8 选择结构

在 C51 中,实现选择结构的语句有 if…else,if…else if 语句。另外,在 C51 中还支持多分支结构,多分支结构既可以通过 if 和 else if 语句嵌套实现,也可通过 swith…case 语句实现。

3. 循环结构

在程序处理过程中,有时需要某一段程序重复执行,这时就需要用循环结构来实现。循环结构又分为两种:当(while)型循环结构和直到(do…while)型循环结构。

(1)当型循环结构。

当型循环结构如图 4-9 所示,当条件为"真"时,重复执行语句,当条件为"假"时停止重复,执行后面的语句。

（2）直到型循环结构。

直到型循环结构如图 4-10 所示，先执行语句，再判断表达式是否成立。当条件为"真"时，停止执行重复语句，执行后面的语句；当条件为"假"时，循环执行语句。

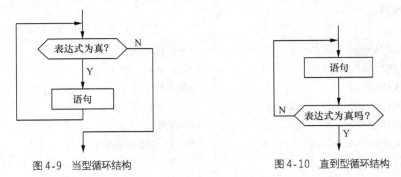

图 4-9　当型循环结构　　　　　图 4-10　直到型循环结构

4.5.2　C51 选择（分支）控制语句

选择结构使单片机具有决策能力，可在某种特定条件下完成相应的操作。实现选择流程的语句有 if 语句和 switch 语句。

1. if 语句

if 用来判定所给定的条件是否满足，然后根据判定结果执行两种操作之一。if 语句的基本结构：

```
if(表达式) { }
```

括号中的表达式成立时，执行大括号内的语句，否则程序跳过大括号中的语句，执行下面的语句。C51 提供了 3 种 if 语句的形式。

（1）形式 1。

```
if(表达式) { }
```

形式 1 的流程图如图 4-11 所示。

例如：

```
if(x>y) {max=x; min=y;}
```

该形式相当于双分支选择结构中仅有一个分支有可执行的语句，另一个分支为空。

（2）形式 2。

```
if(表达式) { 语句1; } else{语句2; }
```

形式 2 的流程图如图 4-12 所示。例如：

```
if(x>y){max=x;}
else {min=y;}
```

该形式相当于双分支选择结构。

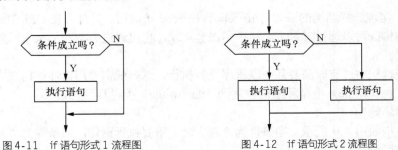

图 4-11　if 语句形式 1 流程图　　　　　图 4-12　if 语句形式 2 流程图

（3）形式3。

```
if(表达式1) {语句1；}
else if(表达式2) {语句2；}
else if(表达式3) {语句3；}
…
else if(表达式m) {语句m；}
else{语句n；}
```

形式3的流程图如图4-13所示。

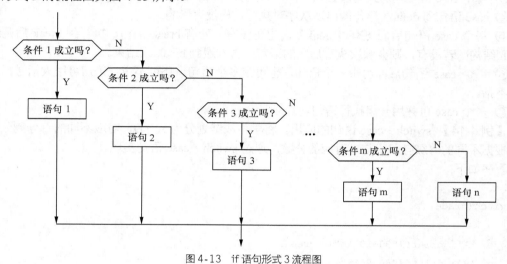

图4-13 if语句形式3流程图

例如：

```
if (score>=90) printf("Your result is an A\n");
else if (score>=80) printf("Your result is a B\n");
else if (score>=70) printf("Your result is a C\n");
else if (score>=60) printf("Your result is a D\n");
else printf("Your result is a E\n");
```

执行上面语句后，根据分数score分别打出A、B、C、D、E 5个等级。该形式相当于串行多分支选择结构。

在if语句中含有一个或多个if语句，称为if语句的嵌套，在if语句嵌套中应注意if与else的对应关系，else总是与它前面最近的一个if语句相对应。

2. switch语句

switch语句是多分支选择语句。if语句只有两个分支可供选择，而实际问题中常需要用到多个分支选择。虽可通过if语句嵌套实现，但若分支过多，则程序冗长、可读性降低。C51提供了直接处理多分支的switch…case语句，用于直接处理并行多分支选择问题。

switch…case语句的一般形式如下：

```
switch （表达式）
{case 常量表达式1：{语句1；}break;
 case 常量表达式2：{语句2；}break;
 ……
 case 常量表达式n：{语句n；}break;
```

```
       default：{语句 n+1；}
    }
```

说明如下：

① switch 后面括号内的表达式，可以是整型或字符型表达式。

② 当表达式的值与某一"case"后面的常量表达式的值相等时，就执行该"case"后面的语句，当遇到 break 语句退出 switch 结构。若表达式的值与所有 case 后的常量表达式的值都不相同，则执行 default 后面的语句，然后退出 switch 结构。

③ 每个 case 常量表达式的值必须不同，否则会自相矛盾。

④ case 语句和 default 语句的出现次序对执行过程没有影响。

⑤ 每个 case 语句后面可有"break"，也可没有。若有 break 语句，执行到 break 后则退出 switch 结构；若没有，则会顺次执行后面的语句，直到遇到 break 或结束。

⑥ 每个 case 语句后面可带一个语句，也可带多个语句，还可不带。语句可用大括号括起，也可不括。

⑦ 多个 case 可共用一组执行语句。

【例 4-14】 switch…case 语句的应用。将学生成绩划分为 A～D，对应不同的百分制分数，要求根据不同的等级打印出与之对应的分数，通过 switch…case 语句实现。

程序如下：

```
……
switch(grade)
{
case 'A': printf("90~100\n"); break;
case 'B': printf("80~90\n"); break;
case 'C': printf("70~80\n"); break;
case 'D': printf("60~70\n"); break;
case 'E': printf("<60\n"); break;
Default: printf("error"\n);
}
```

4.5.3 C51 循环控制语句

在实际中，常需要将程序进行有规律的重复操作。例如，输入全校学生的成绩、发送数据块、累加求和等。利用循环语句，可执行需要的重复操作。循环结构与顺序结构、选择结构构成复杂程序的基本结构。

在 C 语言中构成循环控制的语句有 while、do…while、for 和 goto 语句。尽管这 4 种语句都能起到循环作用，但其具体功能和使用方法有差别，下面分别介绍。

1. 基于 if 和 goto 构成的循环

（1）采用 if 和 goto 可以构成"当型"循环程序。格式如下：

```
Loop:  if(表达式)
    {语句；
     goto  Loop;
    }
```

Loop 是语句标号，或称为标识符，原则上任何一条语句都可有标号，标号和语句用"："隔开。

（2）采用 if 和 goto 可构成"直到型"循环程序。格式如下：

```
Loop:{ 语句;
    if(表达式)  goto  Loop;
    }
```

（3）无条件转移语句 goto。

goto 语句是一个无条件转移语句。当执行 goto 语句时，将程序指针跳转到 goto 给出的下一条语句，格式如下：

```
goto  标号
```

2．基于 while 语句构成的循环

while 语句在 C51 中用于实现当型循环结构。

while 语句的格式：

```
while（表达式）
{语句; }  /*循环体*/
```

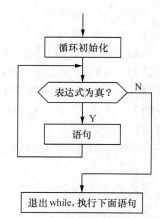

图 4-14　while 循环语句语法流程图

while 语句后面的表达式是能否进行循环的条件，后面的语句是循环体。当表达式为真时，就重复执行循环体内的语句；当表达式为假时，则终止 while 循环，执行循环体外的下一条语句。其语法流程图如图 4-14 所示。

while 语句的特点：先判断条件，后执行循环体。在循环体中对条件进行改变，然后再判断条件，如条件成立，则再执行循环体，如条件不成立，则退出循环。如果条件第一次就不成立，则循环体一次也不执行。

如：while((P1&0x10)==0) {}

这个语句是等待来自用户或外部硬件的信号变化。该语句对 MCS-51 单片机的 P1.4 引脚进行测试。

【例 4-15】 通过 while 语句实现计算并输出 1～100 的累加和。

程序如下：

```
#include  <reg51.h>      //包含特殊功能寄存器库
#include  <stdio.h>      //包含 I/O 函数库
void main(void)          //主函数
{
    int  i, s=0;         //定义整型变量 x 和 y
    i=1;
    SCON=0x50;           //串口初始化
    TMOD=0x20;
    TH1=0xF3;
    TL1=0xF3;
    TR1=1;
    while  (i<=100)      //累加 1～100 之和在 s 中
    {
        s=s+i;
        i++;
```

```
        }
    printf("1+2+3……+100=%d\n",s);
    while(1);
}
```

程序执行结果：1+2+3……+100=5050

3．基于 do…while 语句构成的循环

do…while 语句在 C51 中用于实现直到型循环结构。

do…while 语句的格式：

```
do
{语句；}    /*循环体*/
while（表达式）；
```

do…while 语句（如图 4-15 所示）的特点：先执行循环体中的语句，后判断表达式。如表达式为真，则再执行循环体，然后再判断，直到表达式为假时，退出循环，执行 do…while 结构体外的下一条语句。do…while 语句在执行时，循环体内的语句至少被执行一次。

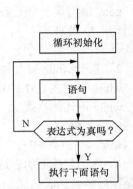

图 4-15 do…while 语句语法流程图

【例 4-16】 实型数组 sample 存有 10 个采样值，编写一个程序返回这 10 个数值的平均值。

程序如下：

```
float avg(float *sample)
{
    float sum=0;
    char No=0;
    do
    {sum+=sample[No];
     No++;
    }while(No<10);
    return(sum/10);
}
```

【例 4-17】 分别采用 while 语句和 do…while 实现 1～10 的累加。

① 采用 while 语句的程序如下：

```
#include  <reg51.h>
#include  <stdio.h>
void main( )
{
    unsigned int I = 1;
    unsigned int SUM = 0;              //设初值
    while(I<=10)
    {
    SUM = I + SUM;                    //累加
    printf ("%d SUM=%d\n",I,SUM);      //显示
    I++;
    }
```

```
    while(1);                          //为了防止程序结束后，程序指针继续向下造成程序"跑飞"
}
```

② 采用 do…while 语句的程序如下：

```
#include  <reg51.h>
#include  <stdio.h>
void main( )
{
    unsigned int I = 1;
    unsigned int SUM = 0; //设初值
    {
    SUM = I + SUM; //累加
    printf ("%d SUM=%d\n",I,SUM); //显示
    I++;
    }
    while(I<=10);
    while(1);
    }
```

以上 2 个例程中，do…while 和 while…do 结构似乎没有什么区别，但在实际中要注意 do…while 结构的循环体至少被执行 1 次。如把上面两个例程序中 I 的初值设为 11，那么前一个程序不会得到显示结果，而后一个程序则会得到 SUM=11。

4. for 语句

在 C51 中，for 语句是使用最灵活、最多的循环控制语句，同时也最为复杂。它可用于循环次数已知的情况，也可用于循环次数未知的情况。

for 语句的格式：

```
for  ( [初值设定表达式 1];[循环条件表达式 2];[条件更新表达式 3] )
     {语句; }  /*循环体*/
```

for 语句后面有 3 个表达式，执行过程如下。

① 先求解表达式 1 的值。

② 求解表达式 2 的值，如果表达式 2 的值为真，则执行循环休中的语句，然后执行③的操作，如表达式 2 为假，结束 for 循环，转到第⑤步。

③ 若表达式 2 为真，则执行完循环体中的语句后，求解表达式 3，然后转到第④步。

④ 转到②，继续执行。

⑤ 退出 for 循环，执行下面的一条语句。

在 for 循环中，初值设定表达式 1 用于给循环变量赋初值；循环条件表达式 2 对循环变量进行判断；循环变量更新表达式 3 用于对循环变量的值进行更新，使循环变量能不满足条件而退出循环，其语句流程图如图 4-16 所示。

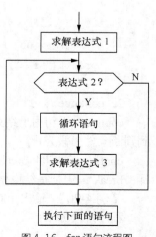

图 4-16 for 语句流程图

【例 4-18】 用 for 语句实现计算并输出 1～100 的累加和。

程序如下：

```
#include  <reg51.h>               //包含特殊功能寄存器库
```

```
#include <stdio.h>          //包含 I/O 函数库
void main(void)             //主函数
{
    int  i,s=0;             //定义整型变量 x 和 y
    SCON=0x52;              //串口初始化
    TMOD=0x20;
    TH1=0xf3;
    TL1=0xf3;
    TR1=1;
    for (i=1;i<=100;i++) s=s+i;      //累加 1～100 之和在 s 中
    printf("1+2+3……+100=%d\n",s);
    while(1);
}
```

程序执行结果：1+2+3……+100=5050

4.5.4 break 语句和 continue 语句

在循环语句执行过程中，都可通过 break 和 continue 语句跳出循环结构，但是这二者又有所不同。

1. break 语句

break 语句用于从循环体中跳出，提前结束循环而接着执行循环结构体外下面的语句。它不能用在循环语句和 switch 语句之外的任何其他语句中。

【例 4-19】 编程计算圆面积，当面积大于 100 时，由 break 语句跳出循环。

程序片段如下：

```
int r;
float area, pi=3.1415926;
for (r=1; r<=10; r++)
{
    area=pi*r*r;
    if (area>100) break;
    printf("%f\n", area);
}
```

2. continue 语句

continue 语句用于结束当前循环，不再执行本轮循环，程序代码从下一轮循环开始执行，直到判断条件为假为止。

continue 语句和 break 语句的区别在于：continue 语句只是结束本次循环而不是终止整个循环；break 语句则是结束循环，不再进行条件判断。

【例 4-20】 输出 100～200 之间不能被 3 整除的数。

程序片段如下：

```
int i;
for (i=100; i<=200; i++)
{
    if (i%3= =0) continue;
```

```
    printf("%d "; i);
}
```

在程序中，当 i 能被 3 整除时，执行 continue 语句，结束本次循环，跳过 printf( )函数，只有 i 不能被 3 整除时才执行 printf( )函数。

4.5.5　return 语句

return 语句一般放在函数的最后，用于终止函数，并控制程序返回。返回时还可通过 return 语句带回返回值。return 语句格式有两种。

① return；

② return（表达式）；

如果 return 语句后面带有表达式，则要计算表达式的值，并将表达式的值作为函数返回值。若不带表达式，则函数返回时将返回一个不确定值。通常用 return 语句把调用函数取得的值返回给调用函数。

【例 4-21】　计算 1 到 10 的累加和，并返回结果。

程序如下：

```
#include <reg51.h>
int  count( );          //声明累加和函数 count
void main( )
{
    unsigned int temp;
    temp=count( );      //通过函数 count 的返回值给 temp 赋值
    while(1);
}
int count( )
{
    unsigned int I,SUM;
     for(I=1;I<=10;I++)
    {
        SUM=I+SUM;       //累加
    }
return (SUM);
}
```

在 count( )函数中，若是"return (SUM)"，在 main( )函数中将函数 count( )的返回值赋给变量 temp，temp=55；若是"return"，在 main( )函数中通过函数 count( )的返回值赋给变量 temp，temp 为一个随机数，同时编译器提示警告"missing return value"。

4.6　C51 函数

4.6.1　C51 函数的定义

函数是 C51 的重要组成部分，从标准 C 语言继承而来。在 C51 中，函数的定义与 ANSIC 中相同，唯一不同的是在 C51 函数的后面需要带上若干 C51 的专用关键字。

C51 函数定义的一般格式如下：

函数类型　函数名（形式参数表）　[reentrant][interrupt m][using n]

格式说明如下：

1. 函数类型

函数类型说明了函数返回值的类型，如果函数没有返回值，则函数类型记为 void。

2. 函数名

函数名是用户为自定义函数取的名称，以便调用函数时使用。

3. 形式参数表

形式参数表用于罗列在主调函数与被调用函数间进行数据传递的形式参数。

4. reentrant 修饰符

关键字 reentrant 是 C51 定义的，用于把函数定义为可重入函数。所谓可重入函数就是允许被递归调用的函数。函数的递归调用是指当一个函数正被调用尚未返回时，又直接或间接调用函数本身。一般的函数不能做到这样，只有重入函数才允许递归调用。

关于重入函数，应注意：

① 用 reentrant 修饰的重入函数被调用时，实参表内不允许使用 bit 类型的参数。函数体内也不允许存在任何关于位变量的操作，更不能返回 bit 类型的值。

② 编译时，系统为重入函数在内部或外部存储器中建立一个模拟堆栈区，称为重入栈。重入函数的局部变量及参数被放在重入栈中，使重入函数可实现递归调用。

③ 在参数传递上，实际参数可传递给间接调用的重入函数。无重入属性的间接调用函数不能包含调用参数，但是可使用定义的全局变量来进行参数传递。

5. interrupt m 修饰符

关键字 interrupt 是 C51 定义的，m 表示中断处理函数及中断号。当函数定义时用了 interrupt m 修饰符，系统编译时会把对应函数转化为中断函数，自动加上程序头段和尾段，并按 MCS-51 系统中断的处理方式自动把它安排在程序存储器中的相应位置。

在该修饰符中，m 是中断号，取值为 0～31，对应的中断情况如下。

0——外部中断 0。

1——定时/计数器 T0。

2——外部中断 1。

3——定时/计数器 T1。

4——串行口中断。

其他值预留。

6. using n 修饰符

关键字 using 是 C51 定义的。using n 表示选择工作寄存器组及组号，其中 n 的取值为 0~3，表示寄存器组号。

对于 using　n 修饰符，应注意：

① 加入 using　n 后，C51 在编译时自动在函数的开始和结束处加入以下指令。

```
{
PUSH PSW;          //标志寄存器入栈
MOV PSW, #x;       //#x 与寄存器组号相关的常量
POP  PSW;          //标志寄存器出栈
}
```

② using　n 修饰符不能用于有返回值的函数，因为 C51 函数的返回值放在寄存器中。如果寄存器组改变，返回值就会出错。

4.6.2　函数的调用和声明

1.　函数的调用

函数调用的一般形式为：

函数名（实参列表）；

对于有参数的函数调用，若实参列表包含多个实参，则各个实参之间要用逗号隔开。

按照函数调用在主调函数中出现的位置，函数调用方式可分为以下 3 种。

（1）函数语句。函数语句是指把被调用函数作为主调用函数的一个语句。

如："printf ("Hello　World!\n");"它以 "Hello World!\n"为参数调用 printf 库函数，这种函数调用被视为一条函数语句。

（2）函数表达式。函数表达式是指函数被放在一个表达式中，以一个运算对象的方式出现。这时被调用函数要求带有返回语句，以便返回一个明确的数值参加表达式的运算。

如："temp = Count( );"，函数 Count( )作为一个运算对象，它的返回值直接赋值给 temp。

（3）函数参数。被调用函数的返回值作为另一个函数的实际参数。

如："temp=StrToInt(CharB(16));"，函数 CharB 的返回值作为函数 StrToInt 的实际参数。

2.　自定义函数的声明

调用函数前要对被调用的函数进行说明。标准库函数只要用#include 引入已写好的头文件，程序中就能直接调用函数。如果调用自定义的函数则要编写函数。

在 C51 中，函数原型一般形式如下：

[extern]　函数类型　函数名（形式参数表）；

函数的声明是把函数的名称、函数类型以及形参的类型、个数和顺序通知编译系统，以便调用函数时系统进行对照检查。函数的声明后面要加分号。

如果声明的函数在文件内部，则声明时不用 extern，如果声明的函数不在文件内部，而在另一个文件中，声明时须带 extern，指明使用的函数在另一个文件中。

【例 4-22】 函数的使用。

程序如下：

```
#include <reg51.h>            //包含特殊功能寄存器库
#include <stdio.h>            //包含 I/O 函数库
int max(int  x, int  y);      //对 max 函数进行声明
void main(void)               //主函数
{
    int  a,b;
    SCON=0x50;                //串口初始化
    TMOD=0x20;
    TH1=0xf3;
    TL1=0xf3;
    TR1=1;
    scanf("please input a,b:%d,%d",&a, &b);
    printf("\n");
    printf("max is:%d\n",max(a,b));
    while(1);
}
```

```
int  max(int  x,int  y)
{
    int  z;
    z=(x>=y?x:y);
    return(z);
}
```

【例 4-23】 外部函数的使用。

程序如下：

程序 serial_initial.c

```
#include  <reg51.h>          //包含特殊功能寄存器库
#include  <stdio.h>          //包含 I/O 函数库
void serial_initial(void)    //主函数
{
    SCON=0x52;               //串口初始化
    TMOD=0x20;
    TH1=0xf3;
    TL1=0xf3;
    TR1=1;
}
```

程序 y1.c

```
#include  <reg51.h>          //包含特殊功能寄存器库
#include  <stdio.h>          //包含 I/O 函数库
extern  serial_initial();
void  main(void)
{
    int  a,b;
    serial_initial();
    scanf("please input a,b:%d,%d",&a,&b);
    printf("\n");
    printf("max is:%d\n",a>=b?a:b);
    while(1);
}
```

4.6.3 中断函数

中断函数是指中断服务函数，只有在中断源请求响应中断时才会被执行，它在处理突发事件和实时控制时十分有效。为了捕获中断事件，通常有 3 种方法：一是用循环语句不断地对中断源进行查询，二是用定时中断在间隔时间内扫描中断源，三是用外部中断服务函数对中断进行捕获。

第三种方式仅在中断事件发生时才响应中断，执行中断服务程序，其余时间则执行其他任务，占用 CPU 时间最少。因此，在程序编写中一般采用第三种方式捕获中断，调用中断服务程序。

在采用汇编语言编写中断函数时，需考虑出栈、入栈等一系列问题。而采用 C51 编写中断函数时，C51 扩展了函数的定义使它能直接编写中断服务函数，编程者一般不需考虑出栈、入栈问题。C51 扩展的关键字是函数定义时的一个选项 interrupt。增加这个选项，函数就是中断服务函数。

中断服务函数的形式：

函数类型　　函数名　(形式参数)　interrupt　n

89C51 单片机只用到 0~4 号中断。具体地址为 8n+3。中断响应后，处理器会跳转到中断向量所处的地址执行程序，即中断服务函数的入口地址。

使用中断服务函数时应注意：中断函数不能直接调用中断函数，不能通过形参传递参数；在中断函数中调用其他函数，两者所使用的寄存器组应相同；中断函数没有返回值，最好写在文件的尾部，并且禁止使用 extern 存储类型说明。

【例 4-24】 举例说明中断函数的定义与应用，电路如图 4-17 所示。

程序如下：

```c
#include  <reg51.h>
sbit LED0=P2^0;
sbit KEY0=P3^2;
unsigned char Int0State( );        //函数说明
void main( )
{
    IT0 =0;                        //设置外部中断 0 为低电平触发
    EX0 =1;                        //允许响应外部中断 0
    EA  =1;                        //总中断允许
    LED0 =0;                       //LED0 默认为熄灭
    while(1);
}
void Int0Demo(void) interrupt 0    //外部中断 0 服务程序
{
    unsigned int Temp;             //定义局部变量
    LED0 =0;
    if((Int0State( )&0x04)==0x00)
     {
        LED0 =1;                   //P3.2 的状态取反赋给 P2.0
     }
    for(Temp=0; Temp<50; Temp++);  //延时
    LED0 =0;
}
unsigned char Int0State(void)      //用于返回 P3 的状态，演示函数的使用
{
    unsigned char Temp;
    KEY0 =1;                       //P3.0 设置为输入
    Temp =P3;                      //读取 P3 状态并保存在变量 Temp 中
   return Temp;
}
```

当接在 P3.2 引脚的按键按下时，P3.2 即 INT0 输入低电平，中断服务函数 Int0Demo 被执行。在该中断服务程序中调用读取 P3 引脚状态函数 Int0State，于是 LED0 就会被点亮并保持一段时间，然后熄灭。

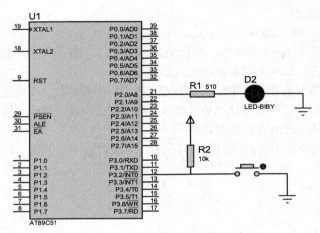

图 4-17　INT0 中断服务函数演示电路

4.6.4　函数的嵌套与递归

函数的嵌套是指在一个函数中调用另一个函数。C51 编译器通常依靠堆栈来进行参数传递，但堆栈设在片内 RAM 中，而片内 RAM 的空间有限，因而嵌套的深度比较有限，一般在几层以内。如果层数过多，就会导致堆栈空间不够而出错。

【例 4-25】　函数嵌套的应用。

程序如下：

```c
#include <reg51.h>             //包含特殊功能寄存器库
#include <stdio.h>             //包含 I/O 函数库
extern serial_initial();
int max(int a,int b)
{
  int z;
  z=a>=b?a:b;
  return(z);
}
int add(int c,int d,int e,int f)
{
  int result;
  result=max(c,d)+max(e,f);    //调用函数 max
  return(result);
}
main()
{
  int  final;
  serial_initial();
  final=add(7,5,2,8);
  printf("%d",final);
  while(1);
}
```

递归调用是嵌套调用的一个特殊情况。如果在调用一个函数过程中又直接或间接调用该函数本身的情况，则称为函数的递归调用。在函数的递归调用中要避免出现无终止的自身调用，应通过条件控制递归调用的结束，使得递归的次数有限。

【例 4-26】 递归求阶乘 *n*!。

在数学计算中，一个数 *n* 的阶乘等于该数本身乘以数 *n*-1 的阶乘，即 *n*!=*n*×(*n*-1)!，用 *n*-1 的阶乘来表示 *n* 的阶乘是递归表示方法，可通过函数递归调用实现。

程序如下：

```
#include <reg51.h>  //包含特殊功能寄存器库
#include <stdio.h>  //包含 I/O 函数库
extern serial_initial();
int fac(int n) reentrant
{
  int result;
  if (n= =0) result=1;
  else result=n*fac(n-1);
  return(result);
}
main()
{
  int fac_result;
  serial_initial();
  fac_result=fac(11);
  printf("%d\n",fac_result);
}
```

4.6.5 C51 结构、联合和枚举

为高效处理复杂数据，C 语言引入了构造类型的数据类型。构造类型是将一批各种类型的数据放在一起形成一种特殊类型的数据。数组也是一种构造类型的数据，C51 中的构造类型还有结构、枚举和联合。

1. C51 结构

（1）结构。

结构是一种数据的集合体，它能按需要将不同类型的变量组合在一起，整个集合体用一个结构变量名表示，组成这个集合体的各个变量称为结构成员。

一般定义结构的格式：

```
struct 结构名 {结构元素表};
```

如：

```
struct FileInfo
    {
        unsigned char FileName[4];
        unsigned long Date;
        unsigned int Size;
    }
```

例中定义了一个简单的文件信息结构类型，它可用于定义简单的文件信息，结构中有 3 个元

素，分别用于文件名、日期、大小。因为结构中的每个数据成员能使用不同的数据类型，所以要对每个数据成员进行数据类型定义。

（2）结构变量。

定义结构类型后能按结构类型的格式定义结构变量。只有结构变量才能参与程序执行，结构类型只是用于说明结构变量属于哪种结构。

一般定义结构变量的格式：

```
struct  结构名  结构变量名 1, 结构变量名 2, ......, 结构变量 N;
```

如：struct   FileInfo NewFileInfo, OldFileInfo;

通过上面的定义，NewFileInfo 和 OldFileInfo 都是 FileInfo 结构，都具有一个字符型数组、一个长整型和一个整型数据。定义结构类型只是给出了这个结构的组织形式，不占用存储空间，因此结构名不能进行赋值和运算等操作。结构变量则是结构中的具体成员，占用存储空间，能对每个变量成员进行操作，结构允许嵌套。如：

```
struct clock{unsigned char sec, min, hour;}
struct date {unsigned int year;
            unsigned char month, day;
            struct clock Time;        //这是结构嵌套
          }
struct date NowDate;                   //定义 data 结构变量名为 NowDate
```

（3）结构元素。

结构中各个数据元素如何引用和赋值呢？使用结构变量是通过对它的结构元素的引用来实现的。结构中数据元素引用的方法是使用存取结构元素成员运算符 "." 来连接结构名和元素名，其格式如下：

结构变量名.结构元素

如：要存取上例结构变量中的月份 month 时，要写成 NowDate. month。

对于嵌套结构，在引用元素时要使用多个成员运算符，一级一级连接到最低级的结构元素。注意，C51 中只能对最低级的结构元素进行访问，而不可能对整个结构进行操作。

如：

```
NowDate.year = 2012;
NowDate.month = OleMonth+2;      //月份数据在旧的基础上加 2
NowDate.Time.min++;                //分针加 1，嵌套时只能引用最低一级元素
```

一个结构变量中元素的名字能和程序中其他变量同名，因为元素是属于它所在的结构中，使用时要用成员运算符指定。

（4）结构类型。

结构类型除了前面的一般格式外，还有如下两种定义格式。

定义格式一：

```
struct {结构元素表}  结构变量名 1, 结构变量名 2, ......, 结构变量名 N;
```

例：struct {unsigned char FileName[4]; unsigned long Date; unsigned int Size;
        }NewFileInfo, OleFileInfo;

这种定义方式没有使用结构名，称为无名结构，通常用于程序中只有几个确定的结构变量场合，不能在其他结构中嵌套。

定义格式二：

```
struct  结构名 {结构元素表}  结构变量名 1, 结构变量名 2, ......, 结构变量名 N;
```

例：`struct FileInfo {unsigned char FileName[4]; unsigned long Date; unsigned int Size;`
`}NewFileInfo, OleFileInfo;`

使用结构名便于阅读程序和其他结构定义中使用。

2. 枚举

在程序中经常要用一些变量去做程序中的标志判断。如经常用一个字符或整型变量储存 1 和 0 用作判断条件真假的标志，但有时会疏忽这个变量只有在等于 0 或 1 时才有效，而将它赋上其他值，从而导致程序出错或混乱。对此情况，若使用枚举数据类型定义变量，可从本质上避免错误赋值。

枚举数据类型是把某些整型常量的集合用一个名字表示，其中整型常量只是这个枚举类型变量可取的合法值。枚举类型有两种定义格式。

定义格式一：

enum　枚举名　{枚举值列表}　变量列表；

例：`enum TFFlag {False, True} TFF;`

定义格式二：

enum　枚举名　{枚举值列表}；

emum　枚举名　变量列表；

例：`enum Week {Sun, Mon, Tue, Wed, Thu, Fri, Sat};`
`enum Week OldWeek, NewWeek;`

在上面的例子中，枚举值不用赋值就能使用，这是因为在枚举列表中，每一项名称代表一个整数值，在默认情况下编译器会自动为每一项赋值，第一项赋值为 0、第二项为 1、……。如 Week 中的 Sun 为 0、Fri 为 5。C51 语言也允许对各项枚举值做初始化赋值。注意，在对某项值初始化后，其后续的各项枚举值也随之递增。

如：enum Week {Mon=1, Tue, Wed, Thu, Fri, Sat, Sun};

此例中枚举使 Week 值从 1 到 7，而非默认的 0 到 6。

若使用的枚举和变量相同，在程序中不能给其赋值。

3. 联合

联合也是 C51 语言构造类型的数据结构。它和结构类型一样能包含不同类型的数据元素，不同之处在于联合的数据元素都是从同一个数据地址开始存放的。结构变量占用的内存大小是该结构中数据元素所占内存数的总和，而联合变量所占用内存大小只是该联合中最长的元素所占用的内存大小。

例如，在结构中定义了一个 int 和一个 char 型变量，那么结构变量占用 3 个字节内存，而在联合中同样定义一个 int 和一个 char 型变量，联合变量只占用 2 个字节内存。

这种能充分利用内存空间的技术叫"内存覆盖技术"，它能使不一样的变量分时使用同一个内存空间。使用联合变量时要注意它的数据元素只能是分时使用，而不能同时使用。

例如，在联合中，首先为 int 类型元素赋值 1000，后来又为 char 类型元素赋值 10，那么此时就不能引用 int 了，否则会出错，因为起作用的是最后一次赋值的元素，而上一次赋值的元素已失效。

注意　　联合变量定义时不能对它的值进行初始化，但能使用指向联合变量的指针对其操作；联合变量不能作为函数的参数进行传递，数组和结构能出现在联合中。

联合类型变量的定义方法和结构的定义方法类似，只要把关键字 struct 换用 union 即可。联合变量的引用方法也是使用 "." 成员运算符。

【例 4-27】 举例说明结构、枚举和联合这 3 种类型的应用。

程序如下：

```c
#include <reg51.h>
#include <stdio.h>
void main( )
{
    enum TF {False, True} State;     //定义一个枚举，使程序更易读
    union File                       //联合中包含一数组和结构
    {
    unsigned char Str[11];           //整个联合共用 11 个字节内存
    struct FN
    {
        unsigned char Name[6],EName[5];
    } FileName;
    } MyFile;
    unsigned char Temp;
    State =True;                     //State 只能赋为 False 和 True 两个值，其他值无效
    printf("Input File Name 5Byte: \n");
    scanf("%s", MyFile.FileName.Name);        //保存 5 字节字符串要 6 个字节
    printf("Input File ExtendName 4Byte: \n");
    scanf("%s", MyFile.FileName.EName);
if(State==True)
{
    printf("File Name : ");
    for (Temp=0; Temp<12; Temp++)
    printf("%c", MyFile.Str[Temp]);           //列出所有的字节
    printf("\n    Name :");
    printf("%s", MyFile.FileName.Name);
    printf("\n    ExtendName :");
    printf("%s", MyFile.FileName.EName);
}
while(1);
}
```

在程序中，联合 MyFile 中的数组 Str 和结构 FileName 占用的是同一段地址的内存空间，即 0x0023～0x002d，共 11 个内存单元；结构 FileName 中的两个数组 Name 和 EName 各占两段不一样内存空间，Name 占用 0x0023～0x0028，共 6 个内存单元；而 EName 占用 0x0029～0x002d，共 5 个内存单元。

本章小结

本章介绍了 C51 语言的基本内容和程序设计方法，主要包括 C51 语言的数据类型和存储、运算符及表达式、C51 的输出/输出、程序的基本控制流程、函数等。

本章在介绍 C51 语言时，充分重视 C51 与 C 语言的区别和联系，强调利用 C 语言编写单片机程序时，需要根据单片机的存储结构和内部资源定义相应的数据类型和变量，并在各部分的介绍中增加了实例，加深了读者对 C51 单片机编程的理解和应用。

习　　题

4-1　简述 C51 单片机直接支持的数据类型，并加以说明。

4-2　简述 C51 语言对 C51 单片机特殊功能寄存器的定义方法。

4-3　简述 C51 中特有的数据类型有哪些。

4-4　简述 C51 中对 51 单片机位的定义方法。

4-5　C51 语言的 data、bdata、idata 有什么区别？

4-6　在 C51 中，中断函数与一般函数有什么区别？

4-7　按照给定存储器类型和数据类型，写出下列变量的说明形式。

① 在 data 区定义字符变量 val1。

② 在 idata 区定义整型变量 val2。

③ 在 xdata 区定义无符号字符数组 val[3]。

④ 定义可寻址的位变量 flag。

⑤ 定义特殊功能寄存器变量 SCON。

⑥ 定义 16 位特殊功能寄存器变量 T0。

4-8　写出下列关系表达式或逻辑表达式的结果，设 $a=3$、$b=4$、$c=5$。

① $a+b<c\&\&b==c$

② $!(a>b)\&\&!c$

4-9　试编写程序，将内部数据存储器 32H、33H 单元的内容传送到外部数据存储器 1002H、1003H 单元中。

4-10　试编写程序，采用 3 种循环结构实现数据 1～20 的平方和。

4-11　试编写程序，将 P1 口的高 5 位置 1，低 3 位不变。

4-12　设 8 次采样值依次存放在 20H～27H 的连续单元中，用算术平均值滤波法求采样平均值，结果保存在 30H 单元中，试编写程序实现。

4-13　输入 5 名学生的基本信息，包括学号、姓名、成绩，要求查找出成绩最好的学生，并输出成绩最好学生的学号、姓名和成绩，试编程实现。

第 5 章　C51 单片机最小系统及应用

C51 单片机最小系统除了有 CPU、存储器和并行 I/O 口之外，还包括定时/计数器、中断系统和串行接口。对于一些增强型单片机而言，内部还集成了看门狗、A/D 转换器等。本章分别介绍中断系统、定时/计数器和串行口的硬件结构、工作原理及其典型应用。

5.1　中断系统

当 CPU 与外设交换信息时，快速的 CPU 与慢速的外设间很难合拍。为解决此问题，可采用中断技术。中断系统使 CPU 具有对单片机外部或内部随机发生的事件进行实时处理能力，实现 CPU 与外设分时操作和自动处理故障，化解快速 CPU 和慢速外设间的矛盾。计算机理论中，中断技术的含义实际是资源共享技术。

5.1.1　中断概述

为使 CPU 与外设并行工作，提高系统工作效率，发挥 CPU 高速运算的能力，在计算机系统中引入了中断的概念。中断是指 CPU 平常可以处理自己的工作，只有外设需要和 CPU 之间进行信息传送的时候，才采用中断的方式，暂停 CPU 的工作，使 CPU 转去处理外设的请求，处理完外设请求后，CPU 继续执行原来被暂停的工作。相比之下，中断方式具有同步操作、实时处理的优点，CPU 工作效率高，在适当安排多个中断优先级以及同优先级中断的查询顺序的情况下，能同时和多个外设进行数据交换。因此，中断传输是 CPU 与外设间最常用的一种数据传输方式。

采用中断传输方式可实现外设和 CPU 并行工作，大大提高 CPU 工作效率和灵活地处理问题，其主要功能有以下几个方面。

（1）CPU 与外设同步工作。

CPU 与外设间的工作方式由串行变为并行。在 CPU 启动程序后，执行主程序；当外设准备好传送数据后，才要求 CPU 对其进行处理，发出中断申请；处理后 CPU 回到主程序继续执行，而外设得到新的数据后也可工作。这样就实现 CPU 和外设的并行工作，大大提高了单片机的效率。

（2）实时处理。

单片机的重要应用领域之一是进行实时信息的采集、处理和控制。所谓"实时"指单片机能够对现场采集到的信息及时做出分析和处理，以便对被控对象立即做出响应，使被控对象保持最佳工作状态。利用中断技术可及时处理随机输入的各种参数和信息，使单片机具备实时处理和控制功能。

（3）故障处理。

CPU 在运行过程中，会随机出现一些无法预料的故障，如电源和硬件故障，数据运送错误等。利用中断系统，CPU 可根据故障源发出的中断请求，立即执行相应的故障处理程序而不必停机，从而提高了单片机的可靠性。

通常，在实际应用中有以下几种情况可采取中断方式工作：

① I/O 设备。

② 硬件故障。

③ 实时时钟。

④ 为调试程序而设置的中断源。

5.1.2　中断的相关概念

1. 中断

什么是中断？比如，你正在看书，突然电话铃响了，你放下书本，去接电话，和来电话的人交谈，然后放下电话，回来继续看书。这就是生活中的"中断"现象，就是正常的工作过程被外部的事件打断了。

当 CPU 正在执行某项任务 A，而外界或内部发生了紧急事件 B，向 CPU 提出中断请求，CPU 暂停原来的任务 A（中断响应），转去处理事件（中断服务），对事件 B 处理完毕后，再回到原来任务 A 被中断的地方（即断点）继续处理事件 A（中断返回），这一过程称为中断。

2. 中断源

向 CPU 提出中断请求的来源、引起中断的原因，称为中断源。中断源可以是 I/O 设备、故障、时钟及调试中的设置。

那么，什么可引起中断呢？如：门铃响了，电话铃响了，闹钟响了，水烧开了等。单片机中也有一些可引起中断的事件，C51 中一共有 5 个：两个外部中断，两个定时/计数器中断，一个串行口中断。

3. 中断响应

CPU 在满足条件情况下接受中断申请，终止现行程序执行，转而为申请中断的对象服务称中断响应。

4. 断点

现行程序被中断的地址称为断点。

5. 中断嵌套及中断优先级

设想一下，你正在看书，电话铃响了，同时又有人按了门铃，你该先做那件事呢？如果你正在等一个很重要的电话，那一般不会去理会门铃；反之，你正在等一个重要的客人，则可能就不会去理会电话。如果不是这两者（既不等电话，也不是等人上门），你可能会按你通常的习惯去处理。总之，这里存在一个优先级的问题，单片机中也是如此，也有优先级的问题。优先级的问题不仅仅发生在两个中断同时产生的情况，也发生在一个中断已产生，又有一个新中断产生的情况，比如你正接电话，有人按门铃的情况，或你正开门与人交谈，又有电话响的情况。

一般允许有多个中断源，当几个中断源同时向 CPU 发出中断请求时，CPU 应优先响应最需要紧急处理的中断请求。这样就需要规定各个中断源的优先级，优先级高的请求处理完毕后，再响应优先级低的请求，这种预先安排好的响应次序叫做中断优先级。

中断系统中，高优先级中断请求能中断正在执行的优先级低的中断源处理，即中断嵌套。中断的响应过程如图 5-1 所示，其中（a）为单级中断，（b）为两级中断嵌套。

6. 中断系统

实现中断的硬件逻辑和实现中断功能的指令，统称为中断系统。

7. 中断服务程序和中断返回

实现中断功能的处理程序称为中断服务程序。如前所述，你正在家中看书，突然电话铃声响了，你停止看书去接电话的过程称为中断服务程序，而接完电话回来接着看书的过程称为中断返回。

完成中断服务程序后，返回到被中断的程序继续执行，该过程称为中断返回。

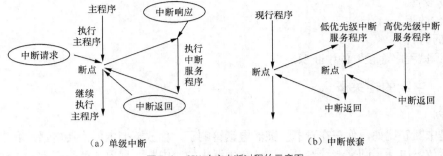

（a）单级中断　　　　　　　　　　　（b）中断嵌套

图 5-1　CPU 响应中断过程的示意图

5.1.3　中断系统

中断请求是在执行程序的过程中随机发生的，中断系统要解决如下问题。

（1）CPU 在不断执行指令的过程中，如何检测到随机发生的中断请求？

（2）如何使中断的双方（CPU 和中断源）均能人为控制——允许中断或禁止中断？

（3）由于中断的产生存在随机性，因此不可能在程序中使用子程序调用指令或转移指令，那么如何实现正确的转移，从而更好地为该中断源服务？

（4）中断源有多个，而 CPU 只有一个，当有多个中断源同时有中断请求时，用户怎样控制 CPU 按照自己的需要安排响应次序？

（5）中断服务完毕，如何正确地返回到断点？

本节围绕上述问题展开讨论。

1. 中断系统结构

C51 系列单片机中不同型号芯片的中断源数量是不同的，最基本的 C51 单片机有 5 个中断源，分别是两个外部中断 $\overline{INT0}$（P3.2）和 $\overline{INT1}$（P3.3）、2 个片内定时/计数器溢出中断 TF0 和 TF1，以及一个片内串行口中断 TI 和 RI。5 个中断源有 2 个中断优先级，可实现 2 级中断服务程序嵌套。用户可用关中断指令"EA=0"来屏蔽所有的中断请求，也可用开中断指令"EA=1"来允许 CPU 接收中断请求。每一个中断源又可用软件独立地控制为允许中断或关中断状态，且每一个中断源的优先级也可采用软件设置。图 5-2 所示为 C51 单片机的中断系统结构图，由特殊功能寄存器、中断入口、顺序查询逻辑电路组成。

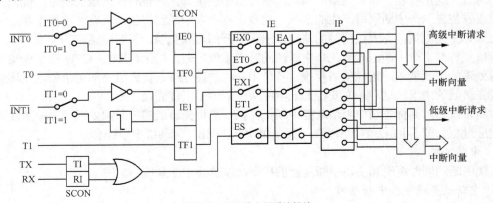

图 5-2　C51 的中断系统结构

特殊功能寄存器包括定时/计数器控制寄存器 TCON、串行口控制寄存器 SCON、中断允许寄存器 IE 和中断优先级寄存器 IP，主要用于控制中断的打开和关闭、保存中断信息、设置优先级别。由图 5-2 可知，所有的中断源都要产生相应的中断请求标志，这些标志分别放在特殊功能寄存器 TCON 和 SCON 的相关位。每一个中断源的请求信号需经过中断允许和中断优先权选择的控制才能得到单片机的响应。

2．C51 的中断源

如图 5-2 所示，C51 单片机的 5 个中断源分别如下。

（1）$\overline{\text{INT0}}$——外部中断请求 0，由 $\overline{\text{INT0}}$ 引脚（P3.2）输入，低电平/负跳变有效，在每个机器周期的 S5P2 采样，请求标志位为 IE0。

（2）$\overline{\text{INT1}}$——外部中断请求 1，由 $\overline{\text{INT1}}$ 引脚（P3.3）输入，低电平/负跳变有效，在每个机器周期的 S5P2 采样，请求标志位为 IE1。

（3）定时/计数器 T0 溢出中断请求，请求标志位为 TF0。

（4）定时/计数器 T1 溢出中断请求，请求标志位为 TF1。

（5）串行口中断请求，当串行口完成一帧数据的发送和接收时请求中断，请求标志位为 TI 或 RI。

3．相关寄存器

C51 中断系统在 4 个特殊功能寄存器控制下工作。4 个特殊功能寄存器是定时/计数器控制寄存器（TCON）、串行口控制寄存器（SCON）、中断允许控制寄存器（IE）和中断优先级控制寄存器（IP）。通过对这 4 个特殊功能寄存器的各位进行置位或清零操作，可实现各种中断控制功能。其中 TCON 和 SCON 将在后续两节中详细介绍。

（1）中断允许寄存器 IE（A8H）。

中断系统中，用户对中断的管理体现在中断能否进行，对构成中断双方进行控制，是否允许中断源发出中断和是否允许中断，只有双方都被允许，中断才能进行。C51 对中断源的允许或屏蔽是由中断允许寄存器 IE 控制，可按位寻址。单片机复位时，IE 被清 0。通过对 IE 的各位置 1 或清 0，实现允许或屏蔽某个中断。表 5.1 所示为中断允许控制寄存器的位格式。

表 5.1　　　　　　　　　　　　　　　IE 中的中断请求标志位

	D7	D6	D5	D4	D3	D2	D1	D0
IE	EA	—	—	ES	ET1	EX1	ET1	EX0
0A8H	0AFH	0AEH	0ADH	0ACH	0ABH	0AAH	0A9H	0A8H

EA：总中断允许控制位。EA=0 时，屏蔽所有中断；EA=1 时，开放所有中断。

ES：串口中断允许控制位。ES=0 时，屏蔽串口中断；ES=1 且 EA=1 时，允许串口中断。

ET1：定时/计数器 T1 中断允许控制位。ET1=0 时，屏蔽 T1 溢出中断；ET1= 1 且 EA=1 时，允许 T1 溢出中断。

EX1：外部中断 $\overline{\text{INT1}}$ 中断允许控制位。EX1=0 时，屏蔽外部中断 $\overline{\text{INT1}}$；EX1=1 且 EA=1 时，允许外部中断 $\overline{\text{INT1}}$。

ET0：定时/计数器 T0 中断允许控制位。功能与 ET1 类似。

EX0：外部中断 $\overline{\text{INT0}}$ 的中断允许控制位。功能与 EX1 类似。

单片机采用两级中断控制，除了 1 个总的开关控制 EA 之外，还有 5 个中断源控制位。设置中断允许时，各个中断控制位应该和中断允许总控制位配合使用。

【例 5-1】　要允许 $\overline{\text{INT1}}$ 和 T1 溢出中断，屏蔽其他中断。

分析：对应的中断允许控制字为 10001100B，即 8CH。将这个结果送入 IE 中，中断系统就按所设置来管理中断源。

① 按字节操作形式：IE=0x8C;

② 按位操作形式：

```
EA=1;              //开总中断控制位
EX1=1;             //允许外部中断INT1中断
ET1=1;             //允许定时/计数器1中断
```

（2）中断优先级控制寄存器 IP（B8H）。

在中断系统中，用户对中断的管理还体现在当有多个中断源有中断请求时，用户控制 CPU 按照自己的需要安排响应次序。这种管理通过对特殊功能寄存器 IP 的设置来完成，可位寻址。高 3 位未用，其余位地址由低到高依次是 B8~BCH。其位格式如表 5.2 所示。

表 5.2   IP 中的中断请求标志

	D7	D6	D5	D4	D3	D2	D1	D0
IP	—	—		PS	PT1	PX1	PT0	PX0
0B8H	0BFH	0BEH	0BDH	0BCH	0BBH	0BAH	0B9H	0B8H

IP 寄存器各位的含义为：PX0、PT0、PX1、PT1 和 PS 分别为 $\overline{INT0}$、T0、$\overline{INT1}$、T1 和串口中断优先级控制位。

当相应的位为 0 时，所对应的中断源定义为低优先级，相反则定义为高优先级。当主机复位后 IP 的状态是 XX000000，所有的中断全部复位为低优先级中断，这时只须对要求高优先级的中断源的对应位设置为高优先级。

CPU 处理中断有两种情况。当 CPU 接到多个中断请求时，要根据优先级的硬件排队来决定响应哪一个。响应中断的先后顺序依系统内规定的优先权，如表 5.3 所示。

表 5.3   中断入口地址和内部优先权

中断源	中断入口地址（ROM）	优先权
$\overline{INT0}$	0003H	高
T0	000BH	
$\overline{INT1}$	0013H	
T1	001BH	
串口	0023H	低

CPU 响应中断的优先级控制原则如下。

（1）若多个中断请求同时有效，CPU 优先响应优先权最高的中断。如果是同级中断，则按照 CPU 查询次序确定哪个中断被响应。

（2）同级的中断或更低级的中断不能打断 CPU 正在响应的中断过程。一直到该中断服务程序结束，返回主程序且执行了主程序中的一条指令后，CPU 才响应新的中断请求。

（3）低优先权的中断响应过程可被高优先权的中断请求所中断，CPU 会暂时终止当前低优先权的中断过程，而响应高优先权中断。

为实现上述功能和基本原则，在 C51 系列单片机中断系统的内部设置了两个不可寻址的优先级触发器，一个是指出 CPU 是否正在响应高优先权中断的高优先级触发器，另一个是指出 CPU 是否正在响应低优先权中断的低优先级触发器。当高优先级触发器状态为 1 时，屏蔽所有的中断请求；当低优先级触发器状态为 1 时，屏蔽所有同级的中断请求而允许高优先权中断的中断请求。

【**例 5-2**】 设置外部中断和串行口中断为高优先级，两个定时器为低优先级。

分析：使 CPU 优先响应高优先级中断，其他中断均定义为低优先级，对应的优先级控制字为 00010101，即 15H。IP 中，CPU 就优先响应 $\overline{INT0}$ 产生的溢出中断，并将其他中断按低优先级中断处理，IP=0x15。

5.1.4 中断响应过程

单片机一旦工作，由用户对各中断源进行使能和优先权初始化编程后，CPU 在每个机器周期的 S5P2 期间，按优先级顺序查询每个中断源标志，若查询到某个中断标志为 1，将在下一个机器周期 S1 期间按优先级进行中断处理。中断得到响应后自动清除中断标志，由硬件将程序计数器 PC 内容压入堆栈保护，然后将对应的中断矢量装入程序计时器 PC 中，使程序转向相应的中断服务程序。

1. 中断请求及中断撤除

（1）中断请求。

中断源要求 CPU 为它服务时，必须发出一个中断请求信号。若是外部中断源，则须将外部中断源接到单片机的 P3.2（$\overline{INT0}$）或 P3.3（$\overline{INT1}$）引脚上。当外部中断源发出有效中断信号时，相应的中断请求标志位 IE0 或 IE1 置"1"，提出中断请求。若是内部中断源发出有效中断信号，如 T0、T1 溢出，则相应的中断请求标志位 TF0 或 TF1 置"1"，提出中断请求。CPU 将不断查询这些中断请求标志，一旦查询到某个中断请求标志置位，CPU 就根据中断响应条件响应中断请求。

（2）中断请求的撤除。

CPU 响应中断请求，转向中断服务程序的执行，在其执行中断返回指令 RETI 之前，中断请求信号必须撤除，否则将会再一次引起中断而出错。

中断请求的撤除有 3 种方式。

① 由单片机内部硬件自动撤除：对于定时/计数器 T0、T1 的溢出中断和采用边沿触发方式的外部中断请求，在 CPU 响应中断后，由内部硬件自动复位中断标志 TF0 和 TF1、IE0 和 IE1，而自动撤除中断请求。

② 用软件清除相应标志：对于串行接收/发送中断请求，在 CPU 响应中断后，内部无硬件自动复位中断标志 RI 和 TI，必须在中断服务程序中清除这些中断标志，才能撤除中断。

③ 既无硬件也无软件措施：对于采用电平触发方式的外部中断请求，CPU 对 $\overline{INT0}$、$\overline{INT1}$ 引脚上的中断请求信号既无控制能力，也无应答信号。为保证在 CPU 响应中断后、执行返回指令前，撤除中断请求，必须考虑另外的措施。

【**例 5-3**】 图 5-3 所示为对于外部中断采用电平触发方式时的撤除外部中断请求信号参考电路。

分析：外部中断请求信号通过 D 触发器加到单片机引脚 INTx（x=0、1）上。当外部中断请求信号使 D 触发器的 CLK 端发生正跳变时，由于 D 端接地，Q 端输出 0，向单片机发出中断请求。CPU 响应中断后，利用一根口线，如 P1.0 作应答线，在中断服务程序中用两条指令：

```c
#include <reg51.h>
sbit P10=P1^0;
void main()
{
    P10=0;
    P10=1;
}
```

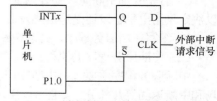

图 5-3 撤除外部中断请求信号参考电路

通过以上两条语句来撤除中断请求。第 1 条语句使 P1.0 为 0，而 P1 口其他各位的状态不变。由于 P1.0 与 D 触发器的置 1 端相连，故 D 触发器 Q=1，撤除了中断请求信号。第 2 条语句将 P1.0 变成 1，从而使以后产生的新的外部中断请求信号又能向单片机申请中断。

2. 中断响应

为保证正在执行的程序不因随机出现的中断响应而被破坏或出错，又能正确保护和恢复现场，必须对中断响提出要求。

（1）单片机响应中断的条件。

单片机响应中断的条件是中断源有请求且 CPU 开中断（即 EA=1）。

① 无同级或高级中断正在处理。

② 现行指令执行到最后一个机器周期且已结束。

③ 若现行指令为 RETI 或访问特殊功能寄存器 IE、IP 的指令时，执行完该指令且紧随其后的另一条指令也已执行完毕。

（2）中断响应过程。

单片机响应中断后，自动执行下列操作。

① 置位中断优先级有效触发器，即关闭同级和低级中断。

② 转入中断服务程序入口地址，断点入栈保护。

CPU 响应中断后，首先将断点的 PC 值入栈保护，然后 PC 装入相应的中断入口地址，并转移到该入口地址执行中断服务程序。当执行完中断服务程序的最后一条指令 RETI 后，自动将原先压栈保护的断点 PC 值弹回至 PC 中，返回执行断点处的指令。

③ 进入中断服务程序。

（3）响应时间。

响应时间是指从查询中断请求标志位到转向中断服务入口地址所需的机器周期数。

① 最快响应时间。

以外部中断的电平触发为最快。

从查询中断请求信号到中断服务程序需要 3 个机器周期：1 个周期（查询）+2 个周期（保护断点，相当于 LCALL 指令）。

② 最长时间。

若当前指令是 RET、RETI 和访问 IP、IE 指令，紧接着下一条是乘除指令，则最长为 8 个周期。即，2 个周期执行当前指令（其中含有 1 个周期查询）+4 个周期乘除指令+2 个周期长调用=8 个周期。

3. 中断服务程序

根据完成的任务编写中断服务程序。

（1）中断服务程序设计的基本任务。

① 设置 IE，允许相应的中断请求。

② 设置 IP，确定并分配所使用的中断优先级。

③ 若是外部中断源，还要设置中断请求的触发方式 IT1 或 IT0，以决定采用电平触发还是边沿触发。

④ 编写中断服务程序，处理中断请求。

（2）中断服务程序的流程。

中断服务程序主要包括中断管理、保护现场、中断处理、恢复现场和中断返回等几部分，如图 5-4 所示。

① 保护现场。一旦进入中断服务程序，便将与断点处有关且在中

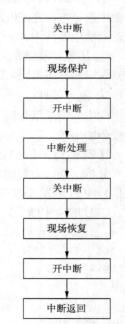

图 5-4　中断服务程序流程图

断服务程序中可能改变存储单元（如 ACC、PSW、DPTR 等）的内容，通过"PUSH direct"指令压栈保护，以便中断返回时恢复。

② 开中断和关中断。开中断是为了使更高级的中断请求能中断当前相对低优先级中断服务程序的执行，而转去执行高优先级的中断，实现中断嵌套。执行完中断服务程序后，关中断是为了恢复现场时不受其他高级中断的干扰，实现断点的正常恢复，从而继续执行中断前的主程序。

③ 执行中断服务程序，实现中断请求想要完成的操作。中断服务程序中的操作内容和功能是中断源请求中断的目的，是 CPU 完成中断处理操作的核心和主题。

4. 恢复现场

恢复现场与保护现场相对应，在返回前（即执行返回指令 RETI 前），通过"POP direct"指令将保护现场时压入堆栈的内容弹出，送到相关的存储单元后，再中断返回。

5. 中断返回

中断处理程序的最后一条指令是 RETI，它的功能是使 CPU 结束中断处理程序的执行，返回到断点处，继续执行主程序。

5.1.5 中断的编程及应用

中断编程时，首先要对中断系统进行初始化，即对几个特殊功能寄存器的有关控制位进行赋值。具体要完成以下工作。

（1）开中断和允许中断源中断，设置 IE。

（2）确定各中断源的优先级，设置 IP。

（3）若为外部中断，应规定是电平触发还是边沿触发，设置中断请求的触发方式 ITx（x=0、1）。

在中断服务程序中需完成下面几个必要工作：

（1）现场保护和现场恢复。

（2）开中断和关中断。

（3）中断处理。

（4）中断返回。

【**例 5-4**】某工业监控系统，具有温度、压力、pH 值等多路监控功能，中断源的连接如图 5-5 所示。对于 pH 值，在小于 7 时向 CPU 申请中断，CPU 响应中断后使 P3.0 引脚输出高电平，经驱动，使加碱管道电磁阀接通 1s，以调整 pH 值。

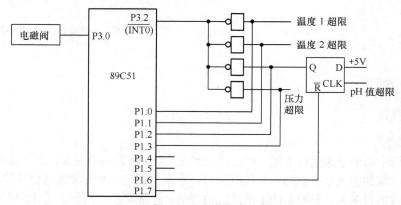

图 5-5 例 5.4 工业监控系统中断的应用

分析：监控系统通过外中断 $\overline{INT0}$ 来实现，这里涉及多个中断源的处理，处理时往往通过中断加查询的方法来实现。多个中断源通过"线或"与 $\overline{INT0}$ 连接。那么无论哪个中断源提出请求，系统都会响应中断，响应后，进入中断服务程序，在中断服务程序中通过对 P1 口线的逐一检测来确定哪一个中断源提出中断请求，从而执行相应的中断服务程序。这里只针对 pH<7 时的中断构造了相应的中断服务程序 int02。

只涉及中断程序，注意外部中断 $\overline{INT0}$ 中断允许，且为电平触发，pH 值调节程序如下。

```c
#include <reg51.h>
sbit P10=P1^0;
sbit P11=P1^1;
sbit P12=P1^2;
sbit P13=P1^3;
sbit P16=P1^6;
sbit P30=P3^0;
void int0() interrupt 0 using1      //外部中断 0 中断服务程序入口
{
  void int00();
  void int01();
  void int01();
  void int01();
  if (P10= =1) {int00();}            //查询中断源，转对应的中断服务子程序
  else if (P11= =1) {int01();}
  else if (P12= =2) {int02();}
  else if (P13= =1) {int03();}
  }
void int02()                        //pH 值超限中断服务程序
{
  unsigned char i;
  P30=1;                            //接通加碱管道电磁阀
  for (i=0;i<255;i++) ;             //调延时 1 秒子程序
  P30=0;                            //1 秒到，关加碱管道电磁阀
  P16=0;
  P16=1;                            //产生一个 P1.6 的脉冲，用来撤除 pH<7 的中断请求
}
```

5.2 定时/计数器

5.2.1 概述

1．计数容量

举几个生活中的例子来进行说明。水盆放在水龙头下，水龙头没关紧，水一滴滴地滴入盆中。水滴持续落下，盆的容量是有限的，一段时间后，水就会滴满，水继续滴落会从盆中溢出。那么单片机中的计数器有多大容量呢？C51 单片机中有两个计数器，分别称之为 T0 和 T1，这两个计数器分别是由两个 8 位的 RAM 单元组成，即每个计数器都是 16 位，最大计数容量是 65536。

2．定时

C51 中的计数器除了能计数外，还能用作时钟。如用于打铃器、电视机定时关机、空调定时

开关等。那么计数器是如何用作定时器呢？如一个闹钟，它定时在 1 个小时后闹响，也就说秒针走了 3600 次后闹响，这样时间就转化为秒针走的次数，也就是计数的次数，可见计数的次数和时间之间十分相关。那么它们的关系是什么呢？那就是秒针每一次走动的时间正好是 1 秒。

只要计数脉冲周期相等，计数值就代表时间的流逝。由此，单片机中的定时器和计数器是等价的，只不过计数器是记录外界发生的事情，而定时器则是由单片机提供一个固定的计数源。该计数源就是由单片机的晶振经过 12 分频后获得的一个脉冲源。因晶振的频率很准，所以这个计数脉冲的时间间隔也很准。设一个 12MHz 的晶体振荡器，它供给计数器的脉冲时间间隔就是 12MHz/12，即 1MHz，即 1μs。因此计数脉冲的周期与晶体振荡器有关。定时/计数器是单片机中最常用、最基本的重要组成功能部件之一，可用来实现定时控制、延时、频率测量、脉冲宽度测量、信号发生、信号检测等功能。

3. 溢出

计数器溢出时，将使标志位 TF0/TF1 置 "1"。一旦 TF0/TF1 由 0 变 1，就会引发事件，像定时的时间一到，闹钟会响。

4. 定时方法

定时方法有 3 种。

（1）硬件定时：对于时间较长的定时，常使用硬件定时电路来完成。硬件定时方法的特点是定时功能全部由硬件电路完成，不占 CPU 时间，可通过修改电路中的元件参数（电阻或电容值）来调节定时时间，但硬件连接好以后，定时值不能由软件进行控制和修改，即不可编程。

（2）软件定时：让 CPU 循环执行一段程序以实现延迟，延迟时间可通过选择指令和设计循环次数来实现。软件定时的特点是时间精确，且无需外加硬件电路，但要占用 CPU，造成资源浪费，故定时时间不宜过长。

（3）可编程定时：通过对系统时钟脉冲的计数来实现。计数值容易用程序来设定和修改，使用既灵活又方便。此外，还可采用计数的方法实现定时。可编程定时器都兼有计数功能，可对外来脉冲进行计数。C51 系列单片机就采用此种定时方式。

5. 单片机时钟特点及与微机的区别

设单片机外接 12MHz 晶振。单片机中，定时/计数器实际是一个加 1 计数器，每输入一个脉冲，计数器的值就会自动加 1，而花费的时间恰好是 1μs；只要相邻两个计数脉冲间的时间间隔相等，则计数值就代表了时间的流逝。因此，单片机中的定时器和计数器其实是同一个物理电子元件，只不过计数器记录的是单片机外部发生的事情（接收的是外部脉冲），而定时器则是由单片机自身提供的计数器。

PC 上的 CPU 主频是晶振经过倍频之后的频率，这一点恰好与 C51 单片机的相反。而 C51 单片机的主频是晶振经过分频之后的频率，所以，C51 单片机中的时间概念是通过测量计数脉冲的个数得到。

5.2.2　定时/计数的结构与工作原理

1. 定时/计数器结构

C51 单片机内部设有两个 16 位的可编程定时/计数器：定时器 0 和定时器 1。T0 由 2 个定时寄存器 TH0 和 TL0 构成，T1 则由 TH1 和 TL1 构成，它们分别映射在特殊功能寄存器中。除此之外，还有两个特殊功能寄存器（控制寄存器和方式寄存器）。T0、T1 的结构如图 5-6 所示。

由图 5-6 可知，C51 定时/计数器的核心是一个加 1 计数器，它的输入脉冲有两个来源：一个是外部脉冲，另一个是系统机器周期（时钟振荡器经 12 分频以后的脉冲信号）。该结构由定时/计数器 T0、定时/计数器 T1 方式寄存器 TMOD 和控制寄存器 TCON 组成。定时/计数器 T0、定时/计数器 T1 主要完成定时和计数功能，TMOD 用于设定 T0 和 T1 的工作方式和门控位，TCON 则用于对 T0 和 T1 的控制和状态检测。

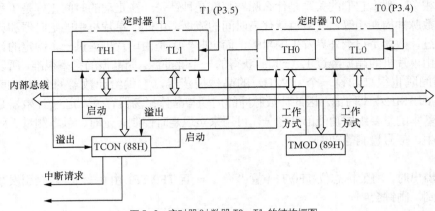

图 5-6　定时器/计数器 T0、T1 的结构框图

2. 定时/计数器工作原理

定时/计数器工作原理如图 5-7 所示。图中有两个模拟开关，左边一个是切换式开关，由 TMOD 中的 $C/\overline{T}$ 位控制其切换方向。当 $C/\overline{T}=0$ 时，选择定时方式，模拟开关接通内部时钟脉冲；当 $C/\overline{T}=1$ 时，接通外部脉冲输入端，对外部事件计数。右边一个模拟开关在控制端为高电平时接通，开始计数；反之控制端为低电平，停止计数。

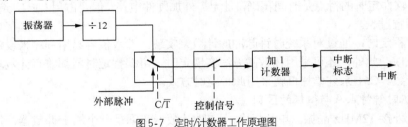

图 5-7　定时/计数器工作原理图

当 CPU 用软件设置定时器的工作方式后，定时器就会按设定的工作方式独立运行，不再占用 CPU 的操作时间，除非定时器计满溢出，才可能中断 CPU 当前操作。CPU 也可重新设置定时器工作方式，以改变定时器的操作。

16 位定时/计数器的控制电路受软件控制、切换。当定时/计数器设置为定时工作方式时，计数器对内部机器周期计数，每过一个机器周期，计数器加 1，直至计满溢出。定时器的定时时间与系统的振荡频率紧密相关，因为 C51 单片机的一个机器周期等于 12 个振荡周期，如果单片机系统采用 12MHz 晶振，即计数频率 $f_{count}=\dfrac{1}{12}f_{osc}$，则计数周期为

$$T = \frac{12}{12 \times 10^{6}} = 1us \tag{5.1}$$

这是最短定时周期。若要延长定时时间，则需要改变定时器的初值，并适当选择定时器的长度（如 8 位、13 位、16 位等）。

当定时/计数器为计数工作方式时，通过引脚 T0 和 T1 对外部信号计数，外部脉冲的下降沿将触发计数。计数器在每个机器周期的 S5P2 期间采样引脚输入电平。若一个机器周期采样值为 1，下一个机器周期采样值为 0，则计数器加 1。此后的机器周期 S3P1 期间，新的计数值装入计数器。

所以检测一个由 1 至 0 的跳变需要两个机器周期，故外部事件的最高计数频率为振荡频率的 1/24。输入信号的高、低电平至少要保持一个机器周期。如图 5-8 所示，图中 T_{cy} 为机器周期。例如，如果选用 12MHz 晶振，则最高计数频率为 0.5MHz。虽然对外部输入信号的占空比无特殊要求，但为了确保某给定电平在变化前至少被采样一次，外部计数脉冲的高电平与低电平保持时间均需在一个机器周期以上。

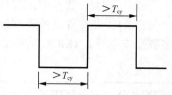

图 5-8　外部脉冲计数时脉冲宽度要求

计数寄存器的溢出须了解以下内容。

（1）每来一个脉冲，计数器寄存器加 1。

（2）计数器计满时，再来一脉冲加 1，计数器溢出，产生溢出信号，TF0 或 TF1 置 "1"；

（3）计数器溢出事件表示定时时间到或计数值已满，需要单片机处理，计数的初值为

$$计数初值 = 2^n - 计数值。$$

3．定时/计数器的控制寄存器

在定时/计数器开始工作前，CPU 必须将控制字写入定时/计数器的相关寄存器，实现定时/计数器初始化。在初始化过程中，要将工作方式控制字写入方式寄存器，工作状态字写入控制寄存器，赋定时/计数初值。

（1）定时/计数器控制寄存器 TCON（88H）。

TCON 为定时/计数器控制寄存器，地址为 88H，可位寻址，位地址范围为 88H～8FH。其功能是控制定时器的启动和停止，它除了控制定时/计数器 T0、T1 的溢出中断外，还控制着两个外部中断源的触发方式和锁存两个外部中断源的中断请求标志 IE0 和 IE1。其格式如表 5.4 所示。

表 5.4　定时器/计数器控制寄存器 TCON 的位格式

TCON	T1 中断标志	T1 运行标志	T0 中断标志	T0 运行标志	INT1 中断标志	INT1 触发方式	INT0 中断标志	INT0 触发方式
名称	TF1	TR1	TF0	TR0	IE1	IT1	IE0	IT0
位地址	8FH	8EH	8DH	8CH	8BH	8AH	89H	88H

各位定义如下。

TF1/TF0：$C/\overline{T}1$、$C/\overline{T}0$ 溢出中断请求标志位。$C/\overline{T}$ 的定义见 TMOD 方式寄存器。当 $C/T1$、$C/T0$ 溢出时，由硬件使 TF1/TF0 置 "1"，并且申请中断。进入中断服务程序后，由硬件自动清 "0"，在查询方式下用软件清 "0"。

TR1/TR0：$C/\overline{T}1$、$C/\overline{T}0$ 运行控制位。由软件清 "0" 关闭 $C/\overline{T}1$、$C/\overline{T}0$。当 GATE=1，且 $\overline{INT1}=1$ 时，TR1 置 "1" 启动定时器 1；当 GATE=0，TR1 置 "1" 启动定时器 1。TR0 与 TR1 类似。

IT0/IT1：外部中断 0（或 1）的中断触发方式控制位。IT0/IT1=0，外部中断为低电平触发方式，低电平有效；CPU 在每一个机器周期 S5P2 期间采样外部中断 0（或 1）请求的输入电平。若外部中断引脚输入信号为低电平，则使 IE0（IE1）置 "1"；若外部中断的输入信号为高电平，则使 IE0（IE1）清 "0"。IT0/IT1=1，外部中断为边沿触发方式，P3.2（P3.3）引脚信号出现负跳变有效。CPU 在每一个机器周期 S5P2 期间采样外部中断 0（或 1）请求的输入电平。若外部中断的请求信号在两个相继机器周期采样过程中，上一个机器周期检测为高电平，下一个机器周期为低电平，则使 IE0（IE1）置 "1"，否则使 IE0（IE1）清 "0"。

IE0/IE1：外部中断 0（或 1）的中断请求标志位。当检测到外部中断引脚输入有效的中断请求信号时，由硬件使 IE0（IE1）置 "1"。当 CPU 响应该中断请求时，由硬件使 IE0（IE1）清 "0"。

（2）定时/计数器方式寄存器 TMOD（89H）。

TMOD 在特殊功能寄存器中，字节地址为 89H，无位地址，不能位操作，设置 TMOD 须用字节操作指令。TMOD 的格式如表 5.5 所示。

表 5.5　　　　　　　　　　定时器/计数器方式寄存器 TMOD 的位格式

TMOD	GATE	C/$\overline{\text{T}}$	M1	M0	GATE	C/$\overline{\text{T}}$	M1	M0
89H	D7	D6	D5	D4	D3	D2	D1	D0
	定时器 1				定时器 0			

TMOD 的高 4 位用于 T1，低 4 位用于 T0，4 种符号的含义如下。

GATE：门控位。GATE 和启动定时控制位 TRi（i=0、1）、外部引脚信号 $\overline{\text{INTi}}$（i=0、1）的状态，共同控制定时器/计数器的打开或关闭。

GATE=0，运行只受 TCON 中运行控制位 TR0/TR1 的控制。

GATE=1，运行同时受 TR0/TR1 和外中断输入信号的双重控制。

C/$\overline{\text{T}}$：定时/计数器选择位。C/$\overline{\text{T}}$=1，计数工作方式，对外部脉冲计数，用作计数器。C/$\overline{\text{T}}$=0，定时工作方式，对片内机器周期脉冲计数，用作定时器。

M1M0：工作方式选择位，定时/计数器的 4 种工作方式由 M1M0 设定，如表 5.6 所示。

表 5.6　　　　　　　　　　　　工作方式设定

M1	M0	工作方式	功　能
0	0	方式 0	13 位计数器
0	1	方式 1	16 位计数器
1	0	方式 2	自动重装两个 8 位计数器
1	1	方式 3	两个 8 位计数器，仅适用 T0

【例 5-5】 设置定时器 1 为定时方式，要求软件启动定时器 1 按方式 2 工作。定时器 0 为计数方式，要求由软件启动定时器 0，按方式 1 工作。

答：据表 5.6 可知 TMOD 寄存器各位的分布。

① C/$\overline{\text{T}}$ 位（D6）是定时或计数功能选择位，当 C/$\overline{\text{T}}$=0 时定时/计数器就为定时工作方式。所以要使定时/计数器 1 工作在定时器方式就必须使 D6=0。

② 设置定时器 1 按方式 2 工作。满足此要求，须 M1M0=01。

③ 设置定时器 0 为计数方式。与①类似，C/$\overline{\text{T}}$=1 时，工作于计数方式。

④ 由软件启动定时器 0，当 GATE=0 时，定时/计数器的启停就由软件控制。

⑤ 设置定时/计数器工作在方式 1，M1M0=01。

从上可知，只要将 TMOD 的各位，按规定的要求设置好后，定时/计数器就会按预定的要求工作。则方式控制寄存器 TMOD=00100101B。

所以，执行 TMOD=0x25，这条语句就可实现上述要求。

5.2.3　定时/计数器工作方式

C51 系列单片机的定时/计数器还有 4 种工作方式（方式 0、方式 1、方式 2 和方式 3）。除方式 3 外，T0 和 T1 有完全相同的工作状态。通过对寄存器 TMOD 的 M1M0 位进行编码，选择 4 种工作方式种的任一种。

1. 工作方式 0 及其应用

工作方式 0 是 13 位计数器方式。最大计数值 2^{13}=8192。定时时间为

$$t=(2^{13}-\text{T0 初值})\times\text{机器周期}=(2^{13}-\text{T0 初值})\times\text{振荡周期}\times12 \qquad (5.2)$$

最大定时时间为 $2^{13}\times$机器周期。

定时/计数器 0 工作在方式 0 时电路逻辑结构如图 5-9 所示（定时/计数器 1 与其完全一致）。

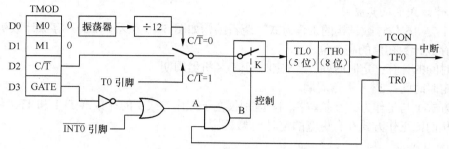

图 5-9 定时/计数器 0 工作方式 0 结构框图

工作方式 0 是 13 位计数结构的工作方式，计数器由 TH 提供高 8 位，TL 提供低 5 位，TL 的高 3 位没有使用。无论定时/计数器是工作在定时状态还是计数状态，当 TL0 的低 5 位溢出时，向 TH0 进位，TH0 溢出时，向中断标志 TF0 进位（硬件置位 TF0），并申请中断。

当 $C/\overline{T}$=0 时，定时/计数器被设置为定时方式，单片机系统时钟振荡器产生的振荡信号被 12 分频后作为时基脉冲，加法计数器对机器周期计数；当 $C/\overline{T}$=1 时，定时/计数器被设置为计数方式，外部信号被选中，由 T0 端（P3.4 脚）输入作为计数脉冲，当计数脉冲发生负跳变时，计数器加 1，实现计数功能。

如图 5-9 所示，计数器通过 $C/\overline{T}$ 开关后，能否进行加 1 计数，还要受到 TMOD 中的门控位 GATE 位和 TCON 中的 TR0 位以及外部中断 INT0 端（P3.2 脚）共同控制。模拟开关 K 的逻辑关系如下

$$K = \text{TR0}(\overline{\text{GATE}}\oplus\overline{\text{INT0}}) \qquad (5.3)$$

GATE=0 时，GATE 非后是 1，进入或门，或门总是输出 1，和或门的另一个输入端 $\overline{\text{INT0}}$ 无关。此时开关的打开、闭合只取决于 TR0，只要 TR0=1，开关闭合，计数脉冲得以计数，而如果 TR0 等于 0 则开关断开，计数脉冲无法通过。因此当 GATE=0 时，定时器/计数是否工作，只取决于 TR0。

GATE=1 时，计数脉冲通路上的开关不仅要由 TR0 来控制，而且受 $\overline{\text{INT0}}$ 引脚控制。只有 TR0 为 1，且 $\overline{\text{INT0}}$ 引脚也是高电平，开关闭合，计数脉冲才得以通过。这个特性能用来测量一个信号的高电平的宽度。

【例 5-6】 设置定时器 T0 选择工作方式 0，定时时间为 1ms，f_{osc}=6MHz。试确定 T0 初值，计算最大定时时间 T。

解：当 T0 处于工作方式 0 时，加 1 计数器为 13 位。

（1）确定 T0 初值。

设 T0 的初值位 X。据式 5.2 得：$(2^{13}-X)\times\dfrac{1}{f_{\text{osc}}}\times12=1\times10^{-3}$ s。

X=7692D=1 1110 0000 1100B；

T0 的低 5 位：01100B=0CH，即(TL0)=0CH；

T0 的高 8 位：11110000B=F0H，即(TH0)=0F0H；

（2）计算最大定时时间 T。

T0 的最大定时时间对应于 13 位计数器 T0 的各位全为 1，即(TL0)=1FH，(TH0)=FFH，初值为 0。

则 $T=2^{13}\times\dfrac{1}{f_{osc}}\times12=2^{13}\times1/6\times10^{-6}\times12=16.384ms$

2. 工作方式 1 及其应用

方式 1 是 16 位计数结构的工作方式。逻辑结构如图 5-10 所示。TL0：存放计数初值的低 8 位。TH0 存放计数初值的高 8 位。

定时时间的计算：定时时间=(2^{16}−定时初值)×机器周期

最大定时时间：2^{16}×机器周期。

工作方式 1 与工作方式 0 基本相同，区别仅在于工作方式 1 的计数器 TL1 和 TH1 组成 16 位计数器，从而比工作方式 0 有更宽的定时/计数范围。

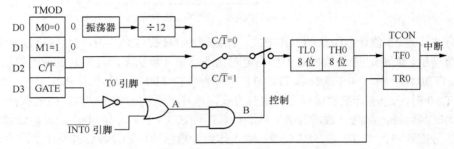

图 5-10 定时/计数器 0 工作方式 1 结构框图

当为计数工作方式时，计数值的范围是：1～65536（2^{16}）。

当为定时工作方式时，定时时间计算公式为

$$t=（2^{16}−计数初值）×晶振周期×12$$

或 $$t=（2^{16}−计数初值）×机器周期 \tag{5.4}$$

【例 5-7】 定时器 T0 用方式 1 定时，定时时间为 100ms，系统的振荡频率 f_{osc}=6MHz。

分析：机器周期为振荡周期的 $\dfrac{1}{12}$，可得机器周期为 $12/f_{osc}$，计数初值按式 5.4 计算。

解：机器周期 t_c=2μs，所以由式 5.4 可得计数初值为：$T_C=2^{16}-\dfrac{t}{t_c}=2^{16}-100\ 000/2=15536=3CB0H$。

计数寄存器初值为（TH0）=3CH，（TL0）=B0H。

方式 0 和方式 1 工作时，当完成一次计数后，下一次工作时应重新置初值。

3. 工作方式 2 及其应用

方式 2 采用可自动重装时间常数的 8 位定时/计数器。TL0 为 8 位的定时/计数器，而 TH0 为 8 位预置寄存器，用于保存计数初值。

工作过程：当 TL0 计满溢出时，TF0 置 1，向 CPU 发出中断请求，同时引起重装操作（TH0 的计数初值送到 TL0），进行新一轮计数。这样，方式 2 可以连续多次工作，直到有停止计数命令为止。其逻辑结构如图 5-11 所示。

定时时间=(2^8−初值)×机器周期。

最大定时时间$=2^8×$机器周期。

在设置计数初值时，应把初始值同时置入 TH0 和 TL0 中。

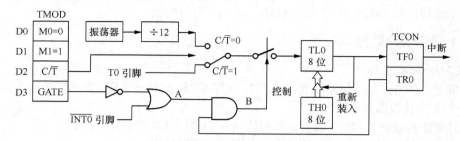

图5-11 定时/计数器0工作方式2结构框图

优点：方式2能够进行自动重装载。而方式0和方式1计数溢出后，计数器为全0，因此循环定时或计数时，需要重新设置初值。故当方式2能够满足计数/定时要求时，尽可能使用方式2。

缺点：这种方式的定时/计数范围要小于方式0和方式1。

4. 工作方式3及其应用

方式3采用两个独立的8位计数器，即把定时器T0的两个8位计数寄存器TH0和TL0分开使用。此方式仅适用于T0，T1无方式3。其逻辑结构如图5-12所示。

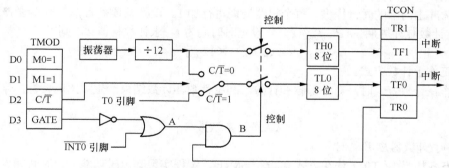

图5-12 定时/计数器 T0 工作方式3结构框图

TL0、TH0分为两个独立的8位计数器，TL0占用了T0、$\overline{INT0}$和控制位TR0、GATE、$C/\overline{T}$以及溢出标志位TF0等所有的资源和控制位，该8位定时/计数器的功能同方式0、方式1。由于TF1及中断矢量被TH0占用，所以T1仅用作波特率发生器或其他不用中断的地方。此时，定时/计数器T1不能设置为方式3，若将其设置为方式3，则将停止计数。T1可在方式0~方式2工作。T0工作在方式3、T1工作在方式0和方式1的结构如图5-13所示。

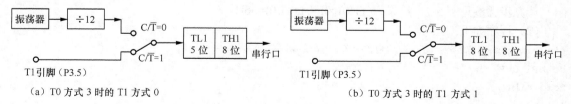

（a）T0方式3时的T1方式0　　　　　　　　　（b）T0方式3时的T1方式1

图5-13 方式3下T1的逻辑结构图

使用串口时，需要两个独立的计数器，故此时把定时器T1规定为串行通信的波特率发生器，并一般设定为方式2，使用时只要将计数初值送到计数寄存器即可开始工作，不需要由软件启动，也不使用溢出标志。

8 位定时器 TH0，使用 T1 所有的资源（中断向量、中断控制 ET1、PT1）和控制位（TR1、TF1）。T1 作波特率发生器，其计数溢出直接送至串行口。设置好工作方式，串行口波特率发生器开始自动运行。若 TMOD 中 T1 的 M1M0=11，则 T1 会停止工作。

5.2.4　定时/计数器的应用

1. 定时/计数器的初始化

（1）确定工作方式，尽可能地选择方式 2，若 $N \leqslant 256$ 选择方式 2，否则选择方式 1；如果需要增加一个定时/计数器则选择方式 3。

（2）预置定时或计数初值（可直接将初值写入 TH0、TL0 或 TH1、TL1）。

（3）根据需要开放定时/计数器的中断（直接对 IE 位赋值）。

（4）启动定时/计数器（若已规定用软件启动，则可把 TR0 或 TR1 置"1"；若已规定由外中断引脚电平启动，则需给外引脚加启动电平。当实现了启动后，定时器即按规定的工作方式和初值开始计数或定时）。

在不同工作方式下计数器位数不同，因而最大计数值也不同。

2. 定时/计数器初值计算

根据定时器/计数器的工作方式，计算计数初值。设计数器的长度为 n，则最大计数值为 2^n。

（1）工作于定时方式。

计数脉冲由内部的时钟提供，每个机器周期进行加 1。设晶振频率为 f_{osc}，则计数脉冲的频率为 $f_{osc}/12$，计数脉冲周期 $T=1/(f_{osc}/12)$。设定时时间为 t，求计数初值 X，则

$$t=(2^n-X)\times 12/f_{osc} \tag{5.5}$$

（2）工作于计数方式。

当工作在计数方式时，对外部脉冲计数。利用计数器计数结束产生溢出的特性，来计算初值 X。则有

$$X=2^n-计数次数 \tag{5.6}$$

3. 定时/计数器应用举例

【例 5-8】 设置 T0 工作在方式 0，$f_{osc}=6\text{MHz}$，编程实现其定时功能。定时时间到，P1.0 取反，P1.0 输出周期为 1ms 的方波。

分析：需要产生周期信号时，选择定时工作方式。定时时间到后对输出端进行周期性的输出即可。

定时时间计算：周期为 1000μs 的方波要求定时器的定时时间为 500μs，每次溢出时，将 P1.0 引脚的输出取反，就可在 P1.0 上产生需要的方波。

解：（1）计算 T0 初值 X。

计算步骤参见例 5-7，结果：(TH0)=0F8H,(TL0)=06H。

（2）程序如下：

```
#include <reg51.h>          //包含特殊功能寄存器库
sbit P1_0=P1^0;             //进行位定义
void main( )
{
    TMOD=0x00;              //T0 作定时器，方式 1
    TL0=0x06;
    TH0=0xf8;               //设置定时器的初值
    ET0=1;                 //允许 T0 中断
```

```
    EA=1;                    //允许 CPU 中断
    TR0=1;                   //启动定时器
    while(1);                //等待中断
    }
void  time0_int(void)  interrupt  1
{                            //中断服务程序
    TL0=0x06;
    TH0=0xf8;                //定时器重赋初值
    P1_0=~P1_0;              //P1.0 取反，输出方波
  }
```

【例 5-9】　用定时器 1 以工作方式 2 实现计数，每计 100 次进行累加器加 1 操作。

解：（1）计算计数初值。

$2^8-100=156D=9CH$，则 TH1=9CH，TL1=9CH

（2）TMOD 寄存器初始化。

M1M0=10，$C/\overline{T}=1$，GATE=0。

因此 TMOD=60H。

（3）程序设计。

```
#include <reg51.h>
void main( )
{
    ACC=0;
    TMOD=0x60;          //T1 作计数器，方式 2
    TL1=0x9C;
    TH1=0x9C;           //设置定时器的初值
    ET1=1;              //允许 T1 中断
    EA=1;               //允许 CPU 中断
    TR1=1;              //启动定时器 1
    while(1);           //等待中断
}
void  time1_int(void)  interrupt  1
{                            //中断服务程序
    ACC=ACC+1;          //计数器 1 计满 100 次，累加器加 1
}
```

【例 5-10】　某一应用系统需要对 $\overline{INT0}$ 引脚的正脉冲测试其脉冲宽度。

分析：可设置定时/计数器 0 为定时方式，工作在方式 1，且置位 GATE 为 "1"，将外部需测试的脉冲从 $\overline{INT0}$ 引脚输入，设机器周期为 1μs。

```
#include <reg51.h>
sbit P3_2=P3^2;
unsigned int test( )
{
    TL0=0x00;
    TH0=0x00;
    while(!P3_2);
```

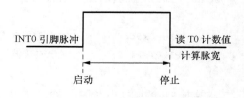

```
        TR0=1;
        while(P3_2);
        TR0= 0;
        return  (TH0*256+TL0);
    }
void main( )
{
    TMOD=0x09;
    while(1)
    {
        test( );
    }
}
```

【例 5-11】 某系统要求通过 P1.0 和 P1.1 口分别输出脉冲周期为 200μs 和 400μs 方波，设 f_{osc}=6MHz。

分析：如果用两个定时器，可选择使用定时/计数器 0，设置为定时模式、工作方式 3，分成两个 8 位的定时器。

（1）计算定时初值。

$t=(256-X)\times 12/f_{osc}$，则初值分别为 9CH 和 38H。

（2）程序设计如下：

```
# include <reg51.h>
sbit  P1_0=P1^0;        //位定义
sbit     P1_1=P1^1;
void  main( )
{
        TMOD=0x03;           //设置 T0 定时，工作在方式 3
        TL0=0x9c;            //设置 TL0 计数初值，产生 200μs 方波
        TH0=0x38;            //设置 TH0 计数初值，产生 400μs 方波
        ET0=1;              //设置定时器 0 中断允许位
        ET1=1;              //设置定时器/计数器 1 中断允许位
        EA=1;               //设置总中断允许位
        TR0=1;              //启动定时器 T0
        TR1=1;              //启动定时器 T1
        while(1);           //等待溢出
    }
void  time0L_int(void)  interrupt 1//T0 中断服务程序
    {
        TL0=0x9c;           //定时器 0 重赋初值
        P1_0=~P1_0;         //产生方波
    }
void  time0H_int(void)  interrupt 3        //T1 中断服务程序
    {
```

```
    THO=0x38;                 //定时器 0 重赋初值
    P1_1=~P1_1;               //产生方波
}
```

5.3　C51 单片机串行通信与串行接口

5.3.1　串行通信基础知识

数据通信是指计算机与计算机或外设间的数据传送。

"信"是指一种信息，是由数字 1 和 0 构成的具有一定规则并反映确定信息的一个数据或一批数据。单片机通信是指单片机与计算机、单片机与单片机或单片机与外设间的信息交换。数据传输有两种方式：并行通信和串行通信。

1. 并行通信方式

并行通信将数据字节的各位用多条数据线同时传送，每一位数据都需要一条传输线，如图 5-14 所示。8 位数据总线的通信系统，一次传送 8 位数据，需要 8 条数据线。此外，还需要一条信号线和若干控制信号线。这种方式仅适合于短距离的数据传输。

并行通信控制简单、相对传输速率快，但由于传输线较多，长距离传输时成本高且收、发方的各位同时接收存在困难。

2. 串行通信方式

串行通信将数据的各位一位一位地依次传送，只需要一条数据线，外加一条公共信号地线和若干控制信号线。因为一次只能传输一位，故对于一个字节的数据，至少需要 8 位才能传输完成，如图 5-15 所示。串口通信由于其所需电缆线少，接线简单，所以在较远距离传输中，得到广泛运用。

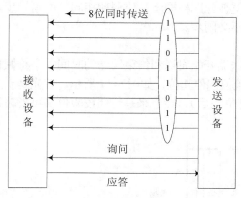

图 5-14　并行通信方式示意图

图 5-15　串行通信方式示意图

串行通信的必要过程：发送时把并行数据转换为串行数据发送到线路上去；接收时把串行信号再转换为并行数据。

据串行通信的不同工作方式，还可将发送、接收线合二为一，成为发送/接收复用线（如半双工）。不过，在实际应用中可能还要附加一些信号线，如应答信号线、准备好信号线等。

在多字节数据通信中，串行通信与并行通信相比，其在工程实现上造价要低得多。

串行通信已被越来越广泛地采用，尤其是，串行通信通过在信道中设立调制/解调器中继站等，可使数据传输到地球的每个角落。目前，飞速发展的计算机网络技术（互联网、广域网、局域网）均为串行通信。

3. 串行通信的分类

按照同步时钟的不同，串行通信可分为同步通信和异步通信。同步通信按照软件识别同步字符来实现数据的发送和接收，如图 5-16（a）所示。异步通信是一种利用字符的再同步技术。在单片机中使用的大都是异步串行通信。

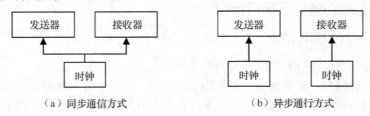

（a）同步通信方式　　　　　　（b）异步通行方式

图 5-16　串行通信的两种通信方式

（1）异步通信。

异步通信中数据通常是以字符（或字节）为单位组成字符帧传送。字符帧由发送端到接收端一帧一帧地发送和接收，这两个时钟彼此独立，互不同步，如图 5-16（b）所示。

那么，发送端和接收端依靠什么来管理数据的发送和接收？也就是说，接收端如何判断发送端何时开始发送和结束发送？这是由字符帧格式规定。

在异步通信方式中，接收器和发送器有各自的时钟，它们是非同步工作。通常，在无数据传送时，发送线为高电平（逻辑"1"），每当接收端检测到传输线上发送过来的低电平逻辑"0"（字符帧中起始位）时就知道发送端已开始发送，每当接收端接收到字符帧中停止位时就知道一帧字符信息已发送完毕。

在异步通信中，字符帧格式和波特率是两个重要指标，由用户根据实际情况选定。

异步通信的实质是指通信双方采用独立的时钟，每个数据均以起始位开始、停止位结束，起始位触发甲乙双方同步时钟。每个异步串行帧中的 1 位彼此严格同步，位周期相同。所谓异步是指发送、接收双方的数据帧与帧之间不要求同步，也不必同步。

① 异步串行通信的字符格式。

在异步通信中，接收端依靠字符帧格式来判断发送端开始发送和结束发送的时间。字符帧也叫数据帧，由 4 部分组成：起始位、数据位、奇偶校验位和停止位，如图 5-17 所示。首先是一个起始位（0），然后是 5～8 位数据（规定低位在前，高位在后），接下来是奇偶校验位（可省略），最后是停止位（1～2 个），空闲位约定为 1。

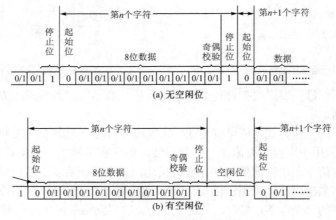

图 5-17　异步通信的数据帧格式

起始位（0）：只占用一位，用来通知接收设备一个待接收的字符开始到达。线路上不传送字符时应保持为 1。接收端不断检测线路的状态，若连续为 1 以后又测到一个 0，就知道发来一个新字符，应准备接收。字符的起始位还被用作同步接收端的时钟，以保证以后的接收能正确进行。

数据位：紧接在起始位后面，它可以是 5 位（D0～D4）、6 位、7 位或 8 位（D0～D7）。

奇偶校验（D8）：只占一位，但在字符中也可以规定不用奇偶校验位，也可省去。也可用这一位来确定这一帧中的字符所代表信息的性质（地址/数据等）。

停止位：用来表征字符的结束，它一定是高电位。停止位可以是 1 位、1.5 位或 2 位。接收端收到停止位后，知道上一字符已传送完毕，同时，也为接收下一个字符做好准备，只要再接收到 0，就是新的字符的起始位。若停止位以后不是紧接着传送下一个字符，则为空闲位，必须使线路电平保持为高电平。

从起始位开始到停止位结束是一帧字符的全部内容，也被称为"一帧"。帧是一个字符的完整通信格式，因此还把串行通信的字符格式称为"帧格式"。

图 5-17（a）表示一个字符紧接一个字符传送，上一个字符的停止位和下一个字符的起始位紧邻。

图 5-17（b）表示两个字符间有空闲位，存在空闲位正是异步通信的特征之一。

例如，传送一个字符 E 的 ASCII 码的波形 1010001，奇校验，1 个停止位，则信号线上的波形如图 5-18 所示。传送时，数据的低位在前，高位在后，当把它的最低有效位写到右边时，就是 E 的 ASCII 码，即 1000101=45H。

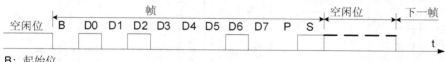

B：起始位
D7～D0：数据位，先发送 D0 位
P：奇偶校验位
S：停止位

图 5-18　异步通信传输 45H 的数据帧格式

② 异步通信的传输速率。

异步串行通信的传送速率用波特率表示。波特率的定义为每秒传送二进制数码的位数（亦称比特数），单位是 bit/s，即位/秒，或波特。波特率越高，数据传输速度越快，但和字符帧格式有关。

每位传输时间定义为波特率的倒数。例如：波特率为 2400bps 的通信系统，其每位的传输时间应为：

$$T_d = 1/2400 = 0.417ms$$

【例 5-12】　某异步串行通信每秒传送的速率为 120 个字符/秒，而该异步串行通信的字符格式为 10 位（1 个起始位、7 个数据位、1 个偶校验位和 1 个停止位），则该串行通信的波特率为

120 字符/秒×10 位/字符=1200 位/秒=1200 波特

③ 传输距离与传输速率的关系。

串行接口或终端直接传送串行信息位流的最大距离与传输速率及传输线的电气特性有关。传输距离随传输速率的增加而减小。实际应用中，对远距离传送，一般都需加入通信设备调制解调器。当传输线使用每 0.3m 有 50pF 电容的非平衡屏蔽双绞线时，传输距离随传输速率的增加而减小。当比特率超过 1000bit/s 时，最大传输距离迅速下降，如 9600bit/s 时最大距离下降到只有 76m。

④ 异步通信的传输方式。

根据同一时刻串行通信的数据方向，异步串行通信可分为单工、半双工、全双工和多工方式等多种数据通路形式。

单工方式：数据仅按一个固定方向传送，如图 5-19（a）所示。因而这种传输方式的用途有限，常用于串行口的打印数据传输与简单系统间的数据采集。

半双工方式式：数据可实现双向传送，但不能同时进行，实际的应用采用某种协议实现收/发开关转换，如图 5-19（b）所示。

全双工方式式：允许双方同时进行数据双向传送，但一般全双工传输方式的线路和设备较复杂，如图 5-19（c）所示。

多工方式：以上 3 种传输方式都是用同一线路传输一种频率信号，为了充分地利用线路资源，可通过使用多路复用器或多路集线器，采用频分、时分或码分复用技术，实现在同一线路上资源共享功能，这种方式称为多工传输方式。

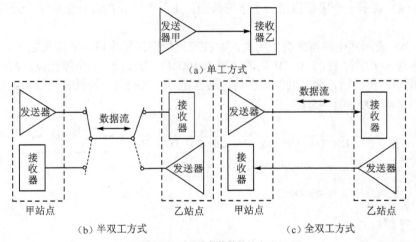

图 5-19 异步通信的传输方式

（2）同步通信。

同步通信是一种连续串行传送数据的方式，一次通信只传送一帧信息。在同步通信格式中，发送器和接收器由同一个时钟源控制。在异步通信中，每传输一帧字符都必须加上起始位和停止位，占用了传输时间，在要求传送数据量较大的场合，速度就慢得多。为克服这一缺点，同步传输方式去掉了这些起始位和停止位，只须在传输数据块时先送出一个同步头（字符）标志即可。

同步传输方式比异步传输方式速度快。但同步传输方式必须要用一个时钟来协调收发器的工作，所以其设备较复杂。

同步通信中，在数据开始传送前用同步字符来指示（常约定 1～2 个），并由时钟来实现发送端和接收端同步，即检测到规定的同步字符后，连续按顺序传送数据。

同步传送时，字符与字符之间没有间隙，仅在数据块开始时用同步字符 SYNC 来指示，其数据格式如图 5-20 所示。

同步字符的插入可以是单同步字符方式

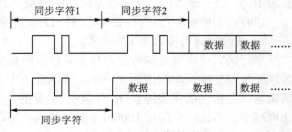

图 5-20 同步通信数据格式

或双同步字符方式，之后是连续的数据块。同步字符可由用户约定，也可采用 ASCII 码中规定的
SYNC 代码，即 16H。按同步方式通信时，先发送同步字符，接收方检测到同步字符后，准备接
收数据。同步传送可以提高传输速率（达 56kb/s 或更高），但硬件比较复杂。

4. 串行通信的校验

异步通信时可能会出现帧格式错、超时错等传输错误，因此，应对数据进行差错校验。常用
差错校验方法有奇偶校验、和校验及循环冗余码校验。

（1）奇偶校验。

发送数据时，数据位尾随一位数据，即奇偶校验位（1 或 0）。

当设置为奇校验（0）时，数据中"1"的个数与校验位"1"的个数之和应为奇数。

当设置为偶校验（1）时，数据中"1"的个数与校验位"1"的个数之和应为偶数。

接收时，接收方应具有与发送方一致的差错检验设置。当接收一个字符时，对"1"的个数进
行校验，若二者不一致，则说明数据传送出现差错。

奇偶校验是按字符校验，数据传输速率必然会受到影响。这种特点使得它一般只用于异步串
行通信中。

（2）和校验。

发送方对所发送的数据块求和（字节数求和），并产生一个字节的校验字符（校验和）附加
到数据块末尾。

接收方接收数据时也是先对数据块求和，将所得结果与发送方的校验和进行比较，相符则无
差错，否则出现差错。

该校验的缺点是无法检验出字节位序的错误。

（3）循环冗余码校验。

这种校验是对一个数据块校验一次。例如对磁盘信息的访问、ROM 或 RAM 存储区的完整性
等的检验。这种方法广泛应用于串行通信方式。

5.3.2　C51 串行接口编程结构

C51 单片机内部有一个全双工、异步、串行、通信接口，通过引脚 TXD（P3.1）和 RXD（P3.0）
实现串行数据的发送和接收。它既可实现串行异步通信，也可作为同步移位寄存器使用。

1. C51 串行口结构

C51 单片机内部的串口有 4 种工作方式，其波特率由单片机内部产生，可由软件设置；接收
和发送均可工作在查询模式和中断模式。

C51 单片机串行口包括发送缓冲寄存器（SBUF）、发送控制器、发送控制门、接收缓冲寄存
器（SBUF）、接收控制寄存器、移位寄存器和中断。其中接收、发送缓冲器 SBUF 在逻辑上只
有一个，而在物理上是独立的接收发送器，可同时接收和发送数据。接收缓冲器只能读出不能写
入，而发送缓冲器则只能写入不能读出，二者共用一个字节地址（99H）。串行口的结构如图 5-21
所示。

当数据由单片机内部总线传送到发送 SBUF 时，即启动一帧数据的串行发送过程。发送 SBUF
将并行数据转换成串行数据，并自动插入格式位，在移位时钟信号的作用下，将串行二进制信息
由 TXD（P3.1）引脚按设定的波特率逐位发送出去。发送完毕后，TXD 引脚呈高电平，并置 TI
标志位为"1"，此时一帧数据发送完毕。

当 RXD（P3.0）引脚由高电平变为低电平时，表示一帧数据的接收已经开始。输入移位寄存
器在移位时钟的作用下，自动滤除格式信息，将串行二进制数据逐位接收。接收完毕后，将串行
数据转换为并行数据传送到接收 SBUF 中，并置 RI 标志位为"1"，此时一帧数据接收完毕。

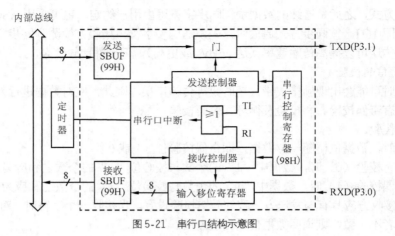

图 5-21　串行口结构示意图

2. C51 串行口相关寄存器

控制 C51 单片机串口的寄存器有 SCON 和 PCON。与串行通信有关的控制寄存器共有 4 个：SBUF、SCON、PCON 和 IE。

（1）串行口控制寄存器 SCON（98H）。

C51 串行通信的方式选择、接收和发送控制以及串行口的状态标志等由特殊功能寄存器 SCON 控制和指示，其控制字格式如图 5-22 所示。复位时，SCON 所有位均清 "0"。SCON 可位寻址，字节地址 98H，位地址 9FH～98H。

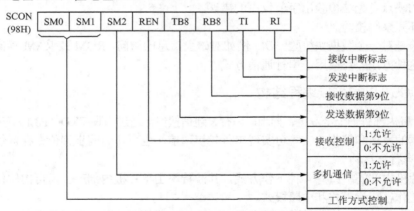

图 5-22　串行口控制寄存器 SCON 位格式

① 串行口工作方式选择位 SM0、SM1（SCON.7、SCON.6）。

两个选择位对应 4 种工作方式，如表 5.7 所示。其中，f_{osc} 是振荡频率。SM0、SM1 由软件置 "1" 或清 "0"，用于选择串行口的 4 种工作方式（方式 0、1、2、3）。

表 5.7　　　　　　　　　　　　　　串行口的工作方式

SM0	SM1	工作方式	说明	波特率
0	0	方式 0	同步移位寄存器	$f_{osc}/12$
0	1	方式 1	10 位异步收发器（8 位数据）	有定时器控制
1	0	方式 2	11 位异步收发器（9 位数据）	$f_{osc}/32$ 或 $f_{osc}/64$
1	1	方式 3	11 位异步收发器（9 位数据）	由定时器控制

② 多机通信控制位 SM2（SCON.5）。

SM2 主要用于方式 2 和方式 3。当串行口在方式 2 或方式 3 下进行数据接收时，如果 SM2=1（允许多机通信）。

若 SM2=0，单机通信方式，当收到 RB8（0 或 1），则接收一帧数据后，不管第 9 位数据是 0 还是 1，都置 RI=1，使接收到的数据装入 SBUF。

若 SM2=1，则允许多机通信。当一片 C51（主机）与多片 C51（从机）通信时，所有从机的 SM2 位都置 1。主机首先发送一帧数据为地址，即从机编号，其中第 9 位为 1，所有的从机接收到数据后，将其中第 9 位装入 RB8 中。各个从机根据收到的第 9 位数据（RB8 中）的值来决定从机可否再接收主机的信息。

当 SM2=1、REN=1 时，若从机接收到的（RB8）=0，说明是数据帧，收到的信息丢弃，不激活 RI；若（RB8）=1，说明是地址帧，数据装入 SBUF 并置 RI=1，中断所有从机，被寻址的目标从机清除 SM2 以接收主机发来的一帧数据。其他从机仍然保持 SM2=1。

当串口工作在方式 0 时，SM2 必须是 0；方式 1 时，SM2=1，只有接收到有效停止位时，RI 才激活，以便接收下一帧数据；被确认的从机，复位 SM2=0，接收 RB8=0 的数据帧。

根据 SM2 这个功能，可实现多个 C51 应用系统的串行通信。

若 SM2=1、REN=0，则不接收任何数据。

③ 允许接收控制位 REN（SCON.4）。

由软件置"1"或清"0"，只有当 REN=1 时才允许接收；若 REN=0，则禁止接收。

在串行通信接收控制过程中，如果满足 RI=0 和 REN=1（允许接收）的条件，就允许接收，一帧数据就装载入接收 SBUF 中。

④ 发送数据 D8 位 TB8（SCON.3）。

发送数据的第 9 位（D8）装入 TB8 中。TB8 是方式 2、方式 3 中要发送的第 9 位数据，事先用软件写入 1 或 0。方式 0、方式 1 不用。

在方式 2 或方式 3 中，根据发送数据的需要由软件置位或复位。在许多通信协议中可用作奇偶校验位，也可在多机通信中作为发送地址帧或数据帧的标志位。对于后者，TB8=1，说明该帧数据为地址；TB8=0，说明该帧数据为数据字节。

⑤ 接收数据 D8 位 RB8（SCON.2）。

接收数据的第 9 位。在方式 2 或方式 3 中，由硬件将接收到的第 9 位数据存入 RB8 位。该位或是约定的奇/偶校验位，或是约定的地址/数据标识位。在方式 2 和方式 3 多机通信中，若 SM2=1，如果同时 RB8=1，说明收到的数据为地址帧。

在方式 1 中，若 SM2=0，RB8 中存放的是已接收到的停止位。在方式 0 中，该位未用。

⑥ 发送中断标志位 TI（SCON.1）。

当串口以一定方式发送数据时，每发送完一帧数据，由硬件自动将 TI 位置"1"，可用软件查询。它同时也申请中断，TI 置位意味着向 CPU 提供"发送缓冲器 SBUF 已空"的信息，CPU 可准备发送下一帧数据。串行口发送中断被响应后，TI 不会自动清"0"，必须由软件清"0"。

中断系统中，将串行口的接收中断 RI 和发送中断 TI 经逻辑或运算后作为内部的一个中断源。当 CPU 响应串口的中断请求时，CPU 并不清楚是由接收中断还是发送中断产生的中断请求，需要在中断服务程序中通过程序查询语句来判断，所以用户在编写串口的中服务程序时，在程序中必须识别是 RI 还是 TI 产生的中断请求，从而执行相应的中断服务程序。

在方式 0 串行发送第 8 位结束或其他方式串行发送到停止位的开始时由硬件置位。

⑦ 接收中断标志位 RI（SCON.0）。

在接收到一帧有效数据后由硬件置位。在方式 0 中，第 8 位数据发送结束时，由硬件置位；在其他 3 种方式中，当接收到停止位时由硬件置位。RI＝1，申请中断，表示一帧数据接收结束，并已装入接收 SBUF 中，要求 CPU 取走数据。CPU 响应中断，取走数据。RI 也必须由软件清"0"，清除中断申请，并准备接收下一帧数据。

（2）电源控制寄存器 PCON（波特率倍增控制寄存器）。

PCON 主要是为 CHMOS 型单片机的电源控制而设置的专用寄存器。单元地址为 87H，不能位寻址，系统复位时 SMOD=0。电源控制寄存器在串行口控制中只用了一位 SMOD，如表 5.8 所示。

表 5.8 　　　　　　　　　　　　　　　　　电源控制寄存器控制字

位地址	7	6	5	4	3	2	1	0
位符号	SMOD	/	/	/	GF1	GF0	PD	IDL

PCON 是一个 8 位寄存器，其最高位 SMOD 为波特率控制位。SMOD 位为 1 时，波特率增大一倍。

在方式 1、2、3 时，波特率与 SMOD 有关。SMOD=1 时，波特率提高一倍；SMOD=0，波特率正常。

（3）中断允许控制寄存器（IE）。

IE 的地址是 A8H，其内容在 5.1 节已介绍。其中串行口允许中断的控制位为 ES。当 ES=1，允许串行口中断；当 ES=0，禁止串行口中断。

5.3.3　串行接口的工作方式

（1）串行工作方式 0。

在方式 0 下，串行口作为同步移位寄存器，其主要特点是：RXD（P3.0）引脚接收或发送数据，TXD（P3.1）引脚发送同步移位脉冲。数据的接收和发送以 8 位为一帧，不设起始位和停止位，低位在前，高位在后，其帧格式如图 5-23 所示。方式 0 时，常用于扩展 I/O 接口。

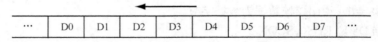

…	D0	D1	D2	D3	D4	D5	D6	D7	…

图 5-23　串行口工作方式 0 数据帧格式

① 数据发送过程。

使用方式 0 实现数据的移位输入/输出时，实际上是把串行口变成并行口使用。此时，要有"串入并出"的移位寄存器配合，例如 CD4049 或 74HC164 等芯片，即可将 RXD 引脚送出的串行数据重新转换为并行数据。这实际上是将串行口当作并行输出口，是一种并行口扩展应用，其电路连接如图 5-24 所示。

TXD 连接移位寄存器的脉冲输入端，作为移位脉冲，RXD 连接移位寄存器的数据输入端。当 CPU 执行一条将数据写入发送缓冲器 SBUF 的指令时，产生一个正脉冲，发

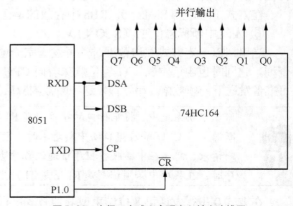

图 5-24　串行口方式 0 实现串入并出连线图

送过程被启动，在移位时钟 TXD 的控制下，由低位到高位按 $f_{osc}/12$ 的固定波特率将数据从 RXD 引脚传输出，发送完毕，硬件自动使 SCON 的 TI 位置 "1"。再次发送数据之前，TI 必须由软件清零。方式 0 输入时序如图 5-25 所示。

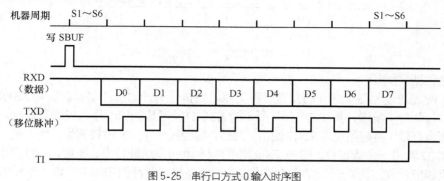

图 5-25　串行口方式 0 输入时序图

② 数据接收过程。

若将 "并入串出" 移位寄存器（如 CD4014 或 74LS165 等芯片）的输出连接到单片机的 RXD 引脚，当串行口工作于方式 0 时，即可接收到 CD4014 或 74LS165 输入端的并行数据。此时，相当于把串行口当作扩展输入口用，其电路连接如图 5-26 所示。

方式 0 输入时序如图 5-27 所示。在满足 REN=1 和 RI=0 的条件下，执行一条将 SCON 寄存器的 REN=1 指令，就启动了接收过程（REN=0，禁止接收）。串行口即开始从 RXD 端以 $f_{osc}/12$ 的固定波特率采样 RXD 引脚的数据信息，当收到 8 位数据时 RI 置 "1"（要再次接收时，必须先用软件将 RI 清零），表示一帧数据接收完。

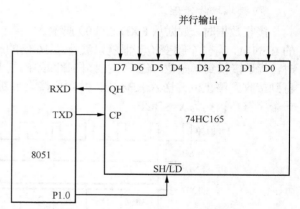

图 5-26　串行口方式 0 实现并入串出连线图

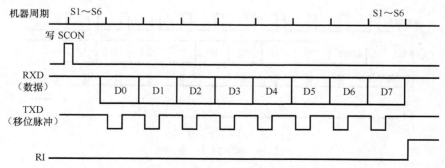

图 5-27　串行口方式 0 输入时序图

（2）串行工作方式 1。

在方式 1 下，串行口是 10 位为一帧的异步串行通信方式，包括 1 位起始位、8 位数据位和 1 位停止位。其主要特点是：RXD（P3.0）引脚接收数据，TXD（P3.1）引脚发送数据，格式如图 5-28 所示。

图 5-28　串行口工作方式 1 的数据帧格式

① 数据发送过程。

方式 1 的发送过程与方式 0 的发送过程类似，当执行写发送缓冲寄存器语句 SBUF=x（x 为任意值）时，就启动发送。图 5-29（a）所示为方式 1 发送数据的时序。发送开始时，内部发送控制信号变为有效，将起始位向 TXD 输出，此后，每经过一个 TX 时钟周期，便产生一个移位脉冲，并由 TXD 输出一个数据位，图中 TX 时钟的频率就是发送波特率。随后，串行口由硬件自动加入起始位和停止位，构成一个完整的帧格式，然后在移位脉冲的作用下，由 TXD 端串行输出。一个字符帧发送完后，使 TXD 输出线维持在 1 状态下，并将 SCON 寄存器的 TI 置"1"，通知 CPU 可以发送下一个字符。

② 数据接收过程。

接收数据时，数据从 RXD（P3.0）脚输入。图 5-29（b）所示为方式 1 接收数据时序图。SCON 的 REN=1，有一个跳变检测器就以波特率 16 倍的速率，不断采样 RXD 的引脚，当检测到负跳变时，就是接收到起始位。随后，在移位脉冲的控制下，把接收到的数据位移入接收缓冲寄存器中，直到接收到停止位并送入 RB8 中，并置位接收中断标志位 RI，通知 CPU 从 SBUF 取走接收到的一个字符，语句为 x=SBUF。

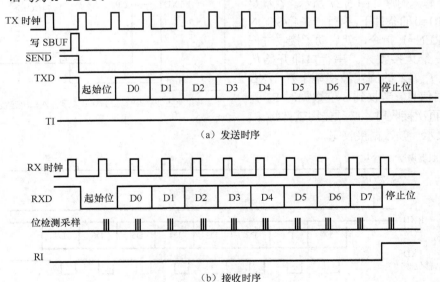

（a）发送时序

（b）接收时序

图 5-29　串行口方式 1 时序图

当一帧数据接收完，须同时满足以下两个条件，接收才真正有效。

RI=0，即上一帧数据接收完成时，RI=1 发出的中断请求已被响应，SBUF 中的数据已被取走，说明"接收 SBUF"已空。

SM2=0 或收到的停止位=1（方式 1 时，停止位已进入 RB8），则收到的数据装入 SBUF 和 RB8（RB8 装入停止位），且中断标志 RI 置"1"。

若上述条件不同时满足，接收到的数据将丢失。在整个接收过程中，必须保证 REN=1 是一个先决条件。只有当 REN=1 时，才能对 RXD 进行检测。

（3）串行工作方式 2 和方式 3。

方式 2 和方式 3 均为 11 位异步通信格式。由 TXD 和 RXD 发送与接收（两种方式操作完全一样，只是波特率不同）。

其帧格式如图 5-30 所示，每帧 11 位，即 1 位起始位，8 位数据位（低位在前），1 位可编程的第 9 数据位和 1 位停止位。发送时，第 9 数据位（TB8）可以设置为 1 或 0，也可将奇偶位装入 TB8，从而进行奇偶校验；接收时，第 9 数据位进入 SCON 的 RB8。

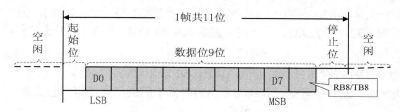

图 5-30　串行口 11 位数据帧格式

方式 2 和方式 3 的发送、接收时序如图 5-31 所示，其操作与方式 1 类似。

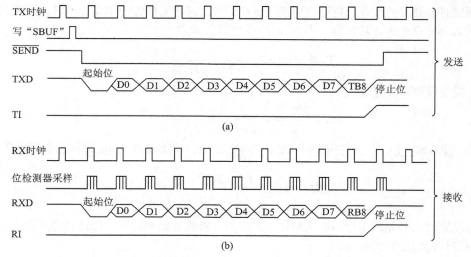

图 5-31　串行口方式 2、方式 3 发送和接收时序

发送前，先根据通信协议由软件设置 TB8（如作奇偶校验位或地址/数据标志位），可使用如下指令完成。

```
TB8=1;          //TB8 位置 1
TB8=0;          //TB8 位清零
```

然后将要发送的数据写入 SBUF，即可启动发送过程。串行口能自动把 TB8 取出，并装入到第 9 位数据位的位置，再逐一发送出去。发送完毕，使 TI=1。

接收时，使 SCON 中的 REN=1，允许接收。当检测到 RXD(P3.0)端有 1→0 的跳变（起始位）时，开始接收 9 位数据，送入移位寄存器（9 位）。当满足 RI=0 且 SM2=0，或接收到的第 9 位数据为 1 时，前 8 位数据送入 SBUF，附加的第 9 位数据送入 SCON 中的 RB8，置 RI 为"1"；否则，这次接收无效，也不置位 RI。

方式 3 通过设置定时器 1 的初值来设定波特率，而方式 2 的波特率固定的，见下文所述。

5.3.4 串行口波特率设计

在 C51 串行口通信中，方式 0 和方式 2 的波特率固定，而方式 1 和方式 3 的波特率可变，由定时器 T1 的溢出率来决定。

方式 0：波特率固定，为单片机晶振频率的 1/12，即

$$BR=f_{osc}/12（f_{osc} 为晶振频率）\tag{5.7}$$

方式 0 的波特率是一个机器周期进行一次移位。当 $f_{osc}=6MHz$ 时，波特率为 500kbit/s，即 2μs 移位一次；当 $f_{osc}=12MHz$ 时，波特率为 1Mbit/s，即 1μs 移位一次。

方式 2：与方式 0 不同，即输入的时钟源不同，虽然波特率也是固定的，但有两种波特率。一种是晶振频率的 1/32，即 $f_{osc}/32$。另一种是晶振频率的 1/64，$f_{osc}/64$。用公式表示为

$$BR=2^{SMOD}\times f_{osc}/64 \tag{5.8}$$

式中，$SMOD$ 为 PCON 寄存器最高位的值，$SMOD=1$ 表示波特率加倍。

方式 1 和方式 3：波特率可变，其波特率由定时器 1 的溢出率决定，公式为

$$BR = \frac{2^{SMOD}}{32}\times(T1溢出率)\tag{5.9}$$

式中，$SMOD$ 为 PCON 寄存器最高位的值，$SMOD=1$ 表示波特率加倍。而定时器 1 溢出率定义为单位时间定时器溢出的次数，是溢出周期的倒数。当定时器 1 作波特率发生器时，通常选用定时工作方式 2。设 $TH1$ 为计数初值，则 $T1$ 溢出率计算公式为

$$T1溢出率 = \frac{f_{osc}}{12\times(256-TH1)}\tag{5.10}$$

由此得出波特率计算公式

$$BR = \frac{2^{SMOD}}{32}\times\frac{f_{osc}}{12\times(256-TH1)}\tag{5.11}$$

通常，波特率已知，须计算出定时器的计数初值 $TH1$，由上式得出定时器计数初值计算公式为

$$TH1 = 256 - \frac{f_{osc}\times 2^{SMOD}}{384\times BR}\tag{5.12}$$

实际使用时，要完成串行口的初始化，需 3 步：首先确定波特率，再计算定时器 1 的计数初值，然后进行定时器的初始化。

MCS-51 单片机串行通信方式 0 到方式 3 的常用波特率与定时器 1 的参数关系如表 5.9 所示，通过该表可以方便地查找对应的方式设置及定时器 1 的时间常数。

表 5.9　　　　　　　　　　　常用波特率与定时器 1 的参数关系

串口工作方式及波特率（bit/s）		f_{osc}（MHz）	$SMOD$	定时器 1		
				C/$\overline{T}$	工作方式	初值
方式 1、3	62.5K	12	1	0	2	FFH
	19.2L	11.0592	1	0	2	FDH
	9600	11.0592	0	0	2	FDH
	4800	11.0592	0	0	2	FAH
	2400	11.0592	0	0	2	F4H
	1200	11.0592	0	0	2	E8H

表中，f_{osc} 为系统晶体振荡频率，一般选为 11.0592MHz 就是为了使初值为整数，从而产生精确的波特率。

如果串行通信选用很低的波特率，可将定时器 T1 置于方式 0 或方式 1，即 13 位或 16 位定时方式；但在这种情况下，T1 溢出时，需要中断服务程序重装初值。中断响应时间和执行指令时间会使波特率产生一定的误差，可用改变初值的办法加以调整。

5.3.5　串行接口标准

单片机间在进行串行异步通信时，其串行接口的连接形式有多种，应根据实际需要进行选择。

近距离通信连接。若传输距离不超过 1.5m，这时双方的串行口可以直接连接，如图 5-32 所示。

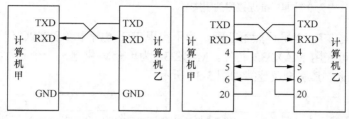

图 5-32　双机通信连线图

远距离通信连接。若传输距离超过 1.5m，又不大于 15m，传输速率最大为 20kbit/s 时可采用 RS-232C 电平信号传输。当通信距离为几十米到上千米，且干扰严重时，广泛采用 RS-485 串行总线标准。

（1）RS-232C 接口标准。

RS-232C 是美国电子工业协会（EIA）推荐的串行通信总线标准，其全称为"使用二进制进行交换的数据终端设备（DTE）和数据通信设备（DCE）之间的接口标准"。当前几乎所有计算机都使用符合 RS-232C 传输协议的串行通信接口。RS-232C 标准接口使用 25 针连接器，连接器的尺寸及每个插针的排列位置都有明确的定义，图 5-33 所示为 RS-232C 接口定义图，引脚定义如表 5.10 所示。

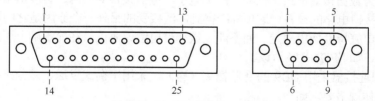

图 5-33　RS-232C 标准接口示意图

RS-232C 标准规定了传送的数据和控制信号的电平，其中数据线上的信号电平规定为：MASK（逻辑 1）=-3～-25V，SPACE（逻辑 0）=+3～+25V；控制和状态线上的信号电平规定为：ON（逻辑 0）=+3～+25V，OFF（逻辑 1）=-3～-25V。

表 5.10　　　　　　　　　　　　　　　RS-232C 标准接口主要引脚定义

插针序号	信号名称	功能	信号方向
1	PGND	保护接地	
2（3）	TXD	发送数据（串行输入）	DTE→DCE
3（2）	RXD	接收数据（串行输出）	DTE→DCE
4（7）	RTS	请求发送	DTE→DCE

续表

插针序号	信号名称	功能	信号方向
5（8）	CTS	允许接收	DTE→DCE
6（6）	DSR	DCE 就绪（数据建立就绪）	DTE→DCE
7（5）	SGND	信号接地	
8（1）	DCD	载波检测	DTE→DCE
20（4）	DTR	DTE 就绪（数据终端准备就绪）	DTE→DCE
22（9）	RI	振铃指示	DTE→DCE

注：插针序号（）内为 9 针非标准连接器的引脚号

以上信号电平与 TTL 电平显然不匹配，为了实现 TTL 电平和 RS-232C 电平的连接必须进行信号的电平转换，可采用 MAX232 芯片。MAX232 为单+5V 供电，一个芯片能完成发送转换和接收转换的双重功能，其引脚及连接如图 5-34 所示。

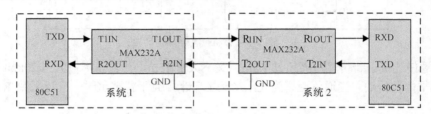

图 5-34　单片机甲、乙机远距离通信连接图

（2）RS-485 接口标准。

RS-485 总线作为一种多点差分数据传输的电气规范，已成为业界应用最为广泛的标准通信接口之一。这种通信接口允许在简单的一对双绞线上进行多点双向通信，它所具有的噪声抑制能力、数据传输速率、电缆长度及可靠性是其他标准无法比拟的。正因如此，许多不同领域都采用 RS-485 作为数据传输链路。例如，汽车电子、电信设备局域网、智能楼宇等都经常可以见到具有 RS-485 接口电路的设备。这项标准得到广泛接受的另外一个原因是它的通用性，RS-485 标准只对接口的电气特性做出规定，而不涉及接插件电缆或协议，在此基础上用户可以建立自己的高层通信协议，如 MODBUS 协议。

RS-485 接口连接器采用 DB9 的 9 芯插头（座），采用平衡式发送、差分接收的数据收发器来驱动总线，具体规格要求如下。

* 接收器的输入电阻 $R_{IN} \geqslant 12k\Omega$。
* 驱动能输出 ±7V 的共模电压。
* 输入端的电容 ≤50pF。
* 在节点数为 32 个，同时配置了 120 Ω 的终端电阻的情况下，驱动器至少还能输出电压 1.5V（终端电阻的大小与所用双绞线的参数有关）。
* 接收器的输入灵敏度为 200mV（即(V+)−(V−)≥0.2V，表示信号"0"；(V+)−(V−)≤−0.2V，表示信号"1"）。

RS-485 具有如下特点。

① 电气特性：逻辑"1"以两线间的电压差为+2～+6V 表示；逻辑"0"以两线间的电压差为−6～−2V 表示。接口信号电平比 RS-232C 低，不易损坏接口电路芯片，且该电平与 TTL 电平兼容，可方便与 TTL 电路连接。

② 最高传输速率为 10Mbit/s。

③ 采用平衡驱动器和差分接收器的组合，抗共模干扰能力增强，即抗噪声干扰性好。

④ 传输距离标准值为 1219.2m，实际上可达 3000m，最大传输速率为 10Mbit/s，传输速率与传输距离成反比，在 100Kbit/s 的传输速率下，才可以达到最大的通信距离。如果需传输更长的距离，需要加 485 中继器。RS-485 总线一般最大支持 32 个节点，如果使用特制的 485 芯片，可以达到 128 个或者 256 个节点，最大可以支持到 400 个节点。RS-485 接口具有多站能力，用户可利用单一的 RS-485 接口方便地建立起设备网络。

5.3.6 串行接口的初始化

在串行口使用时必须对其进行初始化编程，主要是设置波特率、工作方式和中断控制。一般步骤如下：

（1）设定串行口的工作方式，设定 SCON 寄存器。

（2）设定波特率倍增寄存器（PCON）中 SMOD 的值。

（3）确定 T1 的工作方式（编程 TMOD 寄存器）。

（4）设置波特率，计算并装入定时初值。

（5）选择查询方式或中断方式，在中断工作方式时，需对 IE 编程。

对于方式 0，不需要设置波特率；对于方式 2，设置波特率仅需对 PCON 中的 SMOD 位编程；对于方式 1 和方式 3，设置波特率不仅需对 PCON 中的 SMOD 位编程，还需开启定时器 1，对 T1 编程，计算 T1 初值，装载 TH1、TL1，并启动定时（编程 TCON 中的 TR1 位）。

【例 5-13】 89C51 单片机时钟振荡频率为 11.0592MHz，选用定时器 T1 工作方式 2 作为波特率发生器，波特率为 2400bit/s，采用查询方式求初值并编写初始化程序。

解：根据要求，定时/计数器 T1 的方式控制字 TMOD 为 20H。

串行口波特率为 2400bit/s，波特率不倍增，SMOD=0，据波特率计算公式有

$$BR = \frac{2^{SMOD}}{32} \times \frac{f_{osc}}{12 \times (256 - \text{TH1})}$$

得出

$$\text{TH1} = 256 - \frac{f_{osc} \times 2^{SMOD}}{384 \times BR} = 256 - \frac{11.0592 \times 10^6 \times 2^0}{384 \times 2400} = \text{F4H}$$

所以 （TH1）=（TL1）=F4H

初始化程序如下。

```c
#include <reg51.h>
void InitUART(void)
{
        PCON=0x00;              //波特率不倍增
        SCON=0x50;              //串行口工作在方式1，允许接
        TMOD=0x20;
        TH1=0x0F4;
        TL1=0x0F4;
        TR1=1;
}
```

5.3.7 串行口应用举例

利用方式 0 扩展并行 I/O 接口的部分将在后续单片机扩展部分说明。本小节只介绍利用方式

1 实现点对点的双机通信和利用方式 2 或方式 3 实现带检错功能的双机通信或多机通信。

1. 利用方式 1 或方式 2 实现单点发送

【例5-14】使用晶体频率为 11.0592MHz 的 AT89C52 单片机，串行口应用工作方式 1，以 4800bit/s 的波特率向外发送数据，数据为 10 个数字 "0" 到 "9"，循环不断地发送。波特率不倍增。

分析：数字字符为增量二进制码，'0' 对应 0x30，'1'='0'+1=0x31，从 '0' 到 '9' 对应编码为 0x30 到 0x39。记忆二进制编码较难，实际编程中用单引号括起对应字符，表示引用该字符的二进制编码值，如 '?' 表示引用? 号的编码值，而字符串用双引号（""）括起来。

在用 11.0592MHz 晶体时，4800bit/s 下采用初值计算公式（或查表）来设定定时器的计数初值，TH1=FAH。根据题意设定串口控制寄存器和定时器模式寄存器，程序如下。

```c
#include <reg51.h>
unsigned char Dat;
void main( void )
{
    TMOD=(TMOD & 0x0F) | 0x20;
    TH1 = 0xFA;
    TL1 = 0xFA;
    PCON|=0x7F; //SMOD = 0
    TR1 =1;
    SCON =0x42;
    while(1)
    {
      for(Dat=0;Dat<10;Dat++)
      {
          SBUF =Dat+0x30;         //数字 0～9 加 0x30 转换为其对应 ASCII 码
          while(!TI);             //未发送完成等待
          TI =0;
      }
    }
}
```

2. 双机通信

【例5-15】双机通信通信协议：方式 1 的一帧信息中有 1 个起始位、8 个数据位和 1 个停止位；波特率为 2400bit/s，T1 工作在定时器方式 2，单片机时钟振荡频率选用 11.0592MHz，经计算可得：TH1=TL1=0F4H，

PCON 寄存器的 SMOD 位为 0。

通信协议如下。

当 1 号机发送时，先发送一个 "E1" 联络信号，2 号机收到后回答一个 "E2" 应答信号，表示同意接收。

当 1 号机收到应答信号 "E2" 后，开始发送数据，每发送一个字节数据都要计算 "校验和"，假定数据块长度为 16 个字节，起始地址为 40H，一个数据块发送完毕后立即发送 "校验和"。

2 号机接收数据并转存到数据缓冲区，起始地址也为 40H。每接收到一个字节数据便计算一次 "校验和"，当收到一个数据块后，再接收 1 号机发来的 "校验和"，并将它与 2 号机求出的

校验和进行比较。若两者相等，说明接收正确，2 号机回答"00H"；若两者不相等，说明接收不正确，2 号机回答"0FFH"，请求重发。

1 号机接到"00H"后结束发送；若收到的答复非零，则重新发送一次数据。

发送和接收程序流程图如图 5-35 所示。

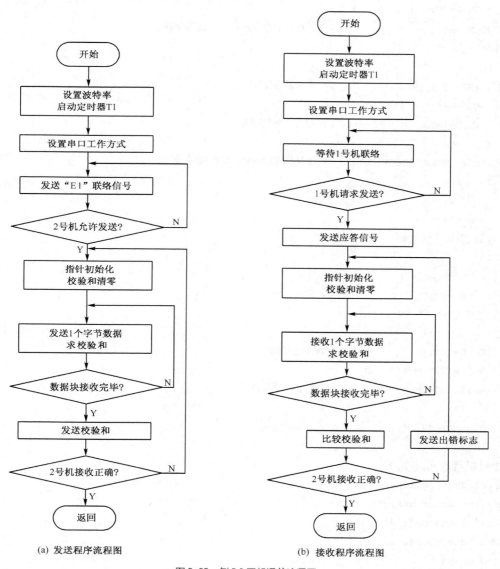

(a) 发送程序流程图   (b) 接收程序流程图

图 5-35   例 5.3 双机通信流程图

1 号机发送程序如下。

```c
#include <reg51.h>
#define uchar unsigned char
uchar idata buf[10];
uchar sum; uchar i;
void main( )
{
```

```
    TMOD=0x20;
    TH1=0xf4;
    TL1=0xf4;
    TR1 = 1;
    PCON=0x00;
    SCON=0x50;                      // 串行口工作在方式1，允许接收
    do
    {
      SBUF=0Xe1;                    // 发送联络信号" E1 "
      while(TI= =0); TI=0;
      while(RI= =0); RI=0;    // 等待2号机回答
    }
    while((SBUF^0XE2)!=0);    // 2号机未准备好，继续联络
    do
    {
      sum=0;
    for(i=0;i<10;i++)
    {
        SBUF=buf[i];
        sum+=buf[i];            // 求校验和
        while(TI= =0); TI=0;
     }
      SBUF=sum;                    // 发送校验和
      while(TI= =0);TI=0;
      while(RI= =0);RI=0;      // 等待2号机应答
    }
      while(SBUF!=0) ;             // 出错则重发
}
```

2号机接收程序如下。

```
#include <reg51.h>
#define uchar unsigned char
uchar idata buf[10];
uchar sum; uchar i;
void main( )
{
    TMOD=0x20;
    TH1=0xf4;
    TL1=0xf4;
    TR1=1;
    PCON=0x00;
    SCON=0x50;                      //串行口工作在方式1，允许接收
    Do
```

```
    {
      while(RI= =0); RI=0;
    }
  while((SBUF^0Xe1)!=0)                    // 判断 1 号机是否发出请求
  SBUF=0Xe2;                               // 发送应答信号" E2 "
  while(TI==0); TI=0;                      // 等待结束
  while(1)
  {
    sum=0;                                 // 清校验和
    for(i=0;i<10;i++)
     {
      while(RI==0);RI=0;
      buf[i]=SBUF;                         // 接收数据
      sum+=buf[i];
     }
    while(RI= =0); RI=0;
    if((SBUF^sum)==0)                      // 比较检验和
     {
      SBUF=0x00;break;}                    // 校验和相同则发" 00 "
      else {SBUF=0xFF;                     // 出错则发" FF ",重新接收
      while(TI==0);TI=0;
     }
    }
  }
}
```

3. 多机通信

在实际应用系统中，经常需要多个 CPU 协调工作才能完成某个过程或任务。在多机配合工作过程中，必然涉及到它们之间的通信问题。

如图 5-36 所示，为一个多机分布式系统，其中一个 8051 系统为主机，n 个 8051 应用系统为从机。不考虑口的驱动时，主机的 RXD 端与所有从机的 TXD 端相连，TXD 端与所有从机的 RXD 端相连。根据 C51 多机通信原理，通信过程如下：

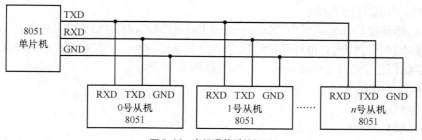

图 5-36 多机通信系统框图

① 首先对各从机进行编址。

② 串行口工作在方式 2 或方式 3 下，使所有从机的 SM2（SCON.5）位置 1，处于只接收地址帧的状态。

③ 主机发送一帧地址信息，其中包含 8 位地址，主机置位第 9 位 TB8，发送要寻址的从机地址。TB8=1，以表示发送的是地址；TB8=0，以表示发送的是数据。

④ 所有从机均接收主机发送的地址，进入中断进行比较。

从机接收到地址帧后，各自将接收到的地址与其本身地址相比较。检查到的第 9 位 RB8=1，表示地址帧，将数据装入 SBUF，置位 RI，发出接收中断请求；RB8=0，表示数据帧，同时当 SM2=1 时，接收数据丢弃。SM2=0 表示直通方式，无论 RB8 是 0 还是 1，都将接收到的数据送 SBUF，并发出中断请求。对于所有从机，由于 SM2=1，RB8=1，各自发出中断请求。判断主机发送地址是否与本机相符，若相符，则将从机的 SM2 清"0"（编程直通方式），准备接收其后传来的数据。

⑤ 确认寻址从机，自身 SM2 清"0"，向主机返回地址供主机核对。未被寻址的其他从机仍维持 SM2=1 不变。

⑥ 核对无误，主机向被寻址的从机发送命令，通知从机进行一对一数据通信。

主机发送数据或控制信息（第 9 位为 0）。对于已被寻址的从机，因 SM=0，故可以接收主机发送过来的信息；而对于其他从机，因 SM2 维持为 1，对主机发来的数据帧将不予理睬，直至发来新的地址帧。

当主机改为与别的从机联系时，可再发出地址帧寻址其从机。而先前被寻址过的从机在分析出主机是对其他从机寻址时，恢复其 SM2＝1，对随后主机发来的数据帧不于理睬。

为了保证通信的可靠和有条不紊。一般通信协议都有通用标准，协议较完善，但很复杂。这里为了说明 C51 单片机多机通信程序设计的基本原理，仅讲述几条最基本的条款，多机通信程序设计暂不讨论。

① 规定系统中从机容量数及地址编号。

② 规定对所有从机都起作用的控制命令，即复位命令，命令所有从机恢复到 SM2=1 的状态。

③ 设定主、从机数据通信的长度和校验方式。

④ 设定主机发送的有效控制命令代码，其余即为非法代码。从机接收到命令代码后必须先进行命令代码的合法性检查，检查合法后才执行主机发出的命令。

⑤ 设置从机工作状态字，说明从机目前状态。如从机是否准备好、从机接收数据是否正常等。

---

4. RS-485 串行通信

【例 5-16】 采用 RS-485 总线进行串行通信，在虚拟终端每隔一段时间显示"HOW ARE YOU"的字样，试编写相关程序。

RS-485 的驱动接口部分通常由 Maxim 公司生产的 MAX483/485/487/489 以及 MAX490/491 系列差分平衡收发芯片构成。每种芯片均包含了一个驱动器和一个收发器，本例中采用 MAX487 芯片作为 RS-485 通信接口芯片进行通信，电路如图 5-37 所示。

C 语言源程序如下。

```
#include<reg52.h>
#include<intrins.h>
#define uchar unsigned char
#define uint unsigned int
sbit P12=P1^2;
char code str[] = "HOW ARE YOU \n\r";
```

```
main()
{
  uint j;
  TMOD = 0x20;
  TL1 = 0xfd;
  TH1 = 0xfd;
  SCON = 0x50;
  PCON&=0xef;
  TR1 = 1;
  IE = 0x00;
  P12 = 1;
  while(1)
  {
    uchar i=0
    while(str[i]!=0x0d)
    {
      SBUF = str[i];
      while(!TI);
      TI = 0;
      i++;
    }
    for(j=0;j<50000;j++);
  }
}
```

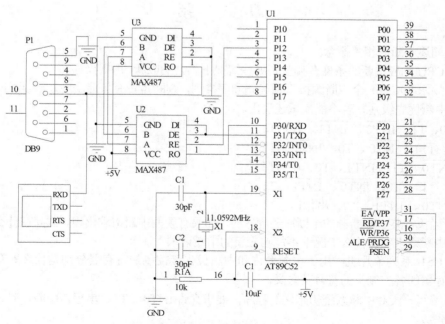

图 5-37　RS-485 串行通信原理图

本章小结

本章重点介绍了单片机的内部最小系统资源，详细介绍了中断系统、定时/计数器和串行口 3 大资源。其中，中断系统部分主要介绍了中断的相关概念、结构原理、重要寄存器、中断响应过程及中断程序的编写；定时/计数器的结构及工作原理、相关寄存器、工作方式及其应用；串行通信的基本概念、串行口结构、数据缓冲器和串口相关寄存器等，重点阐述了串行口的工作方式和应用场合。每个模块能被灵活应用的关键在于各模块相应寄存器的使用，所以掌握各个模块工作寄存器的使用方法是关键。

下面总结一下单片机内部资源中相关寄存器。

与接口相关的寄存器（7 个）：并行 I/O 口 P0、P1、P2、P3，均为 8 位；串行口数据缓冲器 SBUF；串行口控制寄存器 SCON；串行通信波特率倍增寄存器 PCON（一些位还与电源控制相关，所以又称为电源控制寄存器）。

与中断相关的寄存器（2 个）：中断允许控制寄存器 IE；中断优先级控制寄存器 IP。

与定时/计数器相关的寄存器（6 个）：定时/计数器 T0 的两个 8 位计数初值寄存器 TH0、TL0，它们可以构成 16 位的计数器，TH0 存放高 8 位，TL0 存放低 8 位；定时/计数器 T1 的两个 8 位计数初值寄存器 TH1、TL1，它们可以构成 16 位的计数器，TH1 存放高 8 位，TL1 存放低 8 位；定时/计数器的工作方式寄存器 TMOD；定时/计数器的控制寄存器 TCON。

通过本章学习，读者应该掌握以下几个知识点。

* 理解单片机的中断结构、中断响应过程及中断程序的编程方法。
* 理解单片机定时/计数器的结构、工作方式及特点，并掌握其编程方法及应用。
* 了解串行通信的基本概念、分类和传输模式，掌握单片机串行口结构和工作方式，重点掌握串口控制寄存器，掌握串行通信接口的电路连接和编程方法。

习　题

5-1　简述中断的相关概念。

5-2　CPU 响应中断的条件有哪些？哪些情况下不会响应新的中断？

5-3　要求 80C51 5 个中断源按下列优先顺序排列，判断是否有可能实现？若能，应如何设置中断源的中断优先级别？若不能，试述理由。

① T0、T1、$\overline{\text{INT0}}$、$\overline{\text{INT1}}$、串行口。

② 串行口、$\overline{\text{INT0}}$、T0、$\overline{\text{INT1}}$、T1。

③ $\overline{\text{INT0}}$、T1、$\overline{\text{INT1}}$、T0、串行口。

④ 串行口、T0、$\overline{\text{INT0}}$、$\overline{\text{INT1}}$、T1。

⑤ $\overline{\text{INT0}}$、$\overline{\text{INT1}}$、T0、串行口、T1

5-4　当执行某一中断源的中断服务程序时，如果有新的中断请求出现，试问在什么情况下可响应新的中断请求？在什么情况下不能响应新的中断请求？

5-5　C51 系列单片机中用于中断允许和中断优先级控制的寄存器分别是什么？写出中断允许控制寄存器的各控制位的符号及含义。

5-6　编写一段对中断系统初始化的程序，要求允许 $\overline{\text{INT0}}$、T1、串行口中断，且使串行口中断为高优先级。

5-7　外部中断触发方式有几种？各自特点是什么？

5-8　单片机中中断请求标志位，哪些是由硬件自动复位的？哪些必须通过软件复位？

5-9　按下列要求设置定时器/计数器的模式控制字。

（1）T0 计数器、方式 1，运行于 $\overline{\text{INT0}}$ 有关；T1 定时器、方式 2，运行与 $\overline{\text{INT1}}$ 无关。

（2）T0 定时器、方式 0，运行于 $\overline{\text{INT0}}$ 有关，T1 计数器、方式 2 运行于 $\overline{\text{INT1}}$ 有关。

（3）T0 计数器、方式 2，运行于 $\overline{\text{INT0}}$ 无关；T1 计数器、方式 1，运行与 $\overline{\text{INT1}}$ 有关。

（4）T0 定时器、方式 3，运行于 $\overline{\text{INT0}}$ 无关；T1 定时器、方式 2，运行与 $\overline{\text{INT1}}$ 无关。

5-10　C51 单片机内部有几个定时/计数器，有几种工作方式？最多可连接几个下降沿触发的外部中断信号？

5-11　根据定时器/计数器 0 方式 1 逻辑结构图，分析门控位 GATE 取不同值时，启动定时器的工作过程。

5-12　已知 TMOD 值，试分析 T0、T1 工作状态。

（1）TMOD=93H，（2）TMOD=68H，（3）TMOD=CBH；（4）TMOD=52H。

5-13　如何判断 T0、T1 定时/计数器溢出？

5-14　设时钟频率为 6MHz，采用定/计数器 T1 及其中断控制方式，通过 P1.7 输出周期为 20ms 的方波。编写程序。

5-15　请采用定时/计数器实现 1s 定时，系统晶振频率为 12MHz。

5-16　设 89C51 单片机晶振为 6MHz，要求 T0 定时 200μs，分别计算采用定时方式 0、方式 1 和方式 2 时的定时初值。

5-17　设晶振频率为 11.0592MHz，串口工作于方式 3，数据传输速率为 9600bit/s，试完成其初始化程序。

5-18　如果采用的晶振频率为 3MHz，定时/计数器 T0 分别工作在方式 0、1 和 2 下，其最大的定时时间各为多少？

5-19　定时/计数器 T0 作为计数器使用时，其计数频率不能超过晶振频率的多少？

5-20　定时器工作在方式 2 时有何特点？适用于什么应用场合？

5-21　一个定时器的定时时间有限，如何采用两个定时器的串行定时来实现较长时间的定时？

5-22　设 MCS-51 单片机的晶振频率为 12MHz，请编程使 P1.0 端输出频率为 20kHz 的方波。

5-23　采用定时/计数器 T0 对外部脉冲进行计数，每计数 100 个脉冲，T0 切换为定时工作方式。定时 1ms 后，又转为计数方式，如此循环不止。假定 51 单片机的晶体振荡器的频率为 6MHz，要求 T0 工作在方式 1 状态，请编写出相应程序。

5-24　编写程序，要求使用 T0，采用方式 2 定时，在 P1.0 输出周期为 400μs、占空比为 10∶1 的矩形脉冲。

5-25　试述单片机串行口多机通信的过程。

5-26　设 8051 单片机的时钟是 12MHz，波特率为 9600bit/s、8 位数据、奇校验方式，试编写初始化程序。

5-27　89C51 串行口有几种工作方式？有几种帧格式？各工作方式的波特率如何确定？

5-28　异步通信接口按方式 3 传送，一直每分钟传送 2400 个字符，其波特率是多少？

5-29　定时器 T1 采用方式 2 作波特率发生器，已知 f_{osc}=6MHz，求产生的最高、最低波特率。

5-30　使用 89C51 串口以工作方式 1 进行串行通信，设波特率为 9600bit/s，晶振频率为 11.0592MHz。编写全双工通信程序，以中断方式传送数据。设发送的数据在已知数组中，接收的数据保存到另一数组中。

第**6**章　**C51 单片机系统扩展**

当单片机最小系统不能满足需求时，要进行系统扩展。单片机系统扩展主要是指扩展外接数据存储器、程序存储器、中断系统和 I/O 口扩展等。扩展方法有并行扩展和串行扩展法两种。并行扩展法是利用单片机三总线（AB、DB、CB）的系统扩展，数据传输为并行传送方式，特点是速度快，相对成本高；串行扩展主要是利用串行总线进行数据的发送和接收，数据传输为串行传送方式，可构成分布式多级应用系统。本章将主要介绍程序存储器扩展、数据存储器扩展和 I/O 接口扩展。

6.1　概述

单片机本身集成了计算机的基本组成电路，能更好地发挥其体积小、重量轻、功耗低、价格低的优点。然而，在组成测控系统时，单片机本身功能部件不能满足实际要求，需要扩展。

系统扩展指单片机内部功能部件不能满足应用系统，在片外连接相应的外围芯片，对单片机的功能进行扩展。

扩展芯片：大多数是常规芯片，扩展电路比较典型、规范，基本上是固定电路。

常见的扩展：程序存储器、数据存储器、I/O 口、中断系统以及其他特殊功能。扩展程序存储器以存放较大控制程序和数据表格等；扩展数据存储器以解决大量数据的存储；扩展 I/O 端口以解决单片机对外 I/O 端口线复用；扩展键盘、显示器和打印机等，以解决数据输入、输出和人机交互信息等接口问题。

总线指连接系统中各扩展部件的一组公共信号线。

复用指既可作地址线，又可作数据线。

复用技术：增加一个 8 位锁存器，通过对锁存器的控制实现对地址和数据的分离。

基于 C51 单片机最小系统的三总线结构，可对单片机进行 3 种方式的扩展：简单 I/O 口扩展、并行接口扩展和存储器扩展。简单 I/O 口扩展主要是指输入输出口的扩展；并行接口扩展，主要是指采用可编程并行 I/O 口的扩展；存储器扩展主要是指采用三总线结构对数据存储器和程序存储器进行扩展。

6.2　简单 I/O 口扩展

通常采用数据缓冲器、锁存器扩展简单 I/O 接口。实际上，根据"输入三态，输出锁存"的原则，只要具有输入三态、输出锁存的电路，选择 74LS 系列的 TTL 电路或 MOS 电路就能组成简单的扩展 I/O 口。数据通过 P0 口输入/输出，三态缓冲器输入，不影响总线上的数据；数据锁存器输出，能保持输出数据的稳定。常用的扩展方法有 3 种：利用 TTL、CMOS 集成电路来扩展、利用单片机串口扩展和利用可编程并行接口芯片扩展。

6.2.1　I/O 接口电路的功能

1. I/O 接口功能

① 速度协调。由于速度上的差异，使得数据 I/O 传送只能以异步方式进行，即只能在确认外设已做好数据传送准备的前提下才能进行 I/O 操作。而要知道外设是否准备好，就需要通过接口电路产生或传送外设状态信号，实现 CPU 与外设间的速度协调。

② 数据锁存、隔离。在接口电路中需设置锁存器，以保存输出数据直至为输出设备所接收。为此，对于输出设备的接口电路，要提供锁存器，而对于输入设备的接口电路，要使用三态缓冲电路。

2. 扩展并行 I/O 接口的方法

常用的并口扩展方法有 3 种：简单 I/O 接口扩展电路、利用单片机串口扩展和利用可编程并行接口芯片扩展。

简单 I/O 接口扩展电路：利用 TTL 或 MOS 电路锁存器、三态门等构成接口扩展电路。电路简单、成本低、配置灵活；缺点是无法提供复杂的控制、应答信号。在实际应用中，这种方法主要用于开关量、数字量的输入输出，如开关、键盘、显示器等外设。

利用单片机串口扩展：不占用 RAM 地址，电路连接简单，且可以扩展多个串口；缺点是速度较慢。

利用可编程并行接口芯片扩展：功能强，可扩充数量较多的接口，适用性能力强，但电路较为复杂、成本较高。

6.2.2　利用 TTL、CMOS 集成电路扩展简单 I/O 口

1. 简单输入接口扩展

因 C51 的数据总线是一种公用的总线，不能被独占，故要求接在上面的芯片必须具备"三态"，因此扩展输入接口实际上就是要找一个能够控制、具有三态输出的芯片。当输入设备被选通时，它使输入设备的数据线和单片机的数据总线接通；当输入设备没有被选通时，它隔离数据源和数据总线，即三态缓冲器为高阻态。

（1）典型芯片。

如果输入的数据可以保持较长时间（如键盘），简单输入接口扩展通用典型芯片为 74LS244，由该芯片构成三态数据缓冲器，其引脚图如图 6-1 所示。

74LS244 内部有两个独立的四位三态缓冲器，分别以 $\overline{G1}$ 和 $\overline{G2}$ 作为选通信号。当 $\overline{Gi}$（i=0、1）=0 时，输入端 A 和输出端 Y 状态相同；当 $\overline{Gi}$（i=0、1）=1 时，输出呈高阻态。

（2）扩展方法。

图 6-2 所示为利用 74LS244 进行简单输入接口扩展的连线图。由图可知，当 $\overline{RD}$ 和 P2.7 同为低电平时，74LS244 才能将输入端的数据送到 C51 的 P0 口。其中，P2.7 决定了 74LS244 的地址，只要保证 P2.7 为低电平的任意地址均为 74LS244 的有效地址（即 0XXX XXXX XXXX XXXXB，其中"X"代表任意电平）。这样，就有很多地址都可访问该芯片，其中从 0000H～7FFFH 共 32K 个地址都可访问这个单元，这也是线选法容易发生地址重叠的原因所在。

通常选择其中的最高地址作为该芯片的地址来写程序，即这个芯片的地址为 7FFFH。注意这

图 6-1　74LS244 引脚图

仅仅是一种习惯，并不是规定，完全可以用 0000H 作为芯片的地址。确定了地址后，可编写相应输入操作程序。操作语句为"unsigned char x=XBYTE[0x7FFF]"。

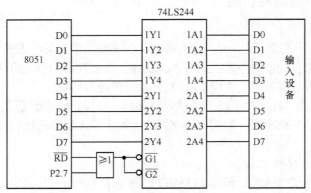

图 6-2　74LS244 扩展简单输入接口

外扩 I/O 接口采用与存储器相同的寻址方法，所有扩展的 I/O 接口均与片外 RAM 存储器统一编址，所以对片外 I/O 接口的输入/输出指令与访问片外 RAM 的指令相同。

注意，当 C51 没有外扩 RAM 时，即系统此时若只扩展了简单输入口，则硬件连线上无须给74LS244 分配地址，只要将 $\overline{G1}$ 和 $\overline{G2}$ 并接，与 $\overline{RD}$ 相连即可。因 C51 的 I/O 口与存储器采用的是统一编址的方式，故可把 74LS244 当成外扩 RAM 来使用，当读外部 RAM 时，即选中 74LS244，进行数据输入。操作语句为"unsinged x=XBYTE[xxxx]"。

74LS244 不带锁存，如果输入设备提供的数据时间比较短，就要用带锁存芯片进行扩展，如 74LS373 等。

2. 简单输出接口的扩展

单片机的数据总线是为各个芯片服务，不可能为一个输出而一直保持一种状态（如 LED 要点亮 1s，该时间内数据总线的状态可能变化了几十万次），输出接口还要有数据保持（即数据锁存）功能，简单输出接口的扩展实际上就是扩展锁存器。

（1）典型芯片。

简单输出接口扩展通常用 74LS373 和 74LS573 等芯片。该类芯片是带锁存允许端的 8D 锁存器，图 6-3 所示为 74LS373 引脚排列图，表 6.1 是该芯片的真值表。

图 6-3　74LS373 引脚图

1	$\overline{OE}$	VCC	20
2	Q0	Q7	19
3	D0	D7	18
4	D1	D6	17
5	Q1	Q6	16
6	Q2	Q5	15
7	D2	D5	14
8	D3	D4	13
9	Q3	Q4	12
10	GND	LE	11

表 6.1　　　　　　　　　　　　74LS373 真值表

$\overline{OE}$	LE	D	Q
L	H	H	H
L	H	L	L
L	L	×	Q_0
H	×	×	Z

如图 6-3 所示，74LS373 各引脚功能分别如下。

D0～D7：8 位数据输入端。

Q0～Q7：8 位数据输出端。

$\overline{OE}$：输出使能控制端。

LE：数据锁存允许端。

（2）扩展方法。

图 6-4 所示为利用 74LS373 进行简单输出接口的扩展电路。由于 74LS373 的 $\overline{\text{OE}}$ 端与 P2.6 相连，故它的地址为：X0XX XXXX XXXX XXXXB，若把"X"全部置"1"，则地址为 BFFFH。

由于 C51 的 $\overline{\text{WR}}$ 与 74LS373 的 LE 端连接，当 $\overline{\text{WR}}$ 由低变高时，数据总线上的数据为输出数据，而此刻 P2.6 也正输出低电平，$\overline{\text{OE}}$ 有效，因而数据被锁存。外设数据的访问类似于简单输入口扩展。程序如下。

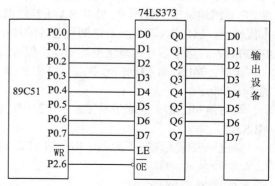

图 6-4　74LS373 扩展简单输出接口

```
unsigned char x=#data;        //data 为要送出的字节型数据
XDATA[0xBFFF]=x;              //数据 x 经 P0 口由 74LS377 锁存输出。
```

3. 同时扩展输入与输出接口

图 6-5 所示为用 TTL 系列芯片同时扩展输入/输出接口的电路图。74LS244 为三态缓冲器，扩展输入口，外接 8 个开关，将开关信号通过总线 P0 输入到 89C51，$\overline{\text{WR}}$ 和 P2.0 有效时输入。74LS273 为 8D 锁存器，扩展输出口，外接 8 个 LED 灯，将 89C51 中的数据通过 P0 口送出以控制 8 个灯，在 $\overline{\text{WR}}$ 和 P2.0 有效时输出，上升沿锁存，低电平时数据直通 Q=D，锁存器将输出电路与总线隔离。图中采用 74LS273 芯片，其引脚和功能均与 74LS373 类似，区别在于第 1 引脚不同，74LS373 的第 1 引脚为使能端 $\overline{\text{OE}}$，低电平有效；而 74LS273 的第一引脚为主清除端 CLR，当 $\overline{\text{CLR}}$ 为低电平时芯片被清除（输出全部为低电平），当 $\overline{\text{CLR}}$ 为高电平时，CP 端的上升沿将 D 端的数据锁存入芯片。而 CP 为锁存控制端，上升沿有效，触发锁存器锁存数据，若 CP 引脚有一个上升沿，则立即锁存 D0～D7 的电平状态，并立即传输到 Q0～Q7。

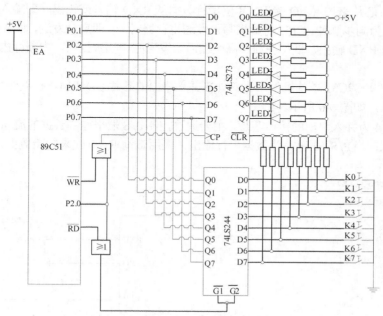

图 6-5　用 TTL 系列芯片同时扩展输入/输出接口电路

图 6-5 中 P2.0 与 $\overline{WR}$ 相或后接到 74LS273 的 Cp 端，与 $\overline{RD}$ 相或后接到 74LS244 的 $\overline{G1}$ 和 $\overline{G2}$ 端。在系统地址空间分配上，外部 RAM 与外部 I/O 口统一都在一个 64K RAM 空间中，一般 RAM 占低地址，I/O 口占高地址。这两块芯片的地址相同（都是 XXXX XXX0 XXXX XXXX，通常用 0FEFFH）。两个芯片的地址虽然相同，但可通过读写操作来区别。

读时：74LS244 控制信号 $\overline{G1}$、$\overline{G2}$ 由 P2.0 和读信号 $\overline{RD}$ 相或后控制，都为 0 时输入有效，选通 74LS244。

写时：74LS273 控制信号 CP 由 P2.0 和写信号 $\overline{WR}$ 相或后控制，都为 0 时输出有效，选通 74LS273。

该电路要求实现按下某键，相应的 LED 点亮，可用下列程序实现。

```c
#include <reg51.h>
#include <absacc.h>
#define uchar unsigned char
uchar i;
void main (void)
{
    i=XBYTE[0xFEFF];
    XBYTE[0xFEFF]= i;
}
```

以上扩展了两组 I/O 口，P1 口仍可使用，使 I/O 口的数量增加。还可以通过总线扩展其他的 I/O 口，使其用不同的端口地址访问。

6.2.3　用串行口扩展并行 I/O 接口

当单片机不与其他设备进行串行通信时，可用串行接口来扩展并行 I/O 口，将串口设定为方式 0，工作在移位寄存器的输入/输出方式。可外接移位寄存器（如 CD4094、74LS164、CD4014 或 74LS165 等）芯片来扩展 I/O 接口。8 位串行数据从 RXD 输入或输出（即输入输出公用 RXD 接口），TXD 作为同步脉冲。CPU 将数据写入发送寄存器时，立即启动发送，将 8 位数据以 $f_{osc}/12$ 的固定波特率从 RXD 输出，低位在前，高位在后。发送完一帧数据后，中断标志位 TI 由硬件自动置位。

【例 6-1】　用 89C51 单片机的串行口外接并入串出的芯片 CD4014，扩展并行输入口，接收一组开关的信息，如图 6-6 所示。

解：CD4014 为并入串出的接口芯片，主要通过控制 P/$\overline{S}$ 端来控制数据的流向。当 P/$\overline{S}$ =1 时，为数据并行输入；当 P/$\overline{S}$ =0 时，为数据串行输出。采用查询 RI 方式来判断数据是否输入。参考程序如下。

```c
#include <reg51.h>
sbit P1_0=P1^0;
void main()
{
    unsigned char i;
    SCON=0x10;
    While(1)
    {
        P1_0=1;
```

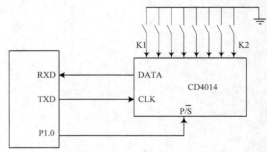

图 6-6　89C51 与 CD4014 的连接

```
    P1_0=0;
    while (!RI) {;}
    RI=0;
    i=SBUF;
    }
}
```

【例 6-2】用 89C51 单片机的串行口外接串入并出的芯片 CD4094 扩展并行输出端口，接收一组开关的信息，如图 6-7 所示。

解：CD4094 为串入并出的接口芯片，主要通过控制 STB 端来控制数据的流向。当 STB=1 时，置位输出，数据并行输出；当 STB=0 时，数据串行输入。采用查询 TI 的方式来判断数据是否输入。参考程序如下。

```
#include <reg51.h>
sbit P1_0=P1^0;
void main()
{
    unsigned char i;
    SCON=0x00;
    While(1)
    {
     P1_0=0;
     P1_0=1;
     SBUF = i;
     while (!TI) {;}
     TI=0;
    }
}
```

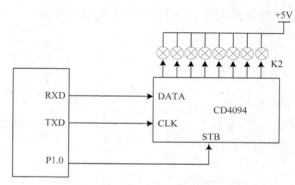

图 6-7　89C51 与 CD4094 的连接扩展输出

6.3　可编程并行接口芯片扩展并行 I/O 口

I/O 接口扩展常用的并行可编程接口芯片有：8255A 可编程通用并行接口芯片，带 RAM 和定时器的 8155、计数器的可编程并行接口芯片、8279 可编程键盘/显示器接口芯片。这些芯片的功能可用编程来控制，因此可使用一个接口芯片来执行多种不同的接口功能。

6.3.1　8255A 的内部结构及引脚说明

8255A 有 3 个、8 位可编程并行 I/O 端口：PA 口、PB 口和 PC 口。其中，PA 和 PB 是单纯的数据口，PC 口既可作数据口，也可作控制口，可分为两个独立的 4 位端口，即 PC0～PC3 和 PC4～PC7，用于 PA、PB 的控制口，A 口和 C 口的高四位合在一起称为 A 组，通过 A 组控制部件控制。B 口和 C 口的低四位合在一起称为 B 组，通过 B 组控制部件控制，如图 6-8（a）所示。8255A 内部结构和 DIP 封装的引脚分配如图 6-8（b）所示。

1. 内部逻辑结构

如图 6-8（a）所示，8255A 内部结构分为两大部分：与 CPU 连接的部件和与外设连接的部件。

8255A 作为主机与外设的连接芯片，必须提供与主机相连的 3 个总线接口，即数据线、地址线、控制线接口，以及与外设连接的端口，即 A、B、C 口。由于 8255A 可编程，所以必须具有逻辑控制部分，具体可分为以下两部分。

（1）与外设连接部分。

内部设置 2 个可编程 8 位 I/O 口，即 A 端口和 B 端口，分别为 PA7～PA0 和 PB7～PB0。另有 1 个可编程 8 位口，即 C 端口，为 PC7～PC0。

A 端口对应一个 8 位的数据输入锁存器和一个 8 位的数据输出锁存器和缓冲器，因此 A 端口适合用在双向的数据传输场合。用 A 端口传送数据，不管是输入还是输出，都可以锁存。

B 端口和 C 端口这两个口分别由一个 8 位的数据输入缓冲器和一个 8 位的数据输出锁存器和缓冲器组成的。用 B 端口和 C 端口传送数据作输出端口时，数据信息可以实现锁存功能；而用作输入口时，则不能对数据实现锁存，因此外设输入的数据必须维持到被 CPU 读取为止。

在实际应用中，A 端口和 B 端口通常作为独立的输入口和输出口，而 C 端口在不用于输入/输出数据传送时，常用来配合 A 端口和 B 端口，作为通信联络信号。

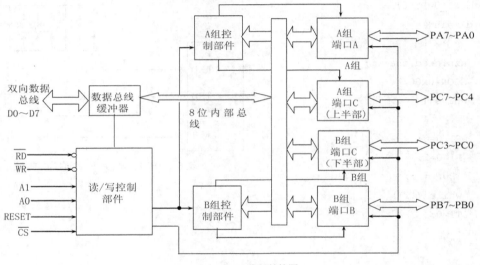

（a）8255A 内部结构图

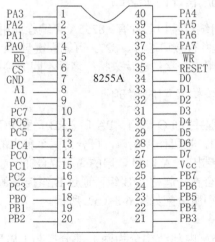

（b）8255A 引脚图

图 6-8　8255A 内部结构和引脚图

（2）与 CPU 连接部分。

数据总线缓冲器是一个 8 位双向三态缓冲器，是 8255A 与系统总线间的接口。8255A 与 CPU 间传送的数据信息、命令信息、状态信息都通过数据总线缓冲器实现。

读写控制部件实现可编程控制功能。它接收来自 CPU 的读/写命令和控制信号、地址信号，经译码选中内部的端口寄存器，并将从这些寄存器中读出信息或向这些寄存器写入信息。由 CPU 的地址总线 A1、A0 和 8255A 的片选信号 $\overline{CS}$、$\overline{WR}$、$\overline{RD}$ 信号组合后产生控制命令，并将产生的控制命令传送给 A 组和 B 组的控制电路，从而完成对数据信息的传输控制。

A 组控制部件和 B 组控制部件的作用：由它们内部的控制寄存器接收 CPU 输出的方式控制命令字，还接收来自读/写控制逻辑电路的读/写命令，根据控制命令决定 A 组和 B 组的工作方式和读/写操作。

8255A 有 4 个端口寄存器：A 寄存器、B 寄存器、C 寄存器和控制口寄存器，通过控制信号和地址信号对这 4 个端口寄存器进行操作。

2. 外部引脚

8255A 有 40 个引脚，采用双列直插封装，单一的+5V 电源。注意该芯片的+5V 电源引脚是第 26 脚，地线引脚是第 7 脚，不像大多数 TTL 芯片的电源和地线在右上角和左下角的位置。

（1）与 CPU 连接的引脚。

数据线 D0～D7：三态双向数据线，用来传送数据信息。

地址线 A0、A1：端口选择信号。8255A 内部有 3 个数据端口和 1 个控制端口，由 A1、A0 编程选择。对它们的访问只须使用 A0 和 A1 即可实现编址，如表 6.2 所示。

表 6.2　　　　　　　　　　　　　　　8255A 的端口地址编码

A1	A0	对应端口
0	0	A 口
0	1	B 口
1	0	C 口
1	1	命令/状态寄存器

$\overline{CS}$：片选信号，低电平有效。

$\overline{RD}$、$\overline{WR}$：读、写控制读信号线，低电平有效，用于控制从 8255A 端口寄存器读出/写入信息。

A1、A0 和 $\overline{RD}$、$\overline{WR}$ 及 CS 组合所实现的各种功能如表 6.3 所示。

表 6.3　　　　　　　　　　　　8255A 端口及工作状态选择表

$\overline{CS}$	A1	A0	$\overline{RD}$	$\overline{WR}$	I/O 操作
0	0	0	0	1	读 A 口寄存器内容到数据总线
0	0	1	0	1	读 B 口寄存器内容到数据总线
0	1	0	0	1	读 C 口寄存器内容到数据总线
0	0	0	1	0	数据总线上的内容写到 A 口寄存器
0	0	1	1	0	数据总线上的内容写到 B 口寄存器
0	1	0	1	0	数据总线上的内容写到 C 口寄存器
0	1	1	1	0	数据总线上的内容写到控制口寄存器

RESET：复位信号，高电平有效。复位后，I/O 口为输入方式，所有内部寄存器都被清零。

（2）和外设端相连的引脚。

PA7～PA0：A 口的 8 根输入/输出信号线，用于与外设连接。

PB7～PB0：B 口的 8 根输入/输出信号线，用于与外设连接。

PC7～PC0：C 口的 8 根输入/输出信号线，用于与外设连接。PC7～PC0 既可作为输入/输出口，还可以用于传送控制和状态信号，作为 PA 和 PB 的联络信号。

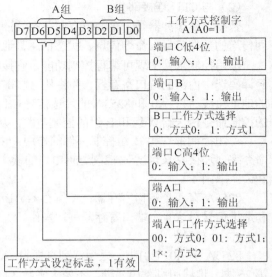

图 6-9　8255A 方式选择命令字格式及定义

6.3.2　8255A 的命令/状态寄存器

8255A 的 3 个端口具体的工作方式，是通过 CPU 对控制端口的写入控制字来决定的。

8255A 有两类控制字：一类用于定义各端口的工作方式，称为方式选择控制字；另一类用于对 C 端口的一位进行置位或复位操作，称为 C 端口置位/复位控制字。通过编程把这两个控制字送到 8255A 的控制寄存器。这两个控制字以 D7 来作为标志。当 D7=1，为方式选择控制字；当 D7=0 时，C 端口置/复位控制字。

1．方式选择控制字

方式选择控制字用来决 8255A 中 3 个数据端口各自的工作方式，由一个 8 位的寄存器组成。其格式及定义如图 6-9 所示。

D7：特征位，D7=1 表示为工作方式控制字。

D6、D5：用于确定 A 端口的工作方式。

D4：用于确定 A 端口工作在输入还是输出方式。

D3：用于确定控制 PC7～PC4 是作为输入还是作为输出。

D2：用来选择 B 端口的工作方式。

D1：决定 B 端口作为输入还是输出。

D0：控制 PC3～PC0 作为输入还是输出。

2．C 端口置/复位（置 1/置 0）控制字

8255A 在和 CPU 传输数据的过程中，经常将 C 端口的某几位作为控制位或状态位来使用，从而配合 A 端口或 B 端口的工作。为了方便用户，在 8255A 芯片初始化时，C 端口具有位操作功能，把一个置/复位控制字送入 8255A 的控制寄存器，将 C 端口的某一位置 1 或清零而不影响其他位的状态。其控制字如图 6-10 所示。

控制字 D7=0 时，是 C 端口置 1/置 0 控制字中的标识位。

D6～D4：未定义。

D3～D1：决定对 C 端口 8 位中的哪一位进行操作。

D0：决定对 D3～D1 所选择的位是置 1，还是清 0。

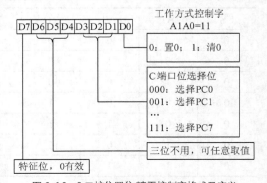

图 6-10　C 口按位置位/清零控制字格式及定义

6.3.3　8255A 的工作方式

8255A 有 3 种工作方式：方式 0、方式 1、方式 2。

方式 0：基本输入输出方式，适用于无条件传送和查询方式的接口电路。

方式 1：选通输入输出方式，适用于查询和中断方式的接口电路。

方式 2：双向选通传送方式，适用于双向传送数据的外设，或工作于查询和中断方式的接口电路。

A 端口可以工作在 3 种方式中的任一种；B 端口只能工作在方式 0 和方式 1；C 端口通常作为控制信号使用，配合 A 端口和 B 端口的工作，仅支持工作方式 0。

1. 方式 0

方式 0 下 3 个端口都可由程序设置为输入或输出，但这种方式没有规定的联络信号线。其基本功能为：两个 8 位端口（A、B）和两个 4 位端口（端口 C）；任一个端口都可作为输入或输出；输出锁存，输入不锁存。也可对 C 口进行位操作，以 C 口某一位状态，实现查询方式数据传送。

在这种工作方式下，任一个端口都可由 CPU 用输入或输出指令来读或写。

方式 0 一般用于无条件传送的场合，不需要应答式联络信号，外设总是处于准备好的状态。方式 0 也可用作查询方式接口电路，查询方式传送时，需要有应答信号。可将 A 端口、B 端口作为数据口使用，把 C 端口分为两个部分，其中 4 位规定为输出，用来输出一些控制信息，另外 4 位规定为输入，用来读入外设的状态。利用 C 端口配合 A 端口和 B 端口完成查询式 I/O 操作。

2. 方式 1

方式 1 下 A 口、B 口用于数据输入/输出，C 口作为数据传送联络信号。A 口和 B 口既可作输入，也可作输出，输入和输出都具有锁存功能。每一个端口包含：8 位数据端口、3 条控制线（对应于 C 口的某些位，硬件固定指定不能用程序改变），并能提供中断逻辑。

任一个端口都可作为输入或输出，若只有一个端口工作于方式 1，其余的 15 位可工作在方式 0。若两个端口都工作于方式 1，端口 C 还留下两位，这两位可由程序指定来作为输入或输出，也具有置位/复位功能。

当 8255A 的 A 端口和 B 端口工作在选通输入方式时，对应的 C 端口固定分配，规定是 PC3～PC7 分配给 A 端口，PC0～PC2 分配给 B 端口，硬件分配如图 6-11 所示。

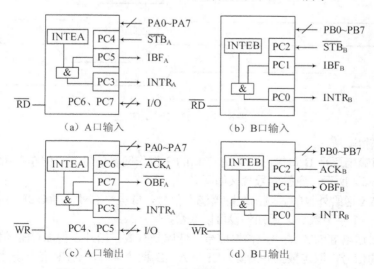

图 6-11　方式 1 下 PA、PB 作为输入/出口时 PC 口的配置图

（1）方式 1 输入。

无论是 A 口输入还是 B 口输入，都用 C 口的 3 位作应答信号，一位作中断允许控制位。如图 6-11（a）、（b）所示，各应答信号含义如下。

$\overline{STB}$：外设送给 8255A 的"输入选通"信号，低电平有效，它将外设的信号输入 8255A 的锁存器中。

IBF：8255A 送给外设的"输入缓冲器满"信号，输出，高电平有效，这是 8255A 输出的状态信号，通知外设送来的数据已接收。当 CPU 用输入指令读走数据后，此信号被清除。

INTR：8255A 送给 CPU 的"中断请求"信号，输出，高电平有效。当输入数据时，若 IBF 有效且 INTE=1 则 INTR 变成有效，以便向 CPU 发出中断请求。

INTE：8255A 内部为控制中断而设置的"中断允许"信号。INTE 由软件通过对 PC4 和 PC2 的置位/复位来允许或禁止。INTE=0 禁止中断，可事先用位控制方式写入。INTEA 写入 PC4，INTEB 写入 PC2。

C 端口剩下的 2 位 PC7、PC6 可作为简单的输入/输出线使用。控制字的 D3 位为"1"时，PC7、PC6 作输入；控制字的 D3 位为"0"时，PC7、PC6 作输出。

方式 1 下输入时序如图 6-12 所示，具体如下。

① 数据输入时，外设处于主动地位，当外设准备好数据并放到数据线上后，首先发 $\overline{STB}$ 信号，由它把数据输入到 8255A。

② 在 $\overline{STB}$ 的下降沿时，数据锁存到 8255A 的缓冲器后，引起 IBF 变高，表示 8255A 的"输入缓冲器满"，禁止输入新数据。

③ 在 $\overline{STB}$ 的上升沿，当中断允许（INTE=1）时，IBF 的高电平产生中断请求，使 INTR 上升变高，通知 CPU，接口中已有数据，请求 CPU 读取。

④ CPU 得知 INTR 信号有效之后，执行读操作时，$\overline{RD}$ 信号的下降沿使 INTR 复位，撤除中断请求，为下一次中断请求作好准备。

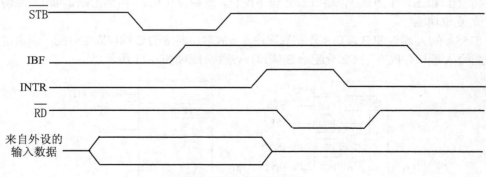

图 6-12　方式 1 输入时序

（2）方式 1 输出。

无论是 A 口输出还是 B 口输出，都用 C 口的 3 位作应答信号，一位作中断允许控制位。如图 6-11（c）、（d）所示，应答信号含义如下。

$\overline{OBF}$：8255A 送给外设的"输出缓冲器满"信号，低电平有效。当 $\overline{OBF}$ 有效时，表示 CPU 给指定端口写入一个字节数据，通知外设可以取数据。

$\overline{ACK}$：外设送给 8255A 的"应答"信号，低电平有效。当外设得知 $\overline{OBF}$ 信号，取数据时，要发出 $\overline{ACK}$ 选通信号，取走数据并清除 $\overline{OBF}$。A、B 两个端口的 $\overline{ACK}$ 信号分别由 PC6 和 PC2 提供。

INTR：8255A 送给 CPU 的"中断请求"信号，高电平有效。其作用及引出端都和方式 1 输入时相同。

INTE：8255A 内部为控制中断而设置的"中断允许"信号，含义与输入相同，只是对应 C 口的位数与输入不同，它是通过对 PC7 和 PC2 的置位/复位来允许或禁止。C 端口剩余的两位 PC4、PC5 可作为简单的输入/输出线使用。

方式 1 下输出时序如图 6-13 所示，具体如下。

① 数据输出时，CPU 应先准备好数据，并把数据写到 8255A 输出数据寄存器。当 CPU 向 8255A 写完一个数据后，$\overline{WR}$ 的上升沿使 $\overline{OBF}$ 有效，表示 8255A 的输出缓冲器已满，通知外设读取数据。并且 $\overline{WR}$ 使中断请求 INTR 变低，封锁中断请求。

② 外设得到 $\overline{OBF}$ 有效的通知后，开始读数。当外设读取数据后，用 $\overline{ACK}$ 回答 8255A，表示数据已收到。

③ $\overline{ACK}$ 的下降沿将 $\overline{OBF}$ 置高，使 $\overline{OBF}$ 无效，表示输出缓冲器为空，为下一次输出作准备。在中断允许（INTE=1）的情况下 $\overline{ACK}$ 上升沿使 INTR 变高，产生中断请求。CPU 响应中断后，在中断服务程序中，执行 OUT 指令，向 8255A 写下一个数据。

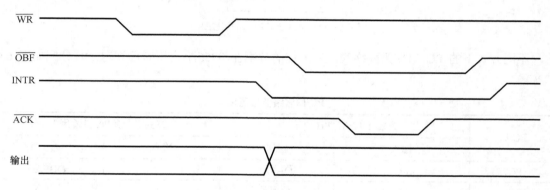

图 6-13　方式 1 输出时序

（3）使用状态字注意事项。

① 状态字是在 8255A 输入/输出操作过程中由内部产生、从 C 口读取，因此从 C 口读出的状态字是独立于 C 口的外部引脚的，或者说与 C 口的外部引脚无关。

② 状态字中供 CPU 查询的状态位有两种。

输入时——IBF 位或 INTR 位（中断允许时）。

输出时——OBF 位或 INTR 位（中断允许时）。

③ 状态字中的 INTE 位是控制标志位，控制 8255A 能否提出中断请求，因此它不是 I/O 操作过程中自动产生的状态，而是由程序通过按位置/复位命令来设置或清除。

输入时 A 组 INTEA 位是 PC4，B 组 INTEA 位是 PC2。

输出时 A 组 INTEA 位是 PC6，B 组 INTEA 位是 PC2。

3.　方式 2

工作方式 2 下外设在单一的 8 位总线上既能发送数据，也能接收数据（双向总线 I/O），其输入和输出都锁存。可用程序查询方式，也可用中断方式。此方式只适合于端口 A，实际上是在方式 1 下 A 口输入输出的结合。这种方式能实现外设与 8255A 的 A 口双向数据传送。它使用 C 口的 5 位作应答信号，其中 2 位作中断允许控制位。此时，B 口和 C 口剩下的 3 位（PC2～PC0）可作为简单的输入/输出线使用或者用作 B 口方式 1 下的控制线。

方式 2 的数据输入过程与方式 1 的输入方式一样，数据输出过程与方式 1 的输出方式有所不同，即数据输出时 8255A 不是在 $\overline{OBF}$ 有效时，而是在外设提供响应信号 $\overline{ACK}$ 时才送出数据。图 6-14 所示为 8255A 工作于方式 2 时 PC 口的配置图。

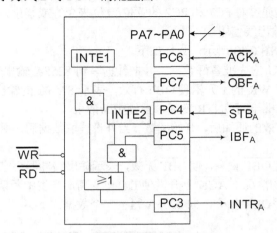

图 6-14 方式 2 下 PC 口的配置图

不同方式下的 PC 口作为联络线，每一位的分配在 8255A 出厂时已规定，其分配如表 6.4 所示。

表 6.4   **PC 口联络信号定义**

PC 口	方式 1（PA、PB 口）		方式 2（仅 PA 口适用）	
	输入	输出	输入	输出
PC7	I/O	$\overline{OBFA}$		$\overline{OBFA}$
PC6	I/O	$\overline{ACKA}$		$\overline{ACKA}$
PC5	IBFA	I/O	IBFA	
PC4	$\overline{STBA}$	I/O	$\overline{STBA}$	
PC3	INTRA	INTRA	INTRA	INTRA
PC2	$\overline{STBB}$	$\overline{ACKB}$	由端口 B 决定	
PC1	IBFB	$\overline{OBFB}$	由端口 B 决定	
PC0	INTRB	INTRB	由端口 B 决定	

方式 2 与方式 1 异同：

① 方式 2 下 A 口既作为输出又作为输入，因此只有当 $\overline{ACK}$ 有效时，才能打开 A 口输出数据三态门，使数据由 PA0～PA7 输出。

② 方式 2 下 A 口输入、输出均具有数据锁存功能。

③ 方式 2 下，A 口的数据输入或数据输出都可引起中断。

方式 2 下的输入输出操作时序如图 6-15 所示。

（1）输入操作。

当外设向 8255A 送数据时，选通信号 $\overline{STBA}$ 也同时送到，选通信号将数据锁存到 8255A 的输入锁存器中，从而使输入缓冲器满，信号 IBFA 成为高电平（有效），通知外设 A 口已收到数据。选通信号结束时，使中断请求信号为高，向 CPU 请求中断。

（2）输出操作。

CPU 响应中断，当用输出指令向 8255A 的 A 端口中写入一个数据时，会发出写脉冲信号 $\overline{WR}$，$\overline{WR}$ 的下降沿使得 INTR 信号变为低电平，而当 $\overline{WR}$ 再次变为高电平时，其上升沿使 $\overline{OBFA}$ 有效（低电平 0）。外设接收到该信号，说明 CPU 已将一个数据写入 8255A 的端口 A 中，外设可以读取数据，通知外设收到该信号后发出应答信号 $\overline{ACKA}$，打开 8255A 输出缓冲器，使数据出现在端口 A 和数据总线上。应答信号 $\overline{ACKA}$ 结束（高电平），使 $\overline{OBFA}$ 变为高电平，等待下一个数据的传输。

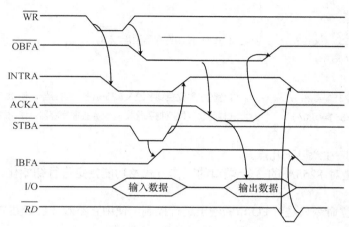

图 6-15　工作方式 2 的时序图

6.3.4　8255A 的初始化编程

8255A 占 4 个地址，即 A 口、B 口、C 口和控制寄存器各占一个，对同一个地址分别可进行读写操作。初始化有两个控制命令字：方式选择控制字和 C 口按位置/复位控制字，都写入 8255A 的最后一个地址，即 A1A0=11 时，相应的端口中。如：8255A 的 4 个端口地址为 80H～83H，则控制字应写入 83H 中。

【例 6-3】 A 口设置为方式 1、输入，C 口上半部为输出；B 口设置为方式 0，输出，C 口下半部定为输入。编写初始化程序。8255A 的端口地址为 600H～603H。

分析：根据题目要求，8255A 需要进行方式选择，故要求设定方式选择控制字。据控制字的定义，方式选择控制字标志位 D7=1，A 口工作在方式 1，所以 D6D5=01，输入 D4=1，C 口上半部为输出 D3=0；B 口方式 0，D2=0，输出，D1=0，C 口下半部定为输入 D0=1。由此可确定方式选择控制字为 1011 0001，即 B1H。将此命令字写到 8255A 的命令寄存器，实现对 8255A 工作方式及端口功能设定，完成对 8255A 的初始化。程序段如下：

```
#define COM8255  0x603           /*定义 8255 控制寄存器地址*/
void init8255(void)
{
    XBYTE [COM8255]=0x0B1;       /*向控制口送初始化命*/
}
```

【例 6-4】 单音频报警电路：按一定频率输出方波，设 8255A 的端口地址为 80H～83H。

分析：如图 6-16 所示，可用 PC 口某一位来控制蜂鸣器的通断，即 PC2 口输出高、低电平来控制蜂鸣器的发音。若把 PC2 引脚置成高电平输出，则命令字为 00000101B 或 05H。若把 PC2 引脚置成低电平输出，则命令字为 00000100B 或 04H。

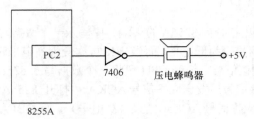

图 6-16　例 6.4PC 口控制蜂鸣器

解：程序段为：

```
#define COM8255  0xe83        /*定义 8255 控制寄存器地址*/
void init8255(void)
{
    XBYTE [COM8255]=0x05;     /*PC 口置位/复位控制字送入 8255A 控制寄存器，使 PC2=1 */
    XBYTE [COM8255]=0x04;     /*PC 口置位/复位控制字送入 8255A 控制寄存器，使 PC2=0 */
}
```

初始化编程时应注意以下几点。

① 方式命令是对 8255A 的 3 个端口的工作方式及功能指定进行初始化，要在使用 8255A 之前。

② 按位置/复位命令只是对 PC 口的输出进行控制，使用它不破坏已经建立的 3 种工作方式，放在初始化程序后。

③ 两个命令的最高位（D7）都是特征位。之所以要设置特征位，是为了识别两个命令。

6.3.5　8255A 与单片机连接

89C51 单片机与 8255A 能够简单地连接而不需其他电路。两者还可共用一套复位电路实现同步启动和确保初始化的正常进行。具体电路连接方法如图 6-17 所示。

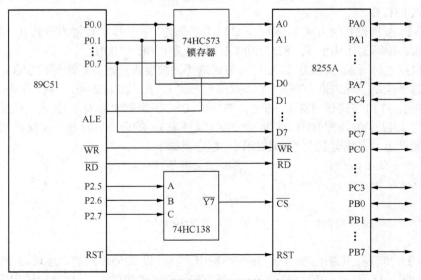

图 6-17　单片机与 8255A 连接示意图

（1）硬件连接。8255A 与 C51 单片机的连接包含数据线、地址线、控制线的连接。图 6-17 所示为 8255A 扩展示意图。

数据线：8255A 的 8 根数据线 D0～D7 直接与 P0 口依次对应连接。

控制线：8255A 的复位线 RESET 与 89C51 的复位端相连，都接到 89C51 的复位电路上，以保证 89C51 对 8255A 的初始化在 8255A 复位之后。8255A 的 $\overline{WR}$ 和 $\overline{RD}$ 与 89C51 的 $\overline{WR}$ 和 $\overline{RD}$ 对应相连。

地址线：因 8255A 的 8 位地址线和数据线复用，且内部没有锁存器，故 89C51 的 AD0～AD7 须经锁存器锁存地址信息后与 8255A 的 A1 和 A0 地址线对应连接，而 89C51 的地址锁存允许信号 ALE 则与锁存器的使能端相连。$\overline{CS}$ 由 89C51 高端地址提供且接法不是唯一的，一般与 P2 端口剩余的引脚（或者高端地址经译码后）相连。图 6-17 所示，8255A 的 $\overline{CS}$ 端由单片机高端地址 P2.7、P2.6 和 P2.5 经译码后连接，当系统要同时扩展外部 RAM 时，就要和 RAM 芯片的片选端一起统一分配来获得，以免发生地址冲突。

由上图可知，将剩余没用到的地址位全部取零，片选信号 $\overline{CS}$：由 P2.5～P2.7 经 138 译码器 $\overline{Y7}$ 产生。若要选中 8255A，则 $\overline{Y7}$ 必须有效，此时 P2.7P2.6P2.5=111。由此可知各口地址：命令/状态口为 E003H、PA 口地址为 E000H、PB 口地址为 E001H、PC 口地址为 E002H。

【例 6-5】 按照图 6-17 对 8255A 初始化编程。

（1）A、B、C 口均为基本 I/O 输出方式。

（2）A 口与上 C 口为基本 I/O 输出方式，B 口与下 C 口为基本 I/O 输入方式。

（3）A 口为应答 I/O 输入方式，B 口为应答 I/O 输出方式。

解：（1）A、B、C 口均为基本 I/O 输出方式。

```
#define COM8255 XBYTE[0xE003]   /* 定义 8255A 控制寄存器地址 */
 void init8255(void)
 {
 COM8255=0x80;   /*工作方式选择字送入 8255A 控制寄存器，设置 A、B、C 口为基本 I/O
                 输出方式 */
 }
```

（2）A 口与上 C 口为基本 I/O 输出方式，B 口与下 C 口为基本 I/O 输入方式。

```
#define COM8255  0xE003           /*定义 8255A 控制寄存器地址 */
 void init8255(void)
 {
      XBYTE [COM8255]=0x83;       /*工作方式选择字送入 8255A 控制寄存器，A 口与上 C 口为
                                 基本 I/O 输出方式，B 口与下 C 口为基本 I/O 输入方式*/
 }
```

（3）A 口为应答 I/O 输入方式，B 口为应答 I/O 输出方式。

```
uchar xdata COM8255 _at_ 0xE003;  /*定义 8255A 控制寄存器地址*/
void init8255(void)
 {
 COM8255=0xb4;   /*工作方式选择字送入 8255A 控制寄存器，设置 A 口为应答 I/O 输入方式
                 （PA+PC4～PC7），B 口为应答 I/O 输出方式（PB+PC0～PC3）*/
 }
```

【例 6-6】 如图 6-17 所示 8255A 与 89C51 的连接图，用 8255A 端口 C 的 PC3 引脚向外输出连续的正方波信号，频率为 500Hz。

分析：可用两种方法，即软件延时方式和定时器 1 工作方式 1 中断实现延时。

（1）软件延时方式实现。将 C 口设置为基本 I/O 输出方式，先从 PC3 引脚输出高电平，间隔

1ms 后向 PC3 输出低电平，再间隔 1ms 后向 PC3 输出高电平，周而复始，则可实现从 PC3 输出频率为 500Hz 正方波。

（2）定时器 1 工作方式 1 中断实现，可提高 CPU 的工作效率。将 C 口设置为基本 I/O 输出方式，12MHz 晶振，定时器初值设为 64536 即可，每次中断 PC3 引脚翻转，周而复始，则可实现从 PC3 输出频率为 500Hz 正方波的目的。

解：（1）软件延时方式程序如下。

```c
#include "reg51.h"
#define PA8255XBYTE[0xe000]              /* 定义 8255AA 口地址 */
#define PB8255    XBYTE[0xe001]          /* 定义 8255AB 口地址 */
#define PC8255    XBYTE[0xe002]          /* 定义 8255AC 口地址 */
#define COM8255   XBYTE[0xe003]          /* 定义 8255A 控制寄存器地址 */
void init8255(void)
{
COM8255=0x80;       /*工作方式选择字送入 8255A 控制寄存器，设置 A、B、C 口为基本 I/O 输出方式 */
}
void main (void)
{
init8255();
while (TRUE)
    {
    COM8255=0x07;           /*PC3 置 1*/
    time(1);                /*延时 1ms */
    COM8255=0x06;           /*PC3 清 0*/
    time(1);                /*延时 1ms */
}
 }
```

（2）定时器 1 工作方式 1 中断实现

```c
#include "reg51.h"
bit   bitFF;                        /* 位计数器 */
#define PA8255    XBYTE[0xE000]      /* 定义 8255AA 口地址 */
#define PB8255    XBYTE[0xE001]      /* 定义 8255AB 口地址 */
#define PC8255    XBYTE[0xE002]      /* 定义 8255AC 口地址 */
#define COM8255   XBYTE[0xE003]      /* 定义 8255A 控制寄存器地址 */
void init8255(void)
{
COM8255=0x80;
}
void main (void)
{
init8255();             /* 初始化 8255 */
TMOD=0x10;              /* 设置定时器 1 为工作方式 1 */
```

```
TH1=0x0Fc;TL1=0x18;        /* 定时器 1 每 1000 计数脉冲发生 1 次中断,12MHz 晶振, 定时时间 1000μs*/
TCON=0x40;                 /*内部脉冲计数*/
IE=0x88;                   /*打开定时器中断*/
while (TRUE)
{
    time(1);               /*延时 1ms*/
}
}
void timer1int(void) interrupt 3
{
    EA=0;                  /*关总中断*/
    TR1=0;                 /*停止计数*/
    TH1=0x0Fc;TL1=0x18;    /*重置计数初值*/
    TR1=1;                 /*启动计数*/
    if(bitFF) COM8255=0x07; /*PC3 置 1*/
    else COM8255=0x06;     /*PC3 清 0*/
    bitFF=!bitFF;
    EA=1;                  /*开总中断*/
}
```

6.4　I²C 总线扩展

6.4.1　I²C 总线概述

传统的单片机系统采用并行总线扩展外围设备，对地址线译码产生片选信号，为每个外设分配唯一的地址，利用并行数据总线传输数据，占用单片机引脚多。例如 89C51 单片机采用并行总线扩展一个外围芯片需要的最少引脚数为：8(数据)+2($\overline{RD}$, $\overline{WR}$)+1($\overline{CS}$)+n 条地址线。这种方式虽然传输速率高，但是芯片封装体积增大使成本升高。同时，电路板体积增大，布线复杂度高，也带来故障点增多，调试维修不便。

随着电子技术的发展，串行总线技术日益成熟，具有代表性的典型串行总线有 I²C、SPI、1-Wire、MICROWIRE 等。随着串行总线数据传输速率的逐渐提高和芯片逐渐系列化，为多功能、小型化和低成本的单片机系统设计提供了更好的解决方案。

为了简化集成电路间的互连，PHILIPS 公司开发出一种标准外围总线互连接口，称为"集成电路间总线"或"内部集成电路总线"I²C（Inter-IC）。I²C 总线是一个两线、双向、串行总线接口标准，采用这种接口标准的器件只须使用两条信号线与单片机连接，就可完成单片机与接口器件间的信息交互。目前，Philips 及其他半导体厂商提供了大量的含有 I²C 总线的外围接口芯片，I²C 总线已成为广泛应用的工业标准之一。

I²C 总线有 3 种模式，即标准模式 S-mode（最高数据传输速率为 100kbit/s）、快速模式 F-mode（最高传输速率可达 400kbit/s）及高速模式 Hs-mode（最高传输速率达 3.4Mbit/s）。总线的驱动能力受总线容量控制，不加驱动扩展时驱动能力为 400pF。

采用 I²C 总线设计系统具有如下的优点。

（1）总线驱动能力强。I²C 总线外围扩展器件都使用 CMOS 型，功率极低，因而总线上扩展的节点数不由电流负载能力决定，而由电容负载确定。

（2）任何一个 I^2C 总线接口的外围器件，不论其功能差别有多大，都是通过串行数据线 SDA 和串行时钟线 SCL 连接到 I^2C 总线上。用户不必理解每个 I^2C 总线接口器件的功能如何，只要将器件的 SDA 和 SCL 连接到 I^2C 总线，然后对该器件模块进行独立的电路设计即可，从而简化了系统设计的复杂性，提高了系统的抗干扰能力，符合 EMC（Electro Magnetic Compatibility）设计原则。

（3）在单主系统中，每个 I^2C 总线接口芯片具有唯一的器件地址，各器件间互不干扰，相互之间不能通信。MCU 和 I^2C 器件间的通信是通过独一无二的器件地址实现。

（4）PHILIPS 公司在推出 I^2C 总线的同时制定了严格的规范，如接口的电器特征、型号时序、信号传送的定义等，决定了 I^2C 总线软件编写的一致性。

6.4.2 I^2C 总线的电气连接

I^2C 总线采用二线制传输，一根是数据线 SDA（Serial Data Line），另一根是时钟线 SCL（Serial Clock Line），所有 I^2C 器件都连接在 SDA 和 SCL 上。

I^2C 总线是多主机总线，即总线上可有一个或多个主机（或称主控制器件），总线运行由主机控制。主机是指启动数据的传送（发起始信号）、发出时钟信号、发出终止信号的器件。通常，主机由单片机或其他微处理器担当。被主机访问的器件叫从机（或称从器件），它可以是其他单片机，或者其他外围芯片，如 A/D、D/A、LED 或 LCD 驱动、串行存储器芯片。

I^2C 总线支持多主和主从两种工作方式。一般 I^2C 总线工作在主从工作方式，只有一个主器件，其他均为从器件，主器件对总线有控制权。在多主方式中，通过硬件和软件仲裁，主控制器取得总线控制权。

图 6-18 所示为主从方式下，应用系统以 C51 单片机为主机，其他外围器件为从机的单主机系统。

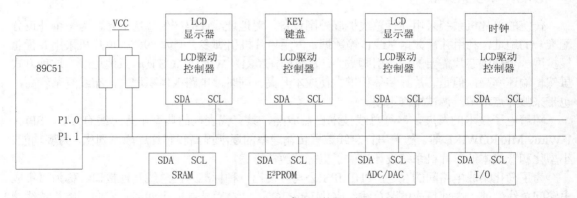

图 6-18 主从式 I^2C 总线扩展示意图

如图 6-18 所示，系统中只有一个主机，总线上的其他器件都具有 I^2C 总线接口的外围器件为从机。I^2C 总线上只有主机能对从机进行读写访问，故不存在总线竞争等问题。该方式下只须主机模拟主发送和主接收时序，即可完成对从机的读写操作。由于 I^2C 总线的时序可以模拟，使 I^2C 总线的使用不受主机是否具有 I^2C 总线接口制约。C51 单片机本身不具有 I^2C 总线接口，下面介绍用 C51 单片机 I/O 口线模拟 I^2C 总线扩展外围器件的方法。

为了避免总线信号混乱和冲突，I^2C 总线接口电路均为漏极开路或集电极开路，总线上必须有上拉电阻。上拉电阻与电源电压 VCC 和 SDA/SCL 总线串接电阻有关，一般可选 5～10kΩ。

6.4.3　I²C 总线的寻址方式

1. 数据帧格式

I²C 总线上连接的器件都是总线上的节点，每个时刻只有一个主控器件操控总线。每个器件都有一个唯一确定的地址，主控器件通过这个地址实现对从器件的点对点数据传输。器件的地址由 4 位固定位和 3 位可编程位组成，其后附加了 1 位数据方向位。这 8 位构成了传输起始状态 S 后的第一个字节，如图 6-19 所示。数据传送时，先传送最高位（MSB），每一个被传送的字节后面都必须跟随一位应答位（即一帧共有 9 位）。

D7～D4(DA3～DA0)：固定位，由生产厂家给出，用户不能改变。

D3～D1(A2～A0)：可编程位，与器件的地址管脚的连接相对应，当系统中使用了多个相同芯片时可进行正确访问。引脚(A1、A0)和器件在电路中的实际接法有关（地址线、电源和地），形成地址数据。

R/$\overline{\text{W}}$：数据方向位，"0"表示主机发送数据（$\overline{\text{W}}$），"1"表示主机接收数据（R）。

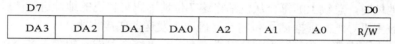

D7							D0
DA3	DA2	DA1	DA0	A2	A1	A0	R/$\overline{\text{W}}$

图 6-19　I²C 总线的地址信息

不同的器件有时会有相同的固定地址编码，例如静态 RAM 器件 PCF8570 和 EEPROM 器件 PCF8582 的固定位均为 1010，此时通过可编程位进行区分。

每次数据传送总是由主机产生的终止信号结束。但是，若主机希望继续占用总线进行新的数据传送，则可以不产生终止信号，可再次发出起始信号对另一从机进行寻址。

I²C 总线的寻址采用纯软件的寻址方法，无需片选线的连接，减少了总线数量。

2. 寻址字节中的特殊地址

固定地址编号 0000 和 1111 已被保留作为特殊用途，如表 6.5 所示。

表 6.5　　　　　　　　　　　　　　　I²C 总线特殊地址表

地 址 位							R/$\overline{\text{W}}$	意 　 义
0	0	0	0	0	0	0	0	通用呼叫地址
0	0	0	0	0	0	0	1	起始字节
0	0	0	0	0	0	1	×	CBUS 地址
0	0	0	0	0	1	0	×	为不同总线的保留地址
0	0	0	0	0	1	1	×	保留
0	0	0	0	1	×	×	×	
1	1	1	1	1	×	×	×	
1	1	1	1	0	×	×	×	十位从机地址

起始信号后的第 1 字节为"0000 0000"时，称为通用呼叫地址。通用呼叫地址的含义在第 2 字节中加以说明，格式如图 6-20 所示。

第 1 字节（通用呼叫地址）									第 2 字节								LSB
0	0	0	0	0	0	0	0	A	×	×	×	×	×	×	×	B	A

图 6-20　通用呼叫地址格式

　　第 2 字节为 06H 时，所有能响应通用呼叫地址的从机器件复位，并由硬件装入从机地址的可编程部分。能响应命令的从机器件复位时不拉低 SDA 和 SCL 线，以免堵塞总线。

　　第 2 字节为 04H 时，所有能响应通用呼叫地址并通过硬件来定义其可编程地址的从机器件，将锁定地址中的可编程位，但不复位。

　　如果第 2 字节的方向位 B 为"1"，则这两个字节命令称为硬件通用呼叫命令。

　　在第 2 字节的高 7 位说明自己的地址。接在总线上的智能器件，如果单片机能识别这个地址，并与之传送数据，则硬件主器件作为从机使用时，也用这个地址作为从机地址。从机地址格式如图 6-21 所示。

S	0000 0000	A	主机地址	1	A	数据	A	数据	A	P

图 6-21　从机地址格式

3. 总线寻址

　　I²C 总线协议有明确的规定：要采用 7 位的寻址字节（寻址字节是起始信号后的第一个字节）。

　　主机发送地址时，总线上的每个从机都将这 7 位地址码与自己的地址进行比较，如果相同，则认为自己正被主机寻址，根据 R/$\overline{\text{W}}$ 位将自己确定为发送器或接收器。

　　从机的地址由固定部分和可编程部分组成。在一个系统中可能希望接入多个相同的从机，从机地址中可编程部分决定了可接入总线该类器件的最大数目。如一个从机的 7 位寻址位有 4 位是固定位、3 位是可编程位，这时仅能寻址 8 个同样的器件。

6.4.4　I²C 总线的信息传输

1. I²C 总线信号定义

　　I²C 总线上传送的数据信号是广义的，既包括地址信号，又包括真正的数据信号。

　　在 I²C 总线上，SDA 用于传送有效数据，其上传输的每位有效数据均对应于 SCL 线上的一个时钟脉冲。只有当 SCL 线上为高电平时，SDA 线上的数据信号才会有效；SCL 线为低电平时，SDA 线上的数据信号无效。

　　因此，只有当 SCL 线为低电平时，SDA 线上的电平状态才允许发生变化（如图 6-22 所示）。I²C 总线进行数据传送时，时钟信号为高电平期间，数据线上的数据必须保持稳定，只有在时钟线上的信号为低电平的期间，数据线上的电平才允许变化。

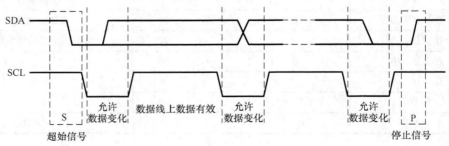

图 6-22　I²C 总线信号的时序

　　起始字节是提供给没有 I²C 总线接口的单片机查询 I²C 总线时使用的特殊字节。不具备 I²C 总线接口的单片机，则必须通过软件不断地检测总线，以便及时地响应总线请求。这样，单片机的运行速度与硬件接口器件的运行速度出现较大的差别，为此，I²C 总线上的数据传送要由一个较长的起始过程加以引导。

　　如图 6-22 所示，SDA 线上传送的数据均以起始信号 S 开始，以停止信号 P 结束，SCL 线在不传送数据时保持 SCL=1。当串行时钟线为高电平时，串行数据线 SDA 上发生一个由高到低的变化过程，即为起始信号；发生一个由低到高的变化过程，即称为停止信号。图 6-23 所示为 I²C 总线的起始信号和停止信号。

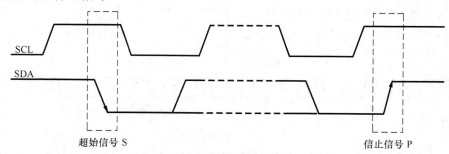

图 6-23 I²C 总线的起停信号

当 I²C 总线没有进行信息传送时，SDA 和 SCL 都为高电平。当主控制器向某个器件传送信息时，首先应向总线发送开始信号，然后才能传送信息，当信息传送结束时应发送结束信号。

起始和终止信号都是由主机发出的。在起始信号产生后，总线就处于被占用的状态；终止信号产生后，总线就处于空闲状态。

接收器件收到一个完整的数据字节后，有可能需要完成一些其他工作，如处理内部中断服务等，可能无法立刻接收下一个字节，这时接收器件可将 SCL 线拉成低电平，从而使主机处于等待状态。直到接收器件准备好接收下一个字节时，再释放 SCL 线使之为高电平，从而使数据传送可以继续进行。

综上所述，I²C 总线在传送数据过程中共有 3 种类型信号：起始信号、终止信号和应答信号。

开始信号：SCL 为高电平时，SDA 由高电平向低电平跳变，开始传送数据。

结束信号：SCL 为高电平时，SDA 由低电平向高电平跳变，结束传送数据。

应答信号：接收数据的 IC 在接收到 8 位数据后，向发送数据的 IC 发出特定的低电平脉冲，表示已收到数据。CPU 向受控单元发出一个信号后，等待受控单元发出一个应答信号，CPU 接收到应答信号后，根据实际情况作出是否继续传递信号的判断。若未收到应答信号，则判断为受控单元出现故障。

2. 数据传送格式

在 I²C 总线上每传输一位数据都有一个时钟脉冲相对应。时钟脉冲不像一般的时钟那样必须是周期性，它的时钟间隔可以不同。总线备用时（即处于"非忙"状态），SDA 和 SCL 都必须保持高电平状态，关闭 I²C 总线时才使 SCL 箝位在低电平。只有当总线处于"非忙"状态时，数据传输才能被初始化。

I²C 总线上传输的数据和地址字节均为 8 位，且高位（MSB）在前，低位（LSB）在后。以起始信号为启动信号，接着传输的是地址和数据字节。数据字节是没有限制的，但每一个被传送的字节后面都必须跟随一位应答位。全部数据传输完毕后，以终止信号结尾。I²C 总线上数据的传送时序如图 6-24 所示。

SCL 线为低电平时，SDA 线上数据就被停止传送。SCL 线的这一线"与"特性十分有用：当接收器接收到一个数据/地址字节后需要进行其他工作而无法立即接收下一个字节时，接收器便可向 SCL 线输出低电平，迫使 SDA 线处于等待状态，直到接收器准备好接收新的数据/地址字节时，再释放时钟线 SCL，使 SDA 线上数据传输得以继续进行。例如，当被控接收器在 A 点接收完主控器发来的一个数据字节时，若被控器需要处理接收中断而无法令其接收器继续接收，则被控器便可使 SCL=0，使主控发送器处于等待状态，直到被控器处理完接收中断后，再释放 SCL 线。

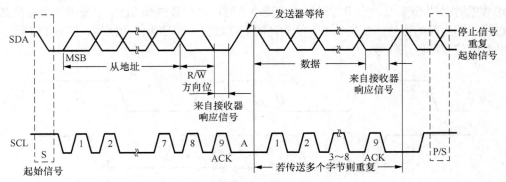

图 6-24　I^2C 总线的数据传送时序

数据线 SDA 上每一位信息状态的改变只能发生在时钟线 SCL 为低电平的期间，因为 SCL 高电平期间 SDA 状态的改变已经被用来表示开始信号和结束信号。ACK 是从控制器在接收到 8 位数据后向主控制器的 SDA 线上输出的特定的低电平脉冲，为应答信号 A，表示已收到数据。主控制器接收到应答信号 ACK 后，可根据实际情况作出是否继续传递信号的判断。但如果被控器由于某种原因需要进行其他处理而无法继续接收 SDA 线上的数据时，便可向 SDA 线输出一个非应答信号（$\overline{A}$），使 SDA=1，主控器据此便可产生一个停止信号来终止 SDA 线上的数据传输。

应答信号在第 9 个时钟位上出现，接收器在 SDA 线上输出低电平，输出高电平为非应答信号（$\overline{A}$）。时钟信号以及应答和非应答信号间的关系如图 6-25 所示。

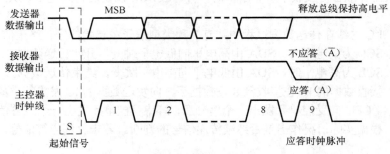

图 6-25　I^2C 总线的应答位

当主控器作为接收器接收被控器送来的最后一个数据时，必须给被控器发送一个非应答信号（$\overline{A}$），令被控器释放 SDA 线，以便主控器可以发送停止信号来结束数据的传输。

主控制器每次传送的信息的第一个字节必须是器件地址码，第二个字节为器件单元地址，用于实现选择所操作的器件的内部单元，从第三个字节开始为传送的数据。

主控器产生起始信号后，发送一个寻址字节，收到应答后跟着就是数据传输，当主机产生停止信号后，数据传输停止。主机向被寻址的从机写入 n 个数据字节。整个过程均为主机发送，从机接收，先发数据高位，再发低位，应答位 ACK 由从机发送。

主控器向被控器发送数据时，数据的方向位（R/$\overline{W}$=0）是不会改变的。在总线的一次数据传送过程中，可以有以下 3 种组合方式。

① 主控器的写数据操作格式。主机向从机发送数据，数据传送方向在整个传送过程中不变。格式示意图如图 6-26（a）所示，具体内容如图 6-26（b）所示。

其中，有阴影部分表示数据由主机向从机传送，无阴影部分则表示数据由从机向主机传送应答信号。A 表示应答，$\overline{A}$ 表示非应答。S 表示起始信号，P 表示终止信号。以下两种方式中阴影部分及这几个符号的定义相同。

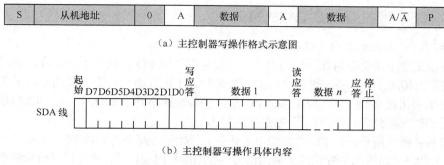

（a）主控制器写操作格式示意图

（b）主控制器写操作具体内容

图 6-26　主控制器写操作格式

② 主控器的读数据操作格式。主机从被寻址的从机读出 n 个数据字节。在传输过程中，除了第一个字节（即寻址字节）为主机发送、从机接收外，其余的 n 字节均为从机发送，主机接收。主机接收完数据后，应发非应答位，向从机表明读操作结束。

主控器从被控器读取数据时，数据传输的方向位 $R/\overline{W}=1$。主控器从被控器读取 n 字节的数据格式如图 6-27 所示。其中寻址字节为读，其余与前述相同。

主控器在发送停止信号前，应先给被控器发送一个非应答信号，向被控器表明读操作结束。

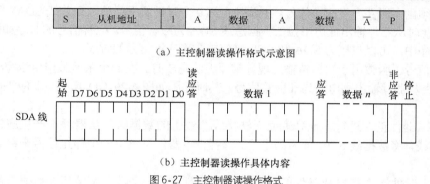

（a）主控制器读操作格式示意图

（b）主控制器读操作具体内容

图 6-27　主控制器读操作格式

③ 主控器的读/写数据操作格式。在传送过程中，有时需要改变传送方向，即主机在一段时间内为读操作，在另一段时间内为写操作。由于读/写方向有变化，起始信号和寻址字节都会重复一次，但读/写方向 $R/\overline{W}$ 相反。

例如，由单片机主机读取存储器从机中某存储单元的内容，就需要主机先向从机写入该存储单元的地址，再发一个启动位，进行读操作。

主控器向被控器先读后写的数据格式如图 6-28 所示。

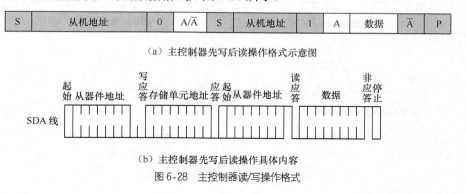

（a）主控制器先写后读操作格式示意图

（b）主控制器先写后读操作具体内容

图 6-28　主控制器读/写操作格式

6.4.5　C51 单片机与 I²C 总线的接口

1. 内部无 I²C 总线的数据传送模拟驱动程序

主机可以采用不带 I²C 总线接口的单片机，使用单片机 I/O 口模拟 I²C 总线，利用软件实现 I²C 总线的数据传送，即软件与硬件结合的信号模拟。下面先给出一个典型的延时子函数。当单片机的工作频率比较高的时候，为了保证 I²C 总线的传输速率满足 100kHz 或者 400kHz 的限制，可以进行适当的延时处理。用户可以根据需要使用。

起始信号子函数用于开始 I²C 总线通信。其中，起始信号是在时钟线 SCL 为高电平期间、数据线 SDA 上高电平向低电平变化的下降沿信号。起始信号出现以后，才可以进行后续的 I²C 总线寻址或数据传输等。起始信号的时序如图 6-29（a）所示。在程序中，可以直接为 SDA 和 SCL 赋值来实现起始信号的时序。

终止信号子函数用于终止 I²C 总线通信。其中，终止信号是在时钟线 SCL 为高电平期间、数据线 SDA 上低电平到高电平变化的上升沿信号。终止信号一出现，所有 I²C 总线操作都结束，并释放总线控制权。终止信号的时序如图 6-29（b）所示。在程序中，可以直接为 SDA 和 SCL 赋值来实现终止信号的时序。

应答信号子函数用于表明 I²C 总线数据传输的结束。I²C 总线数据传送时，一个字节数据传送完毕后都必须由主器件产生应答信号。主器件在第 9 个时钟位上释放数据总线 SDA，使其处于高电平状态，此时从器件输出低电平拉低数据总线 SDA 为应答信号。应答信号的时序如图 6-29（c）所示。在程序中，可以直接为 SDA 和 SCL 赋值来实现应答信号的时序。

非应答信号子函数用于数据传输出现异常而无法完成时。在一个字节数据传送完毕后，在第 9 个时钟位上从器件输出高电平为非应答信号。其时序图如图 6-29（d）所示。非应答信号的产生有两种情况。

（1）当从器件正在进行其他处理而无法接收总线上的数据时，从器件不产生应答，此时从器件释放总线，将数据线 SDA 置为高电平。这样，主器件可产生一个停止信号来终止总线数据传输。

（2）当主器件接收来自从器件的数据时，接收到最后一个数据字节后，必须给从器件发送一个非应答信号，使从器件释放数据总线。这样，主器件才可以发送停止信号，从而终止数据传送。

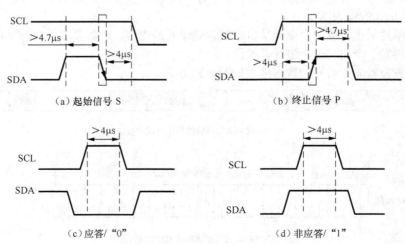

图 6-29　I²C 总线数据传送典型信号时序

硬件连接非常简单，只需将两个 I/O 口在软件中分别定义成 SCL 和 SDA，直接相连，再加上上拉电阻即可，硬件连接如图 6-30 所示。

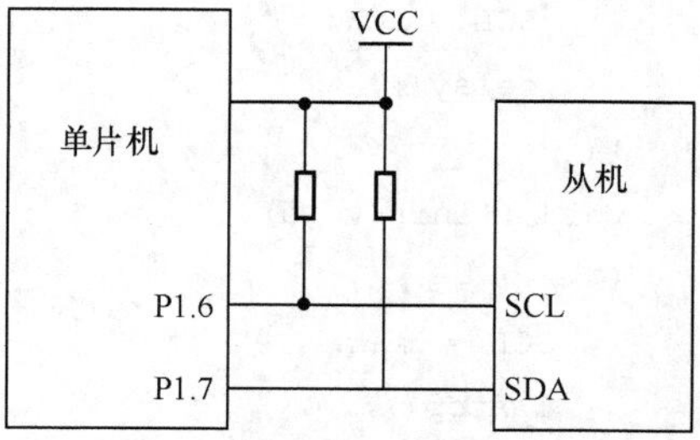

以 MCS-51 单片机为例，采用 C51 编写通用 I^{2}C 总线模拟驱动程序。用 P1.6 和 P1.7 直接与 SCL 和 SDA 相连，用户可以定义其他 I/O 口引脚为 SCL 和 SDL 信号，程序中包括 I^{2}C 功能函数。

I_init()：初始化。

delay()：延时。

I_clock()：SCL 时钟信号。

I_start()：起始信号。

I_stop()：结束信号。

I_send()：数据发送。

I_Ack()：应答信号。

图 6-30　单片机中的 I^{2}C 总线连接

```c
#define HIGH 1
#define LOW  0
#define FALSE  0
#define TRUE  ~FALSE
#define unchar  unsigned char
sbit  SCL  =P1^6 ;
sbit  SDA =P1^7;
void delay(void)
{
 ;
}
void I_start(void)
{
    SCL = HIGH;
    delay();
    SDA=HIGH;
    delays();
    SCL=LOW;
    delays();
}
void I_stop(void)
{
    SDA=LOW;
    delay();
    SCL = HIGH;
    delay();
    SDA = HIGH;
    delay();
```

```
        SCL = LOW;
        delay();
    }
    void I_init(void)
    {
        SCL = LOW;
        I_stop();
    }
    bit  I_clock(void)
    {
      bit    sample;
      SCL = HIGH;
      delay();
      sample = SDA;
      SCL = LOW;
      delay();
      return(sample);
    }
    bit   I_send(unchar  I_data)
    {
        unchar  I;
        for(I=0;  I<8;  I++)
        {
            SDA = (bit)(I_data & 0x80);
            I_data = I_data << 1;
            I_clock();
        }
        SDA = HIGH;
        return(~I_clock());
    }
    uchar  I_receive(void)
    {
        uchar  I_data  =  0;
        uchar  I;
        for (I = 0;  I<8;  I++)
        {
            I_data *=2;
            if( I_clock())  I_data++ ;
        }
    return(I_data);
    }
    void  I_ACK(void)
```

```
{
    SDA = LOW;
    I_CLOCK();
    SDA = HIGH;
}
```

2. I²C 总线存储器的扩展

目前有很多半导体集成电路上都集成了 I²C 接口。带有 I²C 接口的单片机有：CYGNAL 的 C8051F0XX 系列，PHILIPSP87LPC7XX 系列，MICROCHIP 的 PIC16C6XX 系列等。很多外围器件，如存储器、监控芯片等也提供 I²C 接口。ATMEL 公司的 AT24C 系列即为串行 E²PROM 的典型产品。下面给出应用操作函数实现对 I²C 总线接口器件 24C04 进行读写的 C51 应用实例。

【例 6-7】 实现 8051 单片机对 I²C 总线接口器件 24C04 的读写操作。

24C02 是一种 I²C 接口 E²PROM 器件，有 512×8 位的存储容量。写入时具有自动擦除功能，页写入功能，可一次写入 16 个字节。

24C04 芯片如图 6-31 所示，采用 8 脚 DIP 封装，其中各引脚说明如下。

VCC、VSS：电源引脚。

SCL、SDA：通信引脚。

A0、A1、A2：地址引脚。A1 和 A2 决定芯片的从机地址，可接 VCC 或 VSS，A0 不用时，可接 VCC 或 VSS。

WP：写保护引脚。当接 VCC 时，禁止写入高位地址（100H～1FFH）；当接 VSS 时，允许写入任何地址。

图 6-32 所示为 24C04 与 8051 单片机的一种接口电路图。

图 6-31 24C04 引脚图

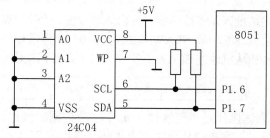

图 6-32 单片机 8051 与 24C04 的接口

8051 单片机与 24C04 之间进行数据传递时，首先传送器件的从地址 SLA，格式如下。

START	1	0	1	0	A2	A1	BA	R/$\overline{\text{W}}$	ACK

START 为起始信号，1010 为 24C04 器件地址，A2 和 A1 由芯片的 A2、A1 引脚上的电平决定，这样可最多接入 4 片 24C04 芯片，BA 为块地址（每块 256 字节），R/$\overline{\text{W}}$ 决定是写入（0）还是读出（1），ACK 为 24C04 给出的应答信号。在对 24C04 进行写入时，应先发出从机地址字节 SLAW(R/$\overline{\text{W}}$ 为 0)，再发出字节地址 WORDADR 和写入的数据 data（可为 1～16 个字节），写入结束后应发出停止信号。

通常对 E²PROM 器件写入时总需要一定的写入时间（5～10ms），因此在写入程序中无法连续写入多个数据字节。为解决连续写入多个数据字节的问题，E²PROM 器件中常设有一定容量的页写入数据寄存器。用户一次写入 E²PROM 的数据字节不大于页写入字节数时，可按通常 RAM 的写入速率，将数据装入 E²PROM 的数据寄存器中，随后启动自动写入定时控制逻辑，经 5～10ms

的时间，自动将数据寄存器中的数据同步写入 E²PROM 的制定单元。

由此，只要一次写入的字节数不多于页写入容量，总线对 E²PROM 的操作可视为对静态 RAM 的操作，但要求下次数据写入操作在 5～10ms 之后进行。24C04 的页写入字节数为 16。对 24C04 进行页写入是指向其片内指定首地址（WORDADR）连续写入不多于 n 个字节数据的操作。n 为页写入字节数，m 为写入字节数，$m \leqslant n$。页写入数据操作格式如下。

| S | SLAW | A | WORDADR | A | data1 | A | … | datam | A | P |

这种数据写入操作实际上就是 $m+1$ 个字节的 I²C 总线进行主发送的数据操作。

对 24C04 写入数据时也可以按字节方式进行，即每次向其片内指定单元写入一个字节的数据，这种写入方式的可靠性高。字节写入数据操作格式如下。

| S | SLAW | A | WORDADR | A | data | A | P |

24C04 的读操作与通常的 SRAM 相同，但每读一个字节地址将自动加 1。24C04 有 3 种读操作方式，即现行地址读、指定地址读和序列读。

现行地址读是指不给定片内地址的读操作，读出的是现行地址中的数据。现行地址是片内地址寄存器当前的内容，每完成一个字节的读操作，地址自动加 1，故现行地址是上次操作完成后的下一个地址。

现行地址读操作时，应先发出从机地址字节 SLAR（R/$\overline{W}$ 为 1），接收到应答信号（ACK）后即开始接收来自 24C04 的数据字节，每接收到一个字节的数据都必须发出一个应答信号（ACK）。现行地址读的数据操作格式如下。

| S | SLAW | A | data | A | P |

指定地址读是指按指定的片内地址读出一个字节数据的操作。由于要写入片内指定地址，故应先发出从机地址字节 SLAW（R/$\overline{W}$ 为 0），再进行一个片内字节地址的写入操作，然后发出重复起始信号和从机地址 SLAR（R/$\overline{W}$ 为 1），开始接收来自 24C04 的数据字节。数据操作格式如下。

| S | SLAW | A | WORDADR | A | S | SLAR | A | data | A | P |

序列读操作是指连续读入 m 个字节数据的操作。序列读入字节的首地址可以是现行地址或指定地址，其数据操作可以在上述两种操作的 SLAR 发送之后进行。数据操作格式如下。

| S | SLAR | A | data1 | A | data2 | … | datam | A | P |

实现对 24C04 进行读写的 C51 驱动程序中包含的功能函数如表 6.6 所示。

表 6.6　　　　　　　　　　　C51 驱动程序中实现 24C04 读写操作的功能函数

函数名	功　能
E_address()	写入器件从地址和片内字节地址
E_read_block()	从 24C04 中读出指定个字节（BLOCK_SIZE=32）的数据并送入外部数据存储器单元，采用的是序列读操作方式
E_write_block()	将外部数据存储器中的数据内容写入从 24C04 首地址开始的指定个字节（BLOCK_SIZE=32），采用的是字节写入操作方式。如果希望采用页写入操作方式，可对该函数作适当的修改
Wait_5ms()	为保证写入正确而设置的 5ms 延时

　　另外，本驱动程序需要将前面介绍的 I²C 基本功能函数文件作为一个项目文件，同时要采用一个头文件"I2C.H"将前面介绍的 I²C 总线基本操作函数包含到主程序文件中。

　　（1）主程序文件 main.c 代码。

```c
#include <reg51.h>
#include <stdio.h>
#include <I2C.h>
#define    WRITE    0xA0          /* 定义24C04 的器件地址 SLA 和方向位 W̄   */
#define    READ     0xA1          /* 定义24C04 的器件地址 SLA 和方向位 R    */
#define    BLOCK_SIZE 32          /* 定义指定字节个数*/
#define    uchar unsigned char
Xdata uchar EAROMImage[BLOCK_SIZE];      /*在外部 RAM 中定义存储映像单元*/
/******************************************************************
* 函数原型: bit E_address(uchar Address);
* 功    能: 向24C04 写入器件地址和一个指定的字节地址。
******************************************************************/
bit E_address(uchar Address)
{
  I_start();
  if (I_send(WRITE) )
    return(I_send(Address) );
  else
    return(FALSE );
}

/******************************************************************
*函数原型: bit E_read_block(void);
*功    能: 从24C04 中读取 BLOCK_SIZE 个字节的数据并转存于外部 RAM 存储映像单
*          元，采用序列读操作方式从片内 0 地址开始连续读取数据。如果 24C04 不接
*          受指定的地址则返回 0（FALSE）。
******************************************************************/
bit E_read_block(void)
{
  uchar I;
  /*从地址 0 开始读取数据 */
  if (E_address( 0 ) )
  { /*发送重复启动信号*/
    I_start();
    if ( I_send( READ) )
    {
      for( I = 0; I < BLOCK_SIZE; I++){
      EAROMImage[ I ] = (I_receive() );
       if( I != BLOCK_SIZE )  I_Ack();
       else
```

```
                {
                    I_clock();
                    I_stop();
                }
            }
            return( TRUE );
            }
            else
            {
             I_stop();
             return( FALSE );
             }
        }
    else  I_stop();
            return( FALSE );
}
/******函数原型: void  wait_5ms(void);
*功    能: 提供 5ms 延时（时钟频率为 12MHz）。
********************************************************************/
void wait_5ms(void)
{
        int  I ;
        for ( I=0; I<1000 ; I++ ){;}
}
/********************************************************************
*函数原型: bit  E_write_block(void);
*功    能: 将外部 RAM 存储映像单元中的数据写入到 24C04 的头 BLOCK_SIZE 个字节。
*            采用字节写操作方式，每次写入时都需要指定片内地址。如果 24C04 不接受
*            指定的地址或某个传送的字节未收到应答信号 ACK，则返回 0，否则返回 1。
********************************************************************/
bit    E_write_block(void){
        uchar I;
        for ( I = 0; I < BLOCK_SIZE; I++){
        if( E_address(I) && I_send( EAROMImage[I] )){
                I_stop();
                wait_5ms();
                }
            else
                    return( FALSE );
        }
        Return( TRUE );
}
```

```
/******************************主函数**********************************/
void main() {
    SCON =0x5a;
    TMOD = 0x20;
    TCON = 0x69;
    TH1 = 0xfd;
    I_init();                                           /*I²C 总线初始化*/
    if( E_write_block() )                               /*写入 24C04*/
        printf("write I2C good.\r\n");
    else
        printf("write I2C bad.\r\n");
    if( E_read_block())
        printf("read I2C good.\r\n");
    else
        printf("read I2C bad.\r\n");
    while( 1 );
}
```

（2）头文件 I2C.H 代码。

```
#define uchar  unsigned char
#define uint   unsigned int
void delay(void);
void I_stop(void);
void I_init(void);
void I_start(void);
bit  I_clock(void);
void I_Ack(void);
bit  I_send(uchar  I_data);
uchar I_receive(void);
```

在本书 10.2 节（单片机应用系统设计实例一）中，将给出基于 I²C 总线接口的键盘显示控制器 ZLG7289B 的读写实例。

6.5　SPI 总线接口

SPI（Serial Peripheral Interface）总线是 MOTOROLA 公司推出的一种同步串行接口技术。SPI 是一种高速、全双工、同步通信总线，并且在芯片的管脚上只占用 4 根线，节约了芯片的管脚，同时为 PCB 的布局节省了空间，提供了方便。正是出于这种简单易用的特性，现在越来越多的芯片集成了 SPI 协议。SPI 的工作模式有两种：主模式和从模式。

SPI 总线使用的 4 条线：串行时钟线（SCK）、主机输入/ 从机输出数据线 MISO（DO）、主机输出/从机输入数据线 MOSI（DI）和低电平有效的从机选择线 CS。MISO 和 MOSI 用于串行接收和发送数据，先为 MSB，后为 LSB。在 SPI 设置为主机方式时，MISO 是主机数据输入线，MOSI 是主机数据输出线。SCK 用于提供时钟脉冲将数据一位位地传送。

1. SPI 总线接口特性

利用 SPI 总线可在软件控制下构成各种系统。如一个主 MCU 和几个从 MCU、几个从 MCU

相互连接构成多主机系统、一个主 MCU 和一个或几个从 I/O 设备所构成的各种系统等。在大多数应用场合，可使用一个 MCU 作为主控机来控制数据，并向一个或几个从外围器件传送数据。从器件只有在主机发命令时才能接收或发送数据。

当一个主控机通过 SPI 与几种不同的串行 I/O 芯片相连时，必须使用每片的允许控制端，这可通过 MCU 的 I/O 端口输出线来实现。但应特别注意这些串行 I/O 芯片的输入输出特性。首先，输入芯片的串行数据输出是否有三态控制端。未选中芯片时，输出端应处于高阻态。若没有三态控制端，则应外加三态门，否则 MCU 的 MISO 端只能连接一个输入芯片。其次，输出芯片的串行数据输入是否有允许控制端。因为只有在此芯片允许时，SCK 脉冲才能把串行数据移入该芯片；在禁止时，SCK 对芯片无影响。若没有允许控制端，则应在外围用门电路对 SCK 进行控制，然后再加到芯片的时钟输入端。当然，也可只在 SPI 总线上连接一个芯片，而不再连接其他输入或输出芯片。

2．SPI 总线的数据传输

SPI 是环形总线结构，其时序主要是在 SCK 的控制下，两个双向移位寄存器进行数据交换。其中 CS 用于控制芯片是否被选中，也就是说只有片选信号为预先规定的使能信号时（高电位或低电位），对此芯片的操作才有效。这就使得在同一总线上连接多个 SPI 设备成为可能。在 SPI 方式下数据是一位一位地传输，这就是 SCK 时钟线存在的原因。由 SCK 提供时钟脉冲，SDI、SDO 则基于此脉冲完成数据传输。数据输出通过 SDO 线，数据在时钟上沿或下沿改变，在紧接着的下沿或上沿被读取。完成一位数据传输，输入也使用同样原理。这样，最多在时钟信号改变 8 次后（上沿和下沿为一次），就可完成 8 位数据的传输。假设 8 位寄存器内装的是待发送的数据 10101010，上升沿发送、下降沿接收、高位先发送，那么第一个上升沿来时数据将会是高位数据 SDO=1，下降沿到来时，SDI 上的电平将被存到寄存器中去，那么这时寄存器=0101010SDI，这样在 8 个时钟脉冲后，两个寄存器的内容互相交换了一次。这样就完成了一个 SPI 时序。

在本书 7.4.3 小节（串行输入 D/A 转换器 TLC5615）中，将给出基于 SPI 总线接口的 TLC5615 的操作实例。

6.6　C51 单片机的存储器扩展

存储器主要用来保存程序、数据和用于运算的缓冲器，是单片机和单片机应用系统中除 CPU 外最重要的功能单元。若片内的程序存储器容量不够或没有程序存储器时，就要扩展程序存储器；若片内的数据存储器容量不够时，就要片外扩展数据存储器。在选择存储器芯片时，首先必须满足程序容量，其次是在价格合理的情况下尽量选用容量大的芯片。并行存储器和单片机是按三总线连接。

6.6.1　C51 单片机的存储器系统

单片机系统扩展的存储器根据用途可以分为程序存储器（ROM）和数据存储器（RAM）两种类型。

MCS-51 单片机对外部存储器的扩展应考虑以下几个问题。

（1）选择合适类型的存储器芯片。

ROM 常用于固化程序和常数，可分为掩膜 ROM、可编程 PROM、紫外线可擦除 EPROM 和电可擦除 E^2PROM 几种。若所设计的系统是小批量生产或开发产品，则建议使用 EPROM 和 E^2PROM；若为成熟的大批量产品，则应采用 PROM 或掩膜 ROM 。

RAM 常用来存取实时数据、变量和运算结果。可分为静态 SRAM 和动态 DRAM 两类。若所用的 RAM 容量较小或要求较高的存取速率，则宜采用 SRAM；若所用的 RAM 容量较大或要求低功耗，则应采用 DRAM，以降低成本。

目前倾向于选择 Flash 存储器。

（2）工作速度匹配。

C51 的访存时间（单片机对外部存储器进行读写所需要的时间）必须大于所用外部存储器的最大存取时间（存储器的最大存取时间是存储器固有的时间参数）。

（3）选择合适的存储容量。

在 C51 应用系统所需存储容量不变的前提下，若所选存储器本身存储容量越大，则所用芯片数量就越少，所需的地址译码电路就越简单。

（4）合理分配存储器地址空间。

存储器地址空间的分配必须满足存储器本身的存储容量，否则会造成存储器硬件资源的浪费。

（5）合理选择地址译码方式。

可根据实际应用系统的具体情况选择线选法、全地址译码法、部分地址译码法等地址译码方式。

6.6.2　C51 单片机存储器扩展的一般方法

1. 单片机总线结构

不论何种存储器芯片，其引脚都呈三总线结构，与单片机连接都是三总线对接。另外，电源线接电源线，地线接地线。

（1）控制线：对于程序存储器，一般来说，具有输出允许控制线 $\overline{OE}$，与单片机的 $\overline{PSEN}$ 信号线相连。对于数据存储器，一般都有输出允许控制线 $\overline{OE}$ 和写控制线 $\overline{WE}$，分别与单片机的读信号线 $\overline{RD}$ 和写信号线 $\overline{WR}$ 相连。

（2）数据线：存储器芯片的数据线的数目由芯片的字长决定。连接时，存储器芯片的数据线与单片机的数据总线（P0.0～P0.7）按由低位到高位的顺序顺次相接。

（3）地址线：存储器芯片的地址线的数目由芯片的容量决定。容量（Q）与地址线数目（N）满足关系式：$Q=2^N$。存储器芯片的地址线与单片机的地址总线（A0～A15）按由低位到高位的顺序顺次相接。一般来说，存储器芯片的地址线数目总是少于单片机地址总线的数目，因此连接后，单片机的高位地址线总有剩余。剩余地址线一般作为译码线，译码输出与存储器芯片的片选信号线 CS 相接。片选信号线与单片机系统的译码输出相接后，就决定了存储器芯片的地址范围。

2. 编址方法

在实际应用中，单片机自身的存储器或接口往往不能满足设计需求，需要进行接口或存储容量的扩展。而扩展后每个芯片都需要至少一个地址，尤其是扩展芯片多时，需要进行地址分配，即系统空间分配。

系统空间分配：通过适当的地址线产生各外部扩展器件的片选/使能等信号。

编址：就是利用系统提供的地址总线，通过适当的连接，实现一个编址唯一地对应系统中的一个外围芯片的过程。编址就是研究系统地址空间的分配问题。

片内寻址：若某芯片内部有多个可寻址单元，则称为片内寻址。

编址的方法：芯片的选择是由系统的高位地址线通过译码实现的，片内寻址直接由系统低位地址信息确定。

扩充存储器时，总是采用先进行位扩充、再进行字扩充的方法。

（1）存储芯片的位扩充。

在微型计算机中，最小的信息存取单位是"字节"。

若芯片的数据线正好为 8 根，则一次可从芯片中访问到 8 位数据，全部数据线与系统的 8 位数据总线相连。

若芯片的数据线不足 8 根，则一次不能从一个芯片中访问到 8 位数据，须利用多个芯片扩充到 8 位数据线。这个扩充方式简称"位扩充"。经位扩展构成的存储器，每个单元的内容被存储在不同的存储芯片上。图 6-33 所示为位扩展示意图。

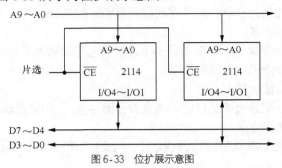

图 6-33　位扩展示意图

由图 6-33 可见，其连线特点是多个位扩充的存储芯片的数据线连接于系统数据总线的不同位数，而地址线与系统低地址线相连，片选端共用一个系统地址，故这些芯片应被看作是一个整体，常被称为"芯片组"。

位扩展电路的连接方法是：将每个存储芯片的地址线和控制线（包括选片信号线、读/写信号线等）并联在一起，数据线分别引出连接至数据总线的不同位上。

① 芯片的地址线全部并接且与地址总线相应连接。

② 片选信号线并接，连接到地址译码器的输出端。

③ 读写控制信号并接，连接到控制总线的存储器读写控制线上。

④ 不同芯片的数据线连接到数据总线不同位上。

（2）存储芯片的字扩充。

存储系统中当存储器的字长满足需求，而存储容量不能满足实际需求时，常需利用多个存储芯片扩充容量，也就是扩充存储器地址范围。

进行"地址扩充"，需要利用存储芯片的片选端对多个存储芯片（组）进行寻址。这种寻址方法，主要通过将存储芯片的片选端与系统的高位地址线相连接来实现，这种扩充称为"地址扩充"或"字扩充"。

字扩展电路连接方法：由于只扩展字，因此各芯片的对应数据线直接并联，接至系统数据总线上，读写控制线也并联连接。

① 存储器芯片数据线的连接。数据线的数目由芯片的字长决定。一位字长的芯片数据线有一根；4 位字长的芯片数据线有 4 根；8 位字长的芯片数据线有 8 根；存储器芯片的数据线与单片机的数据总线（P0.0～P0.7）按由低位到高位的顺序顺次相接。

② 存储器芯片地址线的连接。地址线的数目由芯片的容量决定。容量（Q）与地址线数目（N）满足关系式：$Q=2^N$。

③ 存储器芯片片选信号的连接。存储器芯片有一根或几根片选信号线。对存储器芯片访问时，片选信号必须有效，即选中存储器芯片。

④ 存储器芯片地址线的连接。存储器芯片的地址线与单片机的地址总线（A0～A15）按由低位到高位的顺序顺次相接。

一般来说，存储器芯片的地址线数目总是少于单片机地址总线的数目，连接后，单片机的高位地址线总有剩余。剩余地址线一般作为译码线，通过译码器产生地址译码信号，译码输出与存储器芯片或其他芯片的片选信号线相接。在任一时刻其输出的有效片选信号使得单片机只能访问存储器、I/O 和其他芯片其中之一，避免了总线竞争现象。

片选信号线与单片机系统的译码输出相接后，就决定了存储器芯片的地址范围。因此，单片机剩余高位地址线的译码及译码输出与存储器芯片的片选信号线的连接，是存储器扩展连接的关键问题。

扩展存储器、I/O 接口和其他 I/O 设备产生外围芯片片选信号的方法有两种：线选法和译码法。

线选法就是直接用一根剩余的高位地址线与一块存储器芯片的片选信号 CS 相连。当该地址线为 0 时（对 0 选通有效的外部芯片而言），与该地址线相连接的外部芯片被选通。该方法一般用于扩展少量的片外存储器和 I/O 接口芯片。这种方法的优点是接口简单、成本低。缺点是全部地址空间是断续的，每个接口电路的地址空间又可能是重叠的。

译码法又分为部分译码和全译码两种方法。

所谓部分译码就是存储器芯片的地址线与单片机系统的地址线顺次相接后，剩余的高位地址线仅用一部分参加译码。参加译码的地址线对于选中某一存储器芯片有一个确定的状态，而与不参加译码的地址线无关。也可以说，只要参加译码的地址线处于对某一存储器芯片的选中状态，不参加译码的地址线的任意状态都可以选中该芯片。正因如此，部分译码使存储器芯片的地址空间有重叠，造成系统存储器空间的浪费。图 6-34 所示为部分地址译码关系图。

	译码地址线				与存储器芯片连接的地址线										
A15	A14	A13	A12	A11	A10	A9	A8	A7	A6	A5	A4	A3	A2	A1	A0
•	0	1	0	0	×	×	×	×	×	×	×	×	×	×	×

图 6-34 部分地址译码关系图

图 6-34 中与存储器芯片连接的低 11 位地址线的地址变化范围为全 "0" ～全 "1"。参加译码的 4 根地址线的状态是唯一确定的。不参加译码的 A15 位地址线有两种状态都可以选中该存储器芯片。

当 A15=0 时，占用的地址是 0010000000000000～0010011111111111，即 2000H～2FFFH。当 A15=1 时，占用的地址是 1010000000000000～1010011111111111，即 0A000H～0AFFFH。

同理，若有 N 条高位地址线不参加译码，则会有 2^N 个重叠的地址范围。重叠的地址范围中真正能存储信息的只有一个，其余仅是占据，因而造成了浪费，这是部分译码的缺点。它的优点是译码电路简单。

所谓全译码就是存储器芯片的地址线与单片机系统的地址线顺次相接后，剩余的高位地址线全部参加译码。这种译码方法存储器芯片的地址空间是唯一确定的，但译码电路相对复杂。

3. 扩展存储器所需芯片数目的确定

若所选存储器芯片字长与单片机字长一致，则只需扩展容量。所需芯片数目按下式确定

$$芯片数目 = \frac{系统扩展容量}{存储器芯片容量}$$

若所选存储器芯片字长与单片机字长不一致，则不仅需要扩展容量，还需要字扩展。所需芯片数目按下式确定

$$芯片数目 = \frac{系统扩展容量}{存储器芯片容量} \cdot \frac{系统字长}{存储器芯片字长}$$

4. 控制线的连接

对于存储器来说，控制线无非是芯片的选通控制、读写控制。

单片机与外部器件数据交换要遵循两个重要原则。

① 地址唯一性：一个单元一个地址。

② 同一时刻，CPU 只能访问一个地址，即只能与一个单元交换数据。不交换时，外部器件处于锁闭状态，对总线呈浮空状态。

选通：CPU 与器件交换数据或信息，需先发出选通信号到芯片的片选端 $\overline{CE}$ 或 $\overline{CS}$，以便选中芯片。

读/写：CPU 向外部设备发出的读/写控制命令。

CPU 对不同存储器进行访问的控制信号如表 6.7 所示。

表 6.7 **CPU 与存储器控制信号连接**

	存储器端	CPU 控制信号
EPROM	$\overline{OE}$	$\overline{PSEN}$
SRAM	$\overline{WE}$	$\overline{WR}$
	$\overline{OE}$	$\overline{RD}$

6.6.3　序存储器的扩展

新型 C51 单片机或与之兼容的单片机一般内部已配置足够的 ROM，可满足小型嵌入式测控系统存放程序的需求。一般提倡单片机选型时尽量以单芯片组成系统，但是在一些特殊应用场合考虑到存放大型表格或常数库时则需要扩展外部 ROM。单片机与外部 ROM 通过外部扩展的数据、地址、控制总线以及数据/地址锁存器进行连接。

ROM 的扩展方法较为简单容易，这是由单片机的优良扩展性能决定的。单片机的地址总线为 16 位，扩展的片外 ROM 的最大容量为 64KB，地址为 0000H～FFFFH。扩展的片外 RAM 的最大容量也为 64KB，地址为 0000H～FFFFH。

尽管 ROM 与 RAM 的地址是重叠的，但由于 80C51 采用不同的控制信号和指令，所以地址不会发生混乱。

80C51 对片内和片外 ROM 的访问使用相同的指令，两者的选择是由硬件实现的。另外，芯片的选择尽量选用大容量的存储器，这样可以避免译码和地址计算的麻烦。

1. 常用程序存储器

ROM 是只读内存存储器（Read-Only Memory）的简称，是一种只能读出事先所存数据的固态半导体存储器。其特性是一旦储存数据就无法再将之改变或删除。单片机的应用中常将开发调试成功后的应用程序存储在程序存储器中，因为不再改变，所以这种存储器都采用只读存储器 ROM 的形式。

ROM 所存数据稳定，断电后所存数据也不会改变；其结构较简单，读出较方便，因而常用于存储各种固定程序和数据。除少数的只读存储器（如字符发生器）可以通用之外，不同用户所需只读存储器的内容不同。为便于使用和大批量生产，进一步发展了可编程只读存储器（PROM）、可擦可编程序只读存储器（EPROM）和电可擦可编程只读存储器。

单片机扩展的程序存储器常见的有以下几种形式。

掩膜 ROM（Mask ROM）。它是由半导体厂家在芯片生产封装时，将用户的应用程序代码通过掩膜工艺制作到单片机的 ROM 区中，一旦写入后用户则不能修改。所以它适合于程序已定型，并大批量使用的场合。其内存的制造成本较低，常用于计算机的开机启动。8051 就是采用掩膜 ROM 的单片机型号。

PROM（Programmable ROM，PROM）。可编程程序只读存储器内部有行列式的镕丝，需要利用电流将其烧断，才能写入所需的资料，但仅能写录一次。PROM 在出厂时，存储的内容全为 1，用户可以根据需要将其中的某些单元写入数据 0（部分的 PROM 在出厂时数据全为 0，用户可以将其中的部分单元写入 1），以实现对其"编程"的目的。PROM 的典型产品是"双极性熔丝结构"PROM，如果想改写某些单元，则可以给这些单元通以足够大的电流，并维持一定的时间，原先的熔丝即可熔断，这样就达到了改写某些位的目的。另外一类经典的 PROM 为使用"肖特基二极管"的 PROM 该类 PROM 在出厂时，其中的二极管处于反向截止状态，同样用大电流的方法将反相电压加在"肖特基二极管"，造成其永久性击穿即可。

EPROM（Erasable Programmable Read Only Memory，EPROM）。可擦除可编程只读存储器，可利用高电压将程序或数据编程写入，擦除时将线路曝光于紫外线下，则其中的内容可被清空，并且可重复使用。这类存储器在生产时通常会在封装外壳上预留一个石英透明窗以方便曝光。

OTPROM（One Time Programmable）。这是用户一次性编程写入的程序存储器。用户可通过专用的写入器将应用程序写入 OTPROM 中，但只允许写入一次，因此不设置透明窗。写入原理同 EPROM，但是为了节省成本，编程写入之后就不能再擦除。

EEPROM（Electrically Erasable Programmable Read Only Memory）。电可擦除可编程只读存储器的运作原理类似于 EPROM，但是擦除的方式是使用高电场来完成的，因此不需要透明窗。

Flash ROM（MTP ROM）。闪速存储器是一种可由用户多次编程写入的程序存储器。它不需紫外线擦除，编程与擦除完全用电实现，数据不易挥发，可保存 10 年。编程/擦除速度快，4KB 编程只需数秒，擦除只需 10ms。例如 AT89 系列单片机，可实现在线编程，也可下载。这是目前大力发展的一种 ROM，大有取代 EPROM 型产品之势。

ROM 非易失性存储器，断电后信息不丢失，如计算机启动用的 BIOS 芯片。其存取速率很低（较 RAM 而言）且不能改写。由于不能改写信息，不能升级，现已很少使用。

EPROM、EEPROM、Flash ROM（NOR Flash 和 NAND Flash），性能同 ROM，但可改写。一般读出比写入快，写入需要比读出更高的电压（读 5V、写 12V）。而 Flash ROM 可以在相同电压下读写，且容量大、成本低，如今在 U 盘、MP3 中使用广泛。在计算机系统里，RAM 一般用作内存，ROM 用来存放一些硬件的驱动程序，也就是固件。

2. 常用 EPROM 程序存储器

EPROM 主要是 27 系列芯片，如 2764（8K）/27128（16K）/27256（32K）/27040（512K）等，一般选择 8KB 以上的芯片作为外部程序存储器。

27 系列芯片引脚符号的含义和功能也可按三总线结构分类，且根据每个芯片的型号可知芯片容量。一般地，根据型号数除 27 以外的其他数字可知芯片的存储容量，目前 EPROM 的字长均为 8 位，由此根据容量可得芯片的字节单元数。如 2764 芯片型号数除 27 外剩余为 64，从而确定了该芯片的存储容量量为 8KB×8 位。8KB 表示有 $8×1024$（$2^3×2^{10}=2^{13}$）个存储单元，8 位表示每个单元存储数据的宽度（字长）是 8 位。前者确定了地址线的位数是 13 位（A0～A12），用于片内寻址；后者确定了数据线的位数是 8 位（D0～D7）。

3. 单片机与程序存储器的连接

图 6-35 所示为 EPROM 与单片机的通用连线示意图。C51 单片机的 8 位数据线由 P0 口提供与程序存储器的 8 位数据线直接相连。因 C51 单片机的 8 位地址/数据线复用，所以 8 位地址线必须经锁存器锁存后输出低 8 位地址线与存储器的低 8 位地址线相连接，而存储器的剩余高端地址线由低到高依次与单片机 P2 口的相应地址线相连。单片机的 ALE 信号与锁存器的锁存控制端相连接，通过锁存器实现了单片机地址线与数据线的分离。将单片机的 $\overline{\text{PSEN}}$ 引脚连接到存储器的 $\overline{\text{OE}}$ 端，控制 EPROM 中数据的读出。存储器的片选端 $\overline{\text{CS}}$ 若利用线选法扩展 EPROM，可以直接依次

连接单片机剩余的高端地址，若采用译码法实现多个 EPROM 的扩展，则将单片机剩余高端地址经译码后依次连接到各存储器的片选端。

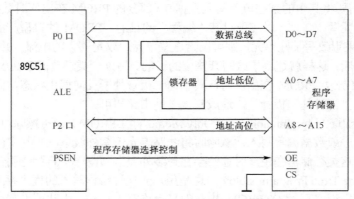

图 6-35　EPROM 与单片机连接示意图

4．扩展程序存储器的时序图

程序存储器扩展电路的安排应满足单片机从外存取指令的时序要求。从时序图中分析 ALE、$\overline{\text{PSEN}}$、P0 和 P2 怎样配合使程序存储器完成取指操作，从而得出扩展程序存储器的方法。

单片机一直处于不断地"取指令码—执行—取指令码—执行"的工作过程中，在取指令码时和执行 MOVC 指令时 $\overline{\text{PSEN}}$ 会变为有效，和其他信号配合完成从程序存储器读取数据。图 6-36 所示为 C51 单片机访问外部程序存储器的时序图。其操作过程如下。

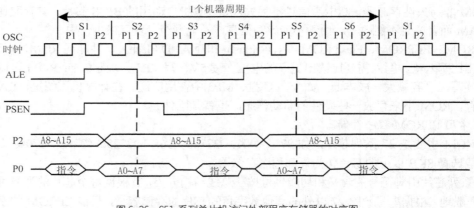

图 6-36　C51 系列单片机访问外部程序存储器的时序图

① 在 S1P2 时刻产生 ALE 信号。由 P0、P2 口送出 16 位地址，由于 P0 口送出的低 8 位地址只保持到 S2P2，所以要利用 ALE 的下降沿信号将 P0 口送出的低 8 位地址信号锁存到地址锁存器中。而 P2 口送出的高 8 位地址在整个读指令的过程中都有效，因此不需要对其进行锁存。从 S2P2 起，ALE 信号失效。

② 从 S3P1 开始，$\overline{\text{PSEN}}$ 开始有效，对外部程序存储器进行读操作，将选中的单元中的指令代码从 P0 口读入，S4P2 时刻，$\overline{\text{PSEN}}$ 失效。

③ 从 S4P2 后开始第二次读入，过程与第一次相似。

5．程序存储器扩展举例

【例 6-8】　现有 2KB×8 位存储器芯片 2716 若干，需扩展为 8KB×8 位存储结构，试采用适当方法进行扩展。

分析：扩展 8KB 的存储器结构需 2KB 的存储器芯片 4 块。2KB 的存储器所用的地址线为 A0~A10，共 11 根。地址线和片选信号与 CPU 的连接如下，因扩展范围在 64KB 范围内，所以可有多种扩展方法。

解：芯片数目的确定，目标容量 $\dfrac{目标容量}{芯片容量} = \dfrac{8 \times 8}{2 \times 8} = 4$ 片

每块芯片总容量为 2KB×8 位，字长为 8 位，存储单元数 $2KB = 2^{11}$，所以每块芯片的地址线为 11 位 A0~A10。

线选法：当采用线选法扩展时，地址分配如表 6.8 所示。

表 6.8   89C51 用线选法对程序存储器 2716 的地址分配

	P2.7	P2.6	P2.5	P2.4	P2.3	P2.2	P2.1	P2.0	P0.7~P0.0	地址范围
#1	1	1	1	1	0	0	0	0	0~0	0F000H~0F7FFH
	1	1	1	1	0	1	1	1	1~1	
#2	1	1	1	0	1	0	0	0	0~0	0E800H~0EFFFH
	1	1	1	0	1	1	1	1	1~1	
#3	1	1	0	1	1	0	0	0	0~0	0D800H~0DFFFH
	1	1	0	1	1	1	1	1	1~1	
#4	1	0	1	1	1	0	0	0	0~0	0B800H~0BFFFH
	1	0	1	1	1	1	1	1	1~1	

根据上表可得每块芯片的片选信号的连接方法，如图 6-37 所示。

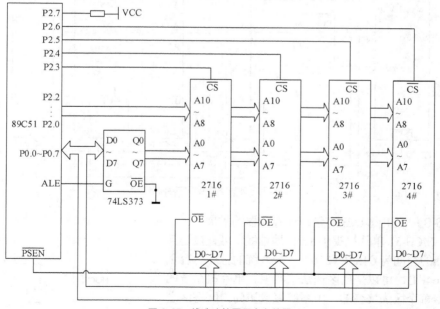

图 6-37 线选法扩展程序存储器

如前所述，由于线选法存在多映像区地址重叠的问题，因此虽然连线简单，但是当扩展芯片较多时，多采用译码法连接。当设计要求地址唯一时，就必须采用全译码译码法来完成扩展。

译码法连接：当采用译码法扩展时，地址分配如表 6.9 所示。

表 6.9 89C51 用译码法对程序存储器 2716 的地址分配

	P2.7	P2.6	P2.5	P2.4	P2.3	P2.2	P2.1	P2.0	P0.7～P0.0	地址范围
#1	1	1	1	0	0	0	0	0	0～0	0E000H～0E7FFH
	1	1	1	0	0	1	1	1	1～1	
#2	1	1	1	0	1	0	0	0	0～0	0E800H～0EFFFH
	1	1	1	0	1	1	1	1	1～1	
#3	1	1	1	1	0	0	0	0	0～0	0F000H～0F7FFH
	1	1	1	1	0	1	1	1	1～1	
#4	1	1	1	1	1	0	0	0	0～0	0F800H～0FFFFH
	1	1	1	1	1	1	1	1	1～1	

根据上表可得每块芯片片选信号的连接方法，如图 6-38 所示。

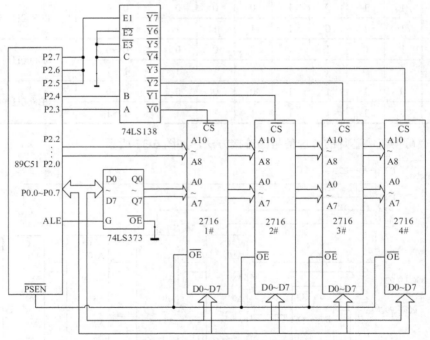

图 6-38 译码法扩展程序存储器

【例 6-9】 超出 64KB 容量程序存储器的扩展。

分析：MCS-51 单片机提供 16 位地址线，可直接访问程序存储器的空间为 64KB（2^{16}），若系统的程序总容量需求超过 64KB，可以采用区选法来实现。单片机系统的程序存储器每个区为 64KB，由系统直接访问，区与区之间的转换通过控制线的方式来实现。图 6-39 所示为系统扩展 128KB 程序存储空间（2×64KB）示意图。

P1.0 输出高电平，访问 A 芯片。

P1.0 输出低电平，访问 B 芯片。

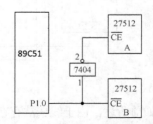

图 6-39 系统扩展 128KB 存储空间示意图

6.6.4　数据存储器的扩展

单片机内部的 RAM 为 128KB（或 256KB），有的单片机应用系统需要扩展外部数据存储器 RAM（如数据采集系统数据量较大，需要专设 RAM 或 Flash RAM）。最常用的 RAM 器件是静态 RAM（SRAM）。

数据存储器扩展与程序存储器扩展基本相同，只是数据存储器控制信号一般有输出允许信号 $\overline{\text{OE}}$ 和写控制信号 $\overline{\text{WE}}$，分别与单片机的片外数据存储器的读控制信号 $\overline{\text{RD}}$ 和写控制信号 $\overline{\text{WR}}$ 相连，其他信号线的连接与程序存储器完全相同。即使数据存储器与程序存储器的地址重叠，因扩展它们的控制信号不同，所以不会造成程序的混乱。

I/O 扩展的地址空间与数据存储器扩展的空间是共用的，所以扩展数据存储器涉及到的问题远比扩展程序存储器扩展要多。

1. 常用静态 RAM 存储器

常用的 SRAM 有 6116（2K）、6264（8K）、62128（16K）、62256（32K）等。一般选择 8KB 以上的芯片作为外部数据存储器。

从应用的角度上，静态 RAM 芯片的存储容量也可根据芯片的型号来进行估算，估算方法与前节中程序存储器的估算方法类似。

2. 单片机与数据存储器的连接

图 6-40 所示为以 6264 为例，与单片机的通用连线示意图。C51 单片机的 8 位数据线由 P0 口提供与数据存储器的 8 位数据线直接相连。因 C51 单片机的 8 位地址/数据线复用，所以 8 位地址线必须经锁存器锁存后输出低 8 位地址线与存储器的低 8 位地址线相连接，而存储器的剩余高端地址线由低到高依次与单片机的 P2 的相应地址线相连。单片机的 ALE 信号与锁存器的锁存控制端连接，通过锁存器实现了单片机地址线与数据线的分离，其连接方法与程序存储器相同。将单片机的 $\overline{\text{RD}}$ 引脚连接到 RAM 的 $\overline{\text{OE}}$ 端，控制 RAM 中数据的读出，单片机的 $\overline{\text{WR}}$ 连接 RAM 的 $\overline{\text{WE}}$ 端，控制给 RAM 写入数据。存储器的片选端 $\overline{\text{CE1}}$ 若利用线选法扩展 RAM，可以直接依次连接单片机剩余的高端地址；若采用译码法实现多个 RAM 的扩展，则将单片机剩余高端地址经译码后依次连接到各存储器的片选端。这里需要强调的是，只有 6264 RAM 芯片有第二个片选端 CE2，所以，可直接经限流电阻连接高电平，即让该引脚长期有效。当然，根据实际应用的需求，可将该端口由单片机来控制。其余的 RAM 芯片无此引脚。

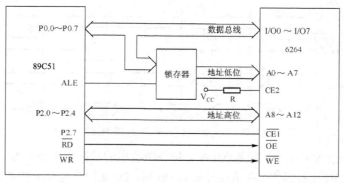

图 6-40　数据存储器 6264 与单片机连接示意图

使用时应注意，访问内部或外部数据存储器时，应分别使用 MOV 及 MOVX 指令。外部数据存储器通常设置两个数据区。

【例 6-10】　将图 6-40 中 6264 的 1000H～1007H 的 8 个单元内容移到单片机内部 RAM 以

60H 开始的连续单元中。

分析：6264 存储器芯片采用线选法，A0～A12 可从全 0 变为全 1，因而其地址范围为 0000H～1FFFH。

```
#include <reg51.h>
#include <absacc.h>
#define uchar unsigned char
void main()
{
    uchar i;
    uchar data *p;              //定义指针变量
     p=0x60;                    //指针变量指向地址为 60H 的内部 RAM
    for(i=0;i<8;i++)
    {
        *p=XBYTE[i+0x1000];     //从外部 RAM 读数并写入内部 RAM
        p=p+1;                  //指针地址加 1，实现内部 RAM 地址加 1
    }
    while(1);
}
```

3. 扩展数据存储器的时序图

C51 单片机内只有 128 字节的数据 RAM，当应用中需要更多的 RAM 时，只能在片外扩展。可扩展的最大容量为 64KB。

访问外部 RAM 的操作主要发生在外部扩展单片机 RAM 的时候。此时，指令的操作时序中便包含了外部 RAM 存储器的操作。这里涉及的操作包括 ALE、$\overline{PSEN}$、$\overline{RD}$、$\overline{WR}$、P0 端口和 P2 端口，其中，P0 端口作为低 8 位地址，P2 端口作为高 8 位地址。访问外部 RAM 的时序，如图 6-41 所示。整个操作需要如下 2 步来完成。

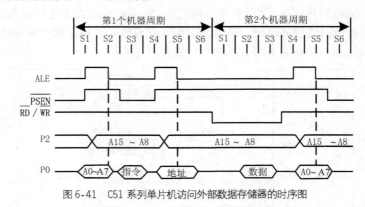

图 6-41　C51 系列单片机访问外部数据存储器的时序图

（1）首先执行 MOVX 指令。根据 MOVX 指令所给出的数据来选择外部 RAM 单元。

（2）对该单元进行读写操作。在访问外部 RAM 时，P0 端口作为地址和数据的分时复用，P2 端口作为地址的高 8 位。首先，第一个机器周期，P0 端口将先输出低 8 位地址，P2 端口将输出高 8 位地址，并利用 ALE 信号使其锁存起来。第二个机器周期，读信号 $\overline{RD}$（或者写信号 $\overline{WR}$）有效，这样便将外部 RAM 中的数据送到单片机 P0 端口（或者将数据写入外部 RAM）。

数据存储器的扩展方法类似于程序存储器的扩展方法，只须注意控制线的连接即可。

6.6.5　扩展存储器（I/O 口）接口电路综合应用实例

前面分别讨论了 C51 型单片机扩展外部程序存储器和数据存储器的方法，但在实际的应用系统设计中，往往既需要扩展程序存储器，又需要扩展数据存储器，同时还需要扩展 I/O 接口芯片，而且有时需要扩展多片。设计时应适当地把外部 64KB 的数据存储器空间和 64KB 的程序存储器空间分配给各个芯片，使程序存储器的各芯片之间、数据存储器的各芯片之间的地址不发生重叠，从而避免单片机在读/写外部存储器时发生数据冲突。

MCS-51 型单片机的地址总线由 P2 端口送出高 8 位地址，P0 端口送出低 8 位地址，为了唯一地选择片外某一存储单元或 I/O 端口，一般需要进行二次选择。一是必须先找到该存储单元或 I/O 端口所在的芯片，一般称为"片选"；二是通过对芯片本身所具有的地址线进行译码，然后确定唯一的存储单元或 I/O 端口，称为"字选"。扩展时各片的地址线、数据线和控制线都并行挂接在系统的三总线上，各芯片的片选信号要分别处理。图 6-42 所示的例子是 C51 单片机扩展一片程序存储器 2732、2 片数据存储器 6116 和 2 片 8255A 的电路图。

此种接法会使存储芯片的地址范围有重叠的部分，但单片机对程序存储器的读操作由 $\overline{\text{PSEN}}$ 来控制，而对数据存储器的读/写操作则分别由 $\overline{\text{RD}}$ 和 $\overline{\text{WR}}$ 控制，CPU 对程序存储器和数据存储器的访问分别采用 MOVC 和 MOVX 指令，故不会造成操作上的混乱。

【例 6-11】 设某一单片机应用系统，现有 EPROM 芯片 2732，RAM 芯片 6116，需外扩 4KB 的 EPROM、4KB 的 RAM，还需外扩两片 8255A 并行接口芯片。请给出连线图及地址范围。

分析：同时扩展数据存储器和程序存储器因使用的控制信号不同，所以扩展时候即使有地址重叠也不会造成混乱，所以只须按各自的扩展规则连线即可。

但外扩的 I/O 接口芯片 8255A 占用地址空间与数据存储器 RAM 扩展的空间是共用的，所以两片 8255A 应当按数据存储器的扩展方法来连接。

解：芯片数据的确定。

现需扩展 4KB 的 EPROM，而 2732 本身存储容量为 4K×8，所以只需一片 2732 即可满足要求。

扩展 4KB 的 RAM，现有芯片 6116，其存储容量为 2K×8，所以需要 2 片 6116 来完成。

地址分配如表 6.10 所示。芯片与 C51 单片机的连接采用线选法，电路如图 6-42 所示。

表 6.10　C51 对各芯片的地址分配

	P2.7	P2.6	P2.5	P2.4	P2.3	P2.2	P2.1	P2.0	P0.7···P0.3	P0.2	P0.1	P0.0	地址范围
2732	0	0	0	0	0	0	0	0	0···0	0	0	0	0000H~0FFFH
	0	0	0	0	1	1	1	1	1···0	1	1	1	
6116 (1)	1	1	1	1	0	0	0	0	0···0	0	0	0	0F000H~0F7FFH
	1	1	1	1	0	1	1	1	1···0	1	1	1	
6116 (2)	1	1	1	0	1	0	0	0	0···0	0	0	0	0E800H~0EFFFH
	1	1	1	0	1	1	1	1	1···0	1	1	1	
8255 (2)	1	1	0	1	1	1	1	1	1···1	1	0	0	0DFFCH~0DFFFH
8255A (1)	1	0	1	1	1	1	1	1	1···1	1	0	0	0BFFCH~0DFFFH
	1	0	1	1	1	1	1	1	1···1	1	1	1	

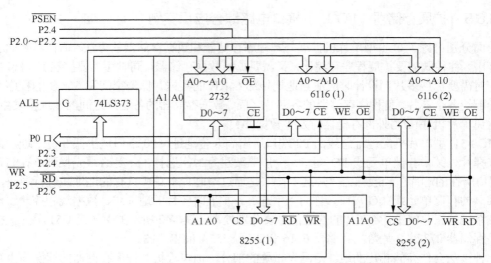

图 6-42 C51 单片机综合扩展存储器（I/O 口）接口电路连线图

本章小结

本章着重介绍了单片机外部资源的扩展，并在介绍了单片机外部编址技术的基础上详细介绍了单片机 I/O 口和存储器扩展的方法。其中，I/O 口的扩展主要介绍了简单 I/O 接口扩展、I²C 总线扩展、利用单片机串口扩展和并行接口芯片扩展 4 部分。简单 I/O 口的扩展主要是输入缓冲和输出锁存的扩展方法及编程应用；I²C 总线模拟扩展原理及接口应用；简要介绍了 SPI 总线原理；串口扩展主要是结合串并转换/并串转换芯片进行扩展；并行接口扩展重点介绍了可编程并行接口芯片 8255A 的原理及其与单片机的连接方法。存储器扩展主要介绍了程序存储器、数据存储器和二者综合的编址方法及编程应用。通过本章的学习，读者应该掌握了以下几个知识点。

- 重点掌握单片机扩展的方法和地址编码方法，理解三总线原理。
- 掌握单片机的三总线结构和连接方法，掌握锁存器、译码器及存储芯片的功能、结构和引脚。
- 掌握并行接口芯片 8255A 的编成结构、连接方法、控制字格式和编程方法。
- 掌握本章介绍的 I²C 总线及存储器扩展方法。

习 题

6-1 什么是外部三总线？总线结构有何优越性？

6-2 在 C51 单片机扩展系统中，程序存储器和数据存储器共用 16 位地址线和 8 位数据线，为什么两个存储空间不会发生冲突？

6-3 假设某存储器有 8192 个存储单元，其首地址为 0，则末地址为多少？

6-4 某存储器有 11 根地址线，可选多少个地址？

6-5 用两片 74HC273 芯片扩展 89C51 的 P1 端口，实现 6 位发光二级管的开关控制和点亮。

6-6 现有 6116 若干，请用这些芯片扩展 4KB 的数据存储器，画出连线图，并给出每个芯片的地址范围。（用译码法实现）

6-7 设有以 8051 为主机的系统，现要扩展 8KB 的片外数据存储器，请以并行方式和串行方式选择和合适的芯片，并分别绘出电路原理图。指出这两种电路各有什么特点，各适用于什么情况，给出串行方式读取一个字节数据的程序。

6-8 现有 12 根地址线，可选多少个地址？

6-9 试编程对 8255A 进行初始化。A 口为基本输入，B 口为基本输出，C 口上半部为输入，C 口下半部为输出。

6-10 设以 8051 为主机，外部扩展 EEPROM 28128 一片、8255A 一片和 6264 一片，利用译码法实现，画出设计电路图，并写出对应的地址空间。

6-11 对例 6-5 I^2C 总线扩展实例，若采用页写的方法，如何实现？试编程并仿真。

6-12 比较 I^2C 总线和 SPI 总线的优缺点。

第 **7** 章　MCS-51 单片机的接口技术及应用

接口是单片机与外设间进行信息交换的连接端口。在单片机系统中，键盘、显示器是实现人机对话必不可少的设备；在智能仪表和过程控制中，A/D 和 D/A 数据转换接口是实现模拟数据输入、输出常用的端口。

本章将详细介绍单片机与显示器、键盘、A/D、D/A 等连接的实用接口技术，并典型实例分析。

7.1　LED 显示接口

为便于观察和监视系统运行状态，通常会采用显示器对系统的运行状态和参数进行实时显示。在单片机控制系统中，常用的显示器有 LED 和 LCD 两种显示器。

7.1.1　LED 显示器的工作原理

LED（Light Emiting Diode）是发光二极管的缩写。LED 显示器是由发光二极管按照一定结构组合起来显示字段的显示器件，也称为数码管。在单片机应用系统中通常采用七段、八段式数码管。图 7-1（a）所示为由 8 个发光二极管构成的八段式数码管，其中的 7 段发光二极管构成 7 笔画的"8"字型，1 段构成小数点。通过发光二极管的不同发光组合可显示 0~9、A~F 及小数点"."字符。

数码管有共阴极和共阳极两种结构，图 7-1（b）是共阴极结构，图 7-1（c）是共阳极结构。

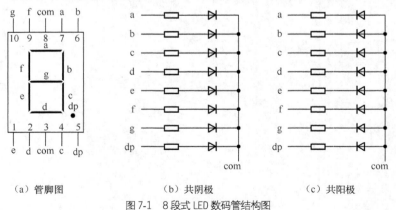

（a）管脚图　　　　　　　　（b）共阴极　　　　　　　（c）共阳极

图 7-1　8 段式 LED 数码管结构图

共阴极结构：8 个发光二极管的阴极连在一起构成公共阴极，阳极端分开控制。使用时，共阴极端接地，此时当某个发光二极管的阳极为高电平时，发光二极管点亮。

共阳极结构：8 个发光二极管的阳极连在一起构成公共阳极，阴极端分开控制。使用时，共阳极端接电源，此时当某个发光二极管的阴极为低电平时，发光二极管点亮。

　　显示不同的数字和字符时，要点亮不同的笔段，因此，要为数码管的 8 个笔段编码，即编写段码。不同数字和字符的段码不同，而且对于同一个数字或字符，共阴极接法和共阳极接法的段码也不同，两者互为反码。表 7.1 所示为 0～9 数字和 A～F 字符的段码。

表 7.1	数字和字符的共阴极和共阳极的字段码			
显示数字	共阴极小数点暗 Dp g f e d c b a	十六进制	共阳极小数点暗 Dp g f e d c b a	十六进制
0	0 0111111	3FH	1 1000000	C0H
1	0 0000110	06H	1 1111001	F9H
2	0 1011011	5BH	1 0100100	A4H
3	0 1001111	4FH	1 0110000	B0H
4	0 1100110	66H	1 0011001	99H
5	0 1101101	6DH	1 0010010	92H
6	0 1111101	7DH	1 0000010	82H
7	0 0000111	07H	1 1111000	F8H
8	0 1111111	7FH	1 0000000	80H
9	0 1101111	6FH	1 0010000	90H
A	0 1110111	77H	1 0001000	99H
B	0 1111100	7CH	1 0000011	83H
C	0 0111001	39H	1 1000110	C6H
D	0 1011100	5EH	1 0100011	A3H
E	0 1111001	79H	1 0000110	86H
F	0 1110001	71H	1 0001110	8EH
灭	0 0000000	00H	1 1111111	FFH
小数点	1 0000000	80H	0 1111111	7FH

　　将显示数字或字符转换为相应段码的过程称为译码，单片机要输出显示的数据或字符通常有两种译码方式：硬件译码和软件译码。

　　硬件译码：是指用专用的显示译码芯片来实现数字或字符到段码转换。图 7-2 所示为专用译码芯片

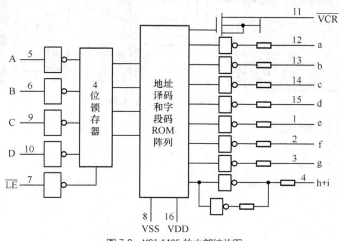

图 7-2　MC14495 的内部结构图

MC14495 的内部结构图，用 MC14495 可实现数字或字符到段码的转换。

硬件译码时，若要显示一个数码管的数字或字符，单片机只须输出这个数字或字符的 4 位二进制编码，经 I/O 口锁存、译码器译码该数字或字符的 8 位段码，驱动数码管显示相应的数据或字符。当显示的数字或字符比较多时，需要的硬件资源比较多，硬件电路比较复杂，所以在单片机控制系统中，一般不采用硬件译码。

软件译码：是通过编写译码程序实现数字或字符的 4 位二进制编码到字段码转换。软件译码不需要外接硬件设备，电路简单，而且显示字符比较灵活，在实际应用中使用较广。

数码管按外形尺寸，使用较多的是 "0.5" 和 "0.8"，显示的颜色主要有红色和绿色，亮度强弱分为超亮、高亮和普亮。数码管的正向压降为 1.5V～2V，额定电流为 10mA，最大电流为 40mA。

7.1.2 LED 显示器的显示方式

LED 数码管的显示方式有静态显示和动态显示。

1. 静态显示

静态显示是指当显示某个数字或字符时，相应的字段（发光二极管）恒定地导通或关断，直到显示下一个数字或字符为止。特点：公共端直接接地（共阴极）或电源（共阳极），每个数码管的字段选线直接（a～g、dp）与一个 8 位的并口相连。这种方式占用的硬件多，一般用于显示器位数较少的场合。

【例 7-1】 译码器控制单体、共阴极数码管循环显示两位数字 0～30。

Proteus 仿真电路如图 7-3 所示。在图 7-3 中，以 P2 口作为段码控制口，段码经译码芯片 7447 实现段码的译码和驱动；且在电路中采用的是共阴极数码管显示，因此数码管的公共端接地。

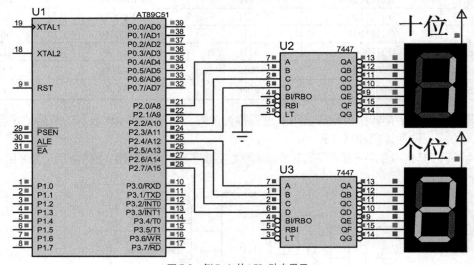

图 7-3 例 7-1 的 LED 动态显示

循环显示 0～30 的程序如下：

```c
#include <REG51.H>
#include <intrins.h>
#define    uchar unsigned char
void main( )
{
  uchar i,j,k;
```

```
    while(1)
    {
    for(i=0;i<=30;i++)
    {
      j=i/10;                //十位上的数字，通过P2低4位显示
      k=(i%10)<<4;           //个位上的数字，通过P2高4位显示
      P2=j|k;
        delay( );            //调用延时子程序
    }
    }
}
```

2. 动态显示

LED 动态显示是将所有数码管的段选线（a～g、dp）都并接在一起，连接到一个 8 位的 I/O 接口上，每个数码管的公共端（称为位选端）分别由相应 I/O 接口线控制。图 7-4 所示为一个 4 位数码管动态显示。

LED 动态显示由于各个数码管共用一个段码输出端口，分时轮流选通显示，从而简化了硬件电路的设计。但是在这种电路中数码管的数量也不能太多，一般在 8 个以内，以免每个数码管分配到的实际导通时间太短，亮度不够。

常用的动态显示电路主要有：并行 I/O 口显示电路、并行 I/O 口与译码器构成的显示电路和串行口构成的动态显示电路。

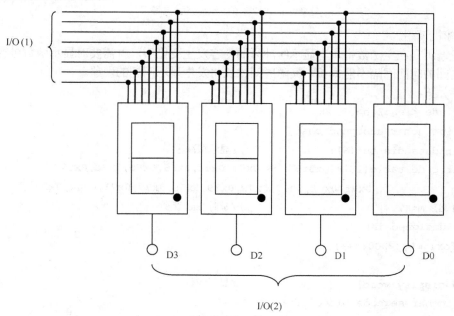

图 7-4　4 位数码管的动态显示

7.1.3　C51 单片机与 LED 显示器的接口电路设计实例

【例 7-2】 利用 AT89C52 单片机的并行口作为动态显示的段选和位选接口，实现 6 位数码管的动态显示。

Proteus 仿真电路如图 7-5 所示。在图中，以 P0 口作为段码控制口，段码经驱动芯片 74LS245 实现段码的驱动；P3 口作为位码控制口，经过 7407 实现某一位的选通，并经软件延迟，实现 6 位数码管的轮流显示。

6 位数码管动态显示"456789"的 C51 源程序如下。

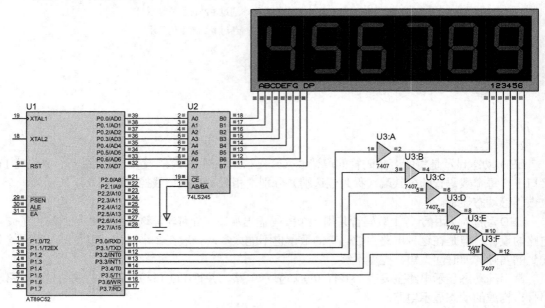

图 7-5 例 7-2 的 Proteus 仿真电路图

① 随机调用。

随机调用是在主函数中，当显示缓冲区的内容发生变化后，就需要对显示函数进行调用，两次调用之间的时间间隔不能太长。间隔时间太长将发生显示闪烁的现象。

程序如下：

```
#include <reg52.h>
#define uchar unsigned char
uchar data dis_buf[6];              //显示缓冲区
uchar code table[18]={0x3f,0x06,0x5b,0x4f,0x66,0x6d,0x7d,0x07,
              0x7f,0x6f,0x77,0x7c,0x39,0x5e,0x79,0x71,0x40,0x00};  //代码表
void dl_ms()                        //延时 1ms 函数
{    unsigned int j;
    for(j=0;j<200;j++);
}
void display(void)                  //显示函数
{    uchar segcode,bitcode,i;
    bitcode=0xfe;                   //位码赋初值
    for(i=0;i<6;i++)
    {    segcode=dis_buf[i];        //显示缓冲区内容查表
        P0=table[segcode];
        P3=bitcode;
    dl_ms();
```

```
    P3=0xff;                    //关闭显示
    bitcode=bitcode<<1;      //调整位码
    bitcode=bitcode|0x01;
 }
}
void main(void)
{dis_buf[0]=4; dis_buf[1]=5;      //显示缓冲区赋初值
 dis_buf[2]=6; dis_buf[3]=7;
 dis_buf[4]=8; dis_buf[5]=9;
 while(1)
 { display(); }
}
```

② 定时调用。

定时调用是通过定时/计数器的定时功能来定时一定的时间（如 20ms），定时时间到后调用显示函数。

程序如下：

```
#include <reg52.h>
#define uchar unsigned char
uchar data dis_buf[6];             //显示缓冲区
uchar code table[18]={0x3f,0x06,0x5b,0x4f,0x66,0x6d,0x7d,0x07,
                0x7f,0x6f,0x77,0x7c,0x39,0x5e,0x79,0x71,0x40,0x00};  //代码表
void display();
void dl_ms()                      //延时 1ms 函数
{unsigned int j;
 for(j=0;j<200;j++);
}
void main(void)                   //定时调用
{TMOD=0x01;
 TH0=20000/256;
 TL0=2000%256;
 EA=1;
 ET0=1;
 TR0=1;
 dis_buf[0]=4; dis_buf[1]=5;              //显示缓冲区赋初值
 dis_buf[2]=6; dis_buf[3]=7;
 dis_buf[4]=8; dis_buf[5]=9;
 while(1);
}
void time0_int() interrupt 1
{TH0=20000/256;
 TL0=2000%256;
 display();
```

```
        }
```

　　另外，动态显示过程中位控制码可以采用查找表的形式，建立一个位码控制表，如：

```
uchar code bittable[6]={0xfe,0xfd,0xfb,0xf7,0xef,0xdf};    //位码控制表
void display (void)                    //显示函数
{uchar segcode,i;
     for (i=0;i<7;i++)
     {    segcode=dis_buf[i];          //显示缓冲器内容查表
          P0=table[segcode];
          P3=bittable[i];
          dl_ms();
          P3=0xff;                     //关闭显示
     }
     }
```

7.2 液晶显示器 LCD

　　液晶显示器（LCD）具有功耗小、体积小、质量轻、超薄和可编程驱动等优点，不仅可以显示数字、字符、还可以显示汉字、图形、曲线，并且可以实现屏幕的滚动和动画显示，有比较好的人机界面接口，已经成为智能仪器和测试设备的首选显示器件。

7.2.1 LCD 显示器的概述

1. LCD 显示器的工作原理

　　LCD（Liquid Crystal Display）是液晶显示器的缩写，液晶显示器是基于液晶电光效应的一种被动显示器。之所以称为"被动"，是因为这类显示器是通过借助外界光线照射液晶材料实现显示，而非液晶显示器自身发光显示。它的工作原理是利用液晶的物理特性，在通电时，使液晶排列变得有秩序，使光线容易通过；在不通电时，排列则变得混乱，阻止光线通过。

2. LCD 的分类

　　① 按电光效应分类。

　　电光效应指在电的作用下，液晶分子的初始排列方式改变为其他的排列方式，使液晶盒的光学性质发生变化，即通过液晶分子对光进行调制。按电光效应的不同，LCD 可分为电场效应类、电流效应类、电热效应类。电场效应类又可分为扭曲向列效应（Twisted Nematic，TN）型、宾主效应（GH）型和超前扭曲（Super Twisted Nematic STN）型等。

　　② 按显示内容分类。

　　按显示内容不同，LCD 可分为字段式（又称为笔画式）、点阵字符型和点阵图形 3 种。

　　字段式 LCD 是以长条笔画状显示像素组成的液晶显示器。

　　点阵字符型有 192 种内置字符，包括数字、字母、常用标点符号等。另外，用户也可自行定义点阵字符。根据 LCD 型号的不同，每屏显示的行数有 1 行、2 行、4 行 3 种，每行可以显示 8 个、16 个、32 个和 40 个字符等。

　　点阵图形显示的 LCD，除了可以显示字符外，还可以显示图形信息、汉字等。

　　③ 按采光方式分类。

　　按采光方式的不同，LCD 可分为带背光源和不带背光源两类。

不带背光源 LCD 是靠显示器背面的反射膜将入射的自然光从下面反射出来完成显示。大部分设备的 LCD 使用的是自然光源，不自带背光光源。若使用在黑暗或光线弱的环境下，则可选择带背光的 LCD。

3. LCD 的驱动方式

LCD 的两电极之间不允许施加恒定的直流电压，驱动电压的直流分量越小越好，最好不超过 50mV。为了实现 LCD 的亮或灭需要两倍的电压，通常采用在 LCD 的背极给予固定的交变电压，通过控制前极的电压值实现对 LCD 显示的控制。

LCD 的驱动方式与电极引线的选择有关，其驱动方式有静态驱动（直接驱动）和动态驱动（时分割驱动或多极驱动）方式两种。

① 静态驱动。

静态驱动是逐个驱动所有字段的电极，所有字段电极和共用电极之间仅在显示时才施加电压。当显示字段较小时，一般采用静态驱动方式；当显示字段比较多时，一般采用动态显示。

② 动态显示。

动态显示是把全部的电极分为多个数组，将它们分时驱动，即采用逐行扫描的方法显示所需要的内容。当显示的像素比较多时，为节省驱动电路，多采用动态驱动电路。

7.2.2 字符型 LCD1602A 的应用

LCD1602A 是一种点阵字符型液晶显示模块，可以显示两行，共 32 个字符，字符的点阵为 5×8，是一种小型液晶显示模块。

1. 主要技术参数

显示容量：2×16 个字符。

芯片工作电压：4.5～5.5V。

反射型 EL 或者 LED 背光，其中 EL 为 100VAC、400Hz，LED 为 4.2VDC。

字符尺度：2.95mm×4.35mm。

2. 接口说明

LCD 1602A 采用的是并行接口方式，其引脚定义如表 7.2 所示。

表 7.2   LCD 1602A 引脚说明

引脚编号	引脚名称	状　态	功能说明
1	VSS		电源地
2	VCC		+5V 逻辑电源
3	VEE		液晶驱动电源
4	RS	输入	寄存器选择：1 为数据，0 为命令
5	R/W	输入	读/写操作选择：1 为读，0 为写
6	E	输入	使能信号
7～14	D0～D7	三态	数据总线
15	LED+	输入	背光电源的正极
16	LED-	输入	背光电源的负极

3. 指令说明

LCD1602A 的指令包括清屏、归位、输入方式设置、显示开关控制、光标位移、功能设置、

CGRAM 地址设置、DDRAM 地址设置、读 BF 以及 AC 值、写数据、读数据。

指令集如下。

0x38　　设置 16×2 显示，5×7 点阵，8 位数据接口；

0x01　　清屏；

0x0F　　开显示，显示光标，光标闪烁；

0x08　　只开显示；

0x0e　　开显示，显示光标，光标不闪烁；

0x0c　　开显示，不显示光标；

0x06　　地址加 1，当写入数据的时候光标右移；

0x02　　地址计数器 AC=0（此时地址为 0x80）；光标归原点，但 DDRAM 中断内容不变；

0x18　　光标和显示一起向左移动。

4. LCD1602A 程序编写流程及各模块子程序

LCD1602A 程序编写主要包括：LCD1602A 管脚定义、显示初始化、显示模式设置、读子程序、写子程序等。

（1）头文件、宏定义、管脚定义。

在这部分首先完成程序包括的头文件、宏定义，并完成 LCD1602A 管脚的定义。

```c
#include<reg51.h>
#include <string.h>
#define uchar unsigned char
#define uint unsigned int
sbit EN=P3^4;
sbit RS=P3^5;
sbit RW=P3^6;
uchar code table0[]={"QQ:545699636"};   // 显示字符串时定义的字符串数组
```

（2）LCD1602A 初始化子程序。

```c
void LCD1602()
{
 EN=0;
    RS=1;
    RW=1;
    P0=0xff;      //这里 P0 为与 LCD D0~D7 相连的 I/O 口
}
```

（3）LCD1602A 显示初始化子程序。

LCD1602A 初始化子程序完成初始化和显示模式设置等操作，包括设置显示方式、清理显示缓存、设置显示模式等。

```c
void init()
{
    delay(15);
    write(0x38,0);
    delay(5);
// （注：以上写 38H 指令可以根据情况省略 1~2 步，以上都不检测忙信号）
// （以下都要检测忙信号）
```

```
        write(0x38,0);
        write(0x08,0);
        write(0x01,0);
        write(0x06,0);
        write(0x0c,0);
    }
```

（4）读忙子程序。

```
 void read_busy()
 {
        P0=0xff;
        RS=0;
        RW=1;
        EN=1;
        while(P0&0x80);     //P0 和 10000000 相与，D7 位若不为 0，停在此处
        EN=0;               //若为 0 跳出进入下一步；这条语句的作用就是检测 D7 位
    }                       //若忙在此等待，不忙则跳出读忙子程序执行读写指令
```

（5）写指令写数据子程序。

```
void write(uchar i,bit j)
{
    read_busy();
    P0=i;                   //其中 i=0，写指令；i=1，写数据
    RS=j;
    RW=0;
    EN=1;
    EN=0;
}
```

（6）显示单个字符子程序。

```
void display_lcd_byte(uchar y,uchar x,uchar z)     //Y=起始行，X=起始列，Z=想写字符的 ASCII
码
{
    if(y)           // 若在第一行 Y=0，不进入 if 语句，若在第二行，进入 if 语句
    {
        x+=0x40;    //第二行起始地址加上列数为字符显示地址
    }
    x+=0x80;        //设置数据指针位置
    write(x,0);
    write(z,1);     //写入数据
}
```

（7）显示字符串子程序。

```
void display_lcd_text(uchar y,uchar x,uchar table[])     // table[]字符串数组
{
uchar z=0;
```

```
    uchar t;
     t=strlen(table)+x;        //求得字符串长度加上起始列位置
     while(x<t)                //功能为 LCD 显示到字符串最后一个字符，防止字符串
     {                         //没有 16 个字符，从而不够位，不会产生乱码
        display_lcd_byte(y,x,table[z]);      //逐位显示数组内字符
        x++;
        z++;
     }
}
```

【例 7-3】　基于 AT89C51 单片机的并口设计并实现 LCD1602A 显示电路和程序。

Proteus 仿真电路如图 7-6 所示。AT89C51 单片机的并口 P0 口作为字符控制口，且在 P0 口加有 2kΩ 的上拉电阻，P3 口作为控制口，通过软件编程实现字符和数字的循环显示。

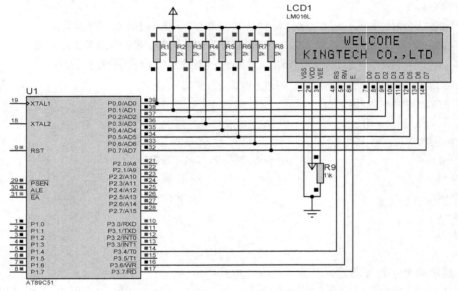

图 7-6　例 7-3 的 LCD1602A 的 Proteus 仿真电路图

LCD1602A 液晶显示程序：

```c
#include <reg51.h>
#define uchar unsigned char
sbit rs=P3^4;
sbit rw=P3^6;
sbit e=P3^7;
void initi();          // LCD 初始化
void delay5ms();     // 延时函数
void delay100us();
void delay10us();
void delay5us();
void delayms(unsigned int i);
void display(unsigned int addr,char a);  //lcd 显示函数。 unsigned int addr 为显示的地址
```

即位置，char a 显示的字符

```
void delayms(unsigned int );
uchar keyup_speed=0,keydown_speed=0,ri=0,r_data,dmx_c=0,temp=0, check_count=0;
unsigned int addr=0,x1,addrTest=0,y1            ;
 uchar
 addr1=0,addr10=0,addr100=0,fog_speed=0,test_y=0,test_x=0,red=0,green=0,blue=0,coun
 t_flash=0; uchar key_count=1,key_speed=5,key_speed1=0,led_data=0;
bit a=1,c=0,k_mark,t_mark=0,key_t_mark=0,write_mark=0;
main()
{
        led_k=a1=a2=a3=a4=a5=0;   //关闭数码管和 led
        delayms(20);
        initi(); //  lcd 初始化
        delayms(10);
        while(1)
        {    //lcd 显示
          display(2,' ');
          display(3,' ');
          display(4,' ');
           display(5,'W');//显示 W
          display(6,'E');
          display(7,'L');
          display(8,'C');
          display(9,'O');
          display(10,'M');
          display(11,'E');
          display(12,' ');
          display(0x40,'K');
          display(0x41,'I');
          display(0x42,'N');
          display(0x43,'G');
          display(0x44,'T');
          display(0x45,'E');
          display(0x46,'C');
          display(0x47,'H');
          display(0x48,' ');
          display(0x49,'C');
          display(0x4A,'O');
          display(0x4B,'.');
          display(0x4C,',');
          display(0x4D,'L');
          display(0x4E,'T');
```

```
            display(0x4F,'D');
            delayms(3000);
        }
    }
    void initi()
    {
        delayms(10);
        rw=0;
        e=1;
        rs=0;
        P0=0x01;
        e=0;
        delay5ms();
        e=1;
        rs=0;
        P0=0x38;
        e=0;
        delay5ms()
        e=1;
        P0=0x0c;
        e=0;
        delay5ms();
        e=1;
        P0=0x04;
        e=0;
        delay5ms();
        e=1;
    }
    void display(unsigned int i,char a)
    {
        e=1;
        rs=0;
        rw=0;
        P0=0x80+i;
        e=0;
        delay100us();
        e=1;
        rs=1;
        P0=a;
        e=0;
        delay100us();
        e=1;
```

}

7.3 键盘接口

7.3.1 键盘的工作原理

1. 按键的电路原理

键盘实际上是一组按键开关的集合，平时按键开关处于断开状态，当按键按下时开关闭合。通常按键开关为机械开关，由于机械触点的弹性作用，按键开关在闭合和释放时不会马上稳定地接通或断开，因而在按键闭合和释放的瞬间会伴随一串抖动，其抖动持续的时间 5~10ms。按键电路结构如图 7-7（a）所示，其产生的波形如图 7-7（b）所示。

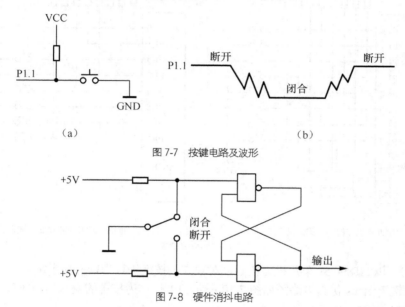

（a） （b）

图 7-7 按键电路及波形

图 7-8 硬件消抖电路

按键的抖动人眼察觉不到，但会对 CPU 产生干扰，进而产生误处理。为了识别按键闭合一次，对按键做相应的处理，必须采取措施消除抖动。

2. 按键抖动的消除

按键抖动消除的方法有两种：硬件消除法和软件消除法。

硬件消除法是采用基本的 R-S 触发器或单稳态电路、RC 积分滤波电路构成按键去抖动电路。基本 R-S 触发器构成的硬件去抖动电路如图 7-8 所示。

分析可知，当按键闭合时，即输出为 0，无论按键是否有跳动，输出仍为 0；当按键断开，输出为 1，无论按键是否有跳动，输出仍为 1，可消除按键抖动。

软件消除法是在第一次检测到按键闭合时，执行 10ms 的延迟子程序，避开抖动，待电平稳定后再读入按键的状态信息，确定按键是否闭合，以消除抖动影响。

3. 键盘接口的控制方式

在单片机的运行过程中，对键盘的扫描和处理一般有以下 3 种方式。

随机方式：每当 CPU 空闲时执行键盘扫描程序。

中断方式：每当有按键闭合时才向 CPU 发出中断请求，中断响应后执行键盘扫描程序。

定时方式：每隔一定时间执行一次键盘扫描程序，定时可由单片机的定时器实现。

7.3.2　键盘的分类和接口

键盘可分为独立式键盘和矩阵式键盘两类。

1. 独立式键盘

独立式键盘每一个键独立地连接到一根数据输入端口，如图 7-9 所示。一般情况下，所有的数据输入线都被上拉为高电平，当某一个按键被按下时，与之相连的数据输入端由高电平跳变为低电平，通过位处理指令可判断是否有键按下。此类键盘结构简单、使用方便，但随着按键的增多，所需 I/O 口增多。在按键不多的单片机控制系统中，独立式按键使用较多。

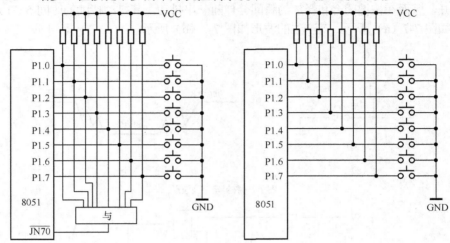

（a）中断方式工作的独立式键盘　　　　　　　（b）查询方式工作的独立式键盘

图 7-9　独立式键盘

【例 7-4】　以 AT89C51 单片机为核心，对独立式按键进行识别并显示键号。

独立式按键 Proteus 仿真电路图如图 7-10 所示。P1 口作为按键的输入口，P3 口接共阳极 LED 显示器，编程显示键号 0～7。

程序如下：

```c
#include<reg51.h>
#define uchar unsigned char
#define uint unsigned int
uchar data key2;
code uchar dirtab[]={0xc0,0xf9,0xa4,0xb0,0x99,0x92,0x82,0xf8,0x80}; //显示码表
void key()                 //键管理函数
{uchar key1;
    P1=0xff;               //读键
    key1=P1;
    if(key1!=0xff)         //判断
    {   dl_6();            //延时
        P1=0xff;           //再读
        key1=P1;
        if(key1!=0xff)     //再判断
```

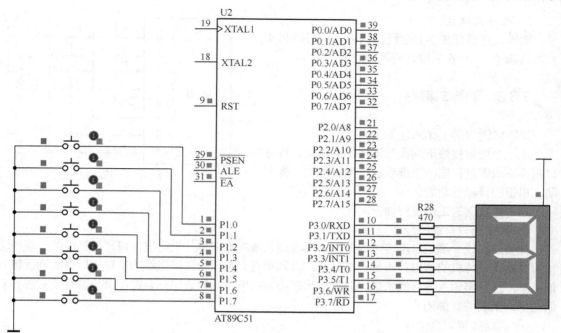

图 7-10 独立式按键 Proteus 电路仿真图

```
    {key1=P1;
        switch(key1)
        {case 0xff: key2=8; break;
         case 0xfe: key2=0; break;
         case 0xfd: key2=1; break;
         case 0xfb: key2=2; break;
         case 0xf7: key2=3; break;
         case 0xef: key2=4; break;
         case 0xdf: key2=5; break;
         case 0xbf: key2=6; break;
         case 0x7f: key2=7; break;
         default : break;
         }
    }
  }
}
void main()
{key2=8;
 while(1)
 {   key();
     P3=dirtab[key2]; //查表并显示
 }
}
```

2. 矩阵式键盘

矩阵式键盘如图 7-11 所示。它由 4 根行线和 4 根列线构成了一个 16 个按键的键盘矩阵。

7.3.3 矩阵式键盘

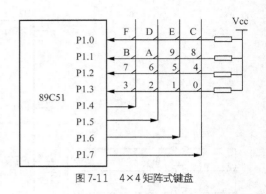

图 7-11 4×4 矩阵式键盘

矩阵式键盘的工作原理如下。

从一个按键被按下到执行该按键的功能，按键接口需要完成键盘扫描、按键识别、键码产生、按键抖动、串键的排除等功能。

矩阵式按键的工作过程如下。

① 判断是否有键闭合。

键盘的行线一端经电阻接电源，另一端经输入缓冲器接单片机的输入口，各列线的一端经输出缓冲器接单片机的输出口，另一端悬空。为判断有无键闭合，可先经输出口向所有的列线输入低电平，然后再读入各行线状态。若行线状态均为高电平，则表明没有键闭合；若行线状态中有低电平，则表明有键闭合。

② 判断按键闭合位置。

在按键矩阵中有键按下时，被按键处的行线和列线被接通，使闭合键的那条行线为低电平。假设图 7-11 中的 A 键按下，则判断 A 键位置的扫描方式如下。

首先使第 1 列输出低电平，而其余的列输出高电平，再测试行线输入口的状态，若全为高电平，则没有按键按下；再依次使第 2、3 等列为低电平，其余的列输出高电平，再测试行线输入口的状态；直到检测到某一行为低电平时，可判断出按键的位置，即在行、列为低电平的交叉处。对于行列的扫描往往要循环一周，以发现可能出现的多键同时被按下的情况。

③ 键码计算。

被按键确定后，则是计算闭合键的键码，通过键码把程序转移到对应的中断服务程序中。键码可以直接使用闭合键的行列值组合产生，但这会使子程序的入口地址比较散乱，所以，通常以键的排列顺序安排键码。

④ 等待键的释放。

计算键码之后，再延迟一段时间对按键进行扫描，等待键的释放。等待键的释放是为了保证键闭合一次仅进行一次处理。

例如，在图 7-11 中，矩阵式键盘的行线为 P1.0～P1.3，列线为 P1.4～P1.7。用列线作为扫描输出线，行线为按键检测输入线。即首先让列线输出全为 0，若读得 P1.0~P1.3 有 0 电平，则有键按下；其次，使单根列线为 0，其余的列线为 1，如使 P1.4 为 0，P1.5～P1.7 为 1，读入 P1.0～P1.3，若有 0 电平，则本列必有按键闭合，通过判断 0 电平的行编号，则可判断按键的行、列位置。若无按键按下，则令 P1.5 为 0，其余列为 1，读入 P1.0～P1.3，判断是否有按键闭合和按键的位置，依次类推。最后根据按键的行列号来计算键值，并按设定的键值执行相应的处理程序。

矩阵式按键的程序流程图如图 7-12 所示。

【例 7-5】 以 AT89C51 单片机为核心，设计 4×4 矩阵键盘，并显示键号。

Proteus 仿真电路如图 7-13 所示，P1.0～P1.3 作为行线，P1.4～P1.7 作为列线。P2 口作为两位 LED 显示器的接口。

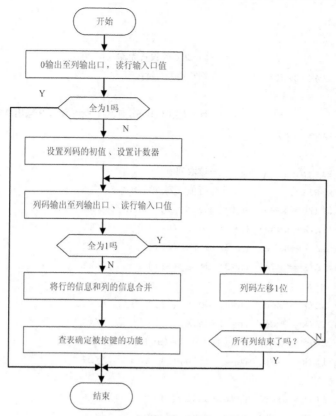

图 7-12 键盘扫描子程序流程图

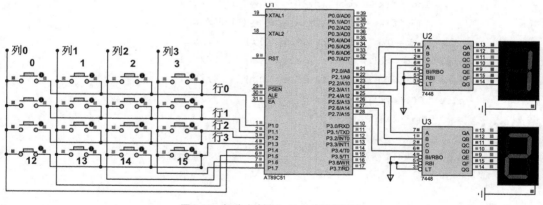

图 7-13 矩阵式按键 Proteus 电路仿真图

程序如下：

```c
#include  <REG51.H>
#include  <intrins.h>
#define   uchar unsigned char
void main( )
{
     uchar i,j,k,n;
     P2=0xff;                    //数码管黑屏
```

```
        while(1)
        {
        P1=0xf0;                        //P1 高 4 为设置为输入
        if((P1&0xf0)!=0xf0)             //判断是否有键按下
        {
          j=0xfe;                       //行 0 输出低电平，行 1、行 2 和行 3 输出高电平
          for(i=0;i<4;i++)
          {
                P1=j;                   //读取列值
                k=P1&j;                 //行值、列值组合
                if(k==0xee) {n=0; delay( );}        //k0
            else if(k==0xde) {n=1; delay( );}       //k1
            else if(k==0xbe) {n=2; delay( );}       //k2
            else if(k==0x7e) {n=3; delay( );}       //k3

            else if(k==0xed) {n=4; delay( );}       //k4
            else if(k==0xdd) {n=5; delay( );}       //k5
                else if(k==0xbd) {n=6; delay( );}   //k6
            else if(k==0x7d) {n=7; delay( );}       //k7

            else if(k==0xeb) {n=8; delay( );}       //k8
            else if(k==0xdb) {n=9; delay( );}       //k9
                else if(k==0xbb) {n=10; delay( );}  //k10
                else if(k==0x7b) {n=11; delay( );}  //k11
            else if(k==0xe7) {n=12; delay( );}      //k12
            else if(k==0xd7) {n=13; delay( );}      //k13
            else if(k==0xb7) {n=14; delay( );}      //k14
            else if(k==0x77) {n=15; delay( );}      //k15
                j=(j<<1)|0xf1;
          }
          P2=((n%10)<<4)|(n/10);        //显示键值
        }
        }
    }
```

7.4 A/D 转换器与 C51 单片机的接口

在过程控制和智能仪器仪表中，通常以单片机为中心构成系统，实现实时控制和数据处理。单片机所处理的信息是数字量，而被测或被控对象的有关参量有模拟量，如温度、压力、流量、速度及加速度等，因此，必须将模拟量转化为数字量，以便单片机处理。将模拟量转换为数字量称为模拟—数字转换（A/D 转换）。本节着重从应用的角度分析典型的 A/D 转换芯片与单片机的接口，以及程序设计。

7.4.1　A/D 转换器

A/D 转换器将模拟量转换为数字量,可认为 A/D 转换器是一个将模拟信号值编码为对应二进制的编码器。与 A/D 相对应的 D/A 转换器则可以认为是一个解码器。

1. A/D 转换器的类型

常用的 A/D 转换器有 3 种类型:逐次逼近式 A/D 转换器、双斜率积分式 A/D 转换器和 V/F 变换式 A/D 转换器。A/D 转换器与单片机的接口方式有串联接口和并联接口两种方式。

2. A/D 转换器的主要指标

① 分辨率:一位最小单位的数字量所表示的模拟电压变化量,它与位数有关。

② 量化误差:在量化时造成的有限分辨率与无限分辨率间的最大偏差。

③ 转换速度:转换一次的时间,逐次比较型一般为 5~10μs。

④ 转换精度:它反映实际 A/D 在量化值上与理想 A/D 的差值,用绝对或相位误差表示。

3. A/D 转换器的组成

① 模拟输入信号和参考电压。

② 数字输出信号。

③ 启动 A/D 转换信号,输入信号。

④ 转换结束信号或者"忙"信号,输出信号。

⑤ 数据输出允许信号,输入信号。

在 A/D 转换过程中,首先通过控制口发出启动 A/D 转换信号,命令 A/D 开始转换;其次,单片机通过状态口判断 A/D 是否转换结束,一旦 A/D 转换结束,CPU 发出允许数据输出信号,将经过 A/D 转换的数据读入。转换过程如图 7-14 所示。但是在高速 A/D 转换器中,没有启动 A/D 转换的引脚和判断 A/D 转换结束引脚。

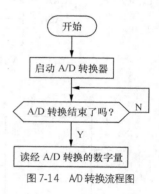

图 7-14　A/D 转换流程图

7.4.2　ADC0809 与 C51 单片机的接口

1. ADC0809 的概述

ADC0809 是采用 CMOS 工艺制成的逐次逼近式、8 位 A/D 转换器,采用 28 脚 DIP 封装,其结构原理框图和引脚分配图分别如图 7-15 和图 7-16 所示。它包含有一个 8 路模拟开关、地址锁存器和译码电路、比较器、256R 电阻网络、电子开关逐位逼迫寄存器 SAR、三态输出锁存缓冲器以及控制和定时电路等。

(1) ADC0809 外部引脚功能。

D0~D7:输出的 8 位数字量,为 A/D 转换结果。

VCC:工作电源,可用 5V~15V。

IN0~IN7:8 路模拟输入信号,通过 A、B、C 地址来选择。

VREF+:参考电压的正端。

VREF-:参考电压的负端。

START:A/D 转换启动信号,高电平有效。为了启动 A/D 转换,在此端口增加一个正脉冲信号。脉冲上升沿将内部寄存器清空,下降沿开始 A/D 转换。

ALE:地址锁存允许信号。由低到高的正跳变有效,锁存地址选择线的状态,选通相应的模拟通道。

EOC:转换结束输出信号,高电平有效。在 START 信号上升沿之后 0~8 个时钟周期内,EOC 变为低电平。当转换结束时,EOC 变为高电平。

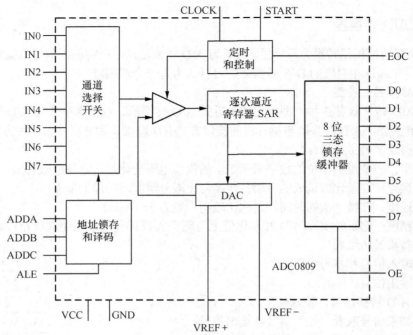

图 7-15 ADC0809 的内部结构图

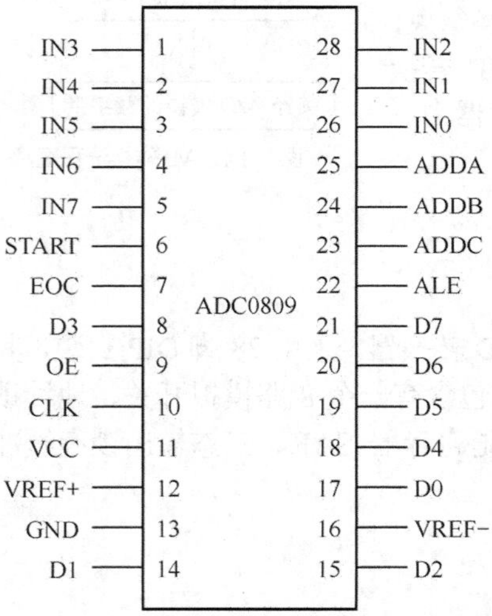

OE：输出允许信号，高电平有效。当 OE 为高电平时，打开三态输出缓冲器，输出转换数字量。

CLK：输入时钟信号。

（2）ADC0809 主要功能特点。

分辨率为 8 位。

具有锁存功能的 8 路模拟开关，对 8 路模拟电压信号实现转换。

模拟信号输入电压范围为 0～5V。

单一电源供电。

具有三态缓冲输出控制。

（3）ADC0809 的操作时序。

ADC0809 的操作时序如图 7-17 所示。

从时序图中可看出，地址锁存信号 ALE 在上升沿将三位通道地址锁存，相应通道的模拟量经多路模拟开关送到 A/D 转换器。启动信号 START 上升沿复位内部电路，START 下降沿启动 A/D 转换，此时 A/D 转换结束信号 EOC 呈低电平状态。由于 ADC0809 是逐次比较式 A/D 转换器，转换过程需要一定的时间，因此在转换期间模拟信号应维持不变，比较器进行一次一次的比较，直到转换结束。转换结束后，转换结束信号变为高电平。若 CPU 发出输出允许信号 OE，则可读出数据。至此，一次转换过程结束。ADC0809 具有较高的转换速率和精度，受温度影响小，且带有 8 路模拟开关，因此在测控系统中使用比较广泛。

图 7-16 ADC0809 的引脚图

2. ADC0809 与 C51 单片机的接口

80C51 单片机与 ADC0809 的接口电路如图 7-18 所示。

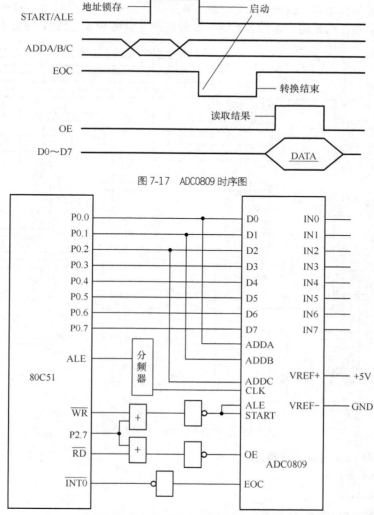

图 7-17 ADC0809 时序图

图 7-18 ADC0809 与 80C51 的接口电路图

ADC0809 的时钟由 80C51 输出的 ALE 信号二分频后提供。由于 ADC0809 的最高时钟频率为 640kHz，ALE 信号的频率是晶振频率的 1/6，若晶振频率为 6MHz，则 ALE 的频率为 1MHz，所以 ALE 的信号经分频后提供给 ADC0809 的时钟。

模拟通道地址由 80C51 的 P0 口的低三位直接输出，由于 ADC0809 自身含有地址锁存器，所以在 P0.0、P0.1、P0.2 口与地址口之间不另加锁存器。80C51 通过 P2.7 和读、写控制端口实现对 ADC0809 的锁存信号 ALE、启动信号 START、输出允许信号 OE 的控制。锁存信号 ALE 和启动信号 START 连接在一起，锁存的同时启动 A/D 转换。当 P2.7 和写信号同时为低电平时，锁存信号 ALE 和启动信号 START 有效，通道地址送地址锁存器锁存，启动 A/D 开始转换。

当转换结束时，要读取转换结果时，P2.7 和读信号同时为低电平，输出允许信号 OE 为高电平，转换结果通过输出端口输出。

A/D 转换可通过查询、中断、定时 3 种编程方式实现。

【例 7-6】 一路模拟输入经 ADC0809 实现 A/D 转换，并以 LED 指示灯表示数值的大小。

Proteus 仿真电路如图 7-19 所示。外部输入 IN0 接一个模拟电压源，地址为 78FFH。MCS-51

单片机可以采用无条件方式、查询方式、中断方式实现转换数据的读取。采集到的数据通过 LED 发光二极管定性指示。当采用无条件方式时，硬件电路可以将 EOC 接到 P3.3 的信号去掉。

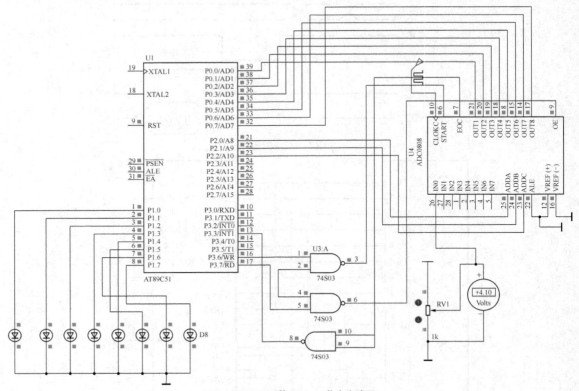

图 7-19　AD0809 的 Proteus 仿真电路图

（1）无条件方式时 A/D 转换程序。

```c
#include<absacc.h>
#include<reg51.h>
#define uchar unsigned char
#define ADC0809 XBYTE[0x78ff]
void delay()
{uchar j;
    for(j=0;j<250;j++) ;
}
void main()
{while(1)
{    ADC0809=0;          //启动 A/D
    delay();
    P1=ADC0809;         //读取数据
}
}
```

（2）查询方式时 A/D 转换程序。

```c
#include<absacc.h>
```

```
#include<reg51.h>
#define uchar unsigned char
#define ADC0809 XBYTE[0x78ff]
sbit P33=P3^3;
void main()
{while(1)
    {   ADC0809=0;                      //启动 A/D
        ll: P33=1;
            if(P33==0)
            {   P1=ADC0809; }           //读取数据
            else goto ll;
        }
    }
```

（3）中断方式的程序。

```
#include<absacc.h>
#include<reg51.h>
#define uchar unsigned char
#define ADC0809 XBYTE[0x78ff]
sbit P33=P3^3;
void main()
{   EA=1;
    EX1=1;
    IT1=1;
    ADC0809=0;          //启动 A/D
    while(1);
}
void int0() interrupt 2
{   P1=ADC0809;         //读取数据
    ADC0809=0;          //启动 A/D
}
```

7.4.3 A/D 转换器的选择和分析

1. A/D 转换器的选择原则

（1）转换速率和分辨率。

转换速率和分辨率是 A/D 转换电路设计中两个重要的技术参数，需要根据系统设计要求选择合适的 A/D 转换器。

（2）器件功能。

不要片面追求功能齐全的芯片。与转换速率和分辨率不同，功能不足可以弥补，例如，输入通道不足可以外加多路开关、片内无采样/保持电路也可外接专用器件等。

（3）模拟输入信号的幅度和极性。

模拟输入信号的幅度和极性应与分辨率结合考虑。例如，两个器件都是 12 位的分辨率，但满量程的输入电压分别为 5V 和 10V，则电压分辨率分别为 1.2207mV 与 2.4414mV，后者比前者增加了一倍，因此当输入电压小于 5V 时，应选择前者。

（4）器件功耗。

CMOS 低功耗器件有利于降低电源的体积和功耗。另外，对于同一器件，功耗与操作速率关系比较密切，它随工作频率增加而增加。目前，许多芯片都设有低功耗工作模式，在无需长期连续采样的间断式工作场合下最好选择此类器件。

2. A/D 转换电路设计时注意事项

（1）电路接口。

在系统任务较多时，A/D 转换器件与接口电路的设计宜采用中断方式。如利用 ADC0809 的转换结果标志位 EOC 产生有效标志，实现数据的读入。

（2）电源电压和参考电压。

如果参考电压与电源电压不同，则对电源电压的要求可以降低。但 VDD 与 VSS 引脚产生的电感容易对测试设备引入误差，建议在两个引脚之间并接 0.1μF 的旁路电容。模拟参考电压决定了 A/D 转换量程的界限，模拟输入电压必须在-VREF～+VREF 或者 0～VREF 的范围内。

（3）器件保护。

芯片内部一般都有保护电路，用以防止过高的静电压和电场损坏器件。但由于是高阻抗电路，其外接电压不得高于额定电压的最大值，合理的使用应满足 VSS≤（VIN 或 VOUT）≤VDD，不使用的输入引脚应连接到 VDD 或 VSS，不使用的输出引脚应开路。

（4）抗干扰。

A/D 转化芯片是模拟信号与数字信号共存的器件，因此在制作电路板时应特别注意两种信号之间的相互干扰，应将模拟地和数字地严格分开。模拟信号线与数字信号线严禁走平行线并应尽量远离。

7.5 D/A 转换器与 C51 单片机的接口

单片机处理的是数字量，而系统中的许多控制对象都是通过模拟量来控制，因此，单片机输出的数字量必须经过 D/A 转换器转换为模拟信号，才能实现对被控对象的控制。D/A 转化器能够实现数字量到模拟量的转换，是一个重要的输出模块。

7.5.1 D/A 转换器概述

D/A 转换器是一种将数字信号转换为模拟信号的器件，为计算机系统输出的数字信号和模拟环境中的连续信号提供一种转换接口。D/A 转换器输入的数字信号是二进制或 BCD 码形式，输出的信号是电压信号或电流信号，常用的是电流信号。

D/A 转换器的数字输入由数据线引入，而数字线上的数字量是变化的。为了保持 D/A 转换器输入的稳定，需在微处理器与 A/D 转换器间增加锁存器。根据 D/A 转换器是否具有锁存功能，将 D/A 转换器分为内部无锁存功能和内部带锁存功能两大类。

1. 内部无锁存器

内部无锁存器的 D/A 转换器，如 DAC800、AD7520 及 AD7521 等，结构简单，适合与 80C51 单片机的 P1、P2 口等具有输出锁存功能的 I/O 口直接连接。但与 P0 口连接时，需要在其输入端增加锁存器。

2. 内部带锁存器

一些 D/A 转换器不仅具有数据锁存器，而且还具有地址译码电路，以及双重、多重数据缓冲结构，如 DAC0832、DAC1210、AD7542 和 AD7549 等，这类转换器一般是高于 8 位的 D/A 转换器，它们适合与 80C51 单片机的 P0 口连接。

7.5.2　DAC0832 的 C51 编程

1. DAC0832 概述

（1）DAC0832 的主要特性。

分辨率：8 位，逻辑电平与 TTL 兼容。

电流稳定时间：1μs。

参考电压工作范围：−10V～+10V。

可单缓冲、双缓冲或直接输出。

单电源供电：+5V～+15V。

低功耗：200mW。

（2）DAC0832 内部框图及引脚。

DAC0832 转换器的内部框图如图 7-20 所示，是由一个输入寄存器、DAC 寄存器和 D/A 转换器组成的。其外部引脚如图 7-21 所示。

在 DAC0832 内部的 8 位输入数据寄存器和 8 位 DAC 寄存器可以分别选通，因此，可以通过选通输入寄存器的控制端，将单片机输出的数据输入到输入寄存器，在需要 D/A 转换时，再选通 DAC 寄存器，实现 D/A 转换。这种工作方式称为双缓冲工作方式。

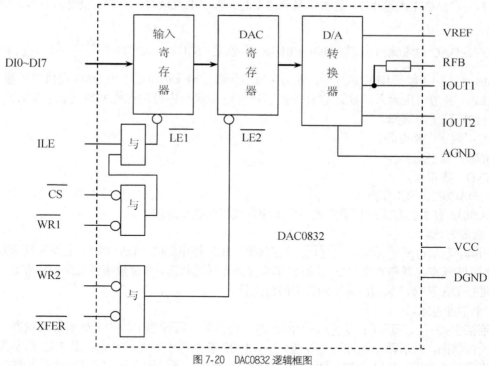

图 7-20　DAC0832 逻辑框图

DAC8032 引脚功能如下。

$\overline{CS}$：片选信号，低电平有效，$\overline{CS}$ 与 ILE 信号结合，可控制 $\overline{WR1}$ 是否起作用。

ILE：允许输入锁存，高电平有效。

$\overline{WR1}$：写信号 1 的输入，低电平有效。将微处理器的数据总线数据锁存于输入缓冲器中。当 $\overline{WR1}$ 有效时，$\overline{CS}$ 与 ILE 信号也必须同时有效。

$\overline{WR2}$：写信号 2，输入信号，低电平有效。用来将锁存于输入锁存器中的数据送到 DAC 寄存器中，并锁存起来。当 $\overline{WR2}$ 有效时，$\overline{XFER}$ 也必须同时有效。

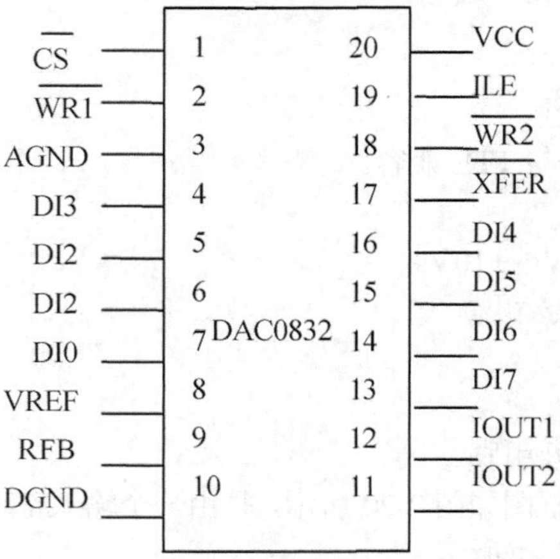

图 7-21　DAC0832 引脚图

$\overline{XFER}$：传送控制信号，低电平有效。用来控制 $\overline{WR2}$，选通 DAC 寄存器。

DI7～DI0：8 位数字输入。

IOUT1：DAC 电流输出 1，当数字量全为 1 时，输出电流最大；当数字量全为 0 时，输出电流最小。

IOUT2：DAC 电流输出 2，其与 IOUT1 的关系，满足：$IOUT1 + IOUT2 = \dfrac{VOUT1}{R}\left(1 - \dfrac{1}{2^8}\right) = $ 常数

RBF：反馈电阻，固化在芯片中，作为运算放大器分路反馈电阻，为 DAC 提供电压输出。

VREF：参考电压输入，通过它将外加高精度电压源与内部的电阻网路连接。VREF 可在 $-10V$～$+10V$ 范围内选择。

VCC：数字电路电源。

DGND：数字地。

AGND：模拟地。

（3）DAC0832 的工作方式。

DAC0832 有 3 种方式：直通方式、单缓冲方式和双缓冲方式。

① 直通方式。

当引脚 $\overline{CS}$、$\overline{WR1}$、$\overline{WR2}$、$\overline{XFER}$ 直接接地、ILE 接电源时，DAC0832 工作于直通方式。此时，8 位输入寄存器和 8 位 DAC 寄存器都直接处于导通状态，8 位数字量送到 D/A 的输入口，则直接进行/DA 转换，从输出端得到转换的模拟量。

② 单缓冲方式。

当连接引脚 $\overline{CS}$、$\overline{WR1}$、$\overline{WR2}$、$\overline{XFER}$ 时，使得两个缓冲器中的一个处于导通状态、另一个处于受控状态，或者两个被控同时导通，DAC0832 就工作于单缓冲方式。图 7-22 所示为一种单缓冲方式的连接图。DAC0832 是电流型 D/A 转换电路，通过运算放大器将电流信号转换为电压信号输出。

③ 双缓冲方式。

当 8 位输入缓冲器和 8 位 DAC 寄存器分开控制导通时，DAC0832 工作于双缓冲方式。处于双缓冲方式时，单片机对 DAC0832 分两步操作。第一步，将 8 位输入锁存器导通，将数字量写入输入锁存器；第二步，使 DAC 寄存器导通，数字量从输入锁存器送入 DAC 寄存器。此时，在数据输入端写入的数据对完成 A/D 转换无意义。图 7-23 所示为一种双缓冲方式的连接。

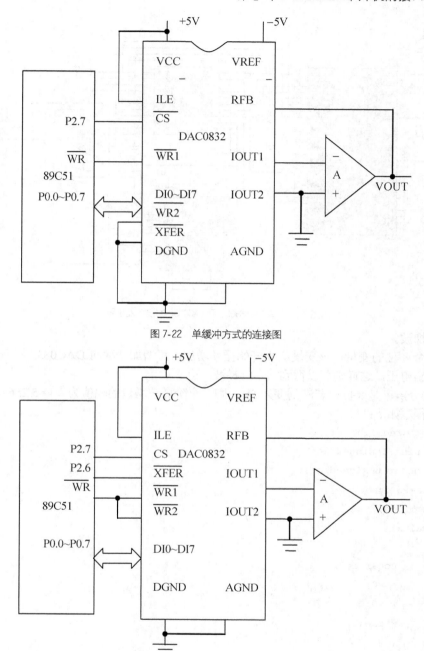

图 7-22 单缓冲方式的连接图

图 7-23 双缓冲方式的连接图

2. DAC0832 与 80C51 的接口电路

D/A 转换芯片除了用于输出模拟量外，也常用于产生各种波形。在 MCS-51 单片机的控制下，可以产生三角波、锯齿波、矩形波以及正弦波，且产生各种波形的硬件电路是相同的，其 Proteus 仿真电路如图 7-24 所示。

【**例 7-7**】 基于 AT89C51 和 DAC0832 设计电路，编程产生锯齿波、三角波和方波信号。

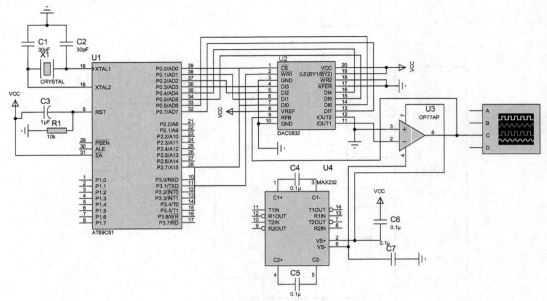

图 7-24　基于 AT89C51 和 DAC0832 的波形发生器

（1）阶梯波。

设定一个 8 位的变量，该变量从 0 开始循环增加，每增加一次向 DAC0832 写入一个数据，得到一个输出电压，这样则可以得到一个阶梯波。

DAC 的分辨率是 8 位，若满刻度为 5V，则一个阶梯波增量的幅值为 $\Delta V = 5/256 = 19.5\text{mV}$。

C51 源程序如下：

```c
#include  <reg51.h>
#define uint unsigned int
#define uchar unsigned char
  sbit cs=P3^1;
  sbit wr=P3^4;
  void main()
  {
        uchar i=0;
        cs=0;
        wr=0;
        while(1)
        {
    for (i=0;i<256,i++)
    {DAC0832=i;}
  }
}
```

如果需要获取任意起始电压或终止电压的波形，则需要先确定起始电压和终止电压对应的数字量。在程序中修改起始和终止数字量。

（2）三角波。

将正向阶梯波和反向阶梯波结合起来则可以获得三角波。

C51 源程序如下：

```c
#include<reg51.h>
#define uint unsigned int
#define uchar unsigned char
sbit cs=P3^1;
sbit wr=P3^4;
void main()
{
    uchar i=0;
    cs=0;
    wr=0;
    while(1)
    {
    for (i=0;i<256,i++)
        {DAC0832=i;}
        for (i=256;i>0,i--)
        {DAC0832=i;}
    }
}
```

（3）矩形波。

矩形波也是一种常用的波形信号。通过增加不同的延迟时间可以获得不同占空波的矩形波。当延时时间相同时，即是方波信号。上限电压和下限电压对应的数字量可通过计算得到。

C51 源程序如下：

```c
#include<reg51.h>
#define uint unsigned int
#define uchar unsigned char
sbit cs=P3^1;
sbit wr=P3^4;
void delay1( )
{
    uint j;
    for(j=255;j>0;j--);
}
void delay2( )
{
    uint j;
    for(j=200;j>0;j--);
}
void main()
{
    uchar i=0;
    cs=0;
```

```
        wr=0;
        while(1)
        {
            DAC0832=0xff;
         delay1( );
            DAC0832=0;
         Delay2( );
        }
    }
```

（4）正弦波。

利用 DAC0832 实现正弦波输出时，首先需要将正弦波模拟电压离散化。对于一个离散化为 N 点的正弦波，需要计算出这 N 个离散点的模拟电压对应的数字量，制成一个表并存储。

由于正弦波是对称的，因此只须计算 1/4 周期内点的值即可。

正弦波 C51 源程序如下：

```
#include<reg51.h>
#define uint unsigned int
#define uchar unsigned char
code uchar sintab[ ]={0x7f,0x89,0x94,0x9f,0xaa,0xb4,0xbe,0xc8,0xd1,
                      0xd9,0xe0,0xe7,0xed,0xf2,0xf7,0xfa,0xfc,0xfe,0xff}
sbit cs=P3^1;
sbit wr=P3^4;
void main()
{
        uchar data i=0;
        cs=0;
        wr=0;
        while(1)
        {
           for(i=0;i<18,i++)
          { DAC0832=sintab[i];
            delay1( );}
           for(i=18;i>0,i--)
          { DAC0832=sintab[];
          delay1( );}
         for(i=0;i<18,i++)
          { DAC0832=~ sintab[];
          delay1( );}
         for(i=18;i>0,i--)
          {   DAC0832=~ sintab[];
            delay1( );}
        }
    }
```

7.5.3　串行输入 D/A 转换器 TLC5615

D/A 转换器从接口上可分为两大类: 并行接口的 D/A 转换器和串行接口的 D/A 转换器。并行接口的 D/A 转换器的引脚多, 体积大, 占用单片机的接口资源多; 而串行接口的 D/A 转换器的体积小, 占用单片机的接口少。为了减少线路板的面积和节省单片机的引脚开支, 现已越来越多地采用串行 D/A 转换器, 例如 TI 公司的 TLC5615。

1. TLC5615 的结构和原理

TLC5615 是具有 3 线串行接口的 D/A 转换器, 其输出为电压型, 最大输出电压是基准电压值的两倍, 带有上电复位功能, 上电时将 DAC 寄存器复位为零。

（1）TLC5615 的特点。

10 位 CMOS 电压输入。

5V 单电源供电。

与微处理器 3 线串行接口（SPI）。

最大输出电压是基准电压值的两倍。

输出电压具有和基准电压相同的极性。

建立时间为 12.5μs。

内部上电复位。

低功耗, 最高为 1.75mW。

引脚与 MAX515 兼容。

（2）TLC5615 的功能框图和引脚。

TLC5615 的功能框图和引脚图分别如图 7-25 和图 7-26 所示。TLC5615 主要是由 16 位移位寄存器、10 位 DAC 寄存器、DAC 转换器、两倍的运放以及控制逻辑等构成。

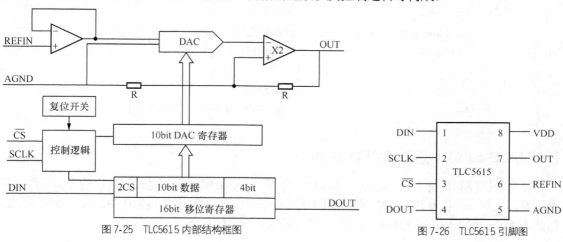

图 7-25　TLC5615 内部结构框图　　　　　图 7-26　TLC5615 引脚图

各引脚功能如下。

DIN: 串行输入数据。

SCLK: 串行时钟输入。

$\overline{CS}$: 芯片选择, 低电平有效。

DOUT: 用于菊花链（daisy Chaining）的串行数据输出。

AGND: 模拟地。

REFIN: 基准电压输入。

OUT：DAC 的模拟电压输出。

UDD：正电源（4.5～5.5V）。

TLC5615 芯片的输入锁存器为 12 位宽，所以要在 10 位数字的低位后面再填补数字 XX。XX 是无关状态。串行传送的方向是从高位 MSB 开始传送。如果有级联电路，则使用的是 16 位的数据传送格式，即在最高位 MSB 前添加 4 位虚位，被转换的 10 位数据在中间。

2. TLC5615 与 AT89C51 单片机的串行接口

图 7-27 所示为 TLC5615 与 AT89C51 单片机的串行接口电路。在电路中，AT89C51 单片机的 P3.0～P3.2 口分别控制 TLC5615 的片选信号 $\overline{CS}$、串行时钟输入 SCLK 和串行输入数据 DIN。参考电压为 2.5V，则输出的电压最大值为 5V。

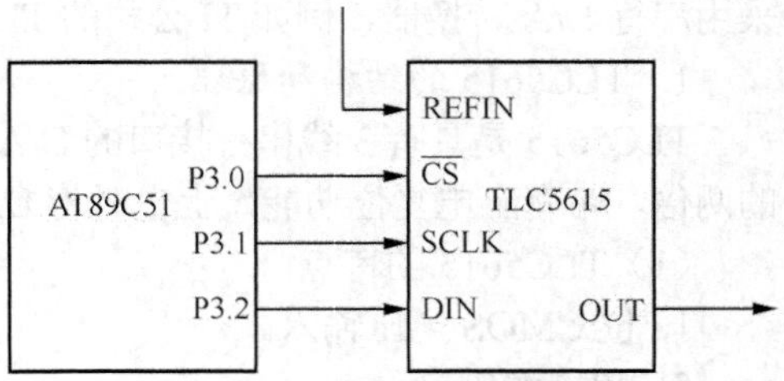

图 7-27 TLC5615 与 AT89C51 的接口电路

TLC5615 的 D/A 转换程序如下：

```c
sbit CS=P3^0;
sbit SCLK=P3^1;
sbit DIN=P3^2;
void DAC(unsigned int adata)
{
        char i;
        adata<<=2;              //10 位数据升为 12 位，低 2 位无效
        CS=0;
        for(i=11;i>=0;i--)
        {
          SCLK=0;               //时钟低电平
          DIN=adata&(1<<i);     //按位将数据送入 TLC5616
          SCLK=1;               //时钟高电平
        }
        SCLK=0;                 //时钟低电平
        CS=1;                   //片选高电平，输入的 12 位数据有效
}
```

7.6 MCS-51 单片机与开关器件的接口

在单片机控制系统中，继电器、晶闸管、行程开关、蜂鸣器等都是比较常用的开关器件。且继电器、晶闸管、行程开关一般都连接在高电压、大电流、大功率工控系统中。为了屏蔽系统之间的干扰，一般采用这几种器件实现单片机与控制系统之间的隔离。

7.6.1 光电耦合器及驱动接口

光电耦合器是以光为媒介传输电信号的一种电—光—电转换器件。它由发光源和受光源两部分组成。把发光源和受光源组装在同一个密闭的壳体内，彼此间用透明绝缘体隔离。发光源的引脚为输入端，受光源的引脚为输出端。在光电耦合器中，常见的发光源为发光二极管，受光源为光敏二极管、光敏三极管等。当发光二极管加正向电压时，发光二极管通过正向电流而发光，光敏二极管或三极管接收到光信号而导通。由于发光端与接收端相互隔离，所以可在隔离的情况下实现信号传递。

常见的光电耦合器件种类比较多，主要有光电二极管型、光电三极管型、光敏电阻型、光控晶闸管型、光电达林顿型等。

光电耦合器件在实际工作中使用得比较广泛，主要作用如下。

① 可将输入和输出两部分进行电气隔离，各使用一套电源系统，信息通过光电转换器件进行单向传输。由于光电隔离器的输入端与输出端之间的绝缘电阻比较大，寄生电容小，因此干扰信号很难从输出端反馈到输入端，从而实现隔离作用。

② 可实现电平转换。

③ 提高驱动能力，微型机的输出信号通过光电耦合器可直接驱动负载。

图 7-28 所示为采用 4N25 光电耦合器实现单片机控制信号的隔离，且 4N25 输入/输出端的最大隔离电压大于 2500V。

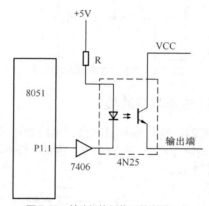

图 7-28　单片机控制信号的光耦隔离

在图 7-28 中，若单片机 P1.1 口输出脉冲信号，在经过 4N25 隔离后，实现对控制系统的控制，且控制系统的电源与单片机的电源也是不同的。

【例 7-8】 行程开关与单片机之间的耦合接口。

行程开关与单片机的接口耦合电路如图 7-29 所示。当触点 S 闭合时，光电耦合器件的光电二极管因有电流流过而发光，使得光敏三极管导通，在单片机的 I/O 引脚为高电平；而当触点 S 打开时，光电耦合器件的光电二极管没有电流流过，不发光，光敏三极管不导通，在单片机的 I/O 引脚为低电平。

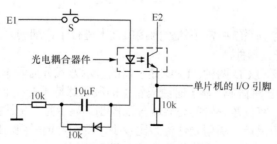

图 7-29　行程开关与单片机的接口耦合电路

7.6.2　MCS-51 单片机与继电器的接口

单片机用于输出控制时，常用的功率开关器件是固态继电器，固态继电器是取代电磁式机械继电器后常用的继电器。

继电器的工作原理如下。

继电器的工作原理比较简单。当继电器的吸合线圈通过一定电流时，线圈产生的磁力会带动衔铁移动，从而带动开关的接通和断开，由此控制电路的通和断。典型的继电器与单片机的接口电路如图 7-30 所示。

由于继电器的触点与吸合线圈是隔离的，所以继电器控制输出电路不需要专门设计隔离电路。图中二极管 VD2 的作用是把继电器吸合线圈产生的反电动势释放，保护晶体管。

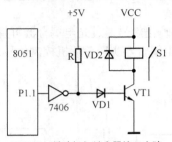

图 7-30 单片机与继电器接口电路

7.6.3 MCS-51 单片机与蜂鸣器的接口

蜂鸣器通常采用压电式蜂鸣器，它与单片机的接口电路如图 7-31 所示。在图中采用三级管 V1 驱动蜂鸣器。当 P1.0 口输出高电平时，三极管 V1 导通，蜂鸣器工作；当 P1.0 口输出低电平时，三极管 V1 截止，蜂鸣器不工作。

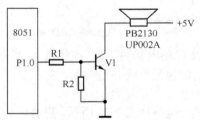

图 7-31 单片机与蜂鸣器的接口电路

本章小结

本章主要对单片机控制系统中常用的外围接口技术进行了详细的介绍，主要包括显示电路、键盘、A/D、D/A 以及开关器件。

显示器主要有 LED 和 LCD 两种。LED 显示器的显示方式分为静态显示和动态显示。静态显示是每个 LED 数码管各自有段码，显示时数码管上的段码保持不变；而动态显示是所有数码管的段码线对应并联在一起，每位数码管的公共端分别控制。显示是在位线控制下逐个循环点亮各数码管。动态显示因其使用灵活，所用硬件资源比较少，得到普遍采用。LCD 显示器因其低功耗、显示内容丰富等优点，也已经成为智能仪器的首选显示器。

键盘作为人机交互接口，可分为独立式键盘和矩阵式键盘。独立式键盘是每一个按键都单独连接到单片机，在按键比较多时，一般采用矩阵式键盘。矩阵式键盘的按键按照行、列排成矩阵连接到单片机，通过软件编程实现对键号的识别。

为了实现单片机对模拟量的采集和输出，本节从应用的角度对 ADC0809 和 DAC0832 进行了详细的介绍，并进行了应用实例分析。

习　　题

7-1　为什么要消除按键的抖动？有哪些方法？

7-2　试编写一段程序，在图 7-5 所示的动态显示电路中显示"345678"。

7-3　以 80C51 单片机为控制芯片，通过串行口实现 6 位数码管的动态显示。

7-4　说明行列式键盘扫描原理。

7-5　试述 A/D 转换器的种类和特点。

7-6　设计 A/D、D/A 转换电路时应注意哪些问题？

7-7　画出 ADC0809 典型应用电路，其中 CLK 引脚连接时应注意什么问题？EOC 引脚在查询和中断工作方式时应如何处理。

7-8　设已知 89C51 单片机的晶振频率为 12MHz，ADC0809 的地址为 CFFFH，采用中断工作方式。要求对 8 路模拟信号不断循环 A/D 转换，转换结果存入以 30H 为首地址的片内 RAM 中，试画出该 8 路采集系统的电路图，并编写程序。

7-9　试设计一个 LCD 显示器和键盘电路，通过显示器显示按键的编号和按键的位置。

7-10　DAC0832 与 89C5 1 单片机连接时有哪些控制信号？其作用是什么？

7-11　在一个 89C51 单片机与 DAC0832 组成的应用系统中，DAC0832 的地址为 7FFFH，输出电压为 0~5V。试编写程序产生矩形波，波形占空比为 1∶4，高电平时电压为 2.5V，低电平时电压为 1.25V。

7-12　采用 DAC0832 和按键实现波形发生器。

第 8 章　KeiL µVision4 编译环境与使用

　　单片机开发是一种包括软、硬件设计的系统工程，硬件是基础，软件是升华，两者息息相关。汇编语言源程序要变为 CPU 可执行的机器码有两种方法，一种是手工汇编，另一种是机器汇编，目前已极少使用手工汇编的方法。机器汇编是通过汇编软件将源程序变为机器码。早期用于 C51 单片机的汇编软件是 A51，其运行环境必须是 DOS 系统。随着单片机开发技术的不断发展，从普遍使用汇编语言到普遍使用高级语言，单片机的开发软件也在不断发展，Keil C 软件是目前最流行的用于开发 C51 系列单片机的软件。Keil C 提供了包括 C 编译器、宏汇编、连接器、库管理和一个功能强大的仿真调试器等在内的完整开发方案，通过一个集成开发环境 µVision 将这些部分组合在一起。

　　对使用 C51 系列单片机的爱好者来说，掌握 Keil C 软件十分必要，如果加之使用 C 语言编程，那么 Keil 几乎就是开发者的不二之选。即使不使用 C 语言而仅用汇编语言编程，其方便易用的集成环境、强大的软件仿真调试工具也会事半功倍。

8.1　Keil C 软件介绍

8.1.1　Keil C 软件启动

　　首先，可通过双击 Keil µVision4 的桌面快捷方式，如图 8-1 所示，或单击"开始\所有程序\ Keil µVision4"，如图 8-2 所示，启动 Keil C 集成开发软件。Keil µVision 4 启动时界面如图 8-3 所示，启动后界面如图 8-4 所示。

图 8-1　Keil µVision 4 桌面快捷方式启动　　　　图 8-2　Keil µVision 4 菜单方式启动

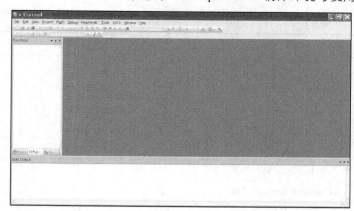

图 8-4　Keil μVision4 启动后界面

图 8-3　Keil μVision4 启动界面

8.1.2　Keil C 菜单与窗口

Keil C 向用户提供键盘和鼠标两种方式，选择菜单命令、设置软件及工程和程序编辑。Keil C 提供一个用于输入命令的菜单栏、一个迅速选择命令的工具栏和一个或多个源程序窗口对话框及显示信息。

1. Keil C 菜单命令

可通过主菜单栏的下拉菜单和编辑命令控制 Keil C 的操作，可使用鼠标或键盘选择菜单栏上的命令。主菜单栏提供文件操作、编辑操作、项目操作、外部程序执行、开发工具设置、设置窗口选择及操作和在线帮助等功能，主菜单栏如图 8-5 所示。

File　Edit　View　Project　Flash　Debug　Peripherals　Tools　SVCS　Window　Help

图 8-5　主菜单栏命令

（1）文件菜单（File）。

Keil C 文件菜单命令、工具按钮图标、默认快捷键及其描述，如表 8.1 所示。

表 8.1　　　　　　　　　　　　　　　　文件菜单表

命　　令	工具按钮	快捷键	描　　述
New	🗋	Ctrl+N	创建新文件
Open	📂	Ctrl+O	打开已经存在的文件
Close			关闭当前文件
Save	💾	Ctrl+S	保存当前文件
Save all	🗗		保存所有文件
Save as			另存为
Device Database			维护器件库
Print Setup			设置打印机
Print	🖨	Ctrl+P	打印当前文件
Print Preview			打印预览

（2）编辑菜单（Edit）。

Keil C 编辑菜单命令、工具按钮图标、默认快捷键及其描述，如表 8.2 所示。

表8.2   编辑菜单表

命　令	工具按钮	快捷键	描　述
Undo		Ctrl+Z	取消上次操作
Redo		Ctrl+Shift+Z	重复上次操作
Cut		Ctrl+X	剪切
Copy		Ctrl+C	复制
Paste		Ctrl+V	粘贴
Indent Selected Text			经所选文本右移一个制表格的距离
Unindent Selected Text			经所选文本左移一个制表格的距离
Toggle Bookmark		Ctrl+F2	设置/取消当前行的标签
Goto Next Bookmark		F2	移动光标到下一个标签处
Goto Previous Bookmark		Shift+F2	移动光标到上一个标签处
Clear All Bookmark			移除当前文件的所有标签
Find		Ctrl+F	在当前文件中查找文本

（3）视图菜单（View）。

Keil C 视图菜单命令、工具按钮图标、默认快捷键及其描述，如表 8.3 所示。

表8.3   视图菜单表

命　令	工具按钮	快捷键	描　述
Status Bar			显示/隐藏状态栏
File Toolbar			显示/隐藏文件菜单栏
Build Toolbar			显示/隐藏编译菜单栏
Debug Toolbar			显示/隐藏调试菜单栏
Project Window			显示/隐藏项目窗口
Output Window			显示/隐藏输出窗口
Source Browser			打开资源浏览器
Disassembly Window			显示/隐藏反汇编窗口
Watch &Call Stack Window			显示/隐藏观察和堆栈窗口
Memory Window			显示/隐藏存储器窗口
Code Coverage Window			显示/隐藏代码报告窗口
Performance Analyzer Window			显示/隐藏性能分析窗口
Symbol Window			显示/隐藏字符变量窗口
Serial Window #1			显示/隐藏串口 1 的观察窗口
Serial Window #2			显示/隐藏串口 2 的观察窗口
Toolbox			显示/隐藏自定义工具条
Periodic Window Update			程序运行时刷新调试窗口
Workbook Mode			显示/隐藏窗口框架模式
Options			设置颜色字体快捷键和编辑器的选项

（4）工程菜单（Project）。

Keil C 工程菜单命令、工具按钮图标、默认快捷键及其描述，如表 8.4 所示。

表 8.4　　　　　　　　　　　　　　工程菜单栏

命　　令	工具按钮	快捷键	描　　述
New Project			创建新工程
Import μVisionl Project			转化 μVisionl 的工程
Open Project			打开一个已经存在的工程
Close Project			关闭当前的工程
Target Environment			定义工程包含文件和库的路径
Select Device for Target			选择对象的 CPU
Remove			从项目中移走一个组或文件
Options		Alt+F7	设置对象组成文件的工具选项
Build Target	🗔	F7	编译修改过的文件并生成应用
Rebuild all target files	🗔		重新编译所有的文件并生成应用
Translate	🗔		编译当前文件
Stop Build	🗔		停止生成应用的过程

（5）调试菜单（Debug）。

Keil C 调试菜单命令、工具按钮图标、默认快捷键及其描述，如表 8.5 所示。

表 8.5　　　　　　　　　　　　　　调试菜单表

命　　令	工具按钮	快捷键	描　　述
Start/Stop Debug Session	🔍	Ctrl+F5	开始停止调试模式
Go	📄	F5	运行程序直到遇到一个中断
Step	🔽	F11	单步执行程序，遇到子程序则进入
Step over	🔽	F10	单步执行程序，跳过子程序
Step out of Current Function		Ctrl+F11	执行到当前函数的结束
Stop Running	⊗	ESE	停止程序运行
Breakpoints			打开断点对话框
Insert/Remove Breakpoint	●		设置/取消当前行的断点
Enable/Disable Breakpoint			使能/禁止当前行的断点
Disable All Breakpoints			禁止所有的断点
Kill All Breakpoints	●		取消所有的断点
Show Next Statement			显示下一条指令
Enable/Disable Trace Recording			使能/禁止程序运行轨迹的标识
View Trace Records			显示程序运行过的指令
Memory Map			打开存储器空间配置对话框
Performance Analyze			打开设置性能分析的窗口
Inline Assembly			对某一个行重行汇编可以修改汇编代码
Function Editor			编辑调试函数和调试配置文件

（6）工具菜单（Tool）。

Keil C 工具菜单命令、工具按钮图标、默认快捷键及其描述，如表 8.6 所示。

表 8.6   工具菜单栏

命　　令	工具按钮	快捷键	描　　述
Setup PC-Lint			配置 Gimpel Software 的 PC-Lint 程序
Lint			用 PC-Lint 处理当前编辑的文件
Lint all C Source Files			用 PC-Lint 处理项目中所有的 C 源代码文件
Setup Easy-Case			配置 Siemens 的 Easy-Case 程序
Start/Stop Easy-Case			用 Easy-Case 处理当前编辑的文件
Show File(Line)			显示当前文件（行）
Customize Tools Menu			添加用户程序到工具菜单中

（7）外围器件菜单（Peripherals）。

Keil C 外围器件菜单命令、工具按钮图标、默认快捷键及其描述，如表 8.7 所示。

表 8.7   外围器件菜单表

命　　令	工具按钮	快捷键	描　　述
Reset CPU	RST		复位 CPU
Interrupt			中断
I/O-Ports			I/O 口
Serial			串行口
Timer			定时器/计数器

2. Keil C 的窗口

（1）编辑窗口如图 8-6 所示。

（2）工程窗口如图 8-7 所示。

（3）输出窗口如图 8-8 所示。

```
01  #include  <reg51.H>
02  void main( )
03  {
04    unsigned int I = 1;
05    unsigned int SUM = 0;  //设初值
06    {
07      SUM = I + SUM;  //累加
08      //printf ("%d SUM=%d\n",I,SUM);  //显示
09      I++;
10    }
11    while(I<=10)
12    I=SUM;
13    while(1);  //这句是为了不让程序完后，程序指针继续向下造成程序"跑飞"
14  }
15  end;
```

图 8-6　Keil C 编辑窗口

图 8-7　Keil C 工程窗口

```
Build Output
Build target 'Target 1'
assembling STARTUP.A51...
compiling LED.c...
linking...
Program Size: data=11.0 xdata=0 code=49
"do_while" - 0 Error(s), 0 Warning(s).
```

图 8-8　Keil C 输出窗口

8.2　Keil C 环境下的工程建立

基于用 Keil C 进行单片机软件程序开发一般包括新建工程、添加代码文件、配置工程和编译 4 个基本步骤。下面通过流水灯实验进行说明。

1. 新建工程

（1）启动 Keil C 软件后，用鼠标单击"Project New μVision Project"菜单项，出现一个对话框，如图 8-9 所示。在该对话框内给将要建立的工程命名，在编辑框中输入一个工程名，如 LED，默认扩展名为.uvproj，选择合适的路径后单击"保存"按钮，出现第二个对话框，如图 8-10 所示。注意：一个工程会包含数个文件，因此单个工程应创建在独立的文件夹下，以便管理；工程名及其所在路径中不应包含中文，否则编译时可能会出错；且工程的命名应能体现工程要实现的功能。

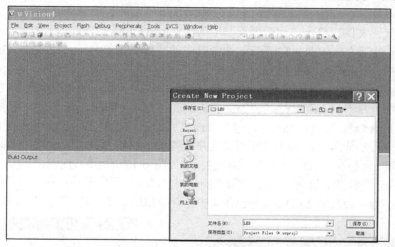

图 8-9　Keil C 新建工程界面

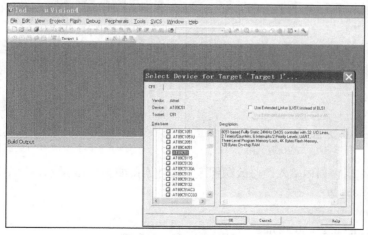

图 8-10　目标 CPU 选择界面

（2）Keil C 支持的 CPU 很多，例如，在器件选择界面选择 ATMEL 厂商生产的 AT89C51 单片机。单击"ATMEL"前面的"+"号，展开该层，单击其中的"89C51"，然后单击"确定"按钮，创建工程完毕。在图 8-10 所示的器件描述中，介绍了 89C51 的基本硬件资源：8051 内核、32 个 I/O 口、2 个定时计数器、6 个中断源、1 个串口、4KB 的 Flash 和 128B 的片内 RAM。

2. 添加代码文件

通过 Keil μVision4 创建完工程后，Keil C 不会自动打开工程窗口，这是 Keil μVision4 与 Keil μVision2 的不同之一，而要通过菜单"View\Project Window"手动打开。手动打开工程窗口后，在工程窗口的文件页中出现了"Target1"，前面有"+"号，单击"+"号展开，可看到下一层的"Source Group1"。这时的工程还是一个空的工程，里面什么文件也没有，需要手动为其添加源程序。

（1）新建工程后，单击工具栏上的新建文件快捷按键 New 图标，或单击菜单栏中的"File\New"选项，即在项目窗口的右侧打开一个新的文本编辑窗，Keil C 默认文本名为"Text"。

（2）单击工具栏上的保存快捷按键 Save 图标，或单击菜单栏中的"File\Save"选项，选择路径后保存文件。汇编源文件保存为.asm 格式，C 语言源文件保存为.c 格式。一般为了统一，文件名与工程名应相同，如图 8-11 所示。

（3）添加代码文件。单击工程管理窗口中的"Source Group1"使其反白显示，然后单击鼠标右键出现一个快捷菜单，如图 8-12 所示。选中其中的"Add file to Group 'Source Group1'"选项，出现一个对话框，要求查找源文件。此时该对话框下面的"文件类型"默认为"C source file(*.c)"，即以 C 为扩展名的文件，双击"LED.c"文件，将文件加入工程。如果要添加的文件以.asm 为扩展名，在列表框中找不到 LED.asm（要添加的汇编源文件），如图 8-13 所示，可将文件类型改为"Asm Source File(*.s*；*.src；*.a*)"以包含.asm 文件，这样在列表框中就可找到 LED.asm 文件。注意在源文件加入工程后，图 8-13 所示对话框并不消失，会等待继续加入其他文件，但初学者会误认为操作没有成功而再次双击同一文件，这时会出现如图 8-14 所示的对话框，提示所选文件已在列表中。此时应单击"确定"，返回前一对话框，然后单击"Close"即可返回主界面。返回后单击"Source Group 1"前的加号，会发现 LED.c 文件已在其中。双击 LED.c 文件名，可打开该源程序。

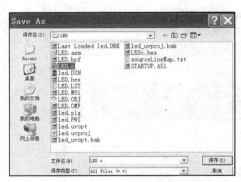

图 8-11　文件保存界面

图 8-12　添加文件到工程界面

（4）在文本编辑窗口内输入、修改源程序，硬件连接如图 8-15 所示，程序如下。

```c
#include  <REG51.H>

#include  <intrins.h>

#define   uchar unsigned char

void delay( )
{
  uchar i1,i2;
  for(i1=0;i1<255;i1++)
  {
```

```c
    for(i2=0;i2<255;i2++)
    {
      _nop_();
      _nop_();
      _nop_();
      _nop_();
    }
  }
}
void main( )
{
  uchar i,j;
  while(1)
  {
    j=0x01;
    for(i=0;i<8;i++)
    {
      P2=j;
      delay( );
      j=j<<1;
    }
  }
}
```

图 8-13　添加文件界面

图 8-14　重复添加同一文件出错界面

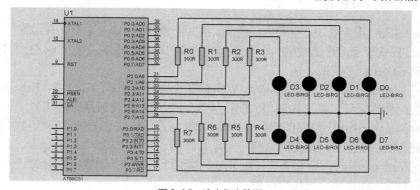

图 8-15　流水灯电路图

3. Keil C 工程配置

在 Keil C 下建立好工程后，还要对其进一步设置，主要包括配置 Cx51 编译器、Ax51 宏汇编器、BL51/Lx51 连接定位器及 Debug 调试器，以满足实际要求。在工程窗口中单击"Target 1"后单击鼠标右键，在弹出的快捷菜单中选择"Option for target 'target1'"选项，或单击菜单项"Project/Option for target target1"，出现工程设置对话框，如图 8-16 所示。该对话框比较复杂，Keil C 初学者想要完全理解和掌握还有一定难度。工程设置对话框有 11 个菜单，对应 11 个界面，包括 Device、Target、Output、Listing、Vser C51、A51、BL51 Locate、BL51 Misc、Debug 和 Utilities，大部分设置项取默认值，必要时可进行适当调整。

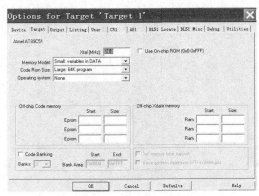

图 8-16 工程设置对话框

（1）Target 选项卡设置。

Xtal（MHz）：设置单片机工作时钟，后面的数值是晶振频率，默认值是所选目标 CPU 的最高可用频率值，对于 AT89C51 而言是 24MHz。该数值与最终产生的目标代码无关，仅用于软件模拟调试时显示程序执行时间。正确设置该数值可使显示时间与实际所用时间一致，因此一般将其设置成实际硬件中的晶振频率值。如果不需要了解程序执行时间，也可不用手动设置，直接选用默认值 24MHz。

Use On-chip ROM（0x0～0xFFF）：确认是否仅使用片内 ROM（注意：选中该项并不会影响最终生成的目标代码量），在复选框内打勾表示仅使用片内 ROM，它只供仿真使用。AT89C51 内部集成有 4KB 的 Flash ROM。选用片内 ROM 还是外部 ROM，取决单片机的 EA 引脚所接电平，EA 接高电平采用片内 ROM，否则采用片外 ROM。

Memory Model：设置 RAM 使用情况，有 3 个选择项。Small 是指所有变量都在单片机的内部 RAM 中；Compact 是指可使用一些外部扩展 RAM；Larget 是指可使用全部外部的扩展 RAM。

Code Rom Size：设置 ROM 空间使用情况，有 3 个选择项。Small 模式只用低于 2KB 的程序空间；Compact 模式要求单个函数的代码量不能超过 2KB，整个程序可使用 64KB 程序空间；Large 模式可用全部 64KB 程序空间。

Operating system：操作系统选择。Keil C 提供了两种操作系统：RTX-51 Tiny 和 RTX- Full。通常不使用任何操作系统，即选择该项的默认值 None（不使用任何操作系统）。

Off-chip Code memory：设置系统扩展 ROM 的地址范围，必须根据实际的硬件系统来决定。如果系统未进行 ROM 扩展，采用默认值。

Off-chip Xdata memory：设置系统扩展 RAM 的地址范围，必须根据实际的硬件系统来决定。如果系统未进行 RAM 扩展，采用默认值。

Code Banking：确认是否选用 Code Banking 技术。Keil C 可支持程序代码超过 64KB，最大可达 2MB 的程序代码。如果程序代码超过 64KB 就要采用 Code Banking 技术。Code Banking 技术支持自动的 Bank 切换，在建立大型系统时很必需。

（2）Output 选项卡设置。

Output 选项卡设置界面如图 8-17 所示。

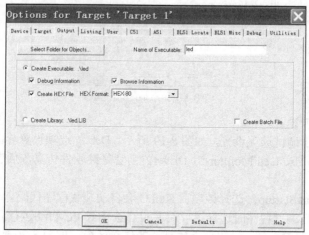

图 8-17　OutPut 选项设置

Select Folder for Objects：最终的目标文件所在文件夹设置。Keil C 默认最终的目标文件与工程文件在同一个文件夹。如果不在同一文件夹，可单击该按钮进行最终的目标文件存储路径设置。

Name of Executable：最终生成的目标文件名设置。Keil C 默认最终生成的目标文件名与工程名相同，通常采用默认值而不需要更改。

Debug Information：确认是否产生调试信息。如果需要对程序进行调试，应选中 Debug Information 项，产生的调试信息有助于调试。

Browse Information：确认是否产生浏览信息。该信息可用菜单项"View\Browse"来查看，这里取默认值。

Creat HEX File：确认是否生成可执行代码文件，Keil C 默认生成的可执行代码文件为 16 进制的 HEX 格式。程序写入单片机芯片时，只支持 HEX 格式。Keil C 默认该项未被选中，如果要烧录程序做硬件实验，就必须选中该项，初学者易疏忽这一点，在此特别提醒注意。

Create Library：确认是否生成 lib 库文件，一般不需要生成库文件。

Create Batch File：确认是否生成批处理文件，一般不需要生成批处理文件。

（3）Listing 选项卡设置。

Listing 选项卡用于列表文件设置，如图 8-18 所示。Keil C 在汇编或编译完成后除了生成目标文件外，还生成*.lst 的列表文件，在连接完成后生成*.m51 的列表文件。这两个列表文件可告诉程序员其中所用的 idata、data、bit、xdata、code、RAM、ROM、stack 等相关信息，以及程序所占用的代码空间。

选中"C Compile Listing"下的"Assemble Code"选项，可在列表文件中生成 C 语言源程序所对应的汇编代码。

单击"Select Folder for Listings"可设置、选择生成列表文件的路径和文件名。Keil C 默认生成的列表文件与工程文件在同一个文件夹。如果不在同一文件夹，可单击该按钮进行最终的目标文件存储路径设置。

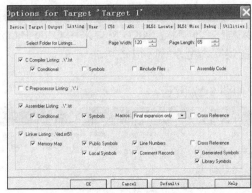

图 8-18 Listing 选项设置

（4）Debug 选项卡设置。

Debug 选项卡用于调试选项设置，如图 8-19 所示。Debug 选项设置界面中有两类仿真形式可选：User Simulator 和 Use Keil Monitor-51 Driver。前者是纯软件仿真，后者是带有 Monitor-51 目标仿真器的仿真。

Load Application at Startup：选择该项后 Keil C 会自动装载程序代码。

Run to main（）：调试程序时选择该项后 Keil C 会引导 PC 自动运行到 main 程序处。

Use Keil Monitor-51 Driver：设置目标仿真器的仿真环境，如图 8-20 所示。

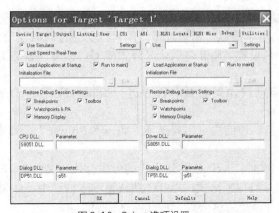

图 8-19 Debug 选项设置

图 8-20 Target 选项设置

Port：通信串口编号选择，可选泽 COM1～COM16，此时必须选择实际硬件所连接的串口编号。

Baudrate：波特率设置，可选泽 9600～115200 bit/s，系统默认 9600 bit/s。

Cache Options：Cache 技术选择，选中仿真器运行速度会加快。

Serial Interrupt：选择该复选框可运行串口中断。

（5）C51 选项卡设置。

C51 选项卡设置如图 8-21 所示。 C51 选项卡用于对 Keil C 的 C51 编译器的编译过程进行设置，其中较常用的是"Code Optimization"选项组。该组中的"Level"是优化等级选择项，C51 在对源程序进行编译时，可对代码进行 0～9 级优化，一般默认使用第 8 级。如果在编译中出现一些问题，可降低优化级别。"Emphasis"选项是对编译优先方式的选择：第一项"Favor size"是代码量优化（最终生成的代码量小）；第二项"Favor speed"是速度优先（最终生成的代码速度快）；第三项是缺省。"Emphasis"选项默认的是速度优先，可根据实际需要进行更改。

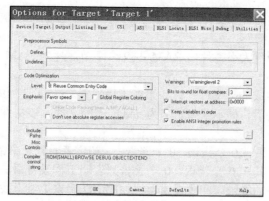

图 8-21　C51 选项设置

工程设置对话框中的其他各选项卡与 C51 编译选项、A51 的汇编选项、BL51 连接器的连接选项等用法有关，一般都选用 Keil C 系统提供的默认值，不作任何修改。设置完成后按"OK"按钮返回主界面，工程文件建立、设置完毕。

4. 编译、连接

工程设置好后可进行编译、连接。选择菜单项"Project\Build target"，或直接单击工具栏上的 按钮，或选择快捷键 F7，对当前工程进行编译。如果当前文件已修改，Keil C 软件会先对该文件进行编译，然后再连接以产生目标代码；如果选择菜单项"Project\Rebuild all target files"，或直接单击工具栏上的 按钮，将会对当前工程中的所有文件重新进行编译然后再连接，确保生成最新的目标代码；选择菜单项"Project\Translate"，或单击工具栏上的 按钮则仅对文件进行编译，不进行连接。图 8-22 所示为有关编译、设置的工具栏按钮，这些按钮从左到右分别是：编译、编译连接、全部编译连接、编译批处理文件、停止编译、下载 Flash ROM 和对工程设置。

图 8-22　编译、连接、工程设置工具条

编译过程中的信息将出现在输出窗口中的 Build Output 页中。如果源程序中有语法错误，会有错误报告出现，双击该行可定位到出错的位置，对源程序修改后，最终会得到如图 8-23 所示的成功编译、连接界面。

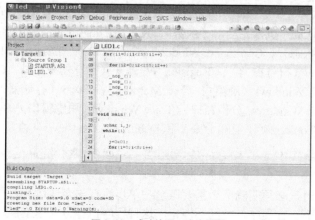

图 8-23　成功编译、连接界面

Build Output 页中提示信息表示的内容如下。

第2行表示"正在编译目标文件"。

第3行表示"正在连接"。

第4行表示"生成项目大小：片内RAM占9个字节，片外RAM占0个字节，程序存储区ROM占50个字节"。

第5行表示"正在生成hex文件"。如果在工程配置Output选项中未选中Create HEX File项，则在此不会有该行提示。提示获得了名为led.hex的文件，该文件可被编程器读入并写到单片机中。

第6行表示"编译结果有0个错误，0个警告"。初学者看到0个错误、0个警告的提示后可能会觉得已经大功告成，其实0个错误、0个警告只表明工程没有语法错误，并不能表明没有功能、逻辑错误，而实际中功能错误和逻辑错误往往比语法错误更难查找和解决。

8.3 Keil C的调试方法

前面已经介绍了如何建立工程、汇编工程、连接工程，以及如何获得目标代码，但完成这些仅仅代表源程序没有语法错误，至于源程序中存在的功能错误，必须通过调试才能发现并解决。事实上，除了极简单的程序外，绝大数程序都要通过反复调试才能得到正确结果。因此，调试是软件开发中重要的一个环节，这一节将介绍常用的调试命令、利用在线汇编和各种断点设置进行程序调试的方法，并通过实例介绍这些方法的使用。

1. 常用调试命令

在对工程成功地进行编译、连接后，按Ctrl+F5组合键或使用菜单命令"Debug\Start/Stop Debug Session"即可进入调试状态。Keil C软件内建了一个仿真CPU用来模拟执行程序。该仿真CPU功能强大，可在没有硬件和仿真器的情况下进行程序模拟调试，下面将介绍该模拟调试功能。这里必须明确模拟调试，与真实的硬件执行程序是有区别的，其中最明显的区别是时序，软件模拟不可能和真实的硬件具有相同的时序，具体的表现就是程序执行的速度和仿真使用的计算机有关，计算机性能越好运行速度越快。

进入调试状态后的界面与编辑状态下的界面相比有明显的变化。Debug菜单中原来不能用的命令现在已可使用；工具栏上会多出一个用于运行和调试的工具条，如图8-24所示。Debug工具条上的大部分命令可在此找到对应的快捷按钮。将鼠标指针移动到按钮的上方，系统将会自动弹出该按钮的名称、功能及其对应的快捷键。Debug工具条上的按钮从左到右依次是RST（复位）、Run（运行）、Stop（停止）、Step（单步（进入子函数））、Step Over（单步（不进入子函数，即过程单步））、Step Out（执行完当前子函数）、Run to Cursor Line（运行到当前行）、Show Next Statement（显示下一状态）、Command Window（命令窗口）、Disassembly Window（反汇编窗口）、Symbol Window（符号窗口）、Registers Window（寄存器窗口）、Call Stack Window（调用堆栈窗口）、Watch Windows（观察窗口）、Memory Windows（存储器窗口）、Serial Window（串行窗口）、Analysis Windows（分析窗口）、Trace Windows（跟踪窗口）、System Viewer Windows（系统观察窗口）、Toolbox（工具箱命令）和Debug Restore Views（恢复调试观察命令）。

图8-24 Debug调试工具条

在学习程序调试时，必须明确两个重要概念：单步执行与全速运行。全速运行是指一行程序执行完后紧接着执行下一行程序，中间不停止，这种程序执行方式速度快，并可看到该段程序执行的总体效果，即最终结果正确还是错误，但如果程序有错，则难以确认错误出现在程序的具体位置。单步执行是每次执行一行程序，执行完该行程序后立即停止，等待命令执行下一行程序，此时可观察该行程序执行完后得到的结果是否与设计时该行程序所要得到的结果相同，借此可找到程序中存在的问题。在程序调试中，这两种运行方式都要用到。

使用菜单"Step"或相应的命令按钮，或使用快捷键 F11 可单步执行程序；使用菜单"Step Over"或功能键 F10 将以过程单步形式执行命令。所谓过程单步是指将汇编语言中的子程序或高级语言中的函数作为一个语句来全速执行，即不进入子程序或子函数。

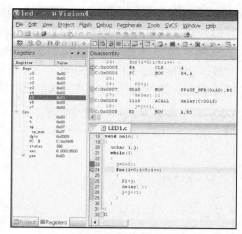

按下 F11 可看到源程序窗口的左边出现了一个黄色调试箭头，指向源程序中 main 函数的 for 语句，如图 8-25 所示。每按一次 F11，即执行该箭头所指程序行，然后箭头指向下一行。当箭头指向 delay( )行时，再次按下 F11 会发现，箭头指向了延时子程序 delay( )的第一行。不断按 F11 键，可逐步执行延时子程序。

图 8-25　调试窗口

通过单步执行程序，可找出程序中的一些问题及其位置，但是仅依靠单步执行来查错有时是困难的，或虽能查出错误但效率很低，为此必须辅之其他方法。例如本例中的延时程序是通过将 _nop_()语句执行 255×255×4 次，即 26 万多次来达到延时目的的，如果用按 F11 需 26 万多次的方法来执行完该程序行，显然是不合理的，为此可采取以下一些方法。

（1）用鼠标在 delay( )子程序的最后一行单击一次，把光标定位于该行，然后执行菜单命令"Debug\Run to Cursor Line"（执行到光标所在行)"，即可全速执行完黄色箭头与光标之间的程序行。

（2）在进入该子程序后，执行菜单命令"Debug\Step Out（单步执行到该函数外)"，即可全速执行完调试光标所在的子程序或子函数，并指向主程序中的下一行程序"j=j<<1"。

（3）在开始调试时按 F10 而非 F11，程序将单步执行，不同的是执行到 main 函数中的 delay( )行时，按下 F10 键，调试光标不进入子程序的内部，而是全速执行完该子程序，然后直接指向下一行"j=j<<1"。

灵活应用这几种方法，可大大提高查错效率。

2. 在线汇编

在进入 Keil C 的调试环境后，如果发现程序有错，可直接对源程序进行修改，但是要使修改后的代码起作用，必须先退出调试环境，重新进行编译、连接后再次进入调试。如果只是对某些程序行进行测试，或仅对源程序进行临时修改，这种过程有些麻烦。为此 Keil C 提供了在线汇编功能，将光标定位于需要修改的程序行，执行菜单命令

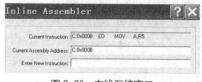

图 8-26　在线汇编窗口

"Debug\Inline Assembly"即可出现如图 8-26 所示对话框。在"Enter New Instraction"后面的文本框内直接输入需更改的程序语句，输入完后按回车键将自动指向下一条语句，可以继续修改，如果不再需要修改，可单击右上角的关闭按钮关闭窗口。

3. 断点设置

程序调试时一些程序行必须满足一定的条件才能被执行，如程序中某变量达到某一值、按键被按下、串口接收到数据、中断产生等。这些条件往往是异步发生或难以预先设定，这类问题使用单步执行的方法很难调试，这时就要使用程序调试中另一种非常重要的方法——断点设置。断点设置的方法有多种，常用于在某一程序行设置断点，设置好断点后可全速运行程序，一旦执行到该程序行即停止，可在此观察有关变量值，以确定问题所在。在程序行设置/移除断点的方法是

将光标定位于需要设置断点的程序行，执行菜单命令"Debug/Insert/Remove Breakpoint"来设置或移除断点，用鼠标双击该行也可实现同样功能。

菜单命令"Debug\Enable/Disable Breakpoint"用于开启或暂停光标所在行的断点功能；"Debug\Disable All Breakpoint"用于暂停所有断点；"Debug\Kill All BreakPoint"用于清除所有断点设置。这些功能也可用工具条上的快捷按钮进行设置。

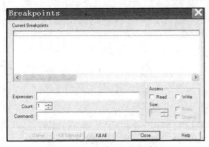

图 8-27　断点设置对话框

除了基本的设置断点方法外，Keil C 还提供了多种设置断点的方法。执行菜单命令"Debug\Breakpoints"，即出现一个对话框，该对话框用于对断点进行详细的设置，如图 8-27 所示。

图 8-27 中 Expression 后的文件框用于输入表达式，该表达式用于确定程序停止运行的条件。这里表达式的定义功能非常强大，涉及 Keil C 内置的一套调试语法，这里不做详细说明，仅举若干实例，希望读者可举一反三。

（1）在 Expression 后的文本框中键入"j==0x02"，再单击 Define 按钮即定义了一个断点。注意 j 后有两个等号，意思为相等。该表达式的含义是：如果 j 的值到达 0x02，则停止运行程序。除了使用相等符号之外，还可以使用>、>=、<、<=、!=（不等于）、&（两值按位与）、&&（两值相与）等运算符号。

（2）在 Expression 后①中键入"delay"再单击 Define，其含义是如果执行 delay 函数则产生中断。

（3）在 Expression 后①中键入"delay"，按 Count 后的微调按钮，将值调到 4，其意义是当第 4 次执行 delay 函数时才停止程序运行并产生中断。

（4）在 Expression 后的文本框中键入"delay"，在 Command 后的文本框中键入"printf（"Subroutine 'Delay' has been Called\n"）"，则主程序每次调用 delay 程序时并不停止运行，但会在输出窗口 Command 页输出一行字符"Subroutine 'Delay' has been Called"。其中"\n"是回车换行，使窗口输出的字符整齐。

（5）设置断点前，先在输出窗口的 Command 页中键入 DEFINE int I，然后在断点设置时，在 Expression 后的文本框中键入"delay"，在 Command 后的文本框中键入"printf（"Subroutine 'Delay' has been Called %d times\n",++I）"，则主程序每次调用 delay 时，将会在 Command 窗口输出该字符及被调用的次数，如"Subroutine 'Delay' has been Called 10 times"。

对于使用 C 语言源程序的调试，表达式中可直接使用变量名，但须注意：设置时只能使用全局变量和调试箭头所指模块中的局部变量。

4. 调试实例

为演示程序调试，以"LED.C"程序为例，首先在源程序中产生一个错误，将 main 函数的"j=0x01;"前移到 while（1）语句的上方，然后重新编译。此时，由于程序中并无语法错误，所以编译时不会有任何错误提示，但由于"j=0x01;"语句位置不对，导致流水灯在循环 8 次以后，P2 口输出实质为 0x00，即灯全部熄灭。

进入调试状态后，执行菜单命令"Peripherals\I/0-Ports\Port2"，打开 P2 口查看窗口，按 F10 以过程单步的形式执行程序，在前 8 次循环中，当执行"P2=j;"行后，在 P2 口查看窗口可看 P2 口的输出值依次为 0x01、0x02、0x04、0x08、0x10、0x20、0x40 和 0x80。8 次循环后，当执行"P2=j;"行后，查看窗口可看出 P2 口的输出恒为 0x00，这个结果与预期结果不同。为查明出错原因，先做简单分析，通过语句"P2=j;"可看出，P2 口的值直接取决于 j，结合整个程序，对 P2 口的赋值只有语句"P2=j;"一条，若 P2 口出错，应该是 j 值变化出错，从而导致 P2 口的输出值出错。

因此，下面需要通过单步运行，监视 j 值。

　　监视 j 值可通过变量窗口，也可通过鼠标快捷方式。这里介绍鼠标快捷方式查看 j 值。同时为了提高调试效率，先屏蔽掉 main 函数的 delay（）语句。

　　按 Stop 按钮使程序停止执行，然后按 RST 按钮使程序复位，再次按下 F10 单步执行，执行 "j=j<<1;" 语句后，光标移至 for 循环的 "}"，此时将鼠标移至 "j=j<<1;" 语句，系统弹出 j 的提示信息。直至第 8 次循环，发现将鼠标移至 "j=j<<1;" 语句，系统弹出 j 值为 0，如图 8-28 所示。

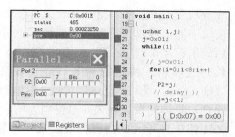

图 8-28　流水灯调试

　　可发现，当 j 值为 0 则下次循环执行 "P2=j;" 语句时，P2 口被赋值为 0。进一步分析可知，j 值改变只发生在 "j=j<<1;" 语句，这是一条左移指令。在该左移指令中，每左移一次，操作数 j 的最高位被移出，其余 7 位依次左移 1 位，而最低位赋 0，因此移位 8 次后，j 为 0。为了构成不断依次点亮的流水灯，在 8 次循环移位后，必须给 j 重新赋值 "0x01"，即将 "j=0x01;" 语句重新移至原 for 语句的上方。

8.4　Keil C 下程序调试时的常用窗口

　　上一节介绍了 Keil C 软件几种常用的程序调试方法，这一节将介绍 Keil C 软件提供的各种调试窗口。

　　Keil C 软件在调试程序时提供了多个窗口，主要包括输出窗口（Output Windows）、观察窗口（Watch Windows）、调用堆栈窗口（Call Stack Window）、存储器窗口（Memory Window）、反汇编窗口（Disassembly Window）、串行窗口（Serial Window）和外围设备窗口（Peripherals Window）等。进入调试模式后，可通过菜单 View 下的相应命令打开或关闭这些窗口。

　　图 8-29 所示为命令窗口、调用堆栈窗口、观察窗口和存储器窗口。各窗口的大小可通过鼠标调整，同时通过鼠标可实现调用堆栈窗口、观察窗口和存储器窗口间的切换。进入调试程序后，输出窗口自动切换到 Command 页。该页用于输入调试命令和输出调试信息。

图 8-29　调试窗口（命令窗口、调用堆栈窗口、存储器窗口、观察窗口）

1. 存储器窗口

　　存储器窗口中可显示系统中各种内存中的值，通过在 Address 后的文体框内输入 "字母：数字" 即可显示相应内存值，其中字母 C、D、I、X，分别代表代码存储空间、直接寻址的片内存储空间、间接寻址的片内存储空间、扩展的外部 RAM 空间，数字代表想要查看的地址。例如，输入 "D：0" 即可观察到地址 0 开始的片内 RAM 单元值，键入 "C：0" 即可显示从 0 开始的 ROM 单元中的值，即查看程序的二进制代码。通过该窗口的数值各种形式显示，如十进制、十六进制、字符型等，改变显示方式的方法是单击鼠标右键，在弹出的快捷菜单中选择，如图 8-30 所示。该菜单用分隔条分成 3 部分，其中第一部分与第二部分的 3 个选项为同一级别。选中第一部分的任一选项，内容将以整数形式显示；选中第二部分的 "Ascii" 项，则以字符型形式显示，选中 "Float" 项将以相邻 4 字节组成的浮点数形式显示，选中 "Double" 项，则以相邻 8 字节组成双精度形式显示。第一部分又有多个选择项，其中"Decimal"项是一个开关，如果选中该项则窗口中的值将以十进制的形式显示，否则按默认的十六进制形式显示。"Unsigned"和"Signed"后分别有 4 个选项：Char、Int、Short、Long，分别代表以单字节方式显示、将相邻双字节组成整数方式显示、将相邻两字节组成短整型方式显示和将相邻 4 字节组成长整型方式显示，而"Unsigned"和"Signed"则分别代表无符号形式和有符号形式。究竟从哪个单元开始的相邻单元则与具体的设置有关。以整型为例，如果在"Address"后的文本框中输入的是"I：0"，那么00H 和 01H 单元的内容将会组成一个整型数；如果在"Address"后的文本框中输入的是"I：1"，则 01H 和 02H 单元的内容会组成一个整型数，依此类推。有关数据格式与 C 语言规定相同，请参考 C 语言相关书籍。默认为无符号单字节方式显示。

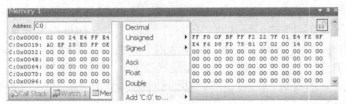

图 8-30　存储器数值显示方式选择

2. 工程寄存器窗口

工程寄存器窗口如图 8-31 所示。工程寄存器窗口包括了当前工作寄存器组和系统寄存器。在系统寄存器组中，有一些是实际存在的寄存器，如r0～r7、a、b、dptr、sp、psw 等，有一些是在实际中并不存在或虽然存在却不能对其操作的寄存器，如 PC、states 等。每当程序对某寄存器进行操作时，该寄存器会以反色（蓝底白字）显示，用鼠标单击该行然后按下 F2 键，即可修改寄存器值。

3. 观察窗口

观察窗口是一个很重要的窗口，在工程窗口中仅可观察到工作寄存器和有限的寄存器，如果需要观察其他寄存器值或者在高级语言编程时直接观察变量，就要借助观察窗口。

一般情况下，仅在单步执行时才对变量值的变化感兴趣。全速运行时变量的变化是看不到的，只有在程序停下后，才会将这些值最新的变化反映出来，但是在一些特殊场合，也可能需要在全速运行时观

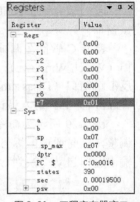

图 8-31　工程寄存器窗口

察变量的变化。此时可以单击菜单项"View\Periodic Window Updata（周期更新窗口）"，确认该项处于被选中状态，即可在全速运行时动态地观察有关值的变化。但是如果选中该项，将会使程序执行的速度变慢。

下面通过一个高级语言程序来说明 Keil C 软件程序调试时常用窗口的使用。具体程序如下：

```c
#include "reg51.h"
sbit P1_0=P1^0; //定义P1.0
void Delay(unsigned char DelayTime)//延时子函数
{
  unsigned int j=0;
  for(;DelayTime>0;DelayTime--)
  {
    for(j=0;j<125;j++)
```

```
     {;}
    }
  }
}

void main( )
{
 unsigned int i;
 for(;;)
  {
   Delay(10); //延时10ms
   i++;
   if(i==10)
   {
      P1_0=!P1_0; //P1.0输出取反
      i=0;
   }
  }
}
```

　　该程序的工作过程：不断调用延时程序，每次延时 10ms，然后将变量 i 加 1，随后对变量 i 进行判断，如果 i 的值等于 10，那么将 P1.0 取反，并将 i 清 0，最终的执行效果是 P1.0 每 0.1s 取反一次。

　　输入源程序并以 test1.c 为文件名存盘，建立以 test1 为名称的工程，将 test1.c 加入到该工程中，编译、连接后按 Ctrl+F5 进入调试，按 F10 键单步执行。注意观察窗口，其中有一个标签页为 Locals，这一页会自动显示当前模块中的变量名及变量值。可看到窗口中有名为 i 的变量，其值随着执行次数的增多而逐渐加大，如果在执行到 "Delay（10）" 行时按 F11 键跟踪到 Delay 函数内部，则该窗口的变量自动变为 DelayTime 和 j。另外两个标签页 Watch 1 可加入自定义的观察变量，单击 "double-click or F2 to add"，然后再按 F2 键即可输入变量。如果在 Watch #1 中输入 i，便可观察变量 i 的变化。在程序较复杂，变量很多的场合，这两个自定义观察窗口可筛选出程序员感兴趣的变量。观察窗口中变量的值不仅可观察，同时还可修改，以该程序为例，i 须加 10 次才能到 10，为快速验证是否可以正确执行到 "P1_0=!P1_0" 行，可单击 i 后面的值，再按 F2 键，该值即可修改，将 i 的值手动改为 9，再次按 F10 键单步执行，即可很快执行到 "P1_0=!P1_0" 程序行。该窗口显示的变量值可以十进制或十六进制形式显示，方法是在显示窗口单击右键，在快捷菜单中选择，如图 8-32 所示。

图 8-32　设置观察窗口的显示方式

4. 反汇编窗口

　　单击菜单项 "View\Disassembly Window"，可打开反汇编窗口。该窗口可显示反汇编后的代码、源程序和相应反汇编代码的混合代码，可在该窗口进行在线汇编、利用该窗口跟踪已找行的代码、在该窗口按汇编代码的方式单步执行。打开反汇编窗口，单击鼠标右键，出现快捷菜单，如图 8-33

图 8-33 反汇编窗口

所示，其中"Mixed Mode"表示以混合方式显示，"Assembly Mode"表示以反汇编码方式显示。

程序调试中常使用设置断点，然后全速运行的方式，在断点处获得各变量的值，但却无法知道程序到达断点以前究竟执行了哪些代码，而这往往是需要了解的，为此 Keil C 提供了跟踪功能、在运行程序之前打开调试工具条上的允许跟踪代码开关，然后全速运行程序，当程序停止运行后，单击查看跟踪代码按钮，自动切换到反汇编窗口，可按窗口边的上卷按钮向上翻查看代码执行记录。

利用工程窗口可观察程序执行时间。下面观察该例中延时程序的延时时间是否达到 10ms，如图 8-31 所示。展开工程窗口 Register 页中的 Sys 目录树，其中的 Sec 项记录了从程序开始执行到当前程序流逝的秒数。单击 RST 按钮以复位程序，Sec 的值回零，按下 F10 键，程序窗口中的黄色箭头指向 Delay(10)行，此时记录下 Sec 值为 0.00038900，然后再按 F10 执行完该段程序，再次查看 Sec 的值为 0.01051200，两者相减大约是 0.01 秒，所以延时时间大致正确。读者可试着将延时程序中的 unsigned int 改为 unsigned char，再试试看时间是否仍正确。注意，使用这一功能的前提是在项目中正确设置晶振的数值。

5. 串行窗口

Keil C 提供了串行窗口，可直接在串行窗口中键入字符，该字符不会被显示出来，但却能传递到仿真 CPU 中。如果仿真 CPU 通过串行口发送字符，那么这些字符会在串行窗口显示出来。用该窗口可在没有硬件的情况下用键盘模拟串口通信。下面通过例子说明 Keil C 串行窗口的使用。下面的程序实现一个行编辑功能，每键入一个字母，会立即回显到窗口中。编程的方法是通过检测 RI 是否等于 1 来判断串行口是否有字符输入，如果有字符输入，则将其送到 SBUF，这个字符就会在串行窗口中显示出来。其中 ser_init 是串行口初始化程序，要使用串行口，必须首先对串行口进行初始化。具体程序如下：

```
       ORG    00H
       ORG    30H
       LJMP   MAIN
MAIN:  MOV    SP,#68H        ;堆栈初始化
       CALL   SER_INIT       ;串行口初始化
LOOP:  JBC    RI,NEXT        ; 如果串口接收到字符, 转 NEXT
       JMP    LOOP           ;否则等待接收字符
NEXT:  MOV    A,SBUF         ;从 SBUF 中取字符
       MOV    SBUF,A         ;回送到发送 SBUF 中
SEND:  JBC    TI,LOOP        ;发送完成, 转 LOOP
       JMP    SEND           ;否则等待发送完
SER_INIT:                    ;串口初始化
       MOV    SCON,#50H
       MOV    TMOD,#20H
       MOV    PCON,#80H
       MOV    TH1,#0FDH      ;设定波特率
       SETB   TR1            ;定时器 1 开始运行
```

```
SETB    REN             ;允许接收
SETB    SM2
RET
END
```

输入源程序并建立项目，正确编译、连接，进入调试后，全速运行，单击调试工具栏"Serial Windows"串行窗口按钮，即在源程序窗口位置出现一个空白窗口，键盘输入单字符，相应的字母就会出现在该窗口中。在串行窗口中单击鼠标右键，弹出快捷菜单，选择"Ascii Mode"以 Ascii 码的方式显示接收到的数据，选择"Hex Mode"以十六进制码方式显示接收到的数据，选择"Clear Window"可清除窗口中显示的内容。

6. 外围器件调试窗口

Keil C 软件提供了 Peripherals 菜单，在该菜单中可选择定时计数器 Time、中断 Interrupt、输入输出端口 I/O-Ports 和串口模块 Serial 及相关寄存器。

（1）单击菜单"Peripherals\Interrupt"选项，将弹出如图 8-34 所示的中断系统观察窗口，用于显示 80C51 单片机中断系统状态。

选中不同的中断源，窗口中"Selected Interrupt"栏中将出现与之相对应的中断允许位和中断标志位的复选框，通过对这些状态位的设置，会实现对单片机中断系统的仿真。

（2）单击菜单"Peripherals\I/O-Ports"选项，用于仿真 80C51 单片机的并行 I/O，P0、P1、P2 和 P3，例如，选中 Port3 后将弹出如图 8-35 所示窗口。其中 P3 栏显示 80C51 单片机 P3 口输出状态，Pins 栏显示 P3 口输入状态，仿真时它们各位的状态会根据实际需要进行变化。

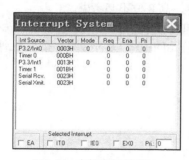

图 8-34 中断系统观察窗口

图 8-35 P3 口观察窗口

（3）单击菜单"Peripherals\Serial"选项，用于仿真 80C51 单片机的串行口，弹出如图 8-36 所示窗口。

Mode 栏用于选择串行口工作方式，单击下三角按钮可选择 8 位移位寄存器工作方式、8 位/9 位可变波特率 UART 工作方式和 9 位固定波特率 UART 工作方式。选定工作方式后，相应特殊工作寄存器 SCON 和 SBUF 的控制字也显示在该窗口中。通过对 SM2、REN、TB8、RB8、SMOD、TI 和 RI 位的设置，可实现对单片机内部串行口的仿真。

Baudrate 栏用于显示串行口的实际工作波特率，SMOD 复选项用于设置波特率是否倍增。

IRQ 栏用于显示串行口的发送和接收完成中断标志位。

（4）单击菜单"Peripherals\Time\Time1"选项，用于仿真 80C51 单片机的定时/计数器 C/T1，弹出如图 8-37 所示窗口。

Mode 栏用于选择定时/计数器工作方式，可选定时或计数方式，定时或计数范围可选 13 位、16 位和 8 位。选定工作方式后相应特殊工作寄存器 TCON 和 TMOD 的控制字也显示在该窗口中。TH1 和 TL1 用于显示计数初值，T1 Pin 和 TF1 用于指示 T1 引脚和 C/T1 溢出状态。

图 8-36　串行口观察窗口　　　　　　图 8-37　定时/计数器观察窗口

Control 栏用于显示和控制定时/计数器的工作状态，即 Run 或 Stop。TR1、GATE 和 INT1# 是启动位。通过对这些位的设置，会实现对单片机内部定时/计数器的仿真。

习　　题

8-1　试编写程序，实现 2 位压缩 BCD 码转换为二进制数的功能。如 2 位 BCD 数为 65，则把十位数字放在内部 RAM 20H 单元中，个位数字放在 RAM 21H 中。

8-2　试编写程序，根据外部数据存储器 6000H 单元的无符号数值 x，决定 P1 口输出为：

$$P1 = \begin{cases} 4x & x > 130 \\ 60h & 60 < x \leqslant 130 \\ not(x) & x \leqslant 60 \end{cases}$$

其中，$4x$ 的值送到 P1 口时，只送低 8 位即可，高 8 位不必考虑。

8-3　试编写程序，实现 P0 口数据循环左移和右移。

8-4　试编写程序，实现内部 RAM 20H 单元开始的 10 个无符号数，按从小到大排序。

第9章 Proteus 仿真环境与使用

Proteus ISIS（以下简称 Proteus）是由英国 Labcenter 公司开发的电路分析与实物仿真软件，可仿真、分析多种模拟器件和集成电路。它实现了单片机和电路仿真相结合，具有模拟电路仿真、数字电路仿真、单片机及其外围电路组成的系统仿真、RS232 动态仿真、I^2C 调试器、SPI 调试器、键盘和 LCD 系统仿真功能。它包含有各种虚拟仪器，如示波器、逻辑分析仪、信号发生器等。它支持主流单片机系统的仿真。目前支持的单片机类型有：68000 系列、ARM 系列、8051 系列、AVR 系列、PIC12 系列、PIC16 系列、PIC18 系列、Z80 系列、HC11 系列和 MSP430 系列等。它提供软件调试功能，具有全速、单步、设置断点等调试功能，同时可观察各个变量、寄存器等的当前状态；同时支持第三方的软件编译和调试环境，如 Keil C51 uVision4 和 AVRStudio4.16 等软件。它还具有强大的原理图绘制功能。

总之，Proteus 软件是一款集单片机和 SPICE 分析于一体的仿真软件，功能极其强大。Proteus 软件的出现，使单片机初学者不拥有单片机硬件开发系统也同样能快速、高效地学好单片机，特别是外围接口。Proteus 7.4 及其之前的版本在正常运行过程中会自动关闭，本章以 Proteus 7.7 为例介绍 Proteus 软件的工作环境和一些基本操作。

9.1 Proteus 软件窗口与基本操作

1. 打开 Proteus

双击桌面上的 ISIS 7 Professional 快捷图标，以下简称 Proteus，如图 9-1 所示，或单击菜单项"开始\所有程序\Proteus 7 Professional\ISIS 7 Professional"，可启动 Proteus 集成环境。

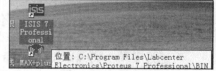

图 9-1　Proteus 桌面快捷图标

2. Proteus 工作界面功能介绍

Proteus 的工作界面是一种标准的 Windows 界面，如图 9-2 所示，包括标题栏、主菜单、标准工具栏、绘图工具栏、状态栏、对象选择按钮、预览对象方位控制按钮、仿真进程控制按钮、预览窗口、对象选择器窗口、图形编辑窗口。

（1）菜单栏。

在 Proteus 工作界面中，菜单栏位于最上方，共 12 项，从左到右依次为 File（文件）、View（浏览）、Edit（编辑）、Tools（工具）、Design（设计）、Graph（图表）、Source（源文件）、Debug（调试）、Library（库）、Template（模版）、System（系统）和 Help（帮助）。这 12 项菜单都有各自的子菜单。如单击 File 文件菜单展开子菜单如图 9-3 所示，可根据需要选择其中的相关选项。一些常用的子菜单命令，在工具栏中也有相应的快捷按钮，如 New Design（新建）、

Open Design（打开）和 Save Design（保存）等，这些特点和其他 Windows 集成环境一样，如 Multism、Keil C、VC、VB 和 CVI 等。

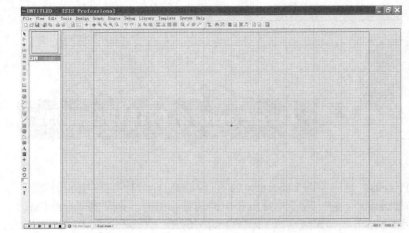

图 9-2　Proteus 工作界面

图 9-3　File 文件菜单

（2）图形编辑窗口。

在图形编辑窗口中可以完成电路原理图的编辑和绘制，类似于 Keil C 软件中的源程序编辑窗口，只是在 Keil C 软件中的编辑窗口由文字组成，而 Proteus 编辑窗口由电路、符号、元件模型组成，因为它是电路、单片机系统的仿真平台。

为方便作图，图形编辑窗口中坐标系的基本单位是 10nm。坐标系统的识别单位限制在 1th。坐标原点默认在图形编辑区的中间，鼠标指针在图形中的坐标值可显示在屏幕右下角的状态栏中。

编辑窗口内有点状栅格（The Dot Grid），可通过 View 菜单的 Grid 命令实现其打开和关闭。点与点间的间距由当前捕捉栅格（Snapping to a Grid）设置决定。捕捉的尺度可由 View 菜单的 Snap 命令设置，或者直接使用快捷键 F4、F3、F2 和 CTRL+F1，如图 9-4 所示。如果按 F3 或者通过菜单选择 "View\Snap 0.1in"，则鼠标指针在图形编辑窗口内移动时，坐标值是以固定的步长 0.1in 变化的，这称为捕捉。如果要确切地看到捕捉位置，可使用菜单 "View\X-Cursor" 命令，选中后将会在捕捉点显示一个小的或大的交叉十字。

图 9-4　栅格和捕捉窗口

可通过菜单 "View\Redraw" 命令来刷新显示内容，同时预览窗口中的内容也将被刷新。当执行其他命令导致显示错乱时可使用该特性恢复显示。

视图的缩放与移动可通过如下 4 种方式完成。

① 用鼠标左键单击预览窗口中想要显示的位置，这将使编辑窗口显示以鼠标单击处为中心的内容。

② 在编辑窗口内移动鼠标指针，按下 Shift 键，用鼠标指针 "撞击" 边框，这会使显示平移，这种方式称为 "Shift-Pan"。

③ 用鼠标指针指向编辑窗口并按缩放键或操作鼠标的滚动键，会以鼠标指针位置为中心重新显示。

④ 使用工具栏中的 Zoom In（放大）、Zoom Out（缩小）、Zoom All（缩放全部）和 Zoom Area 缩放一个区域按钮，缩放编辑窗口。

（3）预览窗口。

该窗口通常显示整个电路图的缩略图。在预览窗口上单击鼠标左键，将会有一个矩形绿框标示出在编辑窗口中显示的区域，这种方式称为"Place Preview"。其他情况下，预览窗口显示将要放置的对象的预览。这种 Place Preview 特性在下列情况下被激活。

① 当一个对象在选择器中被选中时。

② 当使用旋转或镜像按钮时。

③ 当为一个可设定朝向的对象选择类型图标时，如 Component icon、Device Pin icon 等。

④ 当放置对象或者执行其他非以上操作时，Place Preview 会自动消除。

⑤ 对象选择器（Object Selector）根据由图标决定的当前状态显示不同的内容。显示对象的类型包括：设备、终端、管脚、图形符号、标注和图形。

⑥ 在某些状态下，对象选择器有一个 Pick 切换按钮，单击该按钮可弹出库元件选取窗体。通过该窗体可选择元件并置入对象选择器，该功能在绘图时经常使用。

（4）对象选择器窗口。

通过对象选择按钮，从元件库中选择对象，并置入对象选择器窗口，供绘图时使用。显示对象的类型包括：设备、终端、管脚、图形符号、标注和图形。该选择器上方含有一个条形标签，该标签表明当前所处的模式及其所列的对象类型。如果当前模式为元器件时，对象选择器上方的标签为"DEVICE"，其左上角有 P L 。其中"P"为对象选择按钮，"L"为库管理按钮。当处于模式 时，单击"P"可从库中选取元器件并将所选元器件名一一列在此对象选择窗口。预览窗口和对象选择器窗口如图 9-5 所示，编辑区预览如图 9-6 所示。

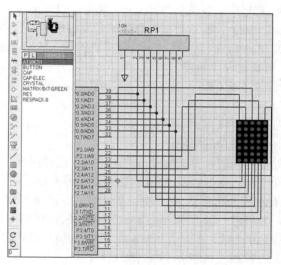

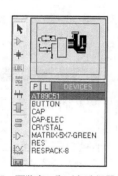

图 9-5　预览窗口和对象选择器窗口　　　　　　　　　图 9-6　编辑区预览

（5）工具栏。

左侧绘图工具栏中包括模型选择工具栏、配件、2D 图形等。上方标准工具栏中包括常用的文件操作按钮、显示按钮和编辑按钮等。

① 模型选择工具栏（Mode Selector Toolbar）。

：用于编辑当前元件，操作时先单击该图标再单击要编辑的元件； ：选择元件（Components）； ：放置连接点（Junction Dot）； ：放置线标签（Wire Label）； ：放置文本（Text Script）； ：绘制总线（Busses）； ：绘制总线分支线（Subcircuit）。

② 配件（Gadgets）。

▤：终端连接（Terminals），包括电源（POWER）、地（GROUND）、输入（INPUT）、输出（OUTPUT）、双向口（BIDIR）和总线（BUS）等；⫞⯈：器件引脚（Device Pin）；⯗：仿真图表（Graph）；▦：录音机（Tape Recorder）；⊘：信号发生器（Generator）；∿：电压探针（Voltage Probe）；✎：电流探针（Current Probe）；▱：虚拟仪表（Virtual Instrumenst），包含示波器、计数器、逻辑分析仪、交直流电压表、交直流电流表、信号源、I²C 总线调试器和 SPI 总线调试器等。

③ 文件操作按钮。

▭▱▱ 从左到右依次为：新建（New File），在默认模板上新建一个设计文件；打开（Open Design），打开一个设计文件；保存（Save Design），保存当前设计。

④ 显示命令按钮。

▤▤ 从左到右依次为：显示刷新（Redraw Display）；显示/不显示风格点切换（Toggle Grid）；显示/不显示手动原点（Toggle False Origin）；以鼠标所在点为中心进行显示（Center At Cursor）。

⑤ 编辑操作按钮。

▤▤▤▤▤ 从左到右依次为：复制选中的块对象（Block Copy）；移动选中的块对象（Block Move）；旋转选中的块对象（Block Rotate）；删除选中的块对象（Block Delete）；选取元件（Pick Part From Library）；从元件库中选取所需的元件（Pick Device/Symbol）。

⑥ 预览对象方位控制按钮。

↻：将选中对象按顺时针旋转（Rotate Clockwise）；↺：将选中对象按逆时针旋转（Rotate Anti-Clockwise）；▯：选中对象旋转角度的增量，只能为 90° 的整数倍；↔：将选中对象水平镜像（X-Mirror）；↕：将选中对象垂直镜像（Y-Mirror）。

⑦ 仿真进程控制按钮。

▶ ▶▮ ▮▮ ▮ 从左到右依次为全速运行（Play）、单步运行（Step）、暂停（Pause）和停止（Stop）。

3．图形编辑的基本操作

（1）编辑窗口的图纸。

在绘制电路时，首先需要按照电路大小选择图纸。在 Proteus 中，单击菜单 "System\Set Sheet Size" 项可选择图纸大小，如图 9-7 所示。

Proteus 中系统默认 A4 图纸，如果要设置成 A2 图纸，将 A2 复选框选中，并单击 "OK" 按钮确认。系统提供有两种形式的图纸，其中美制包括 A0、A1、A2、A3 和 A4，User 由用户自行定义。

图 9-7　图纸大小设置窗口

（2）对象放置（Object Placement）。

放置对象的步骤包括：根据对象的类别在工具箱选择相应模式的图标（Mode Icon）；根据对象的具体类型选择子模式图标（Sub-mode Icon）；如果对象类型是元件、端点、管脚、图形、符号或标记，从选择器（Selector）里选择对象的名字；对于元件、端点、管脚和符号，可能首先需要从库中添加；如果对象是带有方向，将会在预览窗口显示出来，可通过预览对象方位按钮进行调整；最后，指向编辑窗口并点击鼠标左键放置对象。

① 添加对象。

单击工具箱的元件按钮 ⯈，再单击对象选择器中的 P 按钮，弹出器件添加 Pick Device 对话框，如图 9-8 所示。在该对话框中可添加器件和虚拟仪器。如要添加 AT89C51 单片机到编辑窗口，则在 Pick Device 对话框左上角的关键字 Keywords 文本框中输入器件名 "AT89C51"，于是出现如图 9-9 所示的与关键字匹配的器件列表。双击 AT89C51 所在行，或单击 AT89C51 所在行后再单击"OK"按钮，AT89C51 将被添加到对象选择器中，如图 9-10 所示。按此操作方法可完成其他器件的添加。注意在 Keywords 文本框中输入器件名时，Proteus 软件对字母大小写不做区分。

在对象选择器中，单击 AT89C51，然后把鼠标指针移动到右边图形编辑区的适当位置，单击鼠标则会把 AT89C51 放到图形编辑区。

图 9-8　器件添加 Pick Device 对话框

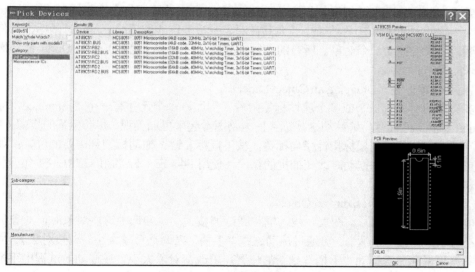

图 9-9　与关键字匹配的器件列表

② 放置电源和地。

在 Proteus 中隐藏了器件引脚上的 VCC 和 GND。如果在电路中要添加电源，可单击工具箱的接线终端按钮 ，弹出接线终端，如图 9-11 所示。

在对象选择器中单击电源 POWER，然后将鼠标指针移动到图形编辑区，单击即可放置电源符号。按照同样方法，可将地 GROUND、输入 INPUT、输出 OUTPUT、双向口 BIDIR 和总线 BUS 等放到图形编辑区。

图 9-10　添加元件到对象选择器　　　　　图 9-11　电源和接地符号

③ 对象编辑。

对象编辑主要是指调整对象的位置、放置方向和改变器件属性等，包括选中、删除和拖动等基本操作。

- 选中对象（Tagging an Object）。

将鼠标指针指向对象并单击右键可选中该对象。该操作可选中对象并使其高亮显示，然后可进行编辑。选中对象时该对象上的所有连线同时被选中。要选中一组对象，可通过依次在每个对象上单击左键选中每个对象的方式，也可通过左键拖出一个选择框的方式选择，但只有完全位于选择框内的对象才可被选中。在空白处单击鼠标右键可取消所有对象的选择。

- 删除对象（Deleting an Object）。

用鼠标指针指向选中的对象并单击右键可删除该对象，同时删除该对象的所有连线。

- 拖动对象（Dragging an Object）。

用鼠标指针指向选中的对象并用左键拖曳可拖动该对象。该方式不仅对整个对象有效，而且对对象中单独的标签 Labels 也有效。

如果 Wire Auto Router 功能被使能，被拖动对象上所有的连线将会重新排布或者"fixed up"。这将花费一定的时间（约 10 秒左右），尤其在对象有很多连线的情况下，这时鼠标指针将显示为一个沙漏。如果误拖动一个对象，所有的连线都变成了一团糟，此时可使用 Undo 命令撤销操作恢复原来的状态。

- 拖动对象标签（Dragging an Object Label）。

许多类型的对象有一个或多个属性标签附着。例如，每个元件有一个"reference"标签和一个"value"标签。可很容易地移动这些标签使电路图看起来更加美观。移动标签的步骤（To Move a Label）：选中对象；用鼠标指针指向标签，按下鼠标左键；拖动标签到需要的位置；如果想要定位得更精确的话，可在拖动时改变捕捉的精度（使用 F4、F3、F2 键和 CTRL+F1 组合键）；释放鼠标。

- 调整对象大小（Resizing an Object）。

子电路（Sub-circuits）、图表、线、框和圆可调整大小。当选中这些对象时，对象周围会出现黑色小方块，叫做"手柄"。可通过拖动这些"手柄"来调整对象大小。调整对象大小的步骤：选中对象；用鼠标左键拖动"手柄"到新的位置，可改变对象大小。在拖动的过程中手柄会消失以便不和对象显示混叠。

- 调整对象方向（Reorienting an Object）。

许多类型的对象可调整朝向为 0°、90°、270°、360°，或通过 x 轴、y 轴镜像。当该类型对象被选中后，"Rotation and Mirror"图标会从蓝色变为红色，然后就可改变对象方向。调整对象方向的步骤：选中对象；用鼠标左键单击 Rotation 图标可使对象逆时针旋转，用鼠标右键单击 Rotation 图标可使对象顺时针旋转；用鼠标左键单击 Mirror 图标可使对象按 x 轴镜像，用鼠标右键单击 Mirror 图标可使对象按 y 轴镜像。

毫无疑问,当 Rotation and Mirror 图标是红色时,操作它们将会改变某个对象,即使当前没有看到它。实际上,这种颜色的指示在对将要放置的新对象操作时非常有用。当图标是红色时,首先取消对对象的选择,此时图标会变成蓝色,表明现在可"安全"调整新对象。

- 编辑对象属性(Editing an Object)。

许多对象具有图形或文本属性,这些属性可通过一个对话框进行编辑,这是一种常见操作,有多种实现方式。

编辑单个对象(To Edit a Single Object Using the Mouse)的步骤:选中对象;用鼠标左键单击对象。图 9-12 所示为晶振的编辑对话框,在此可改变晶振的标号 Reference、晶振类型 Value、晶振频率 Frequency、PCB 封装 Package 及是否可隐藏这些属性,修改完毕,单击 "OK" 按钮即可。

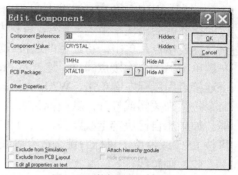

图 9-12　编辑对象属性对话框

连续编辑多个对象(To Edit a Succession Of Objects Using the Mouse)的步骤:选择 Main Mode 图标,再选择 Instant Edit 图标;依次用鼠标左键单击各个对象。

以特定的编辑模式编辑对象(To Edit an Object and Access Special Edit modes),其操作步骤:指向对象;使用键盘 CTRL+E 组合键。对于文本脚本来说,这将启动外部的文本编辑器。如果鼠标没有指向任何对象,该命令将对当前的图进行编辑。

通过元件的名称编辑对象属性(To Edit a Component by Name),其操作步骤:键入 E;在弹出的对话框中输入元件的名称(Part ID)。确定后将会弹出该项目中所有元件的编辑对话框,并非只限于当前 Sheet 的元件。编辑完后,画面将会以该元件为中心重新显示。可通过该方式来定位一个元件,即使不想对其进行编辑。在 OBJECT SPECIFICS 中将详细说明对应于每种对象类型的具体编辑操作方式。

- 编辑对象标签(Editing An Object Label)。

元件、端点、线和总线标签都可像元件一样编辑。编辑单个对象标签(To Edit a Single Object Label Using the Mouse)的步骤:选中对象标签;用鼠标左键单击对象。

连续编辑多个对象标签(To Edit a Succession of Object Labels Using the Mouse)的步骤:选择 Main Mode 图标,再选择 Instant Edit 图标;依次用鼠标左键单击各个标签。

使用任何一种方式,都将弹出一个带有 Label 和 Style 选项卡的对话框窗体,如图 9-13 所示。

图 9-13　编辑标签属性对话框

拷贝所有选中的对象(Copying All Tagged Objects),其中拷贝一整块电路(To Copy a Section of Circuitry)的步骤:选中需要的对象;用鼠标左键单击 Copy 图标;把拷贝的轮廓拖到需要的位置,单击鼠标左键放置拷贝;重复上步骤放置多个拷贝;单击鼠标右键结束。

当一组元件被拷贝后,它们的标注自动重置为随机态,用来为下一步的自动标注做准备,防止出现重复的元件标注。

- 移动所有选中的对象(Moving all Tagged Objects)。

移动一组对象的步骤:选中需要的对象;把轮廓拖到需要的位置,单击鼠标左键放置。可使用块移动的方式来移动一组导线，而不移动任何对象。

- 删除所有选中的对象（Deleting all Tagged Objects）。

删除一组对象的步骤：选中需要的对象；用鼠标左键单击 Delete 图标。如果错误删除了对象，可以使用 Undo 命令来恢复原状。

4. 绘制原理图

（1）画导线。

Proteus 的智能化可在画线时进行自动检测。当鼠标的指针靠近一个对象的连接点时，跟着鼠标的指针就会出现一个"×"号，鼠标左键单击元器件的连接点，移动鼠标（不用一直按着左键）到目标连接点，单击，粉红色的连接线就会变成深绿色。如果想让软件自动定出线路径，只须用左键单击另一个连接点即可。这就是 Proteus 的线路自动路径功能（简称 WAR）。如果只是在两个连接点用鼠标左键单击，WAR 将选择一个合适的线径。WAR 可通过使用工具栏里的"WAR"命令按钮来关闭或打开，其图标为 🔁 。也可通过菜单项"Tools\Wire Auto Router"实现 WAR 功能。如果想自己决定走线路径，只须在想要拐点处单击鼠标左键即可。在此过程的任何时刻，都可按 ESC 或者单击鼠标右键来放弃画线。

（2）画总线。

为简化原理图，可用总线模式代替非总线，即用一条总线代表数条并行导线。当电路中多根数据线、地址线和控制线并行时，多使用总线设计和布线。单击工具箱的总线按钮 ，即可在编辑窗口画总线。

（3）画总线分支线。

单击工具箱的总线分支按钮 画总线分支线，该功能可用来连接总线和元器件管脚。画总线分支线时为了和一般的导线区分，建议画斜线来表示分支线。但是这时如果 WAR 功能已打开是不行的，需要把WAR 功能关闭。画好分支线后还需要给分支线命令。单击鼠标右键选中分支线，接着被选中的分支线就会弹出对应的编辑对话框，在该对话框中可对分支线进行编辑。也可以单击工具栏中的标签图标 ，然后用左键单击分支总线，于是系统弹出网络标号属性对话框，在 String 项定义网络标号后，单击"OK"键。分支总线标号编辑如图 9-14 所示。

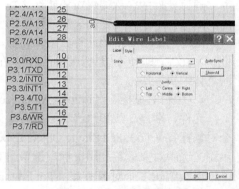

图 9-14　分支总线标号编辑

（4）跳线。

跳线在电路板设计中经常使用，但在一般的教科书中往往没有谈及这个问题，只有靠设计者在设计中自己去摸索。跳线，简单地说就是在电路板中一根将两焊盘连接的导线，也有人把它称为跨接线。跳线多用于单面板、双面板设计中，特别是单面板设计中使用得更多。在单面板的设计中，有时有些铜膜线无法连接，即使 Prote1 99SE/DXP 下连通了，但实际无法实现物理连通。通常解决的办法是使用跳线。放置跳线的方法是在布线层（底层布线）用人工布线的方式放置，当遇到相交线的时候就用过孔走到背面（顶层）进行布线，跳过相交线然后回到原来层面（底层）布线。值得说明的是，为了便于识别，最好在顶层的印丝层（Top Overlay）做上标志。在 PCB板安装元件的时候，跳线就用短的导线或者用元件引脚上剪下的剩余部分安装。

（5）放置线路节点。

如果在交叉点有电路节点，则认为两条导线在电气上相连，否则就认为它们在电气上不相连。Proteus 在画导线时能够智能地判断是否要放置节点，但若在两条导线交叉时没有放置节点，这时要想两个导线电气相连，只有手工放置节点。单击工具箱的节点放置按钮 ✛，当把鼠标指针移至导线待放节点位置时，系统会出现一个"×"号，单击左键就可放置一个节点。

另外，Proteus 同其他软件一样，除了可一次只编辑一个单独对象外，还可同时编辑多个对象，即整体操作。常见的有整体复制、整体删除、整体移动、整体旋转几种操作方式。整体操作时，先用鼠标的窗口方式选中待编辑对象，然后进行相应操作即可。

9.2　加载目标代码及调试

1. 加载目标代码文件

Proteus 软件集成有多种编译器，如 51、AVR、MSP430 等。在 Proteus 中添加程序的步骤：单击菜单栏中的"Source\Add/Remove Source Code File"选项，系统弹出添加或删除源程序对话框，如图 9-15 所示。在 Target Processor 的下拉菜单列表中选择目标器件，在 Code Generation Tool 的下拉菜单列表中选择代码编译器，如 ASEM51、ASM11、AVRASM2、MPASM 和 MPASMWIN 等，单击对话框中的 New 按钮，并通过弹出的对话框找到要添加的 ASM 格式文件。最后单击"OK"按钮，完成编译前的代码文件添加。

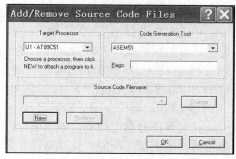

图 9-15　添加或删除源程序对话框

单击菜单栏中的"Source\Build All"选项进行编译，弹出编译结果对话框如图 9-16 所示。同 Keil C 一样，编译结果对话框会提示源代码文件是否有语法错误，如果有错误将会提示行号和具体语句，但此时双击鼠标左键不会跳到出错行。

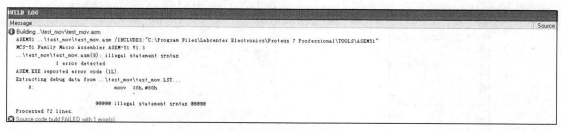

图 9-16　目标源文件编译结果

另外，也可通过鼠标双击目标器件，弹出如图 9-17 所示的编辑元件对话框，加载 HEX 目标文件和时钟频率设置。

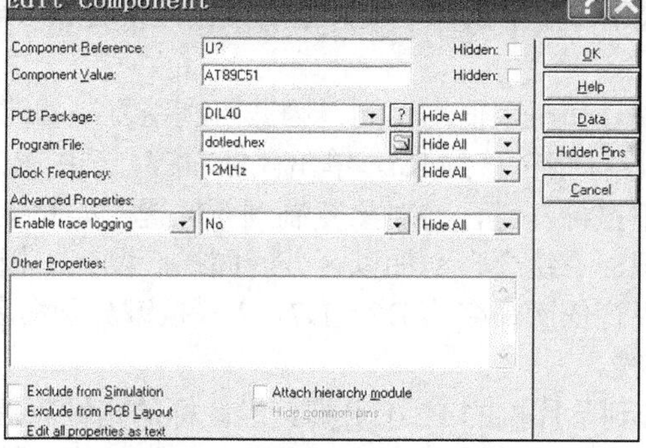

图 9-17　编辑元件对话框

2. 系统调试

Proteus 下，系统调试步骤为添加元件、设计电路；编写源代码文件直至正确编译；目标器件添加目标文件、设置系统参数；添加虚拟仪器、仪表；通过结果、窗口和工具等进行观察、调试，直至得到正确结果。

下面通过一个简单例子，介绍 Proteus 下系统调试方法和过程。设系统的主控芯片为 AT89C51，外设包括 8 个发光二极管 D0～D7，2 只按键 K0 和 K1。系统功能为按下按键 K0 时，D0～D7 轮流点亮；当按下按键 K1 时，D0～D7 全部熄灭。

（1）电路图绘制。

① 将所需元器件加入到对象选择器窗口。

单击对象选择器按钮 [P]，弹出 Pick Devices 页面，在 Keywords 输入 AT89C51，系统在对象库中进行搜索查找，并将搜索结果显示在 Results 中。在 Results 栏中的列表项中双击 AT89C51，则可将 AT89C51 添加到对象选择器窗口。利用同样的方法可将电阻 CHIPRES、发光二极管 LED-BIRG 和按键 BUTTON 添加到对象选择器窗口，添加完器件的对象选择器如图 9-18 所示。

② 放置元器件至图形编辑窗口。

在对象选择器窗口中，单击单片机 AT89C51 后，将鼠标指针置于图形编辑窗口该对象的欲放位置，单击鼠标左键，完成器件放置。同理，将电阻 CHIPRES、发光二极管 LED-BIRG 和按键 BUTTON 放置到图形编辑窗口中，如图 9-19 所示。

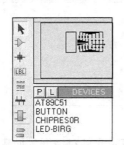

图 9-18 添加了器件的对象选择器

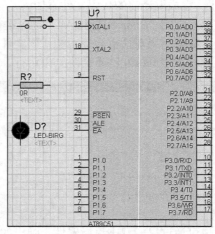

图 9-19 编辑窗口放置器件

若对象位置需要移动，可将鼠标指针移到该对象上，单击鼠标右键，此时该对象的颜色已变为红色，表明该对象已被选中，按下鼠标左键，拖动鼠标，将对象移至新位置后，松开鼠标左键，完成移动操作。

由于电阻 R0～R7 的型号和电阻值均相同，因此可利用复制功能作图。复制前先设置好电阻阻值为 300Ω。复制时先将鼠标指针移到 R0，单击鼠标右键，选中 R0，在标准工具栏中，单击复制按钮 [图]，拖动鼠标，按下鼠标左键，将对象复制到新位置，如此重复，直到按下鼠标右键，结束复制。此时电阻名的标识，系统会自动加以区分。同样，发光二极管和按键也采用同样方法进行复制，并给 8 只发光二极管依次命名为 D0～D7，2 只按键分别命名为 K0 和 K1。

③ 器件之间的电路连线。

将电阻 R0 的下端连接到单片机的 P2.0 引脚。当鼠标的指针靠近 R0 下端的连接点时，鼠标指针就会出现一个"×"号，表明找到了 R0 的连接点，此时单击鼠标左键，移动鼠标（不用一直按住鼠标左键），将鼠标的指针靠近单片机 P2.0 引脚的连接点时，鼠标指针就会出现一个"×"号，表明找到了单片机 P2.0 引脚的连接点，同时屏幕上出现了粉红色的连接线，单击鼠标左键，粉红色的连接线变成了深绿色，同时，线形由直线自动变成了 90º 的折线。能自动完成这一过程是因为选中了线路自动路径功能。用同样的方法，完成将电阻 R0 的上端连接到发光二极管 D0 的正极。

同理，可完成其他连线。在此过程的任何时刻，都可按 ESC 键或者单击鼠标右键来放弃画线。至此，完成了系统电路图设计，系统电路如图 9-20 所示。

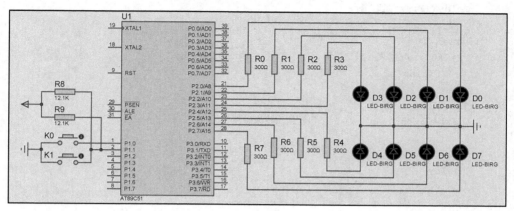

图 9-20　系统电路

（2）编写源代码文件并直至正确编译。

结合系统电路和功能，在 Keil C 下编写源程序、调试，直至 0 错误、0 警告。参考 C 语言源程序如下：

```c
#include <REG51.H>
#include <intrins.h>
#define   uchar unsigned char
void delay( )  //延时子函数
{
  uchar i1,i2;
  for(i1=0;i1<20;i1++)
  {
    for(i2=0;i2<255;i2++)
    {
    _nop_();
    _nop_();
    _nop_();
    _nop_();
    }
  }
}
void main( )
{
  uchar i,j;
  uchar flag=0; //定义按键状态标志
  P2=0x00;    //初始状态，默认 8 只二极管熄灭
  while(1)
```

```
    {
    P1=P1|0x03;   //P1.0 和 P1.1 设置为输入
    if((P1&0x03)!=0x03) //有键被摁下,则进行键盘扫描
    {
      if((P1&0x03)==0x01) //K1 被按下
        flag=1;
      else if ((P1&0x03)==0x02)     //K0 被按下
        flag=2;
      delay( ); //延时消抖
    }
    if(flag<2)
      P2=0x00; //熄灭 8 只二极管
    else if(flag==2)
    {
      j=0x01;
      for(i=0;i<8;i++) //8 只二极管依次轮流点亮
      {
        P2=j;
        delay( );
        j=j<<1;
      }
    }
  }
}
```

（3）模拟调试。

双击单片机 AT89C51，在出现的对话框里单击 Program File 按钮,找到刚才编译得到的 led.hex 文件，然后单击 OK 按钮就可模拟了。单击模拟调试按钮的运行按钮▶，进入调试状态。单击按键 K0,观察发光二极管是否依次点亮;单击按键 K1,观察发光二极管是否全部熄灭。此处通过观察，按键和发光二极管都满足系统所设计的功能要求。但实际中往往会存在多种困难，设计者应该先检查硬件问题并排除，在保证硬件无问题时再检查并排除软件问题，如果问题还是不能解决，那就要硬件部分和软件部分都分模块调试、分析，这里建议使用单步调试功能。另外，对于系统设计，应先模块再系统集成。

（4）Keil C 与 Proteus 连接调试。

首先保证已正确安装 Keil C（这里以 Keil μVision4 为例）软件、Proteus（这里以 Proteus 7.7 SP2 为例）软件和 vdmagdi.exe 开发包。vdmagdi.exe 最好安装在 Keil C 的根目录下;Keil C 和 Proteus 这两个软件的安装路径不应包含中文，且 Proteus 软件安装时应选择默认路径 C:\Program Files\Labcenter Electronics\Proteus 7 Professional。假设 Keil C 安装路径为 D:\Program Files\Keil，那么安装完毕以后可按照以下步骤进行设置。

① 把 Proteus 安装目录下的 VDM51.dll 文件（具体路径为 C:\Program Files\Labcenter Electronics\Proteus 7 Professional\MODELS\VDM51.dll），复制到 Keil C 安装目录 D:\Program Files\Keil\C51\BIN 目录中。（Proteus 7.0 以下版本需要该步，Proteus 7.0 及以上版本可跳过该步。）

② 用记事本打开并编辑 D:\Program Files\Keil\C51\TOOLS.INI 文件，在[C51]栏目中加入: TDRV1=BIN\VDM51.DLL（"PROTEUS VSM MONITOR 51 DRIVER"）。（步骤①和②只须在第一次 Keil C 与 Proteus 连接仿真调试时设置，从第二次开始以后就不需要。另外，Keil μVision 4 以下版本需要步骤②，Keil μVision 4 及以上版本可跳过该步。）

③ 在 Keil C 工程中单击菜单项"Project\Options for Target",或者单击工具栏的 Option for Target 按钮，弹出窗口，单击"Debug"按钮，弹出如图 9-21 所示界面。

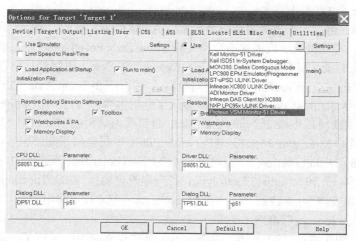

图 9-21　Keil C 中 Proteus 监视器设置

在出现的对话框右栏上部的下拉菜单里选中"Proteus VSM Monitor—51 Driver",并单击选中"Use"前面的单选钮。再单击 Settings 按钮，设置通信接口，在 Host 后面输"127.0.0.1"(如果使用的不是同一台计算机，则需要在这里添上另一台计算机的 IP 地址)，在 Port 后面输"8000",如图 9-22 所示，单击 OK 按钮即可。最后编译工程，进入调试状态，并运行。

④ 在 Proteus 中选中菜单项"Debug\Use Remote Debug Monitor",如图 9-23 所示。

此后，便可实现 Keil C 与 Proteus 的连接调试。单击仿真运行开始按钮，可清楚地观察到 P2 口引脚的电平变化，红色代表高电平，蓝色代表低电平。

图 9-22　通信接口设置　　　　　　　图 9-23　Proteus 远程监视器设置

9.3　Proteus 元件库和元器件

9.3.1　Proteus 元器件库

1. Analog ICs（模拟类）

（1）Amplifier：放大器；　（2）Comparators：比较器；　（3）Display Drivers：显示驱动器；

（4）Filters：滤波器；（5）Miscellaneous：混杂器件；（6）Regulators：三端稳压器；（7）Timers：定时器；（8）Voltage References：参考电压芯片。

2. Capacitors（电容类）

（1）Animated：可显示充放电电荷电容；（2）Audio Grade Axial：音响专用电容；（3）Axial Lead Polypropene：径向轴引线聚丙烯电容；（4）Axial Leda Polystyrene：径向轴引线聚苯乙烯电容；（5）Ceramic Disc：陶瓷圆片电容；（6）Decoupling Disc：电解圆片电容；（7）Generic：普通电容；（8）High Temp Radial：高温径向电容；（9）High Temp Axial Electrolytic：高温径向电解电容；（10）Metallised Polyester Film：金属聚酯膜电容；（11）Metallised Polypropene：金属聚丙烯电容；（12）Metallised Polypropene Film：金属聚丙烯膜电容；（13）Miniture Electorlytic：微型电解电容；（14）Multilayer Metallised Polyester Film：多层金属聚酯膜电容；（15）Mylar Film：聚酯膜电容；（16）Nicket Barrier：溴删电容；（17）Non Polarised：无极性电容；（18）Polyester Layer：聚酯层电容；（19）Radial Electrolytic：径向电解电容；（20）Tantalum Bead：钽珠电容；（21）Variable：可变电容；（22）VX Axial Electrolytic：VX 轴电解电容。

3. CMOS 4000 series（CMOS 系列类）

（1）Adders：加法器；（2）Buffers&Drivers：缓冲和驱动器；（3）Comparators：比较器；（4）Counters：计数器；（5）Decoders：译码器；（6）Encoders：编码器；（7）Flip-Flops&Latches：触发器和锁存器；（8）Frequency Dividers&Timer：分频和定时器；（9）Gates & Inverters：门电路和反相器；（10）Memory：存储器；（11）Misc.Logic：混杂逻辑电路；（12）Mutiplexers：数据选择器；（13）Multivibrators：多谐振荡器；（14）Phase_Locked Loops(PLL)：锁相环；（15）Registors：寄存器；（16）Signal Switcher：信号开关。

4. Connectors（接头、连接器类）

（1）Audio：音频接头；（2）D-Type：DB 型接头；（3）DIL：双排 IC 插座；（4）Header Blocks：插头；（5）Miscellaneous：混合接头；（6）PCB Transfer PCB：传输接头；（7）SIL：单排插座；（8）Ribbon Cable：蛇皮电缆；（9）Terminal Blocks：接线端子；（10）USB for PCB Mounting：USB 接头。

5. Data Converters（数据转器类）

（1）A/D Converters：模数转换器；（2）D/A Converters：数模转换器；（3）Light Sensors：光敏传感器；（5）Sample &Hold：采样保持器；（6）Temperature Sensors：温度传感器。

6. Debugging TOOls（调试工具类）

（1）Breakpoint Triggers：断点触发器；（2）Logic Probes：逻辑探针；（3）Logic Stimuli：逻辑激励。

7. Diodes（二极管类）

（1）Bridge Rectifiers：整流桥；（2）Generic：普通二极管；（3）Rectifiers：整流二极管；（4）Schottky：肖特基二极管；（5）Switching：开关二极管；（6）Tunnel：隧道二极管；（7）Varicap：变容二极管；（8）Zenner：稳压二极管。

8. Inductors（电感类）

（1）Fixed Inductors：固定电感；（2）Generic：普通电感；（3）Multilayer Chip Inductors：多芯电感；（4）SMT Inductors：贴片电感；（5）Tight Tolerance RF Inductors：无线专用电感；（6）Transformers：变压器。

9. Laplace Primitives（拉普拉斯模型类）

（1）1st Order：第一类；（2）2nd Order：第 2 类；（3）Controllers：控制类；（4）Non_Linear：非线性；（5）Operators：算子；（6）Poles/Zeros：极点或零点；（7）Symbols：符号。

10. Memory ICs（存储器类）

（1）Dynamic RAM：动态数据存储器；（2）EEPROM：电可擦除 ROM；（3）EPROM：可擦除 ROM；（4）I²C Memories：I²C 总线存储器；（5）Memory Cards：存储卡；（6）SPI Memories：SPI 总线存储器；（7）Static RAM：静态数据存储器。

11. Microprocessor ICs（微处理器类）

（1）68000 Family：68000 系列；（2）8051 Family：8051 系列；（3）ARM Family：ARM 系列；（4）AVR Family：AVR 系列；（5）BASIC Stamp Modules：基本编程模型；（6）DSPIC33 Family：DSP 系列；（7）HC Family：HC 系列；（8）i86 Family：i86 系列；（9）MSP430 Family：MSP430 系列；（10）Perihperals Family：外围设备系列；（11）PICXX Family：PIC 系列；（12）Z80 Family：Z80 系列。

12. Optoelectronics（发光类）

（1）14-Segment Displays：14 段数码管显示器；（2）16-Segment Displays：16 段数码管显示器；（3）7-Segment Displays：7 段数码管显示器；（4）Alphanumeric LCDs：LCD 字母、数字显示器；（5）Bargraph Displays：柱状图显示器；（6）Dot Matrix Displays：点阵显示器；（7）Graphical LCDs：图像显示器；（8）Lamps：指示灯；（9）LEDs：发光二极管；（10）Optocouplers：光耦合器；（11）Serial LCDs：串行接口 LCD。

13. Switches & Relays（开关和继电器类）

（1）Keypads：键盘；（2）Relays（Generics）：普通继电器；（3）Relays（Specific）：专用继电器；（4）Switches：开关。

14. Thermionic Valves（热离子阀类）

（1）Diodes：二极管阀；（2）Pentodes：五极管阀；（3）Tetrodes：四极管阀；（4）Triodes：三极管阀。

15. Transducers（传感器类）

（1）Distance：距离传感器；（2）Humidity/Temperature：湿度/温度传感器；（3）Light Dependent Resistor：光敏电阻；（4）Pressure：压力传感器；（5）Temperature：温度传感器。

16. Transistors（晶体管类）

（1）Bipolar：双极性晶体管；（2）Generic：普通晶体管；（3）IGBT：绝缘栅门极晶体管（Insulated Gate Bipolar Translator）；（4）JFET：结型场效应晶体管（Junction Field-effect Transistor）；（5）MOSFET：金属氧化物半导体场效应晶体管（Metal-Oxide-Semiconductor Field Effect Transistor）；（6）RF Power LDMOS：射频功率 LDMOS 晶体管；（7）RF Power VDMOS：射频功率 VDMOS 晶体管；（8）Unijuction：单结晶体管。

9.3.2 Proteus 元器件

AND：与门；ALTERNATOR：交流发电机；AMMETER-MILLI mA：安培计；ANTENNA：天线。

BATTERY：直流电源、电池；BELL：铃、钟；BVC：同轴电缆接插件；BRIDGE1：二极管整流桥；BRIDGE2：集成块整流桥；BUFFER：缓冲器；BUS：总线；BUZZER：蜂鸣器。

CAP：电容；CAPACITOR：电容；CAPACITOR POL：极性电容；CAPVAR：可变电容；CLOCK：时钟信号源；CIRCUIT BREAKER：熔丝；COAX：同轴电缆；CON：插孔；CRYSTAL：晶体振荡器。

D-FLIPFLOP：D 触发器；DB：并行接插口；DIODE：二极管；DIODE SCHOTTKY：稳压二极管；DIODE VARACTOR：变容二极管；DPY_3-SEG：3 段 LED；DPY_7-SEG：7 段 LED；

DPY_7-SEG_DP：7 段 LED（带小数点）。

ELECTRO：电解电容；Electromechanical：电机。

FUSE：熔断器。

GROUND：电源地。

INDUCTOR：电感；INDUCTOR IRON：带铁心电感；INDUCTOR3：可变电感。

JFET N：N 沟道场效应管；JFET P：P 沟道场效应管。

LAMP：灯泡；LAMP NEDN：起辉器；LED：发光二极管；LED-RED：红色发光二极管；LM016L：2 行 16 列液晶，可显示 2 行 16 列英文字符，有 8 位数据总线 D0-D7，RS、R/W、E3 个控制端口，工作电压为 5V；LOGIC ANALYSER：逻辑分析仪；LOGICPROBE[BIG]：逻辑探针，用来显示连接位置的逻辑状态；LOGICSTATE：逻辑状态，用鼠标单击可改变该方框连接位置的逻辑状态；LOGICTOGGLE：逻辑触发。

MASTERSWITCH：按钮，手动闭合，离开自动断开；METER：仪表；MICROPHONE：扩音器；Miscellaneous：各种器件；MOSFET：MOS 管；MOTOR AC：交流电机；MOTOR SERVO：伺服电机；Modelling Primitives：各种仿真器件，是典型的基本元器模拟，不表示具体型号，只用于仿真，没有 PCB。

NAND：与非门；NOR：或非门；NOT：非门；NPN：NPN 型三极管；NPN-PHOTO：光敏三极管。

OPAMP：运算放大器；OR：或门。

PHOTO：光敏二极管；PLDs & FPGAs：可编程逻辑器件和可编程逻辑门阵列；PNP：三极管；PNP DAR：PNP 三极管；POT：滑线变阻器；POT-LIN：三引线可变线性电阻器；POWER：电源；PELAY-DPDT：双刀双掷继电器；PLUG：插头；PLUG AC FEMALE：三相交流插头。

RES1.2：电阻；RES3.4：可变电阻；Resistors：各种电阻；RESISTOR BRIDGE：桥式电阻；RESPACK：排阻。

SCR：晶闸管；Simulator Primitives：常用的仿真器件；SOCKET：插座；SOURCE CURRENT：电流源；SOURCE VOLTAGE：电压源；SPEAKER：扬声器；SW：开关；SW-DPDY：双刀双掷开关；SW-SPST：单刀单掷开关；SW-PB：按钮；SWITCH-SPDT：二选一按钮。

THERMISTOR：电热调节器；TRANS1：变压器；TRANS2：可调变压器；TRIAC：三端双向可控硅；TRIODE：三极真空管。

VARISTOR：变阻器；VOLTMETER：伏特计；VOLTMETER-MILLI ：mV 伏特计；VTERM：串行口终端。

ZENER：齐纳二极管。

7407：驱动门；1N914：二极管；74LS00：与非门；74LS04 非门；74LS08 与门；74LS390：双十进制计数器；7SEG-BCD：4BCD-LED 输出，0-9 对应于 4 位的 BCD 码。

9.4 虚拟仪器及仪表

9.4.1 激励源

激励源为虚拟仿真提供激励信号，并允许用户对其进行参数设置。在工具箱中单击信号源按钮，在弹出的 Generator 窗口会出现各种激励源供用户选择。

DC：直流激励源。

SINE：幅值、频率和相位可控的正弦波发生器，即正弦激励源。

PULSE：幅值、周期和上升/下降沿可控的模拟脉冲发生器，即模拟脉冲激励源。

EXP：指数发生器，可产生与 RC 充电/放电电路相同的脉冲波，即指数激励源。

SFFM：单频调频波激励源。

PWLIN：可产生任意分段线性信号，即分段性激励源。

FILE：数据来源于 ASCII 文件，即 FILE 信号激励源。

AUDIO：音频信号发生器，利用 Windows WAV 文件作为输入文件，结合音频分析图表，可听到电路对音频信号处理后的声音，即音频信号激励源。

DSTATE：数字单稳态逻辑电平激励源。

DEDGE：单边沿信号激励源。

DPULSE：数字单边沿信号激励源。

DCLOCK：数字时钟信号激励源。

DPATTERN：数字序列信号激励源。

SCRIPTABLE：可编程信号激励源。

在仿真时，若需用到激励源，可将其放置到原理图中并与相应电路连接，双击该激励源，可进行相关参数的设置。

9.4.2　虚拟仪器的使用

在 Proteus 中提供了许多虚拟仪器供用户使用。在工具箱中单击虚拟仪器按钮☎，在弹出的 Instruments 窗口中将出现虚拟仪器供用户选择：OSCILLOSCOPE（示波器）、LOGIC ANALYSER（逻辑分析仪）、COUNTER TIMER（计数/定时器）、VIRTUAL TERMINAL（虚拟终端）、SPI-DEBUGGER（SPI 总线调试器）、I²C DEBUGGER（I²C 总线调试器）、SIGNAL GENERATOR（信号发生器）、PATTERIN GENERATOR（序列发生器）、DC VOLTMETER（直流电压表）、DC AMMETER（直流电流表）、AC VOLTMETER（交流电压表）、AC AMMETER（交流电流表）。

1. OSCILLOSCOPE

在 Proteus 7.7 中提供了 4 通道虚拟示波器供用户使用。

（1）示波器的功能。

在工具箱中单击虚拟仪器按钮☎，在弹出的 Instruments 窗口中，单击 OSCILLOSCOPE，再在原理图编辑窗口中单击，添加示波器。将示波器与被测点连接好，并单击▶️按钮后，将弹出虚拟示波器界面，如图 9-24 所示，其功能如下。

- 有 A、B、C、D 共 4 通道，波形分别用黄色、蓝色、红色、绿色表示。

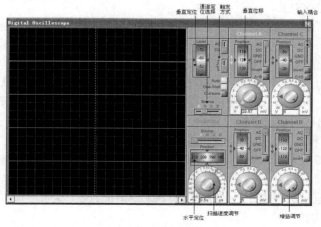

图 9-24　虚拟示波器界面

- 增益范围 50V/div～2mV/div，可调。
- 扫描速度 0.5s/div～0.5μs/div，可调。
- 可选择 4 个通道中的任一通道作为同步源。
- 支持交流或直流输入。

（2）示波器的使用。

虚拟示波器与真实示波器的使用方法类似，具体用法如下。

- 按照电路的属性设置扫描速率，可看到所测信号的波形。
- 如果被测信号有直流分量，若不想将直流分量显示在示波器上，则可在相应的信号输入通道选择 AC（交流）工作方式，以滤去直流分量。
- 调整增益，以便显示适当大小的波形。
- 调节垂直位移滑轮，以便在适当位置显示波形。
- 拨动相应的通道定位选择按钮，再调节水平定位和垂直定位，以便观测波形。
- 如果在大的直流电压波形中含有小的交流信号，需要在连接的测试点和示波器之间加一个电容。

（3）示波器的工作方式。

虚拟示波器有 3 种工作方式。

- 单踪工作方式。可在 A、B、C、D 这 4 个通道中选择任一通道显示。
- 多踪工作方式。可在 A、B、C、D 这 4 个通道中选择任一通道作为触发信号源，同时显示多路信号。
- 叠加工作方式。A、B 通道有效选择 A+B 时，可将 A、B 两路输入相互叠加产生波形；C、D 通道有效选择 C+D 时，可将 C、D 两路输入相互叠加产生波形。

（4）示波器的触发。

虚拟示波器具有自动触发功能，使得输入波形可自动与时基同步。

- 可在 A、B、C、D 这 4 个通道中选择任一通道作为触发源。
- 触发旋钮的刻度环-200～+200 可调。
- 每个输入通道可选择 DC（直流）、AC（交流）、GND（接地）3 种方式，也可选择 OFF 将其关闭。
- 设置触发方式为上升沿时，触发范围为上升的电压；设置触发方式为下降沿时，触发范围为下降的电压。如果超过一个时基的时间内没有触发发生，将会自动扫描。

2. LOGIC ANALYSER

逻辑分析仪对输入的多路数字信号连续采样并记录到容量非常大的数据缓冲区中，然后再在显示器上显示。

（1）逻辑分析仪的功能。

在工具箱中单击虚拟仪器按钮，在弹出的 Instruments 窗口中，单击 LOGIC ANALYSER，再在原理图编辑窗口中单击，添加逻辑分析仪。将逻辑分析仪输入引脚与被测点连接好，并单击按钮后，将弹出虚拟逻辑分析仪界面，如图 9-25 所示，其主要功能如下。

- 有 16 个 1 位和 4 个 8 位的总线通道。
- 采样速率从每次采样间隔时间为 500μs 到每次采样间隔时间为 0.5ns 可调，相应的采集时间为 20μs～20s。
- 显示的缩放范围从每格分配 1000 次采样值到每格分配 1 次采样值可调。

（2）逻辑分析仪的使用。

- 设置采样间隔时间为一个合适值，用于设定能够被记录的脉冲最小宽度。由于采集缓冲区

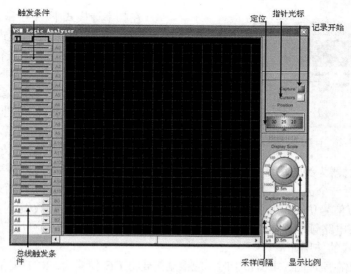

图 9-25　虚拟逻辑分析仪界面

的大小一定，采样时间间隔越短，数据采集时间越短。

- 可设置触发条件，拨动左侧开关选择下降沿或上升沿触发。
- 由于采集缓冲区允许 40000 次采样，而显示器不能一次性显示这么多点，因此需要通过位置调节旋钮，来设置需要观察的部分。

3. COUNTER TIMER

（1）计数/定时器的功能。

在工具箱中单击虚拟仪器的按钮，在弹出的 Instruments 窗口中，单击 COUNTER　TIMER，再在原理图编辑窗口中单击，添加计数/定时器。将计数/定时器与被测点连接好，并单击按钮 ▶ 后，将弹出计数/定时器界面，如图 9-26 所示，其主要功能如下。

- 定时器模式（显示秒），单位为 μs。
- 定时器模式（显示时、分、秒），单位为 ms。
- 频率计模式，单位为 Hz。
- 计数器模式，计数范围为 0～99 999 999。

（2）计数/定时器的使用。

- 定时器模式的使用如下。

计数/定时器放在原理图编辑窗口时，有 3 个引脚：CE、RST 和 CLK。CE 引脚为电平触发的时钟信号（CLK）使能端，用来控制时钟信号有效与否。若不需要它可将该引脚悬空，使时钟信号一直处于有效状态。但如果将其悬空，则计数/定时器面板中的"GATE POLARITY"控制将无效。RST 为一边沿触发的复位引脚，可将定时器清零，若不需要它也可将该引脚悬空。同样，如果将其悬空，则计数/定时器面板中的"RESET POLARITY"控制将无效。CLK 引脚为时钟引脚，采用边沿触发的方式。如果需要保持定时器为零状态，可采用 CE 控制和 RST 控制相结合的方式。

定时器连接好后，将鼠标指针指向定时器并按 Ctrl+E 组合键或右击选择 Edit Properties，打开 Edit Component 对话框，如图 9-27 所示。在此对话框中，根据需要设置定时模式、计数使能极性（Low 或 High）和复位信号边沿极性（上升沿触发或下降沿触发）。设置好后，单击按钮 ▶ 进行仿真。

- 频率计模式的使用如下。

计数/定时器放在原理图编辑窗口时，应根据需要将时钟引脚 CLK 与被测量的信号连接起来

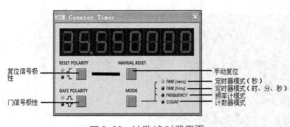

图 9-26　计数/定时器界面

（在频率计模式下，CE 和 RST 引脚无效）。如图 9-26 所示，将工作模式选择为频率计模式，然后单击按钮[▶]进行仿真。

频率计实际是在仿真时间中的每一秒来测出上升沿的次数，因此要求输入信号稳定且在完整的 1s 内有效。同时，如果仿真不是在实时速率下进行（如计算机 CPU 运行程序较多），那么频率计会延长读数产生的时间。

由于计数/定时器为纯数字元件，因此要测量低电平模拟信号频率时，需要在计数/定时器的 CLK 引脚之前放置一个 ADC（模/数转换器）及其他逻辑开关，用来确实一个合适的阈值。因为在 Proteus 中模拟信号仿真速率比数字信号仿真慢 1000 倍，因此计数/定时器不适合测量高于 10kHz 的模拟振荡电路频率，在这种情况下，用户可以使用虚拟振荡器测量信号。

- 计数器模式的使用如下。

计数/定时器放在原理图编辑窗口中时，应根据需要将 CE 使能端、RST 复位端与被测量的信号连接起来或悬空。如图 9-27 所示，设置计数/定时器工作模式为 COUNTER、计数使能极性（Low 或 High）和复位信号边沿极性（上升沿触发或下降沿触发）。设置好后，单击按钮[▶]进行仿真。

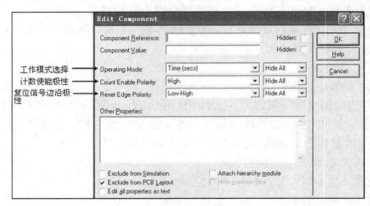

图 9-27　编辑虚拟定时器

4. VIRTUAL TERMINAL

虚拟终端允许用户通过计算机的键盘并经由 RS-232 异步发送数据到仿真微处理系统。虚拟终端在嵌入系统中有特殊的用途，可用它显示正在开发的软件所产生的信息。

（1）虚拟终端的功能。

在工具箱中单击虚拟仪器按钮☎，在弹出的 Instruments 窗口中，单击 VIRTUAL TERMINAL，再在原理图编辑窗口中单击，添加虚拟终端。将虚拟终端与相应引脚连接好，并单击按钮[▶]后，将弹出虚拟终端界面，如图 9-28 所示，其主要功能如下。

- 全双工，可同时接收和发送 ASCII 码数据。

- 简单二线串行数据接口，RXD 用于接收数据，TXD 用于发送数据。

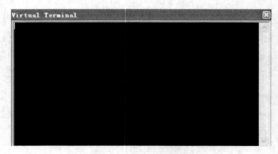

图 9-28　虚拟终端界面

- 简单的双线硬件握手方式，RTS 是请求发送信号；CTS 是清除发送信号，是对 RTS 的响应信号。
- 传输波特率为 100～57600bit/s。
- 7 或 8 个数据位。
- 包含奇校验、偶校验和无校验。
- 具有 1 或 2 位停止位。
- 除硬件握手外，系统还提供了 XON/XOFF 软件握手方式。
- 可对 RX/TX 和 RTS/CTS 引脚的信号进行极性不变或极性反向输出。

（2）虚拟终端的使用。

虚拟终端放在原理图编辑窗口时有 4 个引脚：RXD、TXD、RTS 利 CTS。其中，RXD 为数据接收引脚；TXD 为数据发送引脚；RTS 为请求发送信号；CTS 为清除传送，是对 RTS 的响应信号。将 RXD 和 TXD 引脚连接到系统的发送和接收线上，如果目标系统用硬件握手逻辑，把 RTS 和 CTS 引脚连接到合适的溢出控制线上。

虚拟终端连接好后，将鼠标指针指向虚拟终端并按 Ctrl+E 组合键，或在其上单击右键，在弹出的快捷菜单中选择 Edit Properties，打开 Edit Component 对话框，如图 9-29 所示。在此对话框中，根据需要设置传输波特率、数据长度（7 位或 8 位）、奇偶校验（EVEN 为偶校验，ODD 为奇校验）等，设置好后，单击按钮 ▶ 进行仿真。

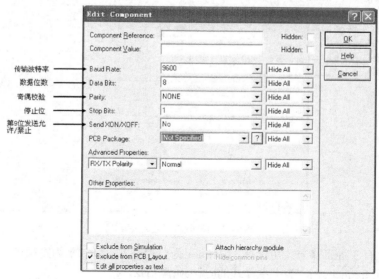

图 9-29   编辑虚拟终端

5. SPI DEBUGGER

SPI（Serial Peripheral Interface）总线是 MOTOROLA 公司最先推出的一种串行总线技术，它在芯片之间通过串行数据线（MISO、MOSI）和串行时钟线（SCLK）实现同步串行数据传输。SPI 提供访问一个 4 线、全双工串行总线的能力，支持在同一总线上将多个从器件连接到一个主器件上，既可工作在主模式下也可工作在从模式下。

SPI 总线调试器被用来监测 SPI 接口，它允许用户监控 SPI 接口的双向信息，观察数据通过 SPI 总线发送数据的情况。

（1）SPI 总线调试器的功能。

在工具箱中单击虚拟仪器按钮☎，在弹出的 Instruments 窗口中，单击 SPI DEBUGGER，再

图 9-30　SPI 总线编辑界面

在原理图编辑窗口中单击，添加 SPI 总线调试器。将 SPI 总线调试器与相应的引脚连接好，并单击按钮 ▶ ，将弹出 SPI 总线调试器界面，如图 9-30 所示。

SPI 总线调试器放在原理图编辑窗口时，有 5 个引脚：SCK、DIN、DOUT、SS 和 TRIG。其中，SCK 为时钟引脚，用于连接 SPI 总线的时钟线；DIN 为数据输入引脚，用于接收数据；DOUT 为数据输出引脚，用于发送数据；SS 为从设备选择引脚，用于激活期望的调试元件；TRIG 是一个输入引脚，能够把下一个存储序列放到 SPI 的输出序列中。用鼠标左键单击 SPI 总线调试器，按 Ctrl+E 组合键，弹出如图 9-31 所示的对话框。

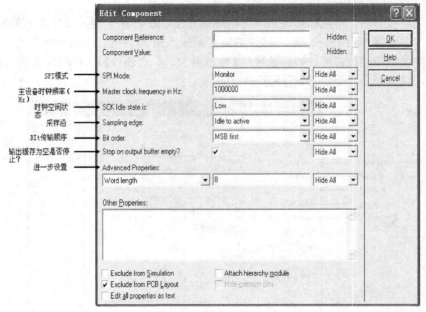

图 9-31　编辑 SPI 总线调试器

SPI Mode：有 3 种工作方式可选择，Monitor 为监控模式，Master 为主模式，Slave 为从模式。

Master clock frequency in Hz：主模式的时钟频率（Hz）。

SCK Idle state is：指定高电平或低电平为 SCK 空闲状态时的电平。

Sampling edge：指定 DIN 引脚的采样边沿（SCK 从空闲电平到激活电平采样或者 SCK 从激活电平到空闲电平采样）。

Bit order：传输顺序，指定数据传输的顺序是先传送最高位（MSB），还是先传送最低位（LSB）。

（2）SPI 总线调试器的使用。

SPI 总线调试器传输数据的操作步骤如下。

- 将 SPI 总线调试器放在原理图编辑窗口中，将 SCK、DIN 的引脚与相关设备引脚连接。
- 单击 SPI 总线调试器，按 Ctrl+E 组合键进行相关设置，如设置字长、位顺序、取样边沿等。
- 设置好后，单击按钮 ❚❚ ，弹出如图 9-32 所示的界面，在界面的右下角（队列容器）键入需要传输的数据。

- 键入需要传输的数据后，既可直接按"Queue"将要传输数据的数据放入"发送缓冲区"中，也可单击"Add"按钮，将数据存放到"预定义队列"中。"预定义队列"中的数据可放入"队列缓冲区"中。选中一条预定义序列，单击"Queue"按钮，即可将该序列的内容复制到"队列缓冲区"中。

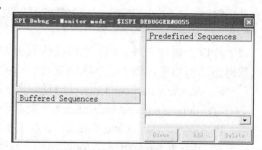

- 当要发送的数据被放入队列缓冲区后，单击按钮 ▶ ，队列缓冲区中存放的数据被发送。发送完成后，队列缓冲区中的数据被清空，同时数据监控窗口中显示了发送的信息。

图 9-32 SPI 总线调试界面

6. I²C DEBUGGER

I²C（Inter-Integrated Circuit）总线是由 PHILIPS 公司推出的一种二线式串行总线，用于连接微控制器及其外围设备，实现同步双向串行数据传输。该串行总线的推出为单片机应用系统的设计带来了极大方便，它有利于系统设计的标准化和模块化，减少了各电路板之间的连线，从而提高了可靠性，降低了成本，使系统的扩展更加方便灵活。

I²C 总线调试器用来监测 I²C 接口，它允许用户监控 I²C 接口的双向信息，观察数据通过 I²C 总线发送数据的情况。

（1）I²C 总线调试器的功能。

在工具箱中单击"虚拟仪器"按钮 📷，在弹出的"Instruments"窗口中，单击"I²C DEBUGGER"，再在原理图编辑窗口中单击，添加 I²C 总线调试器。将 I²C 总线调试器与相应引脚连接好，并单击按钮 ▶ ，将弹出 I²C 总线调试器界面，如图 9-33 所示。

I²C 总线调试器放在原理图编辑窗口时，有 3 个引脚：SCL、SDA 和 TRIG。其中，SCL 为输入引脚，用于连接 I²C 总线的时钟线；SDA 为双向数据传输线；TRIG 为触发信号线。用鼠标左键单击 I²C 总线调试器，按 Ctrl+E 组合键，弹出如图 9-34 所示的对话框。

图 9-33 I²C 总线调试器界面

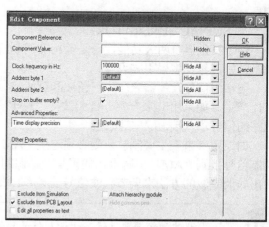

图 9-34 编辑 I²C 总线调试器

Address byte1：字节地址 1。如果使用此终端仿真一个从器件，该属性用于指定从设备的第一个地址字节和本次操作为读还是写操作。该字节的高 7 位用作寻址地址，最低位用作本次寻址操作的读/写标识。如果该位被设置为空或默认值时，该终端不能作为从设备。

Address byte2：字节地址 2。如果使用此终端仿真一个从器件，并希望使用 10 位地址，则本属性用于指定从设备地址的第二个地址字节。如果该属性未设置，则会采用 7 位寻址。

Stop on buffer empty：设置当要求发送一个字节数据然后输出缓冲器为空时，是否暂停仿真。

除以上属性之外，I²C 总线接收数据时，还采用了一项特殊的序列语句，该语句显示在输入数据显示窗口中，即 I²C 总线调试器窗口的左上角。常用的显示序列字符如下。

S：denote a start condition（启动状态）。

Sr：denote a restart condition（重新启动状态）。

P：denote a stop condition（停止状态）。

N：denote a negative acknowledge condition（NAK 应答状态）。

A：denote an acknowledge condition（ACK 应答状态）。

（2）I²C 总线调试器的使用。

I²C 总线调试器传输数据的操作步骤如下。

● 将 I²C 总线调试器放在原理图编辑窗口中，将 SCK、SDA 的引脚与相关设备引脚连接。

● 单击 I²C 总线调试器，按 Ctrl+E 组合键进行相关设置，如设置字节地址等。

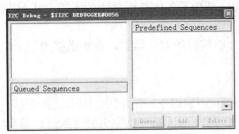

图 9-35　I²C 总线调试界面

● 设置完成后，单击按钮 ❙❙ ，弹出如图 9-35 所示界面，在调试窗口的右下角（队列容器）键入需要传输的数据。

● 键入需要传输的数据后，既可直接按"Queue"按钮将要传的数据放入"发送缓冲区"中，也可单击"Add"按钮，将数据存放到"预定义队列"中。"预定义队列"中的数据可放入"队列缓冲区"中。选中一条预定义序列，单击"Queue"按钮，即可将该序列的内容复制到"队列缓冲区"中。

● 当要发送的数据被放入"队列缓冲区"后，单击按钮 ▶ ，"队列缓冲区"中存放的数据被发送。发送完成后"队列缓冲区"中数据被清空，同时"数据监控窗口"中显示发送信息。

7. SIGNAL GENERATOR

信号发生器有两大功能，一是输出非调制波，二是输出调制波。

（1）信号发生器引脚设置。

通常用信号发生器来产生三角波和锯齿波，方波和正弦波可使用专用的正弦发生器和脉冲发生器产生。如果用其来产生非调制波，"AM"和"FM"可悬空不接。右边的输出端"+"接至电路的信号输入端，"−"接地。

如果用其来产生调制波，则必须连接"AM"和"FM"引脚。如果是振幅调制信号，则将待调制信号接到"AM"引脚上，如果是频率调制信号，则将待调制信号接到"FM"引脚上。通过输出非调制波的方法来调节载波信号的频率、振幅及波形。

载波的频率要远远高于调制信号的带宽，否则会发生混叠，使传输信号失真。

（2）信号发生器的使用。

在工具箱中单击虚拟仪器按钮 🖳，在弹出的 Instruments 窗口中，单击 SIGNAL GENERATOR，再在原理图编辑窗口中单击，添加信号发生器。将信号发生器与相应引脚连接好，并单击按钮 ▶ ，将弹出信号发生器界面，如图 9-36 所示。

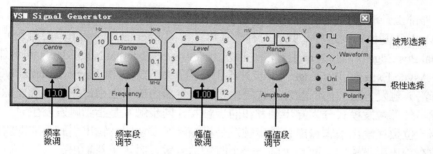

图 9-36　信号发生器界面

波形选择用来选择正弦波、三角波、方波或锯齿波。极性选择用来选择输出信号是单极性（Uni）还是双极性（Bi）。电压幅值输出的范围可选择 1mV、10mV、0.1V 和 1V 挡位。在相应挡位的范围内，还可通过输出幅度调节旋钮来调节输出信号幅度，最终电压范围可达 0～12V。频率的输出范围可选择 0.1Hz、1Hz、10Hz、0.1kHz、1kHz、10kHz、0.1MHz、1MHz 挡位，在挡位的范围内，同样可通过频率调节旋钮用来调节信号频率，最终频率范围可达 0～12MHz。

8.　PATTERIN GENERATOR

序列发生器是一种 8 路可编程信号发生器，它可以按事先设定的速率将预先储存的 8 路数据逐步地循环输出。利用它可产生数字系统所需的各种复杂的测试信号。

（1）序列发生器引脚及设置

在工具箱中单击虚拟仪器按钮 ☜，在弹出的 Instruments 窗口中，单击 PATTERN GENERATOR，再在原理图编辑窗口中单击，将虚拟序列发生器添加到编辑窗口中，如图 9-37 所示。引脚信号定义如下。

CLKIN：时钟输入引脚，用于输入外部时钟信号。系统提供了 2 种外部时钟触发模式，即外部上升沿（External Pos Edge）触发模式和外部下降沿（External Neg Edge）触发模式。

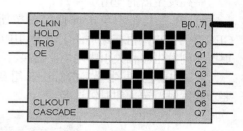

图 9-37　虚拟序列发生器

CLKOUT：时钟输出引脚。当序列发生器使用的是内部时钟时，用户可通过配置这一引脚来输出内部时钟的镜像。

HOLD：保持引脚。若给该引脚输入高电平，则序列发生器暂停序列数据更新并保持上次的数据输出，直至该引脚再次变为低电平后恢复数据更新。

TRIG：触发引脚。用于将外部触发脉冲（Reset）传入到序列发生器中。

OE：输出使能引脚，高电平有效。如果将该引脚置 0，虽然序列发生器仍然按特定序列运行，但不能驱动输出引脚电平变化。

CASCADE：级联引脚。当序列的第一位被驱动时置位，在下一时钟触发信号到来时置零。即在开始仿真和复位后的第一个时钟周期置高，其余时刻置零。

B[0..7]：1×8bit 总线输出引脚。

Q0～Q7：8×1bit 输出引脚。

要进行序列发生器设置，可在仿真之前单击序列发生器，或将鼠标指针放在其模型上按 Ctrl+E 组合键，即可弹出如图 9-38 所示的设置对话框。主要设置选项说明如下。

Clock Rate：设置内部时钟频率。

Reset Rate：设置内部触发频率。

Clock Mode：时钟模式选择，共有 3 种时钟模式可选，分别为 Internal（内部）触发方式、External

Pos Edge（外部上升沿）触发方式和 External Neg Edge（外部下降沿）触发方式。

Reset Mode：复位模式选择，共有 5 种模式可选，即 Internal（内部下降沿触发）触发方式、Sync External Pos Edge（同步外部上升沿）触发方式、Sync External Neg Edge（同步外部下降沿）触发方式、Async External Pos Edge（异步外部上升沿）触发方式和 Async External Neg Edge（异步外部下降沿）触发方式。内部触发模式是由序列发生器内部产生指定频率的触发脉冲，并且是下降沿触发。外部触发模式分为异步触发和同步触发。同步触发是指当触发发生时，立即将序列发生器中第一位数在输出引脚输出。异步触发是指当触发发生时，输出引脚不立即将序列发生器中第一位数在输出引脚输出，而是等到下一个时钟信号触发时再更新输出。

Clockout Enabled in Internal Mode：当时钟模式被设为内部时钟时，将该处设置为 Yes 将会在 CLKOUT 引脚输出内部时钟。

Output Configuration：序列发生器的输出配置提供了 4 种模式，即 Default（默认）、Output to Both Pins and Bus（引脚和总线均输出）、Output to Pins Only（仅在引脚输出）、Output to Bus Only（仅在总线输出）。

Pattern Generator Script：选择序列发生器使用的脚本文件，为纯文本文件，每个字节由逗点分隔。每个字节代表栅格上的一栏，字节可用二进制、十进制或十六进制表示，默认情况下为十六进制。

（2）序列发生器的使用。

序列发生器的使用步骤如下。

• 在工具箱中单击虚拟仪器按钮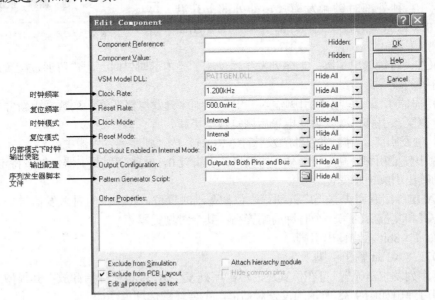，在弹出的 Instruments 窗口中，单击 PATTERIN GENERATOR，再在原理图编辑窗口中单击，将虚拟序列发生器添加到编辑窗口中，根据需要将虚拟序列发生器相关引脚与电路连接。

• 单击序列发生器，按 Ctrl+E 组合键，弹出如图 9-38 所示对话框，在该对话框内根据系统要求配置触发选项和时钟选项。

图 9-38 编辑序列发生器

• 在序列发生器脚本文件中加载期望的序列文件。

• 退出图 9-38 的对话框，单击按钮 ▶，弹出如图 9-39 所示的界面，进行仿真。

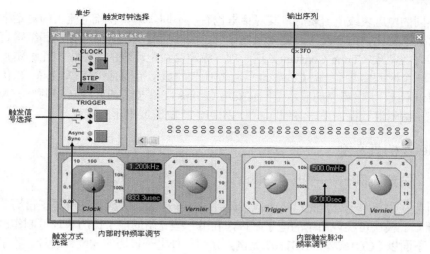

图 9-39　序列发生器界面

9. 电压表与电流表

在 Proteus 中提供了 DC VOLTMETER（直流电压表）、DC AMMETER（直流电流表）、AC VOLTMETER（交流电压表）、AC AMMETER（交流电流表）。这些虚拟的交、直流电压表和电流表可直接连接到电路中进行电压或电流的测量。电压表与电流表的使用步骤如下。

（1）在工具箱中单击虚拟仪器按钮 ，在弹出的 Instruments 窗口中，单击 DC VOLTMETER、DC AMMETER、AC VOLTMETER、AC AMMETER，再在原理图编辑窗口中单击，将电压表或电流表添加到编辑窗口中，如图 9-40 所示，根据需要将电压表或电流表与被测电路连接。

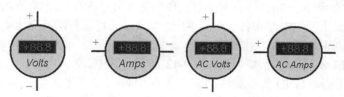

图 9-40　虚拟交、直流电压表和电流表

（2）单击电压表或电流表，按 Ctrl+E 组合键，弹出如图 9-41 所示的对话框。在此对话框中为直流电压，根据测量要求，设置相应选项。

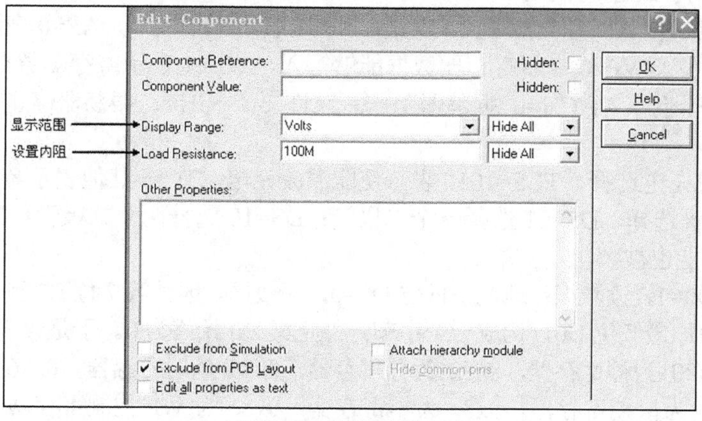

图 9-41　编辑直流电压表

选择不同的电压表或电流表时，其对话框也有所不同。编辑直流电流表的对话框与编辑直流电压表的对话框相比，前者没有设置内阻这一项；编辑交流电压表的对话框和编辑直流电压表的对话框多了时间常数（Time Constant）这一项；编辑交流电流表的对话框也比编辑直流电流表的对话框多了一个时间常数（Time Constant）项。电压表的显示范围有伏特（Volts）、毫伏（Millivolts）和微伏（Microvlots），电流表的显示范围有安培（Amps）、毫安（Milliamps）和微安（Microamps）。

（3）退出编辑对话框，单击按钮 ▶ ，即可进行电流或电压的测量。

9.5 Proteus 仿真实例

9.5.1 仿真实例一——电子日历

电子日历在生活中十分常见，小到电子闹钟、电子手表，大到点阵屏电子日历。通过单片机的内部资源 C/T 模块可实现简单的电子闹钟，利用一些专用的电子日历芯片可制作出专业的电子日历产品。下面以 LCD1602 和 DS1302 为例，介绍一种电子日历的软硬件设计。鉴于前面章节已对 LCD1602 进行了详细介绍，因此这里只对 DS1302 进行介绍。

1. DS1302 介绍

（1）概述。

DS1302 是 DALLAS 公司推出的涓流充电时钟芯片，内含一个实时时钟/日历和 31 字节 RAM。DS1302 通过 SPI 串行接口与单片机进行通信，实时时钟/日历电路可提供秒、分、时、日、月、年和星期的信息，每月的天数和闰年的天数可自动调整，时钟操作可通过 AM/PM 指示决定采用24 或 12 小时格式。DS1302 与单片机通信用到 3 个口线：CE 复位、I/O 数据线和 SCLK 串行时钟。时钟/RAM 的读/写数据以一个字节或多达 31 个字节的字符组成。DS1302 工作时功耗很低，保持数据和时钟信息时功率小于 1mW；有宽范围工作电压 2.0～5.5V；工作电流在电压为 2.0V 时小于300nA。双电源管脚用于主电源和备份电源供应，VCC1 为可编程涓流充电电源。

（2）DS1302 的基本组成和工作原理。

DS1302 的 DIP 8 封装的管脚排列如图 9-42 所示。其中：X1、X2 为 32.768kHz 晶振管脚；GND 为电源地；CE 为复位引脚；I/O 为数据输入/输出引脚；SCLK 为串行时钟引脚；VCC1、VCC2 为电源供电引脚。

DS1302 内部寄存器定义说明如下。

寄存器 2 的第 7 位用于 12/24 小时格式设置，该位等于 1 为 12 小时模式，该位等于 0 为 24 小时模式。

图 9-42　DS1302 管脚排列

寄存器 2 的第 5 位 AP 用于 AM/PM 定义，AP=1 表示下午模式，AP=0 表示上午模式。

WP 为写保护位。WP=0 表示寄存器数据能够写入，WP=1 表示寄存器数据禁止写入。

CH 为时钟停止位。当 CH=0 振荡器工作，允许 bit7=CH=1 振荡器停止；bit7=0，24 小时模式。

TCS 用于涓流充电选择。TCS=1010 表示使能涓流充电，TCS=其他表示禁止涓流充电。

DS 用于二极管选择。DS=01 选择一个二极管；DS=10 选择两个二极管；DS=00 或 11，即使TCS=1010 充电功能也被禁止。

地址最低位 D0=1，读数据；地址最低位 D0=0，写数据。地址第 7 位 D7 到第 1 位 D1 共 7 位，为描述方便给其增加最低位 D0，构成一个字节，并定义 D0 始终为 0。于是该 8 位地址所选择的寄存器可总结为：0x80 为秒寄存器，0x82 为分寄存器，0x84 为时寄存器，0x86 为日寄存器，0x88为月寄存器，0x8a 为星期寄存器，0x8c 为年寄存器，0x8e 为 WP 控制寄存器，0x90 为涓流充电控制寄存器，0xbe 为时钟多字节控制寄存器。其中时间信息写入和读出均采用组合 BCD 码方式。

（3）DS1302 的读写时序。

DS1302 读/写时钟或 RAM 数据时有两种传送方式：单字节传送和多字节传送（字符组方式）。其中单字节读时序如图 9-43 所示，单字节写时序如图 9-44 所示。

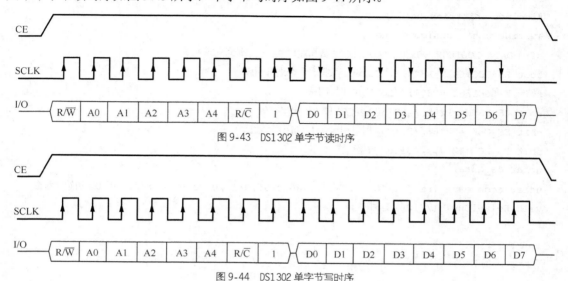

图 9-43　DS1302 单字节读时序

图 9-44　DS1302 单字节写时序

由图 9-43 和图 9-44 可知，DS1302 读/写时钟或 RAM 数据时：①传输格式为低位在前，高位在后，且先地址，后数据；②时钟上升沿写地址和数据，时钟下降沿读数据。

2.　Proteus 电路设计

利用 Proteus 设计电路如图 9-45 所示。在绘制电路图时，主要有以下步骤。

（1）将所需元器件加入到对象选择器窗口，其中元器件包括：单片机 AT89C51、液晶 LM016L、时钟芯片 DS1302、晶振 CRYSTAL 和电池 BAT。

（2）器件间的连线。如图 9-45 所示，将液晶的数据引脚 D0 到 D7 以总线的方式与单片机的 P1 口连接。另外，为了简化布线，将液晶的 RS 和 E 通过网络标签分别与单片机的 P3.0 和 P3.1 连接。同时，为了简化控制，将液晶的 RW 接地，默认为写模式。

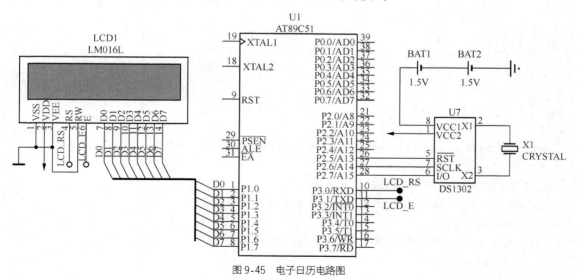

图 9-45　电子日历电路图

3. 程序代码

参考程序代码如下：

```c
#include <REG51.H>
#include <intrins.h>
#define uchar unsigned char
sfr  DATA_LCD1602 =0x90;//LCD1602 数据端口 P1（P1 地址=0x90）
sbit RS_LDC1602 =P3^0;//LCD1602 数据、命令选择引脚
sbit E_LDC1602 =P3^1;//LCD1602 时钟引脚
sbit DS_RSTN =P2^5;//DS1302 复位引脚，低电平有效
sbit DS_CLK =P2^6;//DS1302 时钟引脚，上升沿读写数据
sbit DS_IO =P2^7;//DS1302 数据引脚
uchar ds_data;
uchar code data_init[7]={0x01,0x03,0x06,0x0f,0x14,0x3c,0x80};//LCD1602 初始化参数
void Delay10us( )//10us 延时
{
  uchar i;
  for(i=0;i<10;i++)
  {
    _nop_( );
  }
}
void Delay5Ms( )//5ms 延时
{
  unsigned int TempCyc =5552;
  while(TempCyc--);
}
void Delay1s( )//1s 延时
{
  uchar i;
  for(i=0;i<200;i++)
  {
    Delay5Ms( );
  }
}
void wr_commamd_lcd1602( uchar data_command)//向 LCD1602 写命令
{
  RS_LDC1602 =0;//低电平数据模式
  DATA_LCD1602 =data_command;//数据放入 LCD1602 数据端口
  E_LDC1602 =1;
  E_LDC1602 =0;//时钟产生下降沿，将数据送入 LCD1602 内部
  Delay5Ms( );
  Delay5Ms( );
```

```
    Delay5Ms( );//延时 15ms，等待 LCD1602 完成内部操作
}
void wr_data_lcd1602( uchar data_lcd)//向 LCD1602 写数据
{
  RS_LDC1602 =1;//高电平数据模式
  DATA_LCD1602 =data_lcd;//数据放入 LCD1602 数据端口
  E_LDC1602 =1;
  E_LDC1602 =0;//时钟产生下降沿，将数据送入 LCD1602 内部
  Delay5Ms( );//延时 5ms，等待 LCD1602 完成内部操作
}
void lcd1602_init( )//LCD1602 初始化
{
  uchar i;
  for(i=0;i<7;i++)
  {
    wr_commamd_lcd1602(data_init[i]);
  }
}
void Write1302( uchar addr, uchar data1)//DS1302 写数据，addr 为地址，data1 为数据
{
  uchar i;
  DS_RSTN =0;//DS1302 复位
  _nop_( );
  DS_RSTN =1;
  _nop_( );
  for(i=0;i<8;i++)//向 DS1302 写地址
  {
    DS_CLK =0;//DS1302 时钟引脚拉低
    DS_IO =0; //使 DS1302 数据引脚默认低电平
    if((addr&0x01)==0x01)
    {
    DS_IO =1; //如果该位地址为高，则将 DS1302 数据引脚置高电平
    }
_nop_( );
    DS_CLK =1;//DS1302 时钟引脚拉高，产生上升沿，以便将 1 位地址写入
_nop_( );
    addr=addr>>1; //地址左移 1 位，为下 1 位写入准备
  }
  for(i=0;i<8;i++)//向 DS1302 写数据
  {
    DS_CLK =0;//DS1302 时钟引脚拉低
    DS_IO =0; //使 DS1302 数据引脚默认低电平
```

```
        if((data1&0x01)==0x01)
        {
            DS_IO =1;//如果该位数据为高，则将 DS1302 数据引脚置高电平
        }
        _nop_( );
        DS_CLK =1;//DS1302 时钟引脚拉高，产生上升沿，以便将 1 位数据写入
        _nop_( );
        data1=data1>>1;//数据左移 1 位为下 1 位写入准备
    }
    DS_RSTN =0;//DS1302 复位
}
void Read1302(uchar addr)//从 DS1302 读数据，addr 为地址，全局变量 ds_data 为读取到的数据
{
    uchar i;
    DS_RSTN =0;
    _nop_( );
    DS_RSTN =1;
    _nop_( );
    addr=(addr|0x01);//DS1302 地址最低位为 0 写数据，为 1 读数据
    for(i=0;i<8;i++)//向 DS1302 写地址
    {
        DS_CLK =0;
        DS_IO =0;
        if((addr&0x01)==0x01)
        {
        DS_IO =1;
        }
        _nop_( );
        DS_CLK =1;
        _nop_( );
        addr=addr>>1;
    }
    DS_IO =1;//IO 设置为输入
    ds_data=0x00;
    for(i=0;i<8;i++)//从 DS1302 读数据
    {
        ds_data=ds_data>>1;
        DS_CLK =0; //DS1302 在时钟下降沿读数据
        Delay10us( );
        if(DS_IO==1)
        {
            ds_data=(ds_data|0x80);
```

```
    }
    DS_CLK =1;
    _nop_( );
  }
  DS_RSTN =0;
}
void init_ds( )      //DS1302 初始化
{
  Read1302(0x80);
  if((ds_data&0x80)==0x80)//判断时钟芯片是否关闭
  {
      Write1302(0x8e,0x00);  //写入允许
      Write1302(0x8c,0x12);  //写入初始化时间年: 12
      Write1302(0x88,0x03);  //写入初始化时间月: 03
      Write1302(0x86,0x20);  //写入初始化时间日: 20
      Write1302(0x8a,0x02);  //写入初始化时间星期: 2
      Write1302(0x84,0x23);  //写入初始化时间时: 23
      Write1302(0x82,0x59);  //写入初始化时间分: 59
      Write1302(0x80,0x55);  //写入初始化时间秒: 55
      Write1302(0x8e,0x80);  //禁止写入
  }
}
void show_time(void)
{
  wr_commamd_lcd1602(0x80);//设置 LCD1602 光标在第 1 行第 1 列
  Read1302(0x8c);//读取年值
  wr_data_lcd1602(0x30+ds_data/16);
  wr_data_lcd1602(0x30+ds_data%16);
  wr_data_lcd1602('-');   //处理年结束
  Read1302(0x88);//读取月值
  ds_data=(ds_data&0x1f);
  wr_data_lcd1602(0x30+ds_data/16);
  wr_data_lcd1602(0x30+ds_data%16);
  wr_data_lcd1602('-');  //处理月结束
  Read1302(0x86);//读取日值
  ds_data=(ds_data&0x3f);
  wr_data_lcd1602(0x30+ds_data/16);
  wr_data_lcd1602(0x30+ds_data%16);//处理日结束
  wr_data_lcd1602(0);   //显示空格
  wr_data_lcd1602('w'); //显示 week 字符串
  wr_data_lcd1602('e');
  wr_data_lcd1602('e');
```

```
    wr_data_lcd1602('k');
    Read1302(0x8a);//读取周值
    if(ds_data==1) ds_data=7;
    else ds_data= ds_data-1;//注意 DS1302 的星期为美国表示方法，即周日为每周的第 1 天，在此应调整
为中国表示方法
    ds_data=(ds_data&0x07);
    wr_data_lcd1602(0x30+ds_data);//处理周结束
    wr_commamd_lcd1602(0xc0);            //设置 LCD1602 光标在第 2 行第 1 列
    Read1302(0x84);//读取时值
    ds_data=(ds_data&0x3f);
    wr_data_lcd1602(0x30+ds_data/16);
    wr_data_lcd1602(0x30+ds_data%16);
    wr_data_lcd1602('-');//处理时结束
    Read1302(0x82);//读取分值
    ds_data=(ds_data&0x7f);
    wr_data_lcd1602(0x30+ds_data/16);
    wr_data_lcd1602(0x30+ds_data%16);
    wr_data_lcd1602('-');//处理分结束
    Read1302(0x80);//读取秒值
    ds_data=(ds_data&0x7f);
    wr_data_lcd1602(0x30+ds_data/16);
    wr_data_lcd1602(0x30+ds_data%16);//处理秒结束 */
}
void main( )
{
    lcd1602_init( );
    DS_RSTN =0;
    _nop_( );
    DS_CLK =0;
    _nop_( );
    init_ds( );
    while(1)
    {
        show_time( );
        Delay1s( );
    }
}
end;
```

仿真时，由于计算机运行 Proteus 软件时间影响，在 main 函数中应屏蔽掉 Delay1s 的 1 秒延时函数，否则会看到电子日历中秒时间有十几秒的间断延时和错位。

4. 仿真

在 Proteus 软件中双击 AT89C51，将.hex 目标代码文件加载到单片机的 Program File 属性栏中，

并在 Clock Frequency 属性栏中设置时钟频率，本例设置为 12MHz。

单击仿真运行开始按钮 ▶，可清楚地观察到液晶在按秒刷新，运行结果如图 9-46 所示。

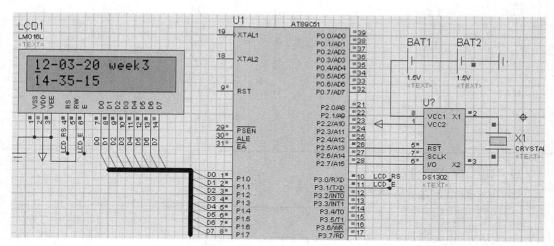

图 9-46　电子日历仿真结果

9.5.2　仿真实例二——数字温度计

温度是一种十分常见的物理量，许多场合都涉及到温度测量，如室内环境温度测量、养殖场温度测量、炼钢炉温度测量和食品加工过程温度测量等。本节介绍 LED 数码管和 DS18B20 组成的数字温度计（以下 LED 数码管简称为数码管）。

1. 数码管介绍

数码管主要用来显示数字和部分简单字符。数码管按段数分为七段数码管和八段数码管，八段数码管比七段数码管多一个发光二极管单元（多一个小数点显示）；按能显示多少个 "8" 可分为 1 位独立式和多位连体式数码管；按发光二极管单元连接方式分为共阳极数码管和共阴极数码管；按发光强度可分为普通亮度数码管和高亮度数码管；按字高可分为 7.62mm、12.7mrn 直至数百毫米；按颜色分有红、橙、黄、绿等几种。

2. 74HC164 介绍

74HC164 是一种 8 位串行输入、并行输出的移位寄存器，多用它实现 I/O 口扩展。在数码管驱动时采用多个 74HC164 串联，解决了动态显示占用 CPU 资源高和译码器驱动静态显示占用 I/O 口多的矛盾。

（1）74HC164 功能和引脚介绍。

DIP14 和 SOP14 封装的 74HC164 引脚排列如图 9-47 所示，真值表如表 9.1 所示，引脚功能分别如下。

A	1		14	VCC
B	2		13	QH
QA	3		12	QG
QB	4		11	QF
QC	5		10	QE
QD	6		9	CLR
GND	7		8	CLK

图 9-47　74HC164 引脚排列

VCC、GND：分别为电源正和电源地。

A、B：串行数据输入，A、B 进行逻辑与的结果为实际的串行数据输入。

QA～QH：8 位并行数据输出，其中 QA 为最低位，QH 为最高位。

CLR：异步清零输入，低电平有效使 QA～QH 这 8 位并行数据全部输出低电平。

CLK：串并数据转换时钟输入，上升沿有效。

表 9.1   **74HC164 真值表**

INPUTS				OUTPUTS		
$\overline{\text{CLR}}$	CLK	A	B	QA	QB···	QH
L	X	X	X	L	L	L
H	L	X	X	QA0	QB0	QH0
H	↑	H	H	H	QAn	QGn
H	↑	L	X	L	QAn	QGn
H	↑	X	L	L	QAn	QGn

（2）74HC164 时序介绍。

74HC164 的时序如图 9-48 所示。

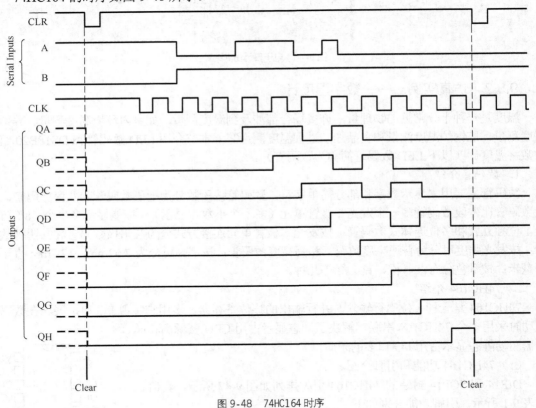

图 9-48　74HC164 时序

3. DS18B20 介绍

（1）概述。

DS1820 是 DALLAS 生产的单线数字温度传感器，它是世界上第一片支持一线总线接口的温度传感器。一线总线独特而且经济的特点，使用户可轻松地组建传感器网络，为测量系统的构建引入全新概念。DS18B20 测量温度范围为-55℃～+125℃，在-10℃～+85℃范围内精度为±0.5℃。现场温度直接以一线总线的数字方式传输，大大提高了系统的抗干扰性。适合于恶劣环境的现场温度测量，如环境控制、设备或过程控制、测温类消费电子产品等。DS18B20 可根据程序设定 9～

12 位的分辨率,分辨率设定及用户设定的报警温度存储在 EEPROM 中。

（2）DS18B20 的基本组成和工作原理。

TO-92 封装的 DS18B20 引脚排列如图 9-49 所示,引脚功能如下。

VDD：外接供电电源输入,在寄生电源接线方式时接地。

GND：电源地。

DQ：数字信号输入/输出。

光刻 ROM 中的 64 位序列号是出厂前被光刻好的,它可看作是该 DS18B20 的地址序列码。64 位光刻 ROM 的排列是：开始 8 位（28H）是产品类型标号,接着的 48 位是该 DS18B20 自身的序列号,最后 8 位是前面 56 位的循环冗余校验码（CRC=X8+X5+X4+1）。光刻 ROM 的作用是使每一个 DS18B20 都各不相同,这样可实现一根总线上挂接多个 DS18B20。

在 DS18B20 中,以 12 位转化为例,其测量得到的温度结果表示结构：用 16 位符号扩展的二进制补码读数形式提供,以 0.0625℃/LSB 形式表达,其中 S 为符号位。

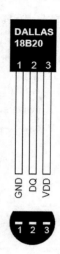

图 9-49　DS18B20 引脚排列

	bit 7	bit 6	bit 5	bit 4	bit 3	bit 2	bit 1	bit 0
LS Byte	2^3	2^2	2^1	2^0	2^{-1}	2^{-2}	2^{-3}	2^{-4}

	bit 15	bit 14	bit 13	bit 12	bit 11	bit 10	bit 9	bit 8
MS Byte	S	S	S	S	S	2^6	2^5	2^4

这是 12 位转化后得到的 12 位数据,存储在 2 个字节 RAM 中,二进制中的前面 5 位是符号位。如果测得的温度大于 0,这 5 位为 0,只要将测到的数值乘以 0.0625 即可得到实际温度；如果温度小于 0,这 5 位为 1,测到的数值需要取反加 1 再乘以 0.0625 得到实际温度。

例如+125℃的数字输出为 07D0H,+25.0625℃的数字输出为 0191H,−25.0625℃的数字输出为 FF6FH,−55℃的数字输出为 FC90H。

（3）DS18B20 的读写时序。

DS18B20 的内部存储器包括一个高速暂存 RAM 和一个 E^2PROM,后者存放高温度和低温度触发器 TH、TL 和结构寄存器。

暂存存储器包含了 8 个连续字节,前两个字节是测得的温度信息,第 1 个字节的内容是温度的低 8 位,第 2 个字节是温度的高 8 位。第 3 个和第 4 个字节是 TH、TL 的易失性拷贝,第 5 个字节是结构寄存器的易失性拷贝,这 3 个字节的内容在每一次上电复位时被刷新。第 6、7、8 个字节用于内部计算。第 9 个字节是冗余检验字节。

根据 DS18B20 的通信协议,主机控制 DS18B20 完成温度转换必须经过 3 个步骤：每一次读写之前都要对 DS18B20 进行复位；复位成功后发送一条 ROM 指令；最后发送 RAM 指令,这样才能对 DS18B20 进行预定的操作。复位要求主 CPU 将数据线下拉 500μs,然后释放；DS18B20 收到信号后等待 16～60μs 左右,后发出 60～240μs 的存在低脉冲,主 CPU 收到此信号表示复位成功。DS18B20 初始化时序如图 9-50 所示,DS18B20 读写时序如图 9-51 所示。

总线主机检测到 DSl8B20 的存在便可发出操作命令,共 5 个 ROM 操作命令和 6 个 RAM 操作命令。其中 5 个 ROM 操作命令包括：Read ROM 读 ROM：33H,Match ROM 匹配 ROM：55H,Skip ROM 跳过 ROM：CCH,Search ROM 搜索 ROM：F0H,Alarm search 告警搜索：ECH。6 个 RAM 操作命令包括：Write Scratchpad 写暂存存储器：4EH,Read Scratchpad 读暂存存储器：BEH,Copy Scratchpad 复制暂存存储器：48H,Convert Temperature 温度变换：44H,Recall EPROM

重新调出：B8H 和 Read Power Supply 读供电方式：B4H。

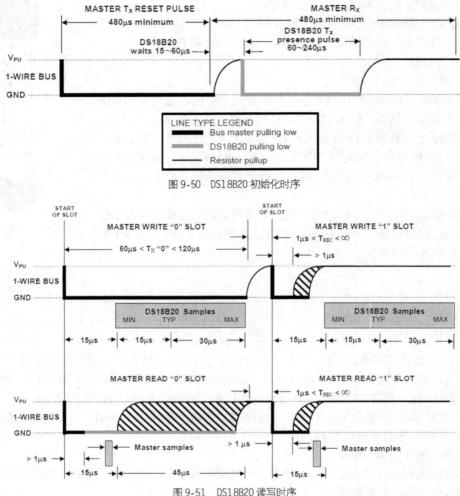

图 9-50　DS18B20 初始化时序

图 9-51　DS18B20 读写时序

DS18B20 写时序过程：主机总线在开始时刻从高拉至低电平时，就产生写时间隙。从开始时刻开始 15μs 之内应将所需写的位送到总线上，随后 Dsl820 在 15～60μs 间对总线采样。注意连续写 2 位间的间隙应大于 1μs。

DS18B20 读时序过程：主机总线在开始时刻从高拉至低电平时，总线只须保持低电平 17μs 后，将总线拉高产生读时间间隙。此后 15～45μs 间，DS18B20 向总线放入输出的 1 位数据。

4. Proteus 电路设计

利用 Proteus 设计电路如图 9-52 所示。电路图的绘制，主要有以下过程。

（1）将所需元器件加入到对象选择器窗口，元器件包括：单片机 AT89C51、温度传感器 DS18B20、8 位串入并出移位寄存器 74HC164、共阳式数码管 7SEG-MPX1-CA、非门 NOT、300Ω 电阻 9C12063A3000FKHFT、红色发光二极管 LED-BIRG 和黄色发光二极管 LED-BIBY。注意，为了简化电路，图中省略了数码管的段选和小数点共 29 个 300Ω 的限流电阻。

（2）器件间的连线。图 9-52 中，为了简化布线，通过网络标签将器件间的管脚进行连接，如 74HC164 与数码管、74HC164 与单片机及 DS18B20 与单片机等。同时为了简化控制，将 74HC164

的异步清零 R 接电源，实现禁止清零；正、负温度指示采用单片机 P2.3 和非门控制。

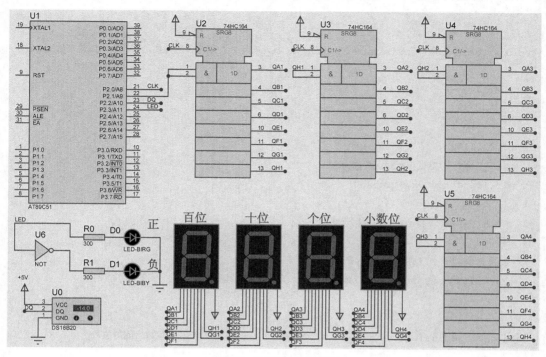

图 9-52 数字温度计电路图

5. 程序代码

参考程序代码如下。

```
#include   <intrins.h>
#include   <REG51.h>
#define   uchar unsigned char
#define   uint  unsigned int
#define   _Nop()  _nop_()
uchar     baiwei,shiwei,gewei,xiaowei;
uchar
data_led164[12]={0xc0,0xf9,0xa4,0xb0,0x99,0x92,0x82,0xf8,0x80,0x90,0xbf,0xff};//74HC164
控制共阳数码管显示数字 0～9 对应段码等
sbit CLK_164=P2^0;//74HC164 时钟控制，上升沿有效
sbit AB_164=P2^1;//74HC164 串行数据输入
sbit DQ= P2^2; //DS18B20 数据端口
sbit LED= P2^3; //温度正负指示
void delay(uint us,uint ms)      //延时程序，(1000,1)=1.548ms
{
  for(; ms>0; ms--)
  {
    for(; us>0; us--)
    {
```

```
      }
    }
  }
void wr_data_164( uchar data_164)//74HC164 实现 8 位串入并出转换，并行输出为输入参数 data_164
{
  uchar i;
  for(i=0;i<8;i++)
  {
    CLK_164=0;
    AB_164=1;//默认串行输入数据为高
    if((data_164&0x80)!=0x80)
    {
      AB_164=0;//将串行输入数据置低
    }
    CLK_164=1;  //74HC164 时钟产生上升沿
    data_164=data_164<<1;  //数据左移位，为下次输入准备
  }
}
void deal_weishu(uint input_data)  //取百、十、个、小数位共 4 位数上的每位数字
{
  uchar flag_bai=0;
  baiwei =input_data/1000;        //得到百位数字
  shiwei =input_data%1000/100;    //得到十位数字
  gewei =input_data%100/10;       //得到个位数字
  xiaowei =input_data%10/1;       //得到小数位数字
  if(baiwei==0)
  {
    flag_bai=1;
    baiwei=0xff;//消隐百位
  }
  else
  {
    baiwei=data_led164[baiwei];
  }
  if((shiwei==0)&&(flag_bai==1))
  {
    shiwei=0xff;//消隐十位
  }
  else
  {
    shiwei=data_led164[shiwei];
  }
```

```
    gewei=data_led164[gewei];
    xiaowei=data_led164[xiaowei];
}
void delay_18B20(uint i)
{
    while(i--);
}
void Init_DS18B20( )//DS18B20 初始化, 使其复位进行传感器是否存在检测
{
    uchar x=0;
    DQ = 1;                 //DQ 复位
    delay_18B20(8);         //稍做延时
    DQ = 0;                 //单片机将 DQ 拉低
    delay_18B20(80);        //精确延时大于 480μs
    DQ = 1;                 //拉高总线
    delay_18B20(14);
    x=DQ;                   //稍做延时后如果 x=0 则表示初始化成功, x=1 则表示初始化失败
    delay_18B20(20);
}
uchar ReadOneChar( )//从 DS18B20 读一个字节, 函数返回值为读取的字节
{
    uchar i=0;
    uchar dat = 0;
    for (i=8;i>0;i--)
    {
        DQ = 0; // 给脉冲信号
        dat>>=1;
        DQ = 1; // 给脉冲信号
        if(DQ)
        dat|=0x80;
        delay_18B20(4);
    }
    return(dat);
}
void WriteOneChar(uchar dat)//向 DS18B20 写一个字节 dat
{
    uchar i=0;
    for (i=8; i>0; i--)
    {
        DQ = 0;
        DQ = dat&0x01;
        delay_18B20(5);
```

```
      DQ = 1;
      dat>>=1;
    }
}
void ReadTemp(void)//从DS18B20读取当前温度
{
  Init_DS18B20();
  WriteOneChar(0xCC);          // 跳过读序号列号的操作
  WriteOneChar(0x44);          // 启动温度转换
  //delay_18B20(100);          // 150μs, this message is very important
  Init_DS18B20();
  WriteOneChar(0xCC);          //跳过读序号列号的操作
  WriteOneChar(0xBE);          //读取温度寄存器等（共可读9个寄存器）前两个就是温度
  //delay_18B20(100);          //150μs,
}
void main( )
{
  uint  data_temper,data_temp;
  uchar data_tempL;
  LED =1;//默认正温度
  wr_data_164(0xbf); //数码管1显示"-"
  wr_data_164(0xbf); //数码管2显示"-"
  wr_data_164(0xbf); //数码管3显示"-"
  wr_data_164(0xbf); //数码管4显示"-"
  Init_DS18B20( );
  WriteOneChar(0xCC); //跳过读序号列号的操作
  WriteOneChar(0x4e); //写命令
  WriteOneChar(0x7f); //12位精度
  ReadTemp( );
  delay(1000,7000);   //延时10s，等待DS18B20完成初始化和内部校准
  ReadTemp( );
  delay(1000,7000);   //延时10s，等待DS18B20完成初始化和内部校准
  ReadTemp( );
  delay(1000,7000);   //延时10s，等待DS18B20完成初始化和内部校准
  ReadTemp( );
  delay(1000,7000);   //延时10s，等待DS18B20完成初始化和内部校准
  ReadTemp( );
  delay(1000,7000);   //延时10s，等待DS18B20完成初始化和内部校准
  ReadTemp( );
  delay(1000,7000);   //延时10s，等待DS18B20完成初始化和内部校准
  while(1)
  {
```

```
        ReadTemp( );
        data_tempL  =ReadOneChar( ); //读取温度低 8 位
        data_temper =ReadOneChar( ); //读取温度高 8 位
        data_temper =data_temper<<8;
        data_temper =data_temper+data_tempL;
    if(data_temper!=data_temp)//连续两次温度不同,进行显示刷新
    {
      data_temp =data_temper;
        if((data_temper&0x8000)==0)  //正温度
        {
         LED =1;//'+'标志
        }
        else //负温度,通过补码求原码
        {
        LED =0;//'-'标志
        data_temper =data_temper&0x0fff;
        data_temper =data_temper-1;
        data_temper =0x0fff-data_temper;
        }
        data_temper =data_temper*0.0625*10;//温度值乘 10 以便取得小数位
        deal_weishu(data_temper);
         wr_data_164(xiaowei);
         wr_data_164(gewei&0x7f);//点亮小数点
         wr_data_164(shiwei);
         wr_data_164(baiwei);
    }
    }
 }
```

程序设计时应注意：在 main 函数中，必须至少对 DS18B20 读取 6 次以上转换结果，并每次读取时都要延时 10s，以便 DS18B20 完成初始化和内部校准，否则读取到 DS18B20 的温度测量结果为+85℃，会影响后续的控制过程。

6. 仿真

在 Proteus 软件中双击 AT89C51，将.hex 目标代码文件加载到单片机的 Program File 属性栏中，并在 Clock Frequency 属性栏设置时钟频率，本例设置为 12MHz。

单击仿真运行开始按钮 ▶ ，改变 DS18B20 的温度，可清楚地观察到数码管显示的温度值能够同步实时刷新，运行结果如图 9-53 所示。

该例中用 74HC164 串联驱动独立式数码管，尽管大大减少了对单片机 IO 口的占用，但电路必须要求 74HC164 与数码管的数目相同，这会增加系统布线工作和成本。如果系统资源允许，可选用译码器驱动连体式数码管来解决这一问题，其中译码器 74HC48 驱动共阴式数码管，74HC47 驱动共阳式数码管。用 74HC48 驱动四位连体式共阴数码管设计的数字温度计电路如图 9-54 所示。

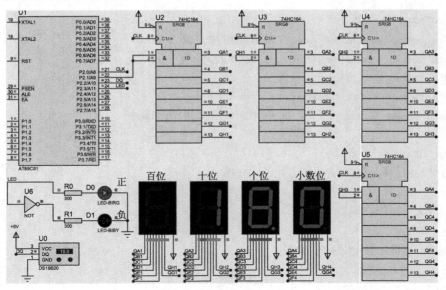

图 9-53　数字温度计仿真结果

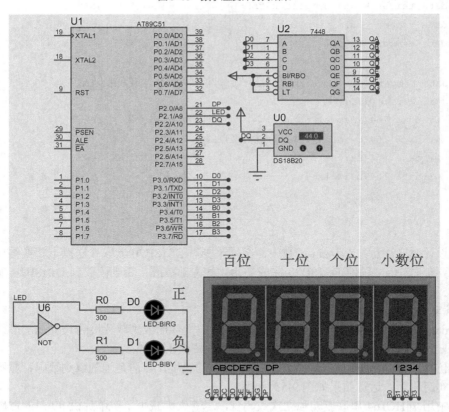

图 9-54　动态显示数字温度计电路图

　　图 9-54 中元器件包括：单片机 AT89C51、温度传感器 DS18B20、译码器 7448、四位连体式共阴数码管 7SEG-MPX4-CC、非门 NOT、300Ω 电阻 9C12063A3000FKHFT、红色发光二极管 LED-BIRG 和黄色发光二极管 LED-BIBY。注意，为了简化电路，图中省略了数码管的段选、小数点和位选共 12 个 300Ω 的限流电阻。

　　针对该图，程序设计时不需要数码管段码，而是将要显示的数字直接赋值给译码器 7448 的译码输入端。显示温度时要采用动态显示方式，为简化数据处理设计的主函数具体如下。

```c
void main( )
{
  uint  data_temper,data_temper1,data_temper2;
  uchar data_tempL;
  uint  j;
  LED =1; //默认正温度
  DP_SEG =0; //熄灭小数点
  Init_DS18B20( );
  WriteOneChar(0xCC); //跳过读序号列号的操作
  WriteOneChar(0x4e); //写命令
  WriteOneChar(0x7f); //12 位精度
  ReadTemp( );
  delay(1000,7000);  //延时 10s，等待 DS18B20 完成初始化和内部校准
  ReadTemp( );
  delay(1000,7000);  //延时 10s，等待 DS18B20 完成初始化和内部校准
  ReadTemp( );
  delay(1000,7000);  //延时 10s，等待 DS18B20 完成初始化和内部校准
  ReadTemp( );
  delay(1000,7000);  //延时 10s，等待 DS18B20 完成初始化和内部校准
  ReadTemp( );
  delay(1000,7000);  //延时 10s，等待 DS18B20 完成初始化和内部校准
  ReadTemp( );
  delay(1000,7000);  //延时 10s，等待 DS18B20 完成初始化和内部校准
  ReadTemp( );
  delay(1000,7000);  //延时 10s，等待 DS18B20 完成初始化和内部校准
  while(1)
  {
    ReadTemp( );
    data_tempL  =ReadOneChar( );      //读取温度低 8 位
    data_temper1 =ReadOneChar( );      //读取温度高 8 位
    data_temper1 =data_temper1<<8;
    data_temper1 =data_temper1+data_tempL;
  if(data_temper1!=data_temper2)//连续 2 次温度不同，刷新当前温度
  {
    data_temper2 =data_temper1;
    data_temper =data_temper1;
      if((data_temper&0x8000)==0)  //正温度
      {
          LED =1; //'+'标志
      }
      else //负温度，通过补码求原码
      {
```

```
        LED =0;//'-'标志
        data_temper =data_temper&0x0fff;
        data_temper =data_temper-1;
        data_temper =0x0fff-data_temper;
         }
    data_temper =data_temper*0.0625*10;//温度值乘10以便取得小数位
    deal_weishu(data_temper);
   }
    data_seg =0xf0;//熄灭4只数码管
    data_seg =baiwei|0xe0;//显示百位数字
    for(j=10;j>0;j--);//延时
    data_seg =0xf0;//熄灭4只数码管
    data_seg =shiwei|0xd0;//显示十位数字
    for(j=10;j>0;j--);//延时
    data_seg =0xf0;//熄灭4只数码管
    DP_SEG =1;//点亮小数点
    data_seg =gewei|0xb0;//显示个位数字
    for(j=10;j>0;j--);//延时
    data_seg =0xf0;//熄灭4只数码管
    DP_SEG =0;//熄灭小数点
    data_seg =xiaowei|0x70;//显示小数位数字
    for(j=10;j>0;j--);//延时
    }
   }
```

　　理论上，74HC48 的译码延迟不足 1ms，完成一次 DS18B20 的测量结果读写需要几 ms，C51 单片机完成一次除法运算需要几个毫秒，同时利用 74HC48 驱动数码管动态显示 4 位时不存在因刷新频率低而引起显示不正常，但由于 Proeteus 软件运行速度与计算机性能有很大关系，因此本电路在 Proeteus 仿真时出现显示不正常的情况，而在同样的实际硬件电路运行时，实测没有任何问题。如果去掉 74HC48，送固定温度值（即不读取 DS18B20），直接用 P1 口控制数码管动态显示，也没有问题，运行结果如图 9-55 所示。

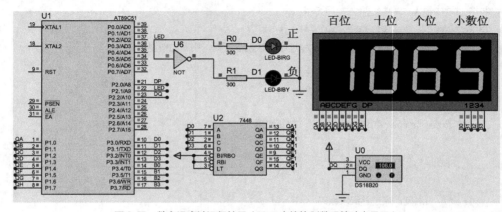

图 9-55　数字温度计运行结果（P0 口直接控制数码管动态显示）

9.5.3　仿真实例三——点阵屏

点阵屏可用来显示文字、图形、图像、动画、视频信号等各种信息。点阵屏按颜色基色分为：单基色显示屏（单一颜色，红色或绿色）、双基色显示屏（红和绿双基色，256 级灰度、可显示 65536 种颜色）和全彩色显示屏（红、绿、蓝 3 基色，256 级灰度的全彩色显示屏可显示一千六百多万种颜色）；点阵屏按显示器件分为：数码显示屏（显示器件为 7 段码数码管，适于制作时钟屏、利率屏等，是用于显示数字的电子显示屏）和图文显示屏（显示器件是由许多均匀排列的发光二极管组成的点阵显示模块，适于播放文字、图像信息）；点阵屏按使用场合分为：室内显示屏（发光点较小，一般 Φ3mm～Φ8mm，显示面积一般几至十几平方米，亮度和发光密度都比较适合户内）和室外显示屏（面积一般几十平方米至几百平方米，亮度高，可在阳光下工作，具有防风、防雨、防水功能，一般密度比户内显示屏要大一些。）；点阵屏按发光点直径分为：室内屏（Φ3mm、Φ3.75mm、Φ5mm）和室外屏（Φ10mm、Φ12mm、Φ16mm、Φ19mm、Φ21mm、Φ26mm）。

1．点阵屏工作原理

点阵屏及其内部结构如图 9-56 所示，其中 ROW 行线包括 9、14、8、12、1、7、2 和 5 引脚，COL 列线包括 13、3、4、10、6、11、15 和 16 引脚。8×8 点阵屏共由 64 个发光二极管组成，且每个发光二极管放置在行线和列线的交叉点上。对于行阴列阳结构点阵屏：给对应的某一行置低电平，某一列置高电平，则相应的二极管点亮；如果只将第一行的 8 只二极管点亮，而其余 7 行全部熄灭，则给行 1，即 9 脚接低电平，而其余行，即 14、8、12、1、7、2 和 5 引脚全部接高电平；全部列线，即 13、3、4、10、6、11、15 和 16 引脚接高电平；反之，如果只将第一行的 8 只二极管熄灭，而其余 7 行全部点亮，则给行 1，即 9 脚接高电平，而其余行，即 14、8、12、1、7、2 和 5 引脚全部接低电平；全部列线，即 13、3、4、10、6、11、15 和 16 引脚接高电平。

2．字模数据

首先，从常用的计算机系统谈起，再扩展到要开发设计的点阵 LCD 和 LED 显示系统，因为单片机系统的显示原理和计算机相同。在计算机中所有的数据（包括指令等）都是以 0 和 1 来表示，这意味着如果要在显示器上显示字符，那么这些字符的信息将也会是以 0、1 来保存显示。那么计算机是如何来存储显示字符的呢？下面举例来说明点阵字符的数据存储及显示原理。假设把计算机液晶显示器上显示的 16×16 点阵"豪"字放大 10 倍，如图 9-57 所示。

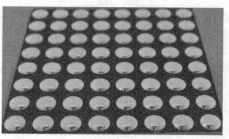

（a）点阵屏实物

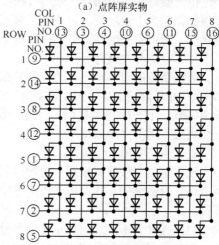

（b）行阴列阳结构

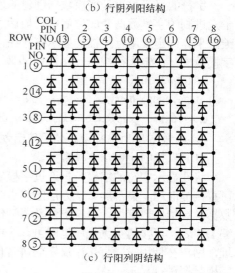

（c）行阳列阴结构

图 9-56　点阵屏

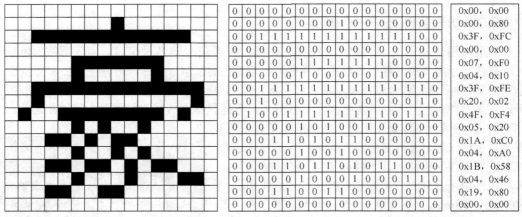

图 9-57　16×16 点阵的"豪"字放大 10 倍

放大之后每个小方格代表一个点，黑色为 1，白色为 0；每个点看作为一位（bit）。据此可描绘出"豪"字的位信息。采用行扫描的方式，每 8 位为一个字节，采用十六进制表示，可得到字模数据。由上述示例，可清晰了解到可视字符、位信息与字模数据之间的关系。清楚了上面的关系后，就可自己编写一个字模数据生成工具。

（1）点阵异常处理。

假设字符的点阵不是 8 的倍数怎么办？通常情况下可不计或在后面以 4 个 0 位补足 8 位。例如 12×12 点阵的汉字，可这样处理：先假设对 12×12 的点阵字符进行扫描，第一行的前 8 位为一个字节，第一行的后面 4 位形成一个字节，以后的每行逐次类推，直至扫描到最后一行，形成一个完整可用的字模数据。

（2）点阵字库。

把字符的字模数据按照一定的排列顺序存放在一起，就形成点阵字库。例如数组、DB 表等所有可存取数据的形式都可作为点阵字库。有的点阵字库还带有索引表，用来方便程序的编写及查询。

（3）在计算机中如何显示一个字符。

字符的显示过程是字模数据创建的逆过程。首先要明白字模数据的排列扫描方式，然后再把十六进制的字模数据变成位信息，最后才能根据位信息按照字模数据给定的扫描方式逐个把点描绘出来。假定要用行扫描的显示方式在计算机中显示一个"豪"字，可使用字模软件来创建一个字模数据，设定为行扫描、16×16 点阵、宋体、11 号字，创建如下字模数据。

```
unsigned char hao0[]=
{ 0x00,0x00, 0x00,0x80, 0x3F,0xFC, 0x00,0x00, 0x07,0xF0, 0x04,0x10, 0x3F,0xFE, 0x20,0x02,
0x4F,0xF4, 0x05,0x20, 0x1A,0xC0, 0x04,0xA0, 0x1B,0x58, 0x04,0x46, 0x19,0x80, 0x00,0x00};
```

3．几种常用的字符动态编码显示方案

（1）直接固化显示字模数据。

将要显示字符的字模数据通过字模软件提取出来，顺序烧录在存储器中，当程序要显示时，可直接提取送至显示屏。该方法的优点是易理解、程序简单、空间资源占用少；缺点是组织字模数据及寻址比较麻烦，可维护性及灵活性差。针对其缺点可按汉字的拼音批量生成字模数组或汇编 DB 表，直接拷贝到程序里即可。这样的字模数据可方便灵活地根据以拼音命名的方式进行寻址，用户在使用时，直接用汉字的拼音代替字符串中相应的汉字，显示程序则直接调用该地址的字模数据进行显示。

（2）创建索引表和点阵字模库。

索引表包括字符机内码和该字符在字库中的偏移地址。如果字符机内码的排列顺序和字符的字模数据在字库里的排列顺序一致，偏移地址则可通过计算的方式给出。在显示时先得到字符机内码，再得到该字符机内码在索引中的位置，最后计算出该字符在字库中的偏移地址并从字库中取出字模数据进行扫描显示。此方法的优点是灵活方便、占用空间小，但需要复杂的查询、计算、寻址取模等过程，如果字符稍多，单个字的显示时间就会很长，会使系统显得慢，效率低。

（3）创建连续的大字库。

根据字符编码，利用字模软件创建连续的大字库，然后再根据字符编码直接计算出该字符在字库中的位置，最后取模显示。这种方法非常灵活，但是需要计算寻址，因为字库较大，所以寻址的时间可能会较长，显示速度较慢。对应高速芯片，例如 ARM 和 DSP 等大容量的存储器件，这种方法最适用，因为这种方法的程序易维护、不需经常修改字库、而且兼容性很强。当然，电子信息发展到今天，芯片的计算能力已不是大问题，越来越多的存储芯片不断推出，价格低廉，为开发奠定了基础。

4. 汉字编码

下面介绍常用的 ANSI、ASCII、GB2312、GBK、BIG5、SHIFT-JIS、UNICODE、GB18030 等一系列的名词、标准，以便形成整体概念，使后面的内容易于理解。

ANSI：美国国家标准协会（American National Standards Institute），成立于 1918 年，该协会制定了一系列标准、规范等，在电子、信息、通信等很多领域影响很大。

ASCII：美国标准信息交换码（American Standard Code for Information Interchange），即现在的计算机内码，共 256 个字符编码，常用的是前 128 个，后 128 个可能根据不同的语言、系统、软件或平台有不同的解释。

GB2312：简体中文字符编码（GB 是"国标"拼音的首字母），收录了 6763 个汉字，其中一级汉字 3755 个，二级汉字 3008 个。同时，GB2312 收录了拉丁字母、希腊字母、日文平假名及片假名字母、俄语西里尔字母在内的 682 个全形字符。

GBK：扩展汉字编码标准。这个编码标准分 3 段，即汉字段（汉字段包括原 GB2312、扩充汉字、CJK 汉字）、图形符号段、自定义段。

BIG5：繁体汉字编码。

SHIFT-JS：日文编码。

UNICODE：通用编码标准。该标准给每个字符一个唯一编码，不管何种语种、何种平台、何种软件，它解决了编码的重叠问题。

GB18030：UNICODE 编码的延续，采用单/双/四字节混合编码。GB18030-2000 标准具体规定了图形字符的单字节编码和双字节编码，并对四字节编码体系结构做出了规定，而且还收录了如藏、维、蒙等少数民族的语言。

下面介绍汉字编码范围。GB2312：第一字节编码范围为 0xA1～0xFE，第二字节编码范围为 0xA1～0xFE。GBK：第一字节编码范围为 0x81～0xFE；第二字节分两部分，第一部分的编码范围为 0x40～0x7E，第二部分的编码范围为 0x80～0xFE。BIG5：第一字节编码范围为 0xA1～0xF9，第二字节编码范围为 0x40～0x7E 与 0xA1～0xFE。UNICODE：0x0～0xFFFFFFFF。实际中只用到两字节 0x0～0xFFFF。

本例介绍点阵屏组成滚动屏幕显示汉字，其中 1 个屏显示 2 个汉字。因为每个 16×16 点阵的汉字需要 4 个 8×8 点阵屏，所以 2 个汉字需要 8 个 8×8 点阵屏。

5. Proteus 电路设计

利用 Proteus 设计电路如图 9-58 所示。电路图的绘制主要有以下过程。

（1）将所需元器件加入到对象选择器窗口，其中元器件包括：单片机 AT89C51、4-16 译码器 74HC154、8×8 点阵 MATRIX-8X8-RED（红色）和 300Ω 电阻。

（2）器件间的连线。按图 9-58 所示线路布线，并进行器件间的连接。在图 9-58 中，为了说明点阵屏的工作原理和控制方法，省略了点阵屏的限流电阻。同时，在实际中 C51 系列单片机的 I/O 口因输出电流小不能直接驱动点阵屏，而必须增加电流方大环节，如选用 ULN2803 等电流、电压放大器件。

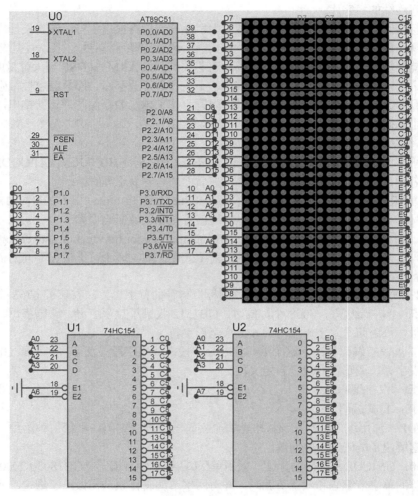

图 9-58　点阵屏显示汉字电路图

在图 9-58 中，隐藏了第 1 列点阵屏的所有负极和第 2 列点阵屏的所有正极。为了便于说明，给出未隐藏正负极的 8 个 8×8 的点阵屏模块电路图，如图 9-59 所示。

6. 程序代码

参考程序代码如下。

```c
#include  <REG51.H>
#include  <intrins.h>
#define  uchar unsigned char
#define  uint  unsigned int
```

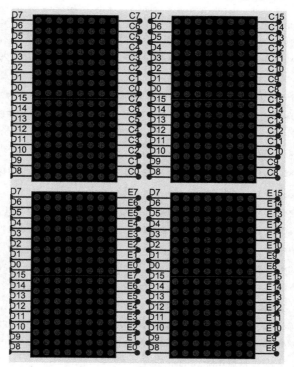

图 9-59　8 个 8×8 点阵屏模块电路

```
sfr    DATA_D8D15 =0×A0;//数据高 8 位端口 P2（P2 地址=0xa0）
sfr    DATA_D0D7 =0×90;//数据低 8 位端口 P1（P1 地址=0x90）
sfr    ADDR_A0A7 =0×B0;//地址 8 位端口 P3（P3 地址=0xB0）
uchar code data_init[ ]=//纵向取模
       {/*--文字:中，宋体 12，点阵为 16×16--*/
       0×00,0×00,0×3F,0×10,0×10,0×10,0×10,0×FF,0×10,0×10,0×10,0×10,0×3F,0×10,0×00,0×00,
       0×00,0×00,0×E0,0×40,0×40,0×40,0×40,0×FF,0×40,0×40,0×40,0×40,0×E0,0×00,0×00,0×00,
       /*--文字:北，宋体 12，点阵为 16×16--*/
       0×00,0×04,0×04,0×04,0×04,0×FF,0×00,0×00,0×00,0×FF,0×02,0×04,0×0C,0×18,0×08,0×00,
       0×08,0×0C,0×18,0×10,0×20,0×FE,0×00,0×00,0×00,0×FC,0×02,0×02,0×02,0×02,0×1E,0×00,
       /*--文字:大，宋体 12，点阵为 16×16--*/
       0×04,0×04,0×04,0×04,0×04,0×04,0×05,0×FE,0×05,0×04,0×04,0×04,0×04,0×04,0×04,0×00,
       0×00,0×01,0×02,0×04,0×08,0×30,0×C0,0×00,0×80,0×60,0×10,0×0C,0×06,0×03,0×02,0×00,
       /*--文字:学，宋体 12，点阵为 16×16--*/
       0×02,0×0C,0×08,0×48,0×3A,0×2A,0×0A,0×8A,0×7A,0×2B,0×0A,0×18,0×EA,0×4C,0×08,0×00,
       0×00,0×40,0×40,0×40,0×40,0×40,0×42,0×41,0×FE,0×40,0×40,0×40,0×40,0×40,0×40,0×00,
       /*--文字:信，宋体 12，点阵为 16×16--*/
       0×01,0×02,0×0C,0×3F,0×E0,0×50,0×15,0×15,0×95,0×75,0×55,0×15,0×15,0×10,0×10,0×00,
       0×00,0×00,0×00,0×FE,0×00,0×00,0×7E,0×44,0×44,0×44,0×44,0×44,0×7E,0×00,0×00,0×00,
       /*--文字:息，宋体 12，点阵为 16×16--*/
       0×00,0×00,0×00,0×3F,0×2A,0×2A,0×6A,0×AA,0×2A,0×2A,0×2A,0×3F,0×00,0×00,0×00,0×00,
       0×00,0×04,0×1C,0×80,0×BC,0×82,0×82,0×A2,0×9A,0×82,0×82,0×8E,0×00,0×10,0×0C,0×00,
```

```
       /*--文字:与，宋体 12，点阵为 16×16--*/
  0×00,0×00,0×00,0×00,0×7E,0×12,0×12,0×12,0×12,0×12,0×12,0×12,0×12,0×33,0×10,0×00,
  0×00,0×20,0×20,0×20,0×20,0×20,0×20,0×20,0×20,0×24,0×62,0×22,0×04,0×F8,0×00,0×00,
       /*--文字:通，宋体 12，点阵为 16×16--*/
0×02,0×82,0×63,0×00,0×00,0×4F,0×4A,0×4A,0×6A,0×5F,0×5A,0×6A,0×4F,0×00,0×00,0×00,
0×02,0×04,0×F8,0×04,0×02,0×FA,0×42,0×42,0×42,0×FA,0×52,0×4A,0×F2,0×02,0×02,0×00,
       /*--文字:信，宋体 12，点阵为 16×16--*/
  0×01,0×02,0×0C,0×3F,0×E0,0×50,0×15,0×15,0×95,0×75,0×55,0×15,0×15,0×10,0×10,0×00,
  0×00,0×00,0×00,0×FE,0×00,0×00,0×7E,0×44,0×44,0×44,0×44,0×44,0×7E,0×00,0×00,0×00,
       /*--文字:工，宋体 12，点阵为 16×16--*/
  0×00,0×00,0×40,0×40,0×40,0×40,0×40,0×7F,0×40,0×40,0×40,0×40,0×40,0×40,0×00,0×00,
  0×04,0×04,0×04,0×04,0×04,0×04,0×04,0×FC,0×04,0×04,0×04,0×04,0×04,0×04,0×04,0×00,
       /*--文字:程，宋体 12，点阵为 16×16--*/
0×08,0×48,0×4B,0×7F,0×89,0×88,0×01,0×FD,0×85,0×85,0×85,0×85,0×FD,0×01,0×00,0×00,
  0×20,0×C0,0×00,0×FF,0×00,0×82,0×22,0×22,0×22,0×FE,0×22,0×22,0×22,0×22,0×02,0×00,
       /*--文字:学，宋体 12，点阵为 16×16--*/
0×02,0×0C,0×08,0×48,0×3A,0×2A,0×0A,0×8A,0×7A,0×2B,0×0A,0×18,0×EA,0×4C,0×08,0×00,
  0×00,0×40,0×40,0×40,0×40,0×40,0×42,0×41,0×FE,0×40,0×40,0×40,0×40,0×40,0×40,0×00,
       /*--文字:院，宋体 12，点阵为 16×16--*/
  0×7F,0×40,0×4C,0×52,0×61,0×30,0×24,0×24,0×A4,0×64,0×24,0×24,0×24,0×30,0×20,0×00,
  0×FF,0×00,0×40,0×20,0×C1,0×82,0×8C,0×F0,0×80,0×80,0×FE,0×81,0×81,0×81,0×8F,0×00,
       /*--数字:0 和 6，宋体 12，点阵为 16×8--*/
  0×00,0×07,0×08,0×10,0×10,0×08,0×07,0×00,0×00,0×07,0×08,0×11,0×11,0×18,0×00,0×00,
  0×00,0×F0,0×08,0×04,0×04,0×08,0×F0,0×00,0×00,0×F0,0×88,0×04,0×04,0×88,0×70,0×00,
       /*--数字:1 和 1，宋体 12，点阵为 16×8--*/
  0×00,0×08,0×08,0×1F,0×00,0×00,0×00,0×00,0×00,0×08,0×08,0×1F,0×00,0×00,0×00,0×00,
  0×00,0×04,0×04,0×FC,0×04,0×04,0×00,0×00,0×00,0×04,0×04,0×FC,0×04,0×04,0×00,0×00,
       /*--文字:工，宋体 12，点阵为 16×16--*/
  0×00,0×00,0×40,0×40,0×40,0×40,0×40,0×7F,0×40,0×40,0×40,0×40,0×40,0×40,0×00,0×00,
  0×04,0×04,0×04,0×04,0×04,0×04,0×04,0×FC,0×04,0×04,0×04,0×04,0×04,0×04,0×04,0×00,
       /*--文字:作，宋体 12，点阵为 16×16--*/
  0×01,0×02,0×04,0×1F,0×E0,0×44,0×18,0×30,0×DF,0×12,0×12,0×12,0×16,0×12,0×10,0×00,
  0×00,0×00,0×00,0×FF,0×00,0×00,0×00,0×00,0×FF,0×20,0×20,0×20,0×20,0×60,0×20,0×00,
       /*--文字:室，宋体 12，点阵为 16×16--*/
  0×00,0×08,0×34,0×24,0×25,0×26,0×A4,0×64,0×24,0×24,0×25,0×24,0×2C,0×34,0×20,0×00,
  0×02,0×02,0×12,0×92,0×92,0×92,0×92,0×FE,0×92,0×92,0×92,0×D2,0×12,0×02,0×02,0×00};
void delay(uint data_i)//延时函数
{
  uint i;
  for(i=0;i<data_i;i++);
}
void show_china( )//动态显示汉字函数
```

```
{
  uchar i;
  uint  j,k;
  for(j=0;j<9;j++)//循环动态显示 18 个汉字，每个循环显示 2 个汉字
  {
    for(k=0;k<40;k++)//控制每个汉字显示的次数
    {
      for(i=0;i<16;i++)
      {
        ADDR_A0A7 =0xff; //熄灭所有点
        DATA_D0D7 =data_init[2*j*32+i];//显示 16*16 点阵汉字的上 8 位
        DATA_D8D15 =data_init[2*j*32+i+16];//显示 16*16 点阵汉字的下 8 位
        ADDR_A0A7 =i|0x80; //显示上面的点阵字符
        delay(20);
        ADDR_A0A7 =0xff; //熄灭所有点
        DATA_D0D7 =data_init[(2*j+1)*32+i];//显示 16*16 点阵汉字的上 8 位
        DATA_D8D15 =data_init[(2*j+1)*32+i+16];//显示 16*16 点阵汉字的下 8 位
        ADDR_A0A7 =i|0x40; //显示下面的点阵字符
        delay(20);
      }
    }
  }
}
void main( )
{
  while(1)
  {
    show_china( );
  }
}
```

根据图 9-58 点阵屏显示汉字电路图设计，在汉字取模时应采用纵向取模方式。在通过取模软件取模时需要几个方面的设置。

（1）取模方式：对于汇编程序应选用 A51 方式，以便在生成点阵码的每一行前自动添加"DB"字节型数据类型；对于 C 语言程序应选用 C51 方式，以便在生成的每一个点阵码的每一行前自动添加"0x"表示十六进制。

（2）字体、字型和大小设置。

（3）横、纵向取模：对于横向取模，点阵按横向编码，适合于点阵屏上下放置；对于纵向取模，点阵按纵向编码，适合于点阵屏左右放置。结合本例电路图，点阵屏属于左右放置，因此应选用纵向取模方式。

（4）字节是否倒序：为了满足某些液晶的要求而设。即一个字节倒过来，比如 0x6a，要把它变成 0x95。

1 个 16×16 点阵汉字需要 4 个 8×8 点阵屏。汉字显示程序设计时，对于上面的汉字，左半：

8 列共用 8 个列线，即 C0～C7；16 行共用 16 个行线，即 D0～D15。右半：8 列共用 8 个列线，即 C8～C15；16 行共用 16 个行线，即 D0～D15。再显示右半 8 列。对于下面的汉字，左半：8 列共用 8 个列线，即 E0～E7；16 行共用 16 个行线，即 D0～D15。右半：8 列共用 8 个列线，即 E8～E15；16 行共用 16 个行线，即 D0～D15。再显示右半 8 列。上、下两个汉字，共用行线，即 16 位数据线 D0～D15；列线独立，即分别选用 C0～C15 和 E0～E15，共 32 位的位选线。

7. 仿真

在 Proteus 软件中双击 AT89C51，将.hex 目标代码文件加载到单片机的 Program File 属性栏中，并在 Clock Frequency 属性栏设置时钟频率，本例设置为 12MHz。

在仿真时为了清晰观察点阵屏显示的内容，应选择菜单项 "System\Set Animation Options"，如图 9-60 所示，在其弹出的对话框中，如图 9-61 所示，取消 "Show Logic State of Pins" 选项的复选。

图 9-60　设置动态选项

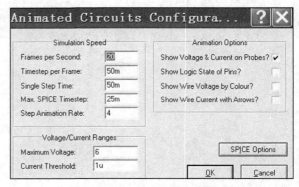

图 9-61　电路动态配置对话框

单击仿真运行开始按钮 ▶ ，可清楚地观察到点阵屏动态循环显示 "中北大学信息与通信工程学院 0611 工作室"，运行结果如图 9-62 所示。

8. LCD12864 介绍

基于点阵屏可实现字符、汉字、图形和图像显示，但电路设计任务较为繁琐。为此，LCD 液晶显示器是一种十分理想的替代选择。下面介绍基于 LCD12864 的字符、数字和汉字显示。LCD12864 的引脚定义如下。

引脚 1：CS1 左半屏选择输入，低电平有效。

引脚 2：CS2 右半屏选择输入，低电平有效。

引脚 3：GND 电源地输入。

引脚 4：VCC 电源正输入。

引脚 5：V0 液晶显示驱动电压输入（有的液晶屏无此引脚）。

引脚 6：RS 寄存器选择端输入，高电平为数据读写模式，低电平为命令读写模式。

引脚 7：R/W 读写状态选择输入，高电平为读状态，低电平为写状态。

引脚 8：E 读写时钟输入，下降沿有效。

引脚 9～16：8 位双向数据总线 DB0～DB7。

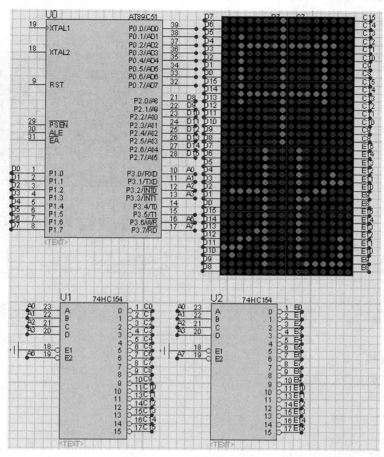

图 9-62　8个8×8点阵屏仿真结果

引脚 17：RST 复位输入，低电平有效。

引脚 18：VEE 负电压输出。

引脚 19：BLA 背光负极输入。

引脚 20：BLK 背光正极输入。

LCD12864 的主要命令介绍如下。

0x3f：打开显示器。

0x3e：关闭显示器。

0x40+0~63：设置显示的列地址。

0xb8+0~7：设置显示的行地址。

LCD12864 实质是由 2 个 LCD6464 左右对接组成，对于大多数 LCD12864 应采用纵向取模，字节倒序的取模方式。

9. Proteus 电路设计

利用 Proteus 设计电路如图 9-63 所示。电路图的绘制，主要有以下过程。

（1）将所需元器件加入到对象选择器窗口，其中元器件包括：单片机 AT89C51、液晶 AMPIRE128X64 和线性电位器 POT-Lin。

（2）器件间的连线。按图 9-63 中的设计，进行连线。为了简化控制，将液晶的 R/W 接地，默认为写模式。

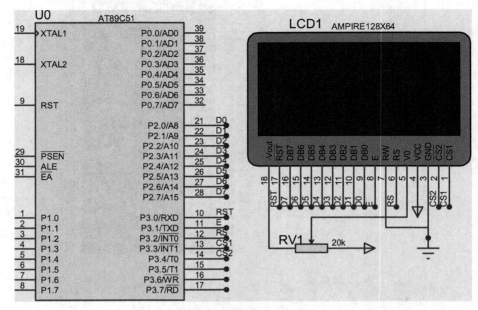

图 9-63 液晶 LCD12864 电路图

10. 程序代码

参考程序代码如下。

```c
#include <intrins.h>
#include <reg51.h>
#define uchar unsigned char
#define uint unsigned int
#define _Nop( ) _nop_( )
sfr    LCD_DATA =0xA0;//液晶 LCD12864 的 8 位数据端口 P2（P2 地址=0xa0）
sbit   LCD_RST =P3^0;//液晶 LCD12864 的复位引脚，低电平有效
sbit   LCD_E   =P3^1;//液晶 LCD12864 的时钟引脚，下降沿有效
sbit   LCD_RS  =P3^2;//液晶 LCD12864 的命令、数据选择引脚，低电平写命令，高电平写数据
sbit   LCD_CSA =P3^3;//液晶 LCD12864 的左半屏选择引脚，低电平有效
sbit   LCD_CSB =P3^4;//液晶 LCD12864 的右半屏选择引脚，低电平有效
//另外本系统中将液晶 LCD12864 的读写引脚 R/W 接地，即始终保持写操作
uchar code data_number[] ={//定义 32 个数字、字符和字母点阵；纵向取模，字节倒序
        /*--数字:0，宋体12，此字体下对应的点阵为：宽×高=8×16--*/
        0x00,0xE0,0x10,0x08,0x08,0x10,0xE0,0x00,0x00,0x0F,0x10,0x20,0x20,0x10,0x0F,0x00,
        /*--数字:1，宋体12，此字体下对应的点阵为：宽×高=8×16----*/
        0x00,0x10,0x10,0xF8,0x00,0x00,0x00,0x00,0x00,0x20,0x20,0x3F,0x20,0x20,0x00,0x00,
        /*--数字:2，宋体12，此字体下对应的点阵为：宽×高=8×16----*/
        0x00,0x70,0x08,0x08,0x08,0x88,0x70,0x00,0x00,0x30,0x28,0x24,0x22,0x21,0x30,0x00,
        /*--数字:3，宋体12，此字体下对应的点阵为：宽×高=8×16----*/
        0x00,0x30,0x08,0x88,0x88,0x48,0x30,0x00,0x00,0x18,0x20,0x20,0x20,0x11,0x0E,0x00,
        /*--数字:4，宋体12，此字体下对应的点阵为：宽×高=8×16----*/
```

0×00,0×00,0×C0,0×20,0×10,0×F8,0×00,0×00,0×00,0×07,0×04,0×24,0×24,0×3F,0×24,0×00,

/*--数字:5,宋体12,此字体下对应的点阵为:宽×高=8×16----*/

0×00,0×F8,0×08,0×88,0×88,0×08,0×08,0×00,0×00,0×19,0×21,0×20,0×20,0×11,0×0E,0×00,

/*--数字:6,宋体12,此字体下对应的点阵为:宽×高=8×16----*/

0×00,0×E0,0×10,0×88,0×88,0×18,0×00,0×00,0×00,0×0F,0×11,0×20,0×20,0×11,0×0E,0×00,

/*--数字:7,宋体12,此字体下对应的点阵为:宽×高=8×16----*/

0×00,0×38,0×08,0×08,0×C8,0×38,0×08,0×00,0×00,0×00,0×00,0×3F,0×00,0×00,0×00,0×00,

/*--数字:8,宋体12,此字体下对应的点阵为:宽×高=8×16-- --*/

0×00,0×70,0×88,0×08,0×08,0×88,0×70,0×00,0×00,0×1C,0×22,0×21,0×21,0×22,0×1C,0×00,

/*--数字:9,宋体12,此字体下对应的点阵为:宽×高=8×16----*/

0×00,0×E0,0×10,0×08,0×08,0×10,0×E0,0×00,0×00,0×00,0×31,0×22,0×22,0×11,0×0F,0×00,

/*--符号:+,宋体12,此字体下对应的点阵为:宽×高=8×16----*/

0×00,0×00,0×00,0×F0,0×00,0×00,0×00,0×00,0×01,0×01,0×01,0×1F,0×01,0×01,0×01,0×00,

/*--符号:-,宋体12,此字体下对应的点阵为:宽×高=8×16--*/

0×00,0×00,0×00,0×00,0×00,0×00,0×00,0×00,0×00,0×01,0×01,0×01,0×01,0×01,0×01,0×01,

/*--符号:×,宋体12,此字体下对应的点阵为:宽×高=8×16--*/

0×08,0×18,0×68,0×80,0×80,0×68,0×18,0×08,0×20,0×30,0×2C,0×03,0×03,0×2C,0×30,0×20,

/*--符号:/,宋体12,此字体下对应的点阵为:宽×高=8×16--*/

0×00,0×00,0×00,0×00,0×80,0×60,0×18,0×04,0×00,0×60,0×18,0×06,0×01,0×00,0×00,0×00,

/*--符号:%,宋体12,此字体下对应的点阵为:宽×高=8×16--*/

0×F0,0×08,0×F0,0×00,0×E0,0×18,0×00,0×00,0×00,0×21,0×1C,0×03,0×1E,0×21,0×1E,0×00,

/*--符号:@,宋体12,此字体下对应的点阵为:宽×高=8×16--*/

0×C0,0×30,0×C8,0×28,0×E8,0×10,0×E0,0×00,0×07,0×18,0×27,0×24,0×23,0×14,0×0B,0×00,

/*---字母:a,宋体12,此字体下对应的点阵为:宽×高=8×16 --*/

0×00,0×00,0×80,0×80,0×80,0×80,0×00,0×00,0×19,0×24,0×22,0×22,0×22,0×3F,0×20,

/*--字母:b,宋体12,此字体下对应的点阵为:宽×高=8×16--*/

0×08,0×F8,0×00,0×80,0×80,0×00,0×00,0×00,0×00,0×3F,0×11,0×20,0×20,0×11,0×0E,0×00,

/*--字母:c,宋体12,此字体下对应的点阵为:宽×高=8×16--*/

0×00,0×00,0×00,0×80,0×80,0×80,0×00,0×00,0×00,0×0E,0×11,0×20,0×20,0×20,0×11,0×00,

/*--字母:d,宋体12,此字体下对应的点阵为:宽×高=8×16--*/

0×00,0×00,0×00,0×80,0×80,0×88,0×F8,0×00,0×00,0×0E,0×11,0×20,0×20,0×10,0×3F,0×20,

/*--字母:e,宋体12,此字体下对应的点阵为:宽×高=8×16--*/

0×00,0×00,0×80,0×80,0×80,0×80,0×00,0×00,0×00,0×1F,0×22,0×22,0×22,0×22,0×13,0×00,

/*--字母:f,宋体12,此字体下对应的点阵为:宽×高=8×16--*/

0×00,0×80,0×80,0×F0,0×88,0×88,0×88,0×18,0×00,0×20,0×20,0×3F,0×20,0×20,0×00,0×00,

/*--字母:g,宋体12,此字体下对应的点阵为:宽×高=8×16--*/

0×00,0×00,0×80,0×80,0×80,0×80,0×80,0×00,0×00,0×6B,0×94,0×94,0×94,0×93,0×60,0×00,

/*--字母:h,宋体12,此字体下对应的点阵为:宽×高=8×16--*/

0×08,0×F8,0×00,0×80,0×80,0×80,0×00,0×00,0×20,0×3F,0×21,0×00,0×00,0×20,0×3F,0×20,

/*--符号::,宋体12,此字体下对应的点阵为:宽×高=8×16--*/

0×00,0×00,0×00,0×C0,0×C0,0×00,0×00,0×00,0×00,0×00,0×00,0×30,0×30,0×00,0×00,0×00,

/*--符号:?,宋体12,此字体下对应的点阵为:宽×高=8×16--*/

0×00,0×70,0×48,0×08,0×08,0×08,0×F0,0×00,0×00,0×00,0×00,0×30,0×36,0×01,0×00,0×00,
/*--符号:;，宋体12，此字体下对应的点阵为：宽×高=8×16--*/

0×00,0×00,0×00,0×80,0×00,0×00,0×00,0×00,0×00,0×00,0×80,0×60,0×00,0×00,0×00,0×00,
/*--符号:!，宋体12，此字体下对应的点阵为：宽×高=8×16--*/

0×00,0×00,0×00,0×F8,0×00,0×00,0×00,0×00,0×00,0×00,0×33,0×30,0×00,0×00,0×00,0×00,
/*--符号:*，宋体12，此字体下对应的点阵为：宽×高=8×16--*/

0×40,0×40,0×80,0×F0,0×80,0×40,0×40,0×00,0×02,0×02,0×01,0×0F,0×01,0×02,0×02,0×00,
/*--符号:#，宋体12，此字体下对应的点阵为：宽×高=8×16--*/

0×40,0×C0,0×78,0×40,0×C0,0×78,0×40,0×00,0×04,0×3F,0×04,0×04,0×3F,0×04,0×04,0×00,
/*--符号:&，宋体12，此字体下对应的点阵为：宽×高=8×16--*/

0×00,0×F0,0×08,0×88,0×70,0×00,0×00,0×00,0×1E,0×21,0×23,0×24,0×19,0×27,0×21,0×10,
/*--符号:$，宋体12，此字体下对应的点阵为：宽×高=8×16--*/

0×00,0×70,0×88,0×FC,0×08,0×30,0×00,0×00,0×00,0×18,0×20,0×FF,0×21,0×1E,0×00,0×00};
uchar code data_china[ ]={ //定义16个汉字点阵；纵向取模，字节倒序
/*--文字:单，宋体12，此字体下对应的点阵为：宽×高=16×16--*/

0×00,0×00,0×F8,0×28,0×29,0×2E,0×2A,0×F8,0×28,0×2C,0×2B,0×2A,0×F8,0×00,0×00,0×00,
0×08,0×08,0×0B,0×09,0×09,0×09,0×09,0×FF,0×09,0×09,0×09,0×09,0×0B,0×08,0×08,0×00,
/*--文字:片，宋体12，此字体下对应的点阵为：宽×高=16×16--*/

 0×00,0×00,0×00,0×FE,0×10,0×10,0×10,0×10,0×10,0×1F,0×10,0×10,0×10,0×18,0×10,0×00,
0×80,0×40,0×30,0×0F,0×01,0×01,0×01,0×01,0×01,0×01,0×01,0×FF,0×00,0×00,0×00,0×00,
/*--文字:机，宋体12，此字体下对应的点阵为：宽×高=16×16--*/

0×08,0×08,0×C8,0×FF,0×48,0×88,0×08,0×00,0×FE,0×02,0×02,0×02,0×FE,0×00,0×00,0×00,
0×04,0×03,0×00,0×FF,0×00,0×41,0×30,0×0C,0×03,0×00,0×00,0×00,0×3F,0×40,0×78,0×00,
/*--文字:原，宋体12，此字体下对应的点阵为：宽×高=16×16--*/

0×00,0×00,0×FE,0×02,0×02,0×F2,0×52,0×5E,0×56,0×52,0×52,0×F2,0×02,0×02,0×00,0×00,
0×C0,0×30,0×0F,0×40,0×20,0×1B,0×52,0×82,0×7E,0×02,0×0A,0×13,0×70,0×20,0×00,0×00,
/*--文字:理，宋体12，此字体下对应的点阵为：宽×高=16×16--*/

0×44,0×44,0×FC,0×44,0×44,0×00,0×FE,0×92,0×92,0×FE,0×92,0×92,0×92,0×FE,0×00,0×00,
0×10,0×10,0×0F,0×08,0×48,0×40,0×45,0×44,0×44,0×7F,0×44,0×44,0×44,0×45,0×40,0×00,
/*--文字:与，宋体12，此字体下对应的点阵为：宽×高=16×16--*/

0×00,0×00,0×00,0×00,0×7E,0×48,0×48,0×48,0×48,0×48,0×48,0×48,0×48,0×CC,0×08,0×00,
0×00,0×04,0×04,0×04,0×04,0×04,0×04,0×04,0×04,0×24,0×46,0×44,0×20,0×1F,0×00,0×00,
/*--文字:应，宋体12，此字体下对应的点阵为：宽×高=16×16--*/

0×00,0×00,0×FC,0×44,0×84,0×04,0×14,0×25,0×C6,0×84,0×04,0×04,0×E4,0×44,0×00,0×00,
0×40,0×38,0×07,0×20,0×20,0×2F,0×24,0×20,0×23,0×30,0×2C,0×23,0×20,0×20,0×20,0×00,
/*--文字:用，宋体12，此字体下对应的点阵为：宽×高=16×16--*/

0×00,0×00,0×00,0×FE,0×22,0×22,0×22,0×22,0×FE,0×22,0×22,0×22,0×22,0×FE,0×00,0×00,
0×80,0×40,0×30,0×0F,0×02,0×02,0×02,0×02,0×FF,0×02,0×02,0×42,0×82,0×7F,0×00,0×00,
/*--文字:多，宋体12，此字体下对应的点阵为：宽×高=16×16--*/

0×00,0×00,0×00,0×20,0×90,0×88,0×54,0×53,0×A2,0×22,0×12,0×0A,0×06,0×00,0×00,0×00,
0×00,0×81,0×89,0×89,0×44,0×44,0×42,0×25,0×29,0×11,0×11,0×09,0×05,0×03,0×01,0×00,
/*--文字:写，宋体12，此字体下对应的点阵为：宽×高=16×16--*/

0×00,0×08,0×06,0×82,0×FA,0×92,0×92,0×92,0×92,0×92,0×92,0×92,0×9A,0×96,0×02,0×00,

0×00,0×04,0×04,0×04,0×05,0×04,0×04,0×04,0×04,0×04,0×46,0×84,0×60,0×1F,0×00,0×00,

/*--文字:勤, 宋体12, 此字体下对应的点阵为: 宽×高=16×16--*/

0×04,0×04,0×C4,0×5F,0×54,0×F4,0×54,0×5F,0×C4,0×14,0×10,0×FF,0×10,0×10,0×F0,0×00,

0×00,0×80,0×95,0×95,0×95,0×7F,0×55,0×55,0×95,0×60,0×1C,0×03,0×20,0×60,0×3F,0×00,

/*--文字:练, 宋体12, 此字体下对应的点阵为: 宽×高=16×16--*/

0×20,0×30,0×AE,0×64,0×30,0×00,0×04,0×24,0×E4,0×3F,0×24,0×E4,0×04,0×04,0×00,0×00,

0×22,0×23,0×22,0×12,0×12,0×00,0×20,0×11,0×0D,0×41,0×81,0×7F,0×01,0×09,0×31,0×00,

/*--文字:熟, 宋体12, 此字体下对应的点阵为: 宽×高=16×16--*/

0×04,0×44,0×5C,0×55,0×56,0×DC,0×44,0×04,0×28,0×C8,0×BF,0×08,0×F8,0×00,0×00,0×00,

0×40,0×72,0×0A,0×12,0×0F,0×62,0×0A,0×04,0×12,0×61,0×00,0×08,0×33,0×64,0×0F,0×00,

/*--文字:能, 宋体12, 此字体下对应的点阵为: 宽×高=16×16--*/

0×10,0×B8,0×97,0×92,0×90,0×94,0×B8,0×10,0×00,0×7F,0×48,0×48,0×44,0×74,0×20,0×00,

0×00,0×FF,0×0A,0×0A,0×4A,0×8A,0×7F,0×00,0×00,0×3F,0×44,0×44,0×42,0×72,0×20,0×00,

/*--文字:生, 宋体12, 此字体下对应的点阵为: 宽×高=16×16--*/

0×00,0×80,0×60,0×1E,0×10,0×10,0×10,0×10,0×FF,0×12,0×10,0×10,0×98,0×10,0×00,0×00,

0×01,0×40,0×40,0×41,0×41,0×41,0×41,0×41,0×7F,0×41,0×41,0×41,0×41,0×61,0×40,0×00,

/*--文字:巧, 宋体12, 此字体下对应的点阵为: 宽×高=16×16--*/

0×00,0×04,0×04,0×FC,0×04,0×04,0×00,0×02,0×42,0×FE,0×42,0×42,0×42,0×C2,0×02,0×00,

0×08,0×08,0×04,0×07,0×04,0×02,0×02,0×00,0×00,0×20,0×40,0×80,0×40,0×3F,0×00,0×00};

```
void delay(uint us,uint ms)        //延时程序
{
  for(; ms > 0; ms--)
  {
    for(; us>0; us--)
    {
    }
  }
}
void lcd_cmd_wr(uchar cmdcode, uchar left)//向 LCD1284 写指令
{
  LCD_RS =0;
  LCD_E =1;
  if(left==1)  //left＝1，则对右半屏进行读写
  {
    LCD_CSA =1;
    LCD_CSB =0;
  }
  else                //left＝0，则对左半屏进行读写
  {
    LCD_CSA =0;
    LCD_CSB =1;
```

```
    }
    LCD_DATA =cmdcode;
    LCD_E =0;
    delay(10,1);
}
void lcd_data_wr(uchar ldata, uchar left)//向 LCD1284 写 8 位数据
{
    LCD_RS =1;
    LCD_E =1;
    if(left==1)   //left=1，则对右半屏进行读写
    {
      LCD_CSA =1;
      LCD_CSB =0;
    }
    else              //left=0，则对左半屏进行读写
    {
      LCD_CSA =0;
      LCD_CSB =1;
    }
    LCD_DATA =ldata;
    LCD_E =0;
    delay(10,1);
}
void  lcd_show_number(uchar  x_row,  uchar  y_rank,  uint  number_lcd_data,  uchar
right_left)//向 LCD1284 写数字、字母或字符（16*8 点阵）
{ //x_row:设置显示数字、字母或字符的行地址；
    //y_rank:设置显示数字、字母或字符的列地址；
    //number_lcd_data：显示数字、字母或字符在 data_number[]数组中的序号
    //right_left：左右半屏选择
    uchar show_i;
    lcd_cmd_wr(0x40+y_rank, right_left);   //设置显示数字或字符上半部分的列地址
    lcd_cmd_wr(0xb8+x_row, right_left);    //设置显示数字或字符上半部分的行地址
    number_lcd_data=(number_lcd_data)*16;
    for(show_i=0; show_i<8; show_i++)
    {
      lcd_data_wr(data_number[number_lcd_data], right_left);
      number_lcd_data=(number_lcd_data)+1;
    }
    lcd_cmd_wr(0x40+y_rank, right_left);     //设置显示数字或字符下半部分的列地址
    lcd_cmd_wr(0xb8+x_row+1, right_left);    //设置显示数字或字符下半部分的行地址
    for(show_i=0; show_i<8; show_i++)
    {
```

```
        lcd_data_wr(data_number[number_lcd_data], right_left);
        number_lcd_data=(number_lcd_data)+1;
    }
  }
  void lcd_show_china(uchar x_row, uchar y_rank, uint china_lcd_data, uchar right_left)//
```
向 LCD1284 写汉字（16*16 点阵）
```
  { //x_row:设置显示汉字的行地址；
    //y_rank:设置显示汉字的列地址；
    //number_lcd_data:显示汉字在 data_china[]数组中的序号
    //right_left:左右半屏选择
    uchar show_i;
    lcd_cmd_wr(0x40+y_rank, right_left);   //设置显示汉字上半部分的列地址
    lcd_cmd_wr(0xb8+x_row, right_left);    //设置显示汉字上半部分的行地址
    china_lcd_data =(china_lcd_data)*32;
    for(show_i=0; show_i<16; show_i++)
    {
      lcd_data_wr(data_china[china_lcd_data], right_left);
      china_lcd_data=china_lcd_data+1;
    }
    lcd_cmd_wr(0x40+y_rank, right_left);   //设置显示汉字下半部分的列地址
    lcd_cmd_wr(0xb8+x_row+1, right_left); //设置显示汉字下半部分的行地址
    for(show_i=0; show_i<16; show_i++)
    {
      lcd_data_wr(data_china[china_lcd_data], right_left);
      china_lcd_data=china_lcd_data+1;
    }
  }
  void lcd_clr(uchar right_left) //LCD1284 清屏
  {
    uchar show_i, show_j;
    for(show_j=0;show_j<8;show_j++)
    {
      lcd_cmd_wr(0xb8+show_j, right_left);   //设置清零的列地址
      lcd_cmd_wr(0x40, right_left);          //设置清零的行地址
      for(show_i=0;show_i<64;show_i++)
      {
        lcd_data_wr(0x00, right_left);
      }
    }
  }
  void lcd_init( )//LCD1284 初始化程序
  {
```

```
    LCD_RST =0;//液晶 LCD1284 复位
    delay(10,1);
    LCD_RST =1;//液晶 LCD1284 正常工作模式
    delay(10,1);
    lcd_cmd_wr(0x3f, 0);   //打开左半屏
    lcd_cmd_wr(0x3f, 1);   //打开右半屏
    lcd_clr( 0 );          //清除左半屏
    lcd_clr( 1 );          //清除右半屏
}
void main( )
{
    lcd_init( );
    lcd_show_number(0,0,0,0); //显示数字: 0
    lcd_show_number(0,8,1,0); //显示数字: 1
    lcd_show_number(0,16,2,0);//显示数字: 2
    lcd_show_number(0,24,3,0);//显示数字: 3
    lcd_show_number(0,32,4,0);//显示数字: 4
    lcd_show_number(0,40,5,0);//显示数字: 5
    lcd_show_number(0,48,6,0);//显示数字: 6
    lcd_show_number(0,56,7,0);//显示数字: 7
    lcd_show_number(2,0,8,0); //显示数字: 8
    lcd_show_number(2,8,9,0); //显示数字: 9
    lcd_show_number(2,16,10,0);//显示符号: +
    lcd_show_number(2,24,11,0);//显示符号: -
    lcd_show_number(2,32,12,0);//显示符号: ×
    lcd_show_number(2,40,13,0);//显示符号: /
    lcd_show_number(2,48,14,0);//显示符号: %
    lcd_show_number(2,56,15,0);//显示符号: @
    lcd_show_number(4,0,16,0); //显示字母: a
    lcd_show_number(4,8,17,0); //显示字母: b
    lcd_show_number(4,16,18,0);//显示字母: c
    lcd_show_number(4,24,19,0);//显示字母: d
    lcd_show_number(4,32,20,0);//显示字母: e
    lcd_show_number(4,40,21,0);//显示字母: f
    lcd_show_number(4,48,22,0);//显示字母: g
    lcd_show_number(4,56,23,0);//显示字母: h
    lcd_show_number(6,0,24,0); //显示符号: :
    lcd_show_number(6,8,25,0); //显示符号: ?
    lcd_show_number(6,16,26,0);//显示符号: ;
    lcd_show_number(6,24,27,0);//显示符号: !
    lcd_show_number(6,32,28,0);//显示符号: *
    lcd_show_number(6,40,29,0);//显示符号: #
```

```
lcd_show_number(6,48,30,0);//显示符号：&
lcd_show_number(6,56,31,0);//显示符号：$
lcd_show_china(0,0,0,1); //显示汉字：单
lcd_show_china(0,16,1,1);//显示汉字：片
lcd_show_china(0,32,2,1);//显示汉字：机
lcd_show_china(0,48,3,1);//显示汉字：原
lcd_show_china(2,0,4,1);//显示汉字：理
lcd_show_china(2,16,5,1);//显示汉字：与
lcd_show_china(2,32,6,1);//显示汉字：应
lcd_show_china(2,48,7,1);//显示汉字：用
lcd_show_china(4,0,8,1); //显示汉字：多
lcd_show_china(4,16,9,1);//显示汉字：写
lcd_show_china(4,32,10,1);//显示汉字：勤
lcd_show_china(4,48,11,1);//显示汉字：练
lcd_show_china(6,0,12,1); //显示汉字：熟
lcd_show_china(6,16,13,1);//显示汉字：能
lcd_show_china(6,32,14,1);//显示汉字：生
lcd_show_china(6,48,15,1);//显示汉字：巧
while(1)
{
  delay(1,1);
}
}
```

　　在本例的主函数中，通过列举方式，显示 1 个数字、字母或符号调用 1 次 lcd_show_number( )
函数，显示 1 个汉字调用 1 次 lcd_show_china( )函数，目的是为了更清楚地介绍 LCD12864 的控
制，特别是显示内容的行、列地址设置。在实际应用中，应通过循环调用 lcd_show_number( )函
数，实现多个数字、字母和符号显示，应通过循环调用 lcd_show_china( )函数，实现多个汉字显
示。其中 1 次循环调用，显示 32 个数字、字母和符号的程序如下。

```
void lcd_show_number_m( )//向 LCD1284 写多个数字、字母或字符（8×16 点阵），共 32 个
{
  uint i;
  uchar j;
  for(i=0;i<4;i++)//共显示 4 行数字、字母或字符
  {
    for(j=0;j<8;j++)//每行显示 8 个数字、字母或字符
    {
      lcd_show_number(2*i,8*j,8*i+j,0);
    }
  }
}
```

1 次循环调用显示 16 个汉字的程序如下。

void lcd_show_china_m( )//向 LCD1284 写多个汉字（16*16 点阵），共 16 个

```
{
  uint i;
  uchar j;
  for(i=0;i<4;i++)//共显示 4 行汉字
  {
    for(j=0;j<4;j++)//每行显示 4 个汉字
    {
        lcd_show_china(2*i,16*j,4*i+j,1);
    }
  }
}
```

11. 仿真

在 Proteus 软件中双击 AT89C51，将.hex 目标代码文件加载到单片机的 Program File 属性栏中，并在 Clock Frequency 属性栏设置时钟频率，本例设置为 12MHz。

单击仿真运行开始按钮 ▶ ，可清楚地观察到液晶屏在按秒刷新，运行结果如图 9-64 所示。

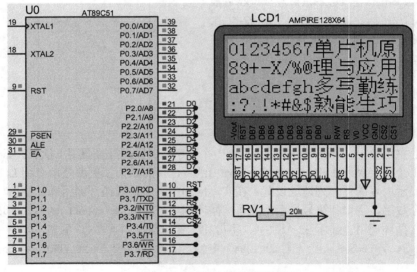

图 9-64 液晶 LCD12864 仿真结果

尽管用液晶显示器替代点阵屏可大大简化电路设计，但字符、字母、符号和汉字的点阵编码占用很大的存储空间。针对此问题，可选用集成有字符、字母、符号和汉字编码库的液晶显示器。

习　题

9-1　在 Proteus 下实现：乒乓开关实现 P1.0 引脚控制 LED 产生 1MHz 和 10kHz 的闪烁。

9-2　在 Proteus 下实现：P1 口控制 8 只 LED 的流水灯。

9-3　在 Proteus 下实现：2 线 4 相制步进电机控制，其中 CP 脉冲为 1kHz。

9-4　在 Proteus 下实现：8 位数据，1 位停止、1 位偶校验和 9600bit/s 的 RS232 串口通信。

9-5　在 Proteus 下实现：2 只点阵屏显示 0～99 的循环。

第**10**章　C51单片机应用系统设计与实例

尽管单片机内部资源十分丰富，但仅用一只单片机并不能构成完整的应用系统，而必须和其他外围器件相结合，因此，单片机应用系统设计、开发涉及到非常广泛的基础知识和专业知识，是知识的融合过程，既包含硬件系统设计，又有相应的软件开发。这要求设计者对整个系统的功能、技术指标了然于胸，并且在设计硬件的同时必须考虑软件设计、调试、维护和升级等一系列因素。本章先介绍一般单片机应用系统设计、开发的步骤、原则、分析、调试，再结合实例具体介绍。

10.1　单片机应用系统设计与开发

10.1.1　单片机应用系统设计与开发步骤

单片机应用系统由硬件和软件两部分组成。硬件是指单片机 CPU、扩展存储器、输入/输出接口电路及外围设备等组成的电路系统；软件包括监控程序和各种应用程序。只有硬件和软件两者配合、协调工作，才能组成一个高性能的应用系统。

单片机应用系统的开发过程包括总体设计、硬件设计（重中之重）、软件设计、可靠性设计（包括软件和硬件方面）、保密设计（产品防仿制设计）、仿真调试、可靠性实验和产品化等几个阶段，且各阶段不是绝对分开的，往往是交叉进行的。

单片机应用系统开发的一般过程如图 10-1 所示。

1. 总体设计

首先要对系统功能需求、技术指标等，进行必要的可行性分析（例如产生的效益或者能否完成设计任务），明确设计任务。根据设计任务要求，在满足指标的基础上，初步提出可选方案，对于方案进行必要的分析、比较和论证，全面衡量、综合考虑，最终选择一种合理方案来构建系统总体框架。

2. 硬件设计

硬件设计包括：器件选型及其外围电路的设计、电路板的仿真和制作、器件的焊接，以及硬件电路抗干扰性分析等。

3. 软件设计

软件设计可分为两大类：一类是执行软件，用于实现各种功能，如测量、数据处理、显示功能等；另一类是监控软件，专门用来协调各执行模块。

4. 系统调试

将硬件和软件相结合，在模块化设计的基础上分模块进行调试、修正和完善原始硬件电路设计，以及程序修改，最后进行系统联调。

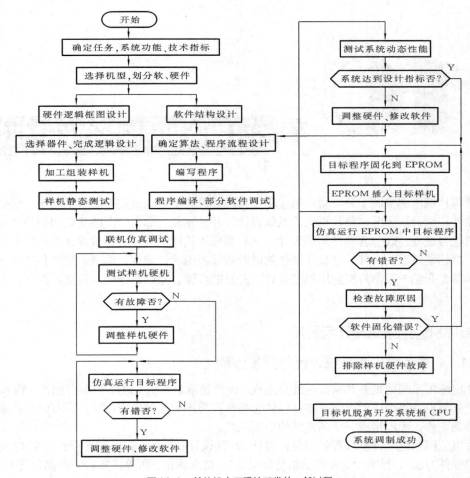

图 10-1　单片机应用系统开发的一般过程

10.1.2　单片机应用系统设计原则

1. 元器件选择原则

元器件选择的基本原则是选择能满足性能指标、可靠性高、性价比高的元器件。选择元器件时应考虑以下因素。

（1）尽可能选用标准元器件。所谓标准元器件是指已通过系统试验，在设备试验成功并在提供的技术指标中能稳定工作的器件。若在研制的新设备中采用标准元器件，既可提高系统稳定性和可靠性，同时也可缩短开发周期，降低开发难度，减少维护工作。

（2）性能参数和经济性。在选择元器件时必须按照器件手册所提供的各种参数指标（如工作条件、电源要求、逻辑特性等）综合考虑，不能单纯追求超出系统性能要求的高性能。

（3）通用性。在应用系统中，尽量采用通用的大规模集成电路芯片，这样可简化系统设计、安装和调试，也助于提高系统可靠性。

（4）型号和公差。一方面，尽可能选用系列全、种类多的器件，以便器件替换和升级；另一方面，应保证所选器件的技术指标有一定余量。

（5）速度匹配。单片机时钟频率一般可在一定范围内选择（如增强型 C51 单片机芯片可在 0～33MHz 之间任意选择），在不影响系统性能前提下，时钟频率选低些好，这样可降低系统内其他元器件的速度要求，从而降低成本和提高系统可靠性。

（6）电路类型。对于低功耗应用系统，必须采用 CHMOS 或 CMOS 芯片，如 74HC 系列、CD4000 系列；而一般系统可使用 TTL 数字集成电路芯片。

（7）尽量选用使用比较多，售后技术支持完善的器件。通过以下方法可了解器件的使用情况：①技术论坛中大家对拟选用器件的评论包括你认识的人员或网络评论；②CNKI 等数字图书馆中的学术论文，包括题目、摘要、关键词等；③通过大家对生产器件厂家的评论，了解售后技术支持情况。

2. 元器件的三个级别

元器件的 3 个级别：民品级（或商业品）、工业品级和军品级。级别由低到高，相应地精度和稳定性也由低到高，工作环境范围如温、湿度范围由小到大。但最主要的还是温度范围和器件精度，不同的器件，这些指标不完全相同，有的器件通过后缀区别，有的器件通过前缀区别，但它们的管脚排列一般都相同。以温度划分器件质量等级的标准为：−55℃～+125℃是军品级、−40℃～+85℃是工业级、0℃～70℃是民品级。这种标准有一定片面性，很容易造成器件在使用温度上符合要求，而在可靠性和其他技术指标上不能满足要求的情况。事实上，国外对军用器件的概念有严格定义，必须是在详细军用规范基础上，并按规范要求在政府部门监督、控制下进行生产和检验，且列入合格产品清单中的器件才能归为军用器件。军用器件的特点包括以下几点。

（1）军用器件具有低的失效率，有严格的生产认证和试验、检验控制。

（2）器件生产厂商必须首先经过权威部门的认证，有一套严格的质量保证措施，器件只能在认证合格的专用生产线上生产。

（3）器件必须通过一系列性能、可靠性试验，其中包括筛选和质量一致性检验。

（4）生产过程受政府部门的严格控制，并随时接受政府部门的检验和监督。

（5）采用专用的军用型号命名方法和标志。

民品级 74 系列 TTL 可工作在 0～70℃的温度条件下，而军品级 54 系列的可用温度范围为 −40～+125℃，这就是通常的军品工作温度和民品工作温度的区别；LM324、LM224 和 LM290 分别是民品级、工业级和军品级的四集成运算放大器，具体技术指标如表 10.1 所示。

表 10.1　LM324、LM224 和 LM2902 民品级、工业级和军品级技术指标

Parameter	Symbol	LM224/LM224A	LM324/LM324A	LM2902	Unit
Power Supply Voltage	Vcc	±16 或 32	±16 或 32	±13 或 26	V
Differential Input Voltage	VI（DIFF）	32	32	26	V
Input Voltage	VI	−0.3～+32	−0.3～+32	−0.3～+26	V
Output Short Circuit to GND Vcc ≤ 15V,TA=25℃（one Amp）	—	Continuous	Continuous	Continuous	—
Power Dissipation,TA=25℃ 14-DIP 14-SOP	PD	1310 640	1310 640	1310 640	mW
Operating Temperature Range	TOPR	−25～+85	0～+75	−40～+85	℃
Storage Temperature Range	TSTG	−65～+150	−65～+150	−65～+150	℃

3. 硬件电路设计原则

一个单片机应用系统的硬件电路设计包含两部分内容。一是单片机内部功能单元和系统扩展功能的设计，如 ROM、RAM、I/O 口、定时器和中断系统等。当内部集成资源不能满足应用要求时，必须在片外扩展，选择适当的芯片并设计相应的调理电路。二是系统配置。要按照系统功能要求配置外围电路，如键盘、显示器、A/D 和 D/A 等模块。系统扩展和配置应遵循以下原则。

（1）尽可能采用元器件的常规用法，选择元器件手册提供的典型电路，为硬件系统的标准化和模块化打下基础。

（2）系统扩展与外围电路的设计，应充分满足系统的功能要求，并留有适当的余地，以便二次开发。

（3）充分考虑系统各部分的驱动能力和电气性能的匹配情况。

（4）以软件功能代替硬件功能。如果用软件能实现的功能，在不影响系统性能要求的情况下，尽量采用软件。这样一方面增强了系统柔性，另一方面可降低系统硬件设计成本。

（5）可靠性及抗干扰设计。可靠性及抗干扰设计是硬件系统设计必不可少的部分，包括芯片、器件的选择、去耦、滤波、PCB 布线、通道隔离等。

4. 软件设计原则

单片机应用系统中应用软件应根据系统功能要求设计，需要可靠地实现系统各种功能。应用系统种类繁多且各不相同，但优秀的应用系统软件都应具有下列特点。

（1）软件结构清晰、简洁、流程合理。

（2）各种功能程序模块化，方便编译、调试和代码移植。

（3）程序存储区、数据存储区规划合理，节约硬件资源。

（4）运行状态实现标志化管理，各个功能程序的运行状态、运行结果以及运行要求都设置状态标志以便查询。程序的转移、运行、控制都可按状态标志来控制（这并不表示要使用全局变量，滥用全局变量是有害的）。

（5）经过调试修改后的程序应该进行规范化，去除修改"痕迹"。规范化的程序便于交流、借鉴，也为今后创建自己的函数库做好准备。

（6）实现软件的抗干扰设计。为提高可靠性，有必要在应用软件中设置自诊断程序，在系统工作运行前先运行自诊断程序，以便诊断系统各特征参数和状态参数是否正常。

10.1.3　单片机选型

使用单片机的第一个步骤就是单片机选型。自单片机问世以来，市场上的单片机产品已经达到 70 多个系列，500 多个产品。由于市场需要，单片机并不像 PC 市场那样高速地进行更新换代，4 位、8 位、16 位、32 位机同时存在，而且都有属于自己的市场。要在这些单片机中真正找到合适的款型是一件不容易的事情。

严格地说，选型没有一定的规定，需要在工作实践中逐步摸索总结，以下提供几个选型原则以供参考。

（1）适用性原则。

根据应用系统要求，在满足字长、速率、功耗、电磁兼容等主要指标的条件下，对单片机的选择过程实际上是一个在性能和价格之间寻求平衡、不断妥协的过程。既要避免"大马拉小车"，也要防止"小马拉大车"。以下几点可供参考。

① 有的应用系统需求既可利用单片机的功能单元实现，又可通过扩展外围电路来实现。这时，在系统成本可接受的条件下，应优先选用具有相应功能单元的单片机。例如，某一应用系统要用

到 4 个定时/计数器，在以下两种方案中选择：采用 AT89C51，扩展 1 片有 3 个定时器、计数器的可编程定时芯片 Intel8254；采用具有 4 个定时器的 P89C51RA2。显然，后一种方案具有电路简单、体积小、可靠性高等优点。但是，采用这种方案在开发时可能需要额外购买适配器、开发且有一定的开发难度，也增大了开发成本，需要权衡。

② 有的应用系统需求既可利用单片机的程序指令实现，又可通过电路单元实现。这种情况下，应优先选用在速率和内部存储区容量方面能够支撑相应程序的单片机。例如，某一视频信号处理系统，要求在 32μs 内实现对图像行频信号的捕捉、运算和处理，可在以下两种方案中选择：一种是采用 P87LPC746，扩展外围锁相环；另一种是采用 ATMEL 的 AVR90S2313。显然后一种方案较优，因为电路简单、免于硬件调试，而且工作稳定性好。正确地划分硬件和软件的功能是确定总体设计方案的一项重要工作。系统的硬件配置和软件设计是紧密联系在一起的，而且硬件和软件在某些场合还具有一定的互换性。在设计过程中，由于软件是一次性投资，因此在一般情况下，如果开发的系统要进行大批量生产，则能用软件实现的功能尽量用软件来实现，以简化硬件结构并降低生产成本；如果开发的系统生产数量不多，且软件设计复杂，或软件设计成本较高，则在设计时可将某些功能由硬件实现，以降低软件设计难度。

③ 单片机系统的扩展，既可通过并行总线扩展，又可通过串行总线扩展。这种情况下，应优先选用支持串行总线扩展的单片机。因为它相对于并行总线扩展容易、布线简单，而且串行总线体积小、价格低。

（2）可购买性原则。

在满足系统适用性的前提下，还要考虑所选单片机在市场上的供应情况，是否能够从单片机厂家或代理商处买到。从厂家或代理商购买产品，一般质量、供货都有保障，而且能够享受较好的售后服务。此外，还要考虑所选用的单片机是否面临停产、有无改进、升级产品等情况，并考虑是否有更高性价比的单片机。在选型时，要尽量同时选择一种以上其他厂商的替代单片机，以免受制于人。

（3）可开发性原则。

单片机的可开发性，是在选择单片机时要考虑的一个非常重要的因素。在市场上有很多系列的单片机能够满足系统要求，但是不同的单片机系列的开发工具有所不同。有无足够的开发工具，是选择单片机的一个重要依据。如果所选用的单片机没有足够的开发工具，那么单片机应用系统的设计将很难顺利进行，此单片机也很难应用于控制系统中。此外，在选用单片机时也应考虑开发者多、开发手段比较成熟的单片机系列，以加快开发速度和有效性。一般来讲，单片机的开发手段主要包括以下几个方面。

① 开发环境：开发环境包括汇编程序和编译、链接程序。如支持 C51 系列单片机的语言有汇编语言和 C 语言。

② 调试工具：调试工具包括在线仿真器、逻辑分析仪、调试监视程序/窗口和源代码调试监视程序等。

③ 在线示范服务：在线示范服务的好坏在某种程度上取决于该系列单片机的推广、使用是否广泛。一般情况下，如果某种系列单片机的用户较多，且这些用户通过网络交流经验，则可通过相关论坛、BBS 等网络设施获得相关应用信息。有时还可在网络上找到应用实例、程序代码、实用软件的帮助。

总之，选型的最基本出发点是效率！另外，由于单片机发展很快，所以在实际系统开发中可能会选择一款之前不太熟悉的单片机。这时，就要在系统开发初期对所选定单片机的内部机构、引脚功能、指令系统和适宜的工作环境等知识进行系统学习。

10.1.4　系统抗干扰设计

形成干扰的基本要素有 3 个。

（1）干扰源，指产生干扰的元件、设备或信号，用数学语言描述为：du/dt、di/dt 大的地方就是干扰源。雷电、继电器、晶闸管、电机、高频时钟等都可能成为干扰源。

（2）传播路径，指干扰从干扰源传播到敏感器件的通路或媒介。典型的干扰传播路径是导线的传导和空间的辐射。

（3）敏感器件，指容易被干扰的对象。如 A/D、D/A 变换器，单片机，数字 IC，微弱信号放大器等。

抗干扰设计的基本原则是：抑制干扰源，切断干扰传播路径，提高敏感器件的抗干扰性能。

1.　抑制干扰源

抑制干扰源就是尽可能地减小干扰源的 du/dt，di/dt。这是抗干扰设计中最优先考虑和最重要的一个原则，抑制方法得当常常会起到事半功倍的效果。减小干扰源的 du/dt 主要是通过在干扰源两端并联电容来实现；减小干扰源的 di/dt 则是通过在干扰源回路串联电感或电阻以及增加续流二极管来实现。

常见抑制干扰源的措施有如下几种。

（1）继电器线圈增加续流二极管，消除断开线圈时产生的反电动势干扰。仅加续流二极管会使继电器的断开时间滞后，增加稳压二极管后继电器在单位时间内可动作更多的次数。

（2）在继电器接点两端并接火花抑制电路（一般是 RC 串联电路，电阻一般选几 kΩ 到几十 kΩ，电容选 0.01μF），减小电火花影响。

（3）给电机加滤波电路，注意电容、电感引线要尽量短。

（4）电路板上每个 IC 要并接一个 0.01μF～0.1μF 高频电容，以减小 IC 对电源的影响。注意高频电容的布线，连线应靠近电源端并尽量粗短，否则，等于增大了电容的等效串联电阻，会影响滤波效果。

（5）布线时避免 90° 折线，减少高频噪声发射。

（6）晶闸管两端并接 RC 抑制电路，减小晶闸管产生的噪声。

（7）双绞线传输。双绞线能使各个小环路的电磁感应干扰相互抵消，对电磁场干扰有一定的抑制作用。

（8）长线传输的阻抗匹配。要求源的输出阻抗、传输线的特性阻抗与接受端的输入阻抗三者相等，否则信号在传输线上会产生反射，造成失真，其危害程度与系统工作速率、传输线长度以及不匹配的程度有关。

（9）用电流传输代替电压传输。这种措施可获得较好的抗干扰性能。例如 RS-485 的抗干扰能力明显高于 RS-232。

按干扰的传播路径可分为传导干扰和辐射干扰两类。

所谓传导干扰是指通过导线传播到敏感器件的干扰。高频干扰噪声和信号的频带不同，可通过在导线上增加滤波器的方法切断高频干扰噪声的传播，也可通过加隔离光耦来解决。电源噪声的危害最大，要特别注意。

所谓辐射干扰是指通过空间辐射传播到敏感器件的干扰。一般的解决方法是增加干扰源与敏感器件的距离，用地线把它们隔离和在敏感器件上加蔽罩。

2.　常见切断干扰传播路径的措施

（1）充分考虑电源对单片机的影响。电源做得好，整个电路的抗干扰就解决了一大半。许多单片机对电源噪声很敏感，要给单片机电源加滤波电路或稳压器，以减小电源噪声对单片机的干扰。比如，可利用磁珠和电容组成 π 形滤波电路，要求不高时也可用 100Ω 电阻代替磁珠。

（2）如果单片机的 I/O 口用来控制电机等噪声器件，在 I/O 口与噪声源之间应加隔离，如 π 形滤波电路或光电隔离器。

（3）注意晶振布线。晶振与单片机引脚应尽量靠近，用地线把时钟区隔离开来，晶振外壳接地并固定。此措施可解决许多疑难问题。

（4）电路板合理分区，如强、弱信号，数字、模拟信号。尽可能把干扰源（如电机、继电器）与敏感元件（如单片机）远离。

（5）用地线把数字区与模拟区隔离，数字地与模拟地要分离，最后在一点接于电源地。A/D、D/A 芯片布线也以此为原则，厂家分配 A/D、D/A 芯片引脚排列时已考虑此要求。

（6）单片机和大功率器件的地线要单独接地，以减小相互干扰。大功率器件尽可能放在电路板边缘。

（7）在单片机 I/O 口、电源线、电路板连接线等关键地方使用抗干扰元件，如磁珠、磁环、电源滤波器、屏蔽罩，可显著提高电路的抗干扰性能。

3. 提高敏感器件的抗干扰性能

提高敏感器件的抗干扰性能是指从敏感器件考虑，尽量减少对干扰噪声的拾取，以及从不正常状态尽快恢复的方法。

常见提高敏感器件抗干扰性能的措施有以下几点。

（1）布线时尽量减少回路环的面积，以降低感应噪声。

（2）布线时，电源线和地线要尽量粗。这样做的目的除减小压降外，更重要的是降低耦合噪声。

（3）对于单片机闲置的 I/O 口，不要悬空，要接地或接电源。其他 IC 的闲置端在不改变系统逻辑的情况下接地或接电源。

（4）对单片机使用电源监控及看门狗电路，如 IMP809、IMP706、IMP813、X25043，X25045 等，可大幅度提高整个电路的抗干扰性能。

（5）在速率能满足要求的前提下，尽量降低单片机的晶振和选用低速数字电路。

（6）IC 器件尽量直接焊在电路板上，少用 IC 座。

10.1.5　系统可靠性设计

可靠性是单片机应用系统的重要指标之一。单片机应用系统的可靠性通常是指在规定的条件下和规定的时间内完成规定功能的能力。

1. 硬件可靠性设计

在单片机应用系统硬件设计时，常采用的可靠性措施有以下几点。

（1）提高元器件可靠性。正确选择元器件质量等级，选择标准和通用元器件，清楚元器件型号标志含义，提供完整元器件型号，合理封装，考虑元器件降额设计。所谓降额设计是使元器件运用于比额定值低的应力状态的一种设计技术。为了提高元器件使用可靠性以及延长产品寿命，必须有意识地降低施加在器件上的工作应力（如电、热、机械应力等），降额的条件及降额的幅度必须综合确定，以保证电路能可靠地工作。最后，要进行元器件的检测与筛选。

（2）冗余与容错设计。冗余设计，简而言之就是备份的设计。"冗余容错"设计是指对完成某功能的硬件或软件，通过增加更多的硬件或软件，将之设计成出现故障或错误时仍有能力完成其承担的功能。冗余设计是提高可靠性的重要手段，由于"冗余容错"设计需要使用更多的硬件或软件，一般是在采用其他提高可靠性手段后仍不能满足要求时采用。

（3）采用抗干扰措施。硬件抑制干扰的措施很多，主要包括屏蔽、隔离、滤波和接地等方法。屏蔽是利用导电或导磁材料制成的盒状或壳状屏蔽体，将干扰源或干扰对象包围起来从而割断或削弱干扰场的空间耦合通道，阻止其电磁能量的传输。按需屏蔽的干扰场的性质不同，可分为电场屏蔽、磁场屏蔽和电磁场屏蔽。

隔离是指把干扰源与接收系统隔离开来，使有用信号正常传输，而干扰耦合通道被切断，达到抑制干扰的目的。常见的隔离方法有光电隔离、变压器隔离和继电器隔离等方法。

滤波是抑制干扰传导的一种重要方法。由于干扰源发出的电磁干扰的频谱往往比要接收的信号的频谱宽得多，因此，当接收器接收有用信号时，也会接收到那些不希望有的干扰。这时可采用滤波方法，只让所需要的频率成分通过，而将干扰频率成分加以抑制。

将电路、设备机壳等与作为零电位的一个公共参考点（大地）实现低阻抗的连接，称之谓接地。

2. 系统自诊断技术

自诊断又称"自检"，是通过软硬件配合来实现对系统故障的自动检测，它有上电自检、定时自检和键控自检 3 种形式。通过自检可及时发现系统问题，防止系统病态运行，从而增强了系统的可信度。

（1）CPU 诊断。

① 片内 RAM 诊断。

② 定时器及中断诊断。

（2）ROM 诊断。

（3）外部 RAM 诊断。

（4）A/D、D/A 转换通道的诊断和校正：通过标准信号和基准信号，或 A/D、D/A 转换器内部集成的自检功能，可实现 A/D、D/A 转换通道的诊断和校正。

（5）数字 I/O 通道诊断：通过反馈控制，可实现数字 I/O 通道信息诊断。

3. 软件抗干扰技术

（1）软件容错。软件容错的目的是提供足够的冗余信息和算法程序，使系统在实际运行时能够及时发现程序设计错误，采取补救措施以提高软件可靠性，保证整个计算机系统正常运行。软件容错技术主要有恢复块方法和 N 版本程序设计，另外还有防卫式程序设计等。

恢复块方法：故障的恢复策略一般有两种，前向恢复和后向恢复。所谓前向恢复是指使当前的计算继续下去，把系统恢复成连贯的正确状态，弥补当前状态的不连贯情况，这需有错误的详细说明。所谓后向恢复是指系统恢复到前一个正确状态，继续执行。这种方法显然不适合实时处理场合。后向恢复策略中提供具有相同功能的主块和几个后备块，一个块就是一个完整执行的程序段。主块首先投入运行，结束后进行验收测试，如果没有通过验收测试，系统经现场恢复后由一个后备块运行。这一过程可重复到耗尽所有的后备块，或者某个程序故障行为超出了预料，从而导致不可恢复的后果。设计时应保证实现主块和后备块之间的独立性，避免相关错误的产生，使主块和后备块之间共性错误的发生率降到最低限度。验收测试程序完成故障检测功能，它本身的故障对恢复块方法而言是有共性的，因此，必须保证它的正确性。

N 版本程序设计：1977 年出现的 N 版本程序设计，是一种静态的故障屏蔽技术，采用前向恢复的策略，其设计思想是用 N 个具有相同功能的程序同时执行一项计算，结果通过多数表决来选择。其中 N 份程序必须由不同的人独立设计，使用不同的方法、不同的设计语言、不同的开发环境和工具来实现，目的是减少 N 版本软件在表决点上相关错误的概率。另外，由于各种不同版本并行执行，有时甚至在不同的计算机中执行，因此必须解决彼此之间的同步问题。

防卫式程序设计：防卫式程序设计是一种不采用任何一种传统的容错技术就能实现软件容错的方法，对于程序中存在的错误和不一致性，防卫式程序设计的基本思想是通过在程序中包含错误检查代码和错误恢复代码，使得一旦错误发生，程序能撤消错误状态，恢复到一个已知的正确状态中去。其实现策略包括错误检测、破坏估计和错误恢复 3 个方面。

软件容错虽然起步较晚，但具有独特的优势，费用增加较少。而硬件容错的每一种策略都要增加费用。目前，软件容错已成为容错领域重要分支之一。

（2）软件"看门狗"。用软件的方法，使用监控定时器定时检查某段程序或接口，当超过一定时间系统没有检查这段程序或接口时，可认定系统运行出错或干扰发生，可通过软件进行系统复位或按事先预定方式运行。

（3）软件陷阱。把系统存储器 RAM 和 ROM 中没有使用到的单元用某一种重新启动的代码指令填满，作为软件"陷井"，以捕获"飞掉"的程序。

10.1.6　印制电路板设计

在 PCB 印制板设计时，需要遵循以下原则。

（1）晶振尽可能靠近单片机的晶振引脚，且晶振电路下方不能走线。最好在晶振电路下方放置一个与地线相连的屏蔽层。

（2）电源线、地线要求。在双面印制板上，电源线和地线应安排在不同的面上，且平行走线，这样寄生电容将起滤波作用。对于功耗较大的数字电路芯片，如 CPU、驱动器等应采用单点接地方式，即这类芯片电源线、地线应单独走线，并直接接到印制板电源线、地线入口处。电源线和地线宽度应尽可能大一些，或采用微带走线方式。

（3）模拟信号和数字信号不能共地，即应采用单点接地方式。

（4）在中低频应用系统（晶振频率小于 20MHz）中，走线转角 45°；在高频系统中，必要时可选择圆角模式；尽量避免使用 90°转角。

（5）对于输入信号线，走线应尽可能短，必要时在信号线两侧放置地线屏蔽，防止可能出现的干扰；不同信号线避免平行走线，上下两面的信号线最好交叉走线，这样相互干扰可减到最小。

（6）为降低系统功耗，对于未用 TTL 的电路单元应该按如下方式处理。

① 在印制板设计时，最容易忽略未用单元电路输入端的处理。尽管它不影响电路的功能，但却会增加系统功耗，尤其是当系统靠电池供电时，更应注意未用引脚的连接。

② 为降低功耗，未用与非门单元电路的输入端必须有一个接地，使输出端为高电平，即必须使输出管截止；未用或非门单元电路的所有输入端均需接地。总之，必须尽量使输出为高电平，输出管截止，减少电源功耗。

③ 只有未用与门、或门单元电路的输入端可悬空，即不必理会。但在干扰严重的系统中，最好将未用与门、或门的所有输入端连接在一起，并通过 2.0～4.7kΩ 电阻接电源 VCC。

④ 对于多集成运算放大器，未用到的运放最好将同相端接地，并将该运放组成电压跟随电路，避免干扰输入。

10.1.7　系统常见故障与调试

应用系统的软硬件设计不可能一次成功，往往需要通过调试来发现错误。由于单片机没有自开发能力，软硬件的调试均离不开开发系统，借助开发系统才能对用户系统的硬件电路和应用软件进行诊断、调试、修改。因此，开发系统性能的好坏将直接影响调试工作的进度。一般来讲，开发系统应具有以下最基本的功能：用户样机硬件电路的诊断和检查；用户样机程序的输入和修改；用户应用程序的运行、调试、排错、状态查询等功能；将用户应用程序固化到 ROM 芯片中。

以上是开发系统应具备的基本功能，对于一个完善的开发系统还应具备以下更强的功能。

（1）有较全的软件开发工具。最好配有高级语言，用户可用高级语言编写应用软件，由开发系统编译连接生成目标文件、可执行文件。同时要配备交叉汇编软件，将用户用汇编语言编制的应用软件生成可执行的目标文件。另外，还应具有丰富的子程序库供用户调用。

（2）尽可能少地占用用户单片机的任何资源，包括单片机内部 RAM、I/O 口、中断源等。

（3）能为用户提供足够的仿真 RAM 空间作为用户的程序存储器，和数据存储器。

（4）为方便模块化软件调试，还应具有与其他软件连接调试、程序文本打印功能。

单片机应用系统的硬件故障和软件调试是分不开的，许多硬件故障是在软件调试时发现的。但是，通常先排除系统中明显的硬件故障，才能和软件结合起来调试。常见的硬件故障如下。

（1）逻辑错误：硬件的逻辑错误是由于设计错误，或加工过程中的工艺性错误造成的。例如错线、开路、短路和相位错误等。

（2）元件失效：元器件本身损坏或性能不符合要求，或者由于组装错误，造成元器件失效。如电解电容、二极管的极性、集成电路安装方向错误。

（3）可靠性差：引起可靠性差的原因有很多，例如，接插件接触不良、内部和外部干扰、电源纹波系数大、器件负载过大造成的逻辑电平不稳定、走线布局不合理等。

（4）电源故障：常见的电源故障有电压值不符合设计要求、电源引线和插座不配套、功率不足、负载能力差等。

1. 硬件调试方法

单片机应用系统的硬件调试一般有脱机和联机两种调试方式。

（1）脱机调试。

加电前先用万用表等工具，根据硬件电气原理图和装配图，仔细检查样机线路的正确性，并核对元器件的型号、规格和安装要求。应特别注意电源的走线，防止电源间的短路和极性错误，并重点检查扩展系统总线是否存在相互间的短路，或与其他信号线短路。

对于系统所使用的点必须单独调试。调试好后，检查其电压值、负载能力、波形等均符合要求才能加到系统的各个部件上。在不插芯片的情况下，带电检查各个插件上引脚的电位，仔细测量各点电位是否正常。尤其应注意单片机插座上各点电位是否正常，若有高压，联机时将会损坏开发系统。

（2）联机调试。

脱机调试可排除一些明显的硬件故障，而有些故障要通过联机调试才能发现和排除。联机前先断电，将单片机开发系统的仿真头插到样机的单片机插座上，检查开发机与样机之间的电源、接地是否良好。一切正常后打开电源。

通电后执行开机的读写指令，对用户样机的存储器、I/O 端口进行读写操作和逻辑检查。若有故障，可用示波器观察。通过对波形的观察分析，寻找故障原因，并逐一排除故障。可能的故障有线路连接上的逻辑错误、短路、开路、集成电路失效等。

用户系统样机调试好后，插上用户系统的其他外围部件如键盘、显示器、输出驱动板、A/D、D/A 转换板等，然后再进一步调试。

在调试过程中若发现用户系统工作不稳定，可能有下列情况：电源系统供电不足，联机时公共地线接触不良，用户系统主板负载过大，用户的各级电源滤波不完善等。

2. 软件调试方法

软件调试与所选用的软件结构和程序设计技术有关。如果采用模块程序设计技术，则需要逐个模块分别调试。调试各个子程序时一定要符合现场环境，即相应的入口和出口条件。调试的手段可采用单步或设置断点运行方式，通过检查用户系统 CPU 的现场、RAM 的内容和 I/O 口的状态，来确定程序执行结果是否符合设计要求。通过检测可发现程序中死循环错误、机器码错误和转移地址错误，同时也可发现用户系统中的硬件故障、软件算法错误及硬件设计错误。在调试过程中，需要不断调整用户系统的软件和硬件。

各个模块通过后，可将有关的功能块联合起来进行综合调试。在这个阶段若发生故障，可考虑以下两点：子程序在运行时是否破坏现场、缓冲单元与监控程序的工作单元是否冲突。

单步和断点调试后，应进行连线调试。这是因为单步运行只能检验程序的正确与否，而不能确定定时精度、CPU 实时响应等问题。待全部调试完成后，应反复多次运行，观察程序稳定性、用户系统的操作是否符合原设计要求、安排的用户操作是否合理等情况，必要时作适当修正。

软件和硬件联调完成后，反复运行正常，则可将用户程序固化到 ROM 中。插入用户样机后，用户系统即能脱离开发系统独立工作。至此实验室调试系统工作完成。

硬件和软件经调试完后，对用户系统要进行现场实际运行，检查软硬件是否按预期的要求工作，各项技术指标是否达到设计要求。一般而言，系统经过软硬件调试后均可正常工作。但在某些情况下，由于应用系统运行的环境较为复杂，尤其在干扰较严重的场合下，有些问题在系统进行实际运行之前无法预料，只能通过现场运行来发现找出相应的解决办法。或者虽然已经在系统设计时采取了软硬件抗干扰措施，但效果如何还需通过在现场运行才能得到验证。

10.2　单片机应用系统设计实例——数字语音录放系统

磁带语音录放系统因其音质差、体积大、使用不便，在电子与信息处理的使用中受到许多限制，本应用设计的体积小、功耗低的数字化语音存储与回放系统可完全替代它。数字化语音存储与回放系统的基本原理是对语音的录制、播放实现全数字化控制。其关键技术在于，为了增加语音存储时间，提高存储器的利用率，采用了非失真压缩算法对语音信号进行压缩后再存储，而在回放时再进行解压缩；同时，对输入的语音信号进行数字滤波以抑制杂音和干扰，从而确保了语音回放的质量。

本系统能对语音信号分别进行采集、直存直取、欠抽样采样和自相似增量调制等处理，完成对语音信号的存储与回放。前置放大、滤波以及电平移位电路将语音信号控制在 A/D 转换器采样控制范围内以保证语音信号采样不失真。带通滤波器合理的带通范围有效滤除了带外噪声，减小了混叠失真。后置带通滤波器用于滤除 D/A 转换产生的高频噪声以保证回放时音质清晰，无明显失真。

本系统设计共分为 7 大模块：语音信号采集模块、带通滤波模块、A/D 转换模块、数据存储模块、D/A 转换模块、按键选择模块、语音放大模块。带通滤波模块可将声音转换后的电信号进行滤波（本系统含有两个带通滤波模块，前一个对输入电信号进行滤波，后一个对 D/A 转换后的电信号进行滤波），数据存储模块用于存储数字化处理后的声音数据，D/A 转换模块将数字信号转换为模拟信号输出，语音放大模块则是将采集的信号进行回放，按键选择模块则是对录音、放音、数据分段存取等功能进行选择。

10.2.1　系统总体方案设计

1. 器件操作方式选择

以单片机为核心，通过按键操作，实现语音的存储与回放功能，则要求与单片机连接的外围器件很多，对器件的组织和读写操作是实现简单操作的关键。利用总线控制时序会使系统软件设计变得简单。

2. A/D、D/A 及存储芯片选择

要实现语音信号的采集，需要 A/D 转换芯片；而语音生成过程则可看成是语音采集过程的逆

过程，但又不是原封不动地恢复原来的语音，而是对原来语音的可控制、可重组的实时恢复。在放音时，只要依照原先的采样直接经 D/A 接口处理，便可使原信号重现。

（1）A/D 转换芯片选择。

根据系统设计要求采样频率 f_s=8kHz，字长为 8 位，可选择转换时间不超过 125μs 的 8 位 A/D 转换芯片。目前常用的 A/D 转换芯片有多种，鉴于转换速度要求，采用 ADC0809。该芯片是中低速 8 位逐次比较型 A/D 转换器，典型转换时间为 100μs，最大外接时钟振荡频率 f_m=1280kHz，具有外围扩展元件少、功耗低、精度高等特点。

（2）D/A 转换芯片选择。

D/A 转换芯片的作用是将存储的数字语音信号转换为模拟语音信号。在此例中，一般的模拟转换器都能达到 1μs 的转换速率，均可满足系统要求，在此选用 DAC0832。

（3）数据存储器选择。

当采样频率 f_s=8kHz，字长为 8 位时，1s 的语音信号需要占用 8KB 的存储空间，要存储 10s 的语音信号则存储器至少需要有 80KB 的容量。在此利用 8 片 UT62256 构成存储器阵列，借助单片机的 P1、P2 端口实现地址选择，采用译码器分页存储模式，可将系统的数据存储空间扩展至 128KB。以 128KB 空间存储原始语音信号和 DPCM 码，语音回放时间可达 16s 和 32s。

数字化语音存储与回放系统的基本设计思想是通过拾音器将声音信号转化成电信号，再经过放大器放大，然后通过带通滤波器滤波，模拟语音信号通过模数转换（A/D）转换成数字信号并存放于存储介质中，再通过单片机控制将数据从存储器中读出，然后通过数模转换（D/A）转换成模拟信号，经放大在扬声器或耳机上输出。整个系统框图如图 10-2 所示。

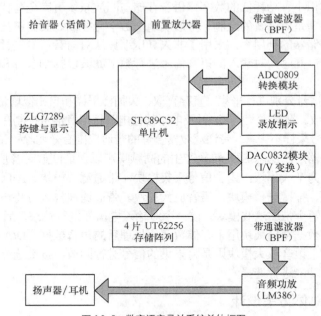

图 10-2 数字语音录放系统总体框图

由图 10-2 可知，数字语音录放系统由输入模块、STC89C52 单片机和输出模块 3 部分组成。输入模块由拾音器、前置放大电路、带通滤波器、电平移位电路组成；输出模块由带通滤波器、后级放大电路组成。拾音器输出的毫伏级信号实测其范围约 10～20mV，此信号太小不能够进行采样。后级 A/D 转换输入信号的动态范围为 0～5V，语音信号的范围与采样范围的比较得出放大器的放大倍数应为 200 倍左右。此处将信号通过一个增益为 46dB 可调的放大器，将其放大到伏特级以满足采样条件。输出级放大电路则采用音频功率放大器 LM386。考虑到语音信号的固有特点，将低于 300Hz 和高于 3.4kHz 的分量滤掉，语音质量仍然良好。此处将其通过一个增益为 46dB 的放大器，因此将带通滤波器设计为 300Hz～3.4kHz，输出级带通滤波器亦为 300Hz～3.4kHz，这样既可滤掉低频分量又可滤掉 D/A 转换带来的高频分量。根据奈奎斯特抽样定理知，欲使采样信号无失真，抽样频率最低为 6.8kHZ，考虑到留有一定的裕量采用 8KHz 的采样率。经量化后，单片机将数据存储到存储器。为使 A/D 的输入信号稳定在其动态范围内，在输入级加入了电平移位电路，将负电平部分的信号全部上移为正信号。

10.2.2　数字语音录放系统硬件设计

1．放大器设计

（1）增益放大器设计。

经实测，拾音器输出的信号范围约为 10～20mV，此电信号幅值偏小不利于采样。后级 A/D 转换输入信号的动态范围为 0～5V，语音信号的范围与采样范围的比较得出放大器的放大倍数应为 200 倍左右。此处将信号通过一个最大增益为 46dB 的可调放大器，将其放大到伏特级。前置放大电路如图 10-3 所示，放大倍数为：$A=1+R_{42}/R_{39}$。

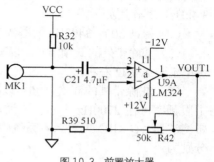

图 10-3　前置放大器

（2）输出放大器设计。

经带通滤波器输出的语音回放信号，其幅度为 0～5V，可用耳机输出，可不接任何放大器。但考虑到实际中经常会用到扩音器作外放，故在本系统中增加外放功能，前端放大器采用通用型音频功率放大器 LM386 来完成。输出放大电路如图 10-4 所示。该电路增益为 50～200 连续可调，最大不失真功率为 320mW。输出端接 C16、R21 串联电路，以校正扩音器的频率特性，防止高频自激，7 脚 BYPASS 接 0.1μF 去偶电容，以消除低频自激。

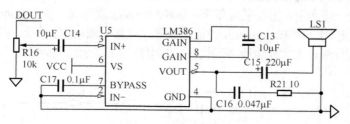

图 10-4　输出放大电路

（3）有源带通滤波器设计。

随着集成运放的迅速发展，由它和 R、C 组成的有源滤波电路，具有不用电感、体积小、重量轻、选择性好等优点。此外，由于集成运放的开环电压增益和输入阻抗高，输出阻抗低，构成有源滤波电路后还具有一定的电压放大和缓冲作用。

对于幅频响应，通常把能够通过的信号频率范围定义为通带，而把受阻和衰减的信号频率范围定义为阻带，理想滤波电路在通带内应具有零衰减幅频响应和线形相位响应，而在阻带内应具有无限大的幅度衰减（$|A(j\omega)|=0$）。按照通带和阻带的相互位置不同，滤波器可分为低通滤波器、高通滤波器、带通滤波器、带阻滤波器。

图 10-5 为典型二阶有源 LPF，其传递函数表达式如下：

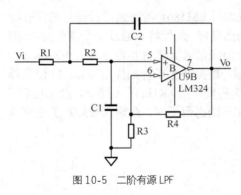

图 10-5 二阶有源 LPF

$$H(s) = \frac{A_0 \omega_n^2}{S^2 + \left(\omega_n \big/ Q\right) \cdot S + \omega_n^2}$$

A_0 和 Q 分别为放大倍数和品质因数。一般设计时常取：$R_1 = R_2 = R$，$C_1 = C_2 = C$

则滤波器的参数为：$\omega_n = 1 \big/ RC$，$Q = 1 \big/ (3 - A_0)$。

由上式可知，为保证滤波器稳定工作，要求 $Q > 0$，则 $A_0 < 3$。注意，运放用作滤波器设计时一般采用双电源供电，单电源供电会产生削波失真。

声音信号经拾音器传输给有源滤波器经前级放大，在对其进行数据采集之前，有必要经过带通滤波器除外杂波，选定该滤波器的通带范围为 300Hz～3.4kHz，其作用如下。

（1）保证 300～3400Hz 的语音信号不失真。

（2）滤除带外的低频信号，以减少带外功频等分量的干扰，大大减少噪声影响。该下限频率可下延到 270Hz 左右。

（3）滤除带外的高次谐波，以减少因 8kHz 采样率而引起的混叠失真。根据实际情况，该上限频率可在 2700Hz 左右，带通滤波器按品质因数 Q 的大小分为窄带滤波器（$Q > 10$）和宽带滤波器（$Q < 10$）两种，本系统中上限频率 $f_h = 3400$Hz，通带滤波器中心频率 f_0 与品质因数 Q 分别为：

$$f_0 = \sqrt{f_H f_L} = \sqrt{3400 \times 300} = 1010 \text{Hz}$$

$$Q = \frac{f_0}{BW} = \frac{f_0}{f_H - f_L} = 0.326$$

显然 $Q < 10$，故该带通滤波器为宽带带通滤波器。由滤波器设计理论可知，宽带带通（或带阻）滤波器不能由一级实现，所以采用高通和低通滤波器级联构成。鉴于 Butterworth 滤波器带内平坦的响应特性，选用二阶 Butterworth 带通滤波器，电路如图 10-6 所示。实验证明，该滤波器能有效地滤除低频分量，大大减少噪声干扰，同时也滤除了多余的高频分量，消除了高频失真。

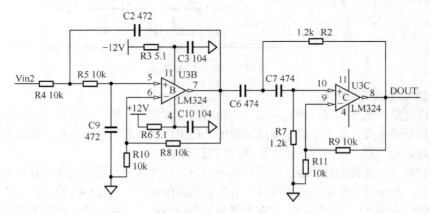

图 10-6 二阶带通滤波器

2. 存储器选取

在数字化语音存储与回放设计中，选用 4 片 UT62256，采用分页存储技术来存储语音信号。

UT62256 具有在线可擦写、读写速度快、信息保存可靠、存储容量大等优点,每片的容量为 32KB。由于 89C52 一般能寻址 64KB,所以需要利用端口进行地址译码,本系统中另加 4 根线(P1.0、P1.1、P1.2、P1.3)控制 74HC138 进行地址译码输出,使寻址空间扩展到 128KB。UT62256 读取时间仅为 70ns,单一 +5V 电源,低功耗,待机为 1μA(LL 系列),启动工作为 30～40mA,输入输出全兼容 CMOS 和 TTL 电路。但是 UT62256 是 SRAM 存储器,掉电后数据会丢失,为了保持数据可以附加后备电池供电(UT62256 只需 2V 电压即可维持片内数据),如果不加后备电源则只有系统上电后再重新录制。

3. ZLG7289B 介绍

ZLG7289B 是一款数码管显示驱动及键盘扫描管理芯片,可直接驱动 8 位共阴极式数码管(或 64 只独立 LED),同时还可扫描管理多达 64 只按键。ZLG7289B 内部含有显示译码器,可直接接收 BCD 码或十六进制码,并同时具有 2 种译码方式。此外,还具有多种控制指令,如消隐、闪烁、左移、右移、段寻址等。ZLG7289B 采用 SPI 串行总线与微控制器接口,仅占用少数几根 I/O 口线。利用片选信号,多片 ZLG7289B 还可并接在一起使用,能够方便地实现多于 8 位的显示或多于 64 只按键的应用。注意,ZLG7289B 一定要跟着控制面板走,而不要放在主机板上。ZLG7289B 驱动数码管显示采用动态扫描方式,另外为了防止显示出现闪烁,采用了比较高的扫描频率。扫描键盘同样采用频率较高的信号。

(1)ZLG7289B 引脚介绍。

ZLG7289B 引脚排列如图 10-7 所示,引脚定义如下。

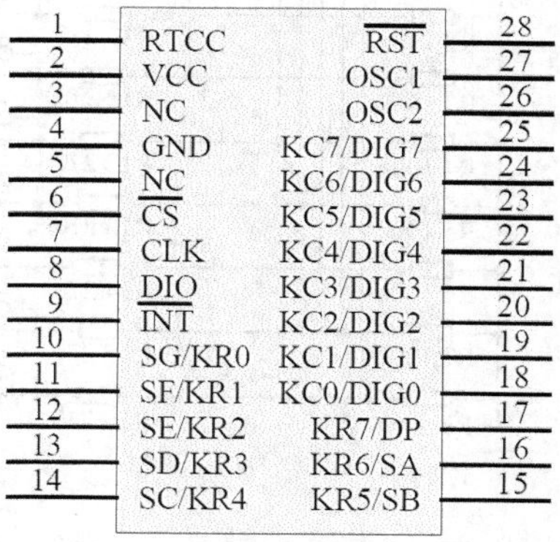

引脚 1:RTCC 接电源。

引脚 2:VCC 电源正,输入范围为 +2.7～+6V。

引脚 3:NC 悬空。

引脚 4:GND 电源地。

引脚 5:NC 悬空。

引脚 6:CS 为 SPI 总线片选信号,低电平有效。

引脚 7:CLK 为 SPI 总线时钟输入信号,上升沿有效。

引脚 8:DIO 为 SPI 总线的双向数据信号。

引脚 9:INT 键盘中断请求信号,低电平(下降沿)有效。

引脚 10～引脚 16:SG/KR0～SA/KR6 数码管 g 段 / 键盘行信号 0～数码管 a 段 / 键盘行信号 6。

图 10-7　ZLG7289B 引脚图

引脚 17:DP/KR7 数码管 dp 段 / 键盘行信号 7。

引脚 18～引脚 25:DIG0/KC0～DIG7/KC6 数码管字选信号 0 / 键盘列信号 0～数码管字选信号 7 / 键盘列信号 7。

引脚 26:OSC2 晶振输出信号。

引脚 27:OSC1 晶振输入信号。

引脚 28:RST 复位信号,低电平有效。

ZLG7289B 的典型应用电路如图 10-8 所示。为使电源更加稳定,一般在 VCC 和 GND 之间接入 47～470μF 的电解电容。J1 是 ZLG7289B 与微控制器的接口。晶振 Y1 取 4～16MHz,调节电容 C3 和 C4 通常取值在 10pF 左右。复位信号是低电平有效,一般只需外接简单的 RC 复位电路,也可直接拉低 RST 引脚进行复位。

数码管必须是共阴式,不能直接使用共阳式。DPY1 和 DPY2 是 4 位联体式数码管,共同组成的 8 位,当然还可采用其他组合方式,如 4 只双联体式数码管。数码管在工作时要消耗较大的电流,R9～R16 是限流电阻,典型值是 270Ω。如果要增大数码管亮度,可适当减小电阻值,最小 200Ω。

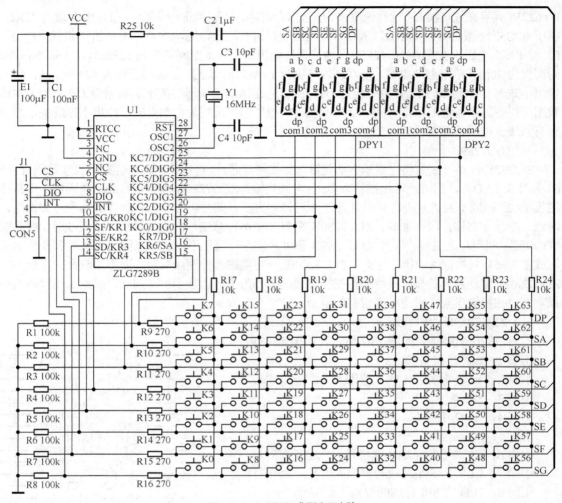

图 10-8　ZLG7289B 典型应用电路

64 只按键中，左下角是 K0，右上角是 K63。为了使键盘扫描得以正常进行，下拉电阻 R1～R8 和位选电阻 R17～R24 是必需的。它们之间还要遵从一定的比例关系，比值在 5∶1 到 50∶1 之间，典型值是 10∶1。下拉电阻取值范围在 10～100kΩ，位选电阻取值范围在 1～10kΩ。在多数应用当中可能用不到太多的按键，建议按列裁减键盘，则相应列的位选电阻可省略。但是下拉电阻一个都不能省去，除非完全不使用键盘。

（2）ZLG7289B 工作时序。

ZLG7289B 与微控制器的接口采用 3 线制 SPI 串行总线，即由 CS、CLK 和 DIO 这 3 根信号线组成。CS 和 CLK 是输入信号，由微控制器提供。DIO 信号是双向的，必须接到微控制器上具有双向功能的 I/O。SPI 总线的操作时序如图 10-9、图 10-10 和图 10-11 所示。其中图 10-11 为读按键值时序图，只有当 INT 引脚出现下跳变时才允许去读取按键值，否则将得不到有意义的键值。另外，软件设计时应注意操作 SPI 总线时序图中的各项延迟时间：T1 为片选信号 CS 的建立时间，25～50μs；T2 为 CLK 信号高电平的宽度，5～8μs；T3 为 CLK 信号低电平的宽度，5～8μs；T4 为命令字与输入数据之间的时间间隔，15～25μs；T5 为命令字与输出数据（按键值）之间的时间间隔，15～25μs；T6 为输出数据（按键值）建立时间，5～8μs；T7 为读取输出数据（按键值）

时 CLK 信号高电平的宽度，5～8μs；T8 为 DIO 信号从输出状态切换到输入状态的时间，5μs。

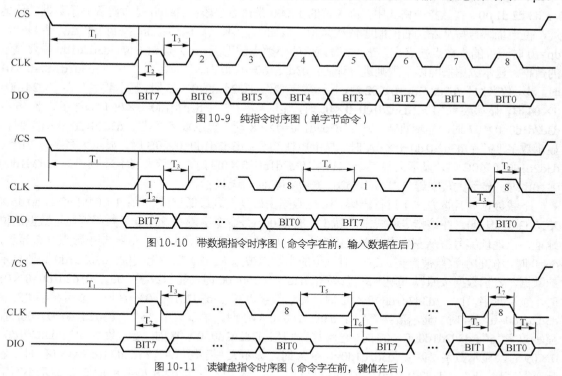

图 10-9　纯指令时序图（单字节命令）

图 10-10　带数据指令时序图（命令字在前，输入数据在后）

图 10-11　读键盘指令时序图（命令字在前，键值在后）

（3）ZLG7289B 控制指令。

ZLG7289B 的控制指令分为单字节纯指令和双字节带数据指令两大类。其中，单字节纯指令的长度都是 1 个字节。执行这一类指令时，不需要附带任何其他数据。单字节纯指令包括以下几种。

复位（清除）指令：0xA4。这是一条软复位指令，执行后会将数码管所有的显示内容清除，所有的闪烁、消隐等属性也一并被清除。

测试指令：0xBF。该指令使所有的数码管各段，包括小数点在内全部点亮，并处于不断闪烁之中。这条指令可用于测试，以确定 ZLG7289B 或数码管是否正常工作。

左移指令：0xA0。该指令使数码管所有的显示自右向左移动一位，处于闪烁和消隐状态的显示位也一起被移动。原来最左边的显示数据被移出后自动丢弃，最右边的一位用无任何显示的空白代替。每执行一次该指令，就左移一位。例如，数码管原显示为"1 2 3 4 5 6 7 8"，执行一次左移指令后，显示就变为"2 3 4 5 6 7 8"。

右移指令：0xA1。该指令与左移指令类似，执行该指令后，数码管的数据显示向右移动一位，原来最右边的一位被丢弃，而最左边的一位用空白代替。

循环左移指令：0xA2。该指令与左移指令类似，但原来最左边被移出的显示数据不是被丢弃，而是补在最右边。例如数码管原显示为"1 2 3 4 5 6 7 8"，执行一次循环左移指令后，显示变为："2 3 4 5 6 7 8 1"。

循环右移指令：0xA3。该指令与右移指令类似，但原来最右边被移出的显示数据不是被丢弃，而是补在最左边。

双字节带数据指令的长度都是 2 个字节，其中第 1 字节是命令字，第 2 字节是输入或输出的数据。双字节带数据指令包括以下。

下载数据并且按方式 0 进行译码：16 位数据由最高位到最低位依次为：1 0 0 0 0 a2 a1 a0 dp x x x d3 d2 d1 d0。在该指令格式中，高 5 位的 10000 是命令字段；a2a1a0 是数码管显示数据的位地址，位地址编号按从左到右的顺序依次为 0、1、2、3、4、5、6、7；dp 控制小数点是否显示，dp＝0 时该位的小数点被点亮，dp＝1 时该位的小数点被熄灭；xxx 是无关位；d3d2d1d0 是要显示的数据。显示数据按照以下规则进行译码：d3d2d1d0=0x00 时，显示数字"0"；d3d2d1d0=0×01 时，显示数字"1"；d3d2d1d0=0×02 时，显示数字"2"；d3d2d1d0=0×03 时，显示数字"3"；d3d2d1d0=0×04 时，显示数字"4"；d3d2d1d0=0×05 时，显示数字"5"；d3d2d1d0=0×06 时，显示数字"6"；d3d2d1d0=0×07 时，显示数字"7"；d3d2d1d0=0×08 时，显示数字"8"；d3d2d1d0=0×09 时，显示数字"9"；d3d2d1d0=0×0A 时，显示短杠"-"；d3d2d1d0=0×0B 时，显示大写字母"E"；d3d2d1d0=0×0C 时，显示大写字母"H"；d3d2d1d0=0×0D 时，显示大写字母"L"；d3d2d1d0=0×0E 时，显示大写字母"P"；d3d2d1d0=0×0F 时，无显示。

下载数据并且按方式 1 进行译码：16 位数据由最高位到最低位依次为：1 1 0 0 1 a2 a1 a0 dp X X X d3 d2 d1 d0。在该指令格式中，高 5 位的 11001 是命令字段；a2a1a0 是数码管显示数据的位地址，位地址编号按从左到右的顺序依次为 0、1、2、3、4、5、6、7；dp 控制小数点是否显示，dp＝0 时该位的小数点被点亮，dp＝1 时该位的小数点被熄灭；XXX 是无关位；d3d2d1d0 是要显示的数据。显示数据按照以下规则进行译码：d3d2d1d0=0×00 时，显示数字"0"；d3d2d1d0=0×01 时，显示数字"1"；d3d2d1d0=0×02 时，显示数字"2"；d3d2d1d0=0×03 时，显示数字"3"；d3d2d1d0=0×04 时，显示数字"4"；d3d2d1d0=0×05 时，显示数字"5"；d3d2d1d0=0×06 时，显示数字"6"；d3d2d1d0=0×07 时，显示数字"7"；d3d2d1d0=0×08 时，显示数字"8"；d3d2d1d0=0×09 时，显示数字"9"；d3d2d1d0=0×0A 时，显示大写字母"A"；d3d2d1d0=0×0B 时，显示小写字母"b"；d3d2d1d0=0×0C 时，显示大写字母"C"；d3d2d1d0=0×0D 时，显示小写字母"d"；d3d2d1d0=0×0E 时，显示大写字母"E"；d3d2d1d0=0×0F 时，显示大写字母"F"。

下载数据但不译码：16 位数据由最高位到最低位依次为：1 0 0 1 0 a2 a1 a0 dp a b c d e f g。在该指令格式中，高 5 位的 10010 是命令字段；a2a1a0 是数码管显示数据的位地址，位地址编号按从左到右的顺序依次为 0、1、2、3、4、5、6、7；dp 控制小数点是否显示，dp＝0 时该位的小数点被点亮，dp＝1 时该位的小数点被熄灭；abcdefg 对应数码管内部的 7 个 LED 字段。不译码的数据下载方式给用户提供了最大的灵活性，dp 连同 abcdefg 一共有 256 种不同的组合。

闪烁控制：16 位数据由最高位到最低位依次为：1 0 0 0 1 0 0 0 d7 d6 d5 d4 d3 d2 d1 d0，该指令控制数码管各位的闪烁属性。在该指令格式中，第 1 字节是命令字段；第 2 字节的 d7d6d5d4d3d2d1d0 分别对应数码管的第 7 至第 0 位，即 a 到 g 和 dp，0 闪烁，1 不闪烁。复位后，所有位都不闪烁。

消隐控制：16 位数据由最高位到最低位依次为：1 0 0 1 1 0 0 0 d7 d6 d5 d4 d3 d2 d1 D0，该指令控制数码管各位的消隐属性。在该指令格式中，第 1 字节是命令字段；第 2 字节的 d7d6d5d4d3d2d1d0 分别对应数码管的第 0 至第 7 位，即 a 到 g 和 dp，0 消隐，1 显示。复位后，所有位都不消隐。当数码管的某一位被设置成消隐属性后，ZLG7289B 在进行扫描显示时将跳过该位，该位的扫描时间将分配给其他位。一旦某一位设置了消隐属性，则无论对该位写入什么数据都不会被显示出来。写入的数据不是被丢弃，而是保存在内部数据寄存器中。如果去掉该位的消隐属性，则最后一次写入的数据有效并立即显示出来。

段点亮指令：16 位数据由最高位到最低位依次为：1 1 1 0 0 0 0 0 x x d5 d4 d3 d2 d1 d0。该指令可单独点亮数码管的某一指定的段，或者某一指定的 LED。在指令格式中，第 1 字节是命令字段；xx 表示无关位；d5d4d3d2d1d0 是 6 位段地址。在某位数码管里，各段的点亮顺序按照"g、f、e、d、c、b、a、dp"进行。

段关闭指令：16 位数据由最高位到最低位依次为：1 1 0 0 0 0 0 0 x x d5 d4 d3 d2 d1 d0。该指令可单独熄灭数码管的某一指定的段，或者某一指定的 LED。在指令格式中，第 1 字节是命令字段；xx 表示无关位；d5d4d3d2d1d0 是 6 位段地址。在某位数码管里，各段的关闭顺序按照"g、f、e、d、c、b、a、dp"进行。

读键盘数据指令：16 位数据由最高位到最低位依次为：0 0 0 1 0 1 0 1 d7 d6 d5 d4 d3 d2 d1 d0。当有键按下时，ZLG7289B 的 INT 引脚会变为低电平，此时利用该指令可读出当前的键值。与其他带数据指令不同的是，第 2 字节是 ZLG7289B 向微控制器返回的键值，而不是输入数据。正常情况下，键值的范围是 0～63（00H～3FH），无按键的状态用 255（FFH）表示，K0～K63 所对应的键值是 0～63。

（4）ZLG7289B 实际应用注意的若干问题。

① 复位引脚可由主控制器直接控制。

为增强抗干扰能力，建议采用独立的稳定直流电源给 ZLG7289B 供电，VCC 与 GND 之间的电容也要相应加大。另外，复位引脚最好由主控制器来控制，每隔几分钟强制复位一次，复位脉冲宽度在 50ms 左右。定时强制复位可有效防止偶尔由于电磁干扰而产生的显示不正常和按键失灵现象。

② 驱动 1 英寸以上的大数码管时，要另外加驱动电路。

ZLG7289B 的驱动能力毕竟是有限的，如果直接驱动 1 英寸以上的大数码管则可能会导致显示亮度不够。这时可适当减小限流电阻（最小 200Ω）以增加亮度。如果亮度仍然不够，就必须外加驱动电路。

③ 键盘使用注意事项。

ZLG7289B 在扫描键盘时，已经采取了消抖措施，因此在程序中不必另外编写消抖动的代码。如果用了键盘，哪怕只有一个按键，则 R1～R8 都不能省略。但如果某一列键盘未使用，则相应的位选电阻可省略。某个按键按下时，ZLG7289B 的 INT 引脚会出现低电平，向主控制器发出中断请求。主控制器既可采用中断方式处理，也可采用查询 INT 引脚电平状态的方法处理。但要避免通过 SPI 总线用软件命令的方式去查询是否有键按下，这将导致 SPI 总线频繁处于活动状态，不利于抗干扰。应当在 INT 引脚出现低电平时及时地读取键值。读取键值后，INT 引脚并不会自动恢复为高电平，一定要等到按键抬起为止。如果没有及时读取按键值，则按键抬起后 INT 引脚也将恢复到高电平，而在 INT 引脚处于高电平期间，试图去读取键值将可能得不到有意义的数据。利用中断方式处理按键时，建议将微控制器外部中断的触发方式设置成负边沿触发，而不要设置成低电平触发。如果程序中采用低电平触发中断，则进入中断读取键值操作后，还要等待 INT 信号恢复为高电平，即等待操作者放键，在等待期间 CPU 几乎不能再干其他事情，造成浪费。如果不等待，读完键值后就直接从中断返回主程序，那么由于 INT 信号还是低电平，这将再次触发中断，从而导致程序错误。如果设置成负边沿触发方式，则进入中断读完键值后不必等待即可退出，返回主程序后也不会再次触发中断。

④ 降低晶振频率。

在 ZLG7289B 的典型应用电路图中，晶振选用 16MHz。但在电磁环境恶劣的现场，应适当降低晶振频率。许多本来"有问题"的电路，在把晶振频率降下来之后就完全正常。降到多少合适呢？这里推荐值为 1～4MHz。晶振频率降低后，SPI 总线的通信速率也要适当降低，从而闪烁速率也会变慢。

在本语音系统中用到了 ZLG7289 的显示和按键读取功能，本系统中的键盘、显示模块电路如图 10-12 所示。

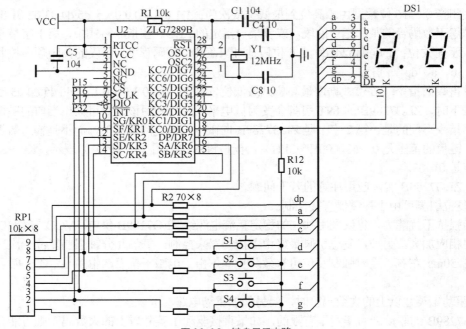

图 10-12　键盘显示电路

4. 数字语音录放系统电路设计

数字语音录放系统电路如图 10-13 所示。在本系统中，选用 ADC0809 作为模数转换器，选用

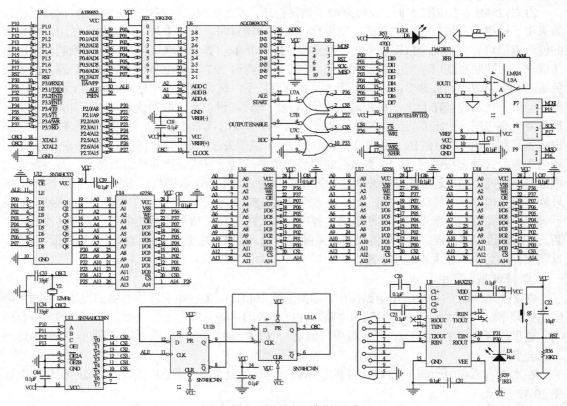

图 10-13　数字语音录放系统电路

DAC0832 作为数模转换器，选用 4 片 32KB 的 RAM（UT62256）作为存储模块，选用 MAX232 作为串行通信模块，选用 4 集成运算放大器 LM324 作为模拟信号调理电路的核心。

5. 数字语音录放系统软件设计

为充分利用单片机内部资源和硬件特点，本系统采用总线控制方式实现对 A/D、D/A、SRAM 等器件的读写操作。由于 ZLG7289B 采用 SPI 接口，对它的操作需用软件来模拟 SPI 通信时序。系统总体实现流程如图 10-14 所示。

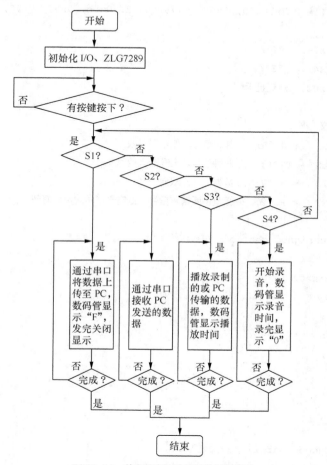

图 10-14　数字语音录放系统软件流程图

参考程序代码如下：

```c
#include<reg52.h>
#include<intrins.h>
#include<math.h>
#include<absacc.h>              //包含绝对地址定义的头文件
#define  ADC XBYTE[0x7FF0]      //ADC 0 通道地址
#define  ADC_CTRL  0xFD         //ADC 控制信号
#define  DAC XBYTE[0x6FFF]      //DAC 地址
#define  DAC_CTRL  0xFC         //DAC 控制信号
#define  uchar unsigned char
```

```
//RAM 地址范围为        0x8000~0xffff   （共 4 页）
//ADC 的地址范围为        0x7ff0~0x7ff7   （共 8 个通道）
//DAC 的地址范围为        0x6ff（只要低 8 位为 0xff 即可）
static unsigned int RAM_address; //RAM 地址变量，起始地址 0x8000
uchar count,m,n=1,key = 0xff;
//显示字符编码
uchar code zifu[]={0x7e,0x30, 0x6d, 0x79, 0x33, 0x5b, 0x5f, 0x70, 0x7f, 0x7b, //数字
0 到 9 段码
                  0x0e,  /*L*/
                  0x47,  /*F*/
                  0x00,  /*无显示*/
               };
//ZLG7289 接口定义
sbit    ZLG7289CS   = P1^5; //片选信号，低电平有效
sbit    ZLG7289CLK = P1^6;  //时钟信号，上升沿有效
sbit    ZLG7289DIO = P1^7;  //数据信号，双向
sbit    ZLG7289INT = P3^2;  //键盘中断请求信号，低电平（负边沿）有效
sbit    ADCEOC      = P3^3;
void delay_us (unsigned char n)  //延时约 14us
{
       for（;n--;n>0)
       {
       _nop_（）;
       _nop_（）;
       _nop_（）;
       _nop_（）;
       _nop_（）;
       }
}
void nNop (unsigned char i)   //短延时
{
       for（;i>0;i--）  ;
}
void LDelay (unsigned int i)   //长延时
{
       unsigned int j;
       for（;i>0;i--）
       { for (j=1000;j>0;j--);}
}
//函数功能：ZLG7289 复位指令
#define ZLG7289_Reset（）   ZLG7289_Instruc（0xa4）
//函数：SPI_WriteOneByte（）
```

```c
//功能：向 SPI 总线写数据
//说明：写入的数据长度为 1 字节
void SPI_WriteOneByte (unsigned char Wdata)
{
 unsigned char i;
 for (i=0;i<8;i++)
 {
     ZLG7289DIO = (bit) (Wdata&0x80);
     ZLG7289CLK = 1;
     Wdata <<= 1;
     nNop (1);
     ZLG7289CLK = 0;
     nNop (1);

 }
 }
//函数：SPI_ReadOneByte ()
//功能：从 SPI 总线读数据
//说明：返回 1 字节数据
unsigned char SPI_ReadOneByte ()
{
 unsigned char i,temp;
 ZLG7289DIO = 1;    //将 I/O 切换到输入状态
 for (i=0;i<8;i++)
 {
     ZLG7289CLK = 1;
     nNop (5);
     temp <<= 1;
     if (ZLG7289DIO) temp++;
     ZLG7289CLK    =0;
     nNop (5);
 }
 return temp;
}
//函数：ZLG7289_Instruc ()
//功能：执行 ZLG7289 纯指令
//说明：指令长度为 1 字节
void ZLG7289_Instruc (unsigned char Instruc)
{
     unsigned char i;
     i = IE;
     IE &= 0xfa;   //禁止外部中断;
```

```
        ZLG7289CS = 0;
        nNop (5);
        SPI_WriteOneByte (Instruc);
        ZLG7289CS = 1;
        nNop (5);
        IE = i;
}
//函数: ZLG7289_Instruc_Data
//功能: 执行 ZLG7289 带数据指令
//说明: 指令长度以及数据长度均为 1 字节
void ZLG7289_Instruc_Data (unsigned char Instruc,unsigned char Data)
{
        unsigned char i;
        i = IE;
        IE &= 0xfa;
        ZLG7289CS = 0;
        nNop (5);
        SPI_WriteOneByte (Instruc);
        nNop (5);
        SPI_WriteOneByte (Data);
        ZLG7289CS = 1;
        nNop (5);
        IE = i;
}
//函数: ZLG7289_ReadKey ()
//功能: 执行 ZLG7289 读键盘指令
//说明: 返回 1 字节的按键号
//按键号的范围为: 0 ~ 63（即 0x0 ~ 0x3f）
//若没有按按键被按下了, 返回 255（即 0xff）
unsigned char ZLG7289_ReadKey ()
{
        unsigned char Key;
        ZLG7289CS = 0;
        nNop (10);
        SPI_WriteOneByte (0x15);
        nNop (5);
        Key = SPI_ReadOneByte ();
        nNop (1);
        ZLG7289CS = 1;
        nNop (5);
        return Key;
}
```

```
//函数：ZLG7289_Download
//功能：下载数据
//说明：将要显示的数据下载到 ZLG7289 内，并译码显示
//参数：数码管编号 x，要显示的数据 dat
void ZLG7289_Download (unsigned char x,unsigned char dat)
{
        x |= 0x90;           //以自己编码的方式进行译码 1001 0xxx
        ZLG7289_Instruc_Data (x,dat);
}
//ZLG7289 初始化函数
void ZLG7289_Init ()
{
        LDelay (20);          //延时一定时间，以使系统电源稳定
        //ZLG7289 I/O 口初始化
        ZLG7289CS = 1;
        ZLG7289CLK = 0;
        ZLG7289DIO = 1;
        ZLG7289INT = 1;
}
void Record ( )  //录音函数
{
 unsigned char temp,page,page_ctrl;
        unsigned int i;
 for (page=0;page<4;page++)                //分 4 页存储
 {
        switch (page)
        {
                case 0:page_ctrl=0xF8;break; //RAM 第一页控制信号
                case 1:page_ctrl=0xF9;break; //RAM 第二页控制信号
                case 2:page_ctrl=0xFA;break; //RAM 第三页控制信号
                case 3:page_ctrl=0xFB;break; //RAM 第四页控制信号
                default:break;
        }
        RAM_address=0x8000;    //RAM 地址复位
        for (i=0;i<32768;i++)      //每页 32KB
        {
                //***此处的"">=""条件很重要，少了"">""不行***
                if (count >= 18) //考虑到指令执行时间，这里并非 1s 的时间（相差约几十 ms）
                {
                        count = 0;
                        if (m == 10) //先判断后显示，防止显示不符合正常习惯
                        {
```

```
                    m = 0;
                    ZLG7289_Download（1,zifu[n]）;
                    n += 1;
                    if（n==10）n=1;
                }
                ZLG7289_Download（0,zifu[m]）;
                m += 1;
            }
            P1=ADC_CTRL;                //ADC 控制有效
            ADC=0x00;                   //启动通道 0 的 ADC 转换
            delay_us（7）;              //等待转换结束
            temp = ADC;                 //读 ADC 的值
            P1=page_ctrl;               //RAM 分页控制有效
            XBYTE[RAM_address++] = temp;
        }
    }
    m = 0;
    n = 1;
    ZLG7289_Download（0,zifu[0]）;       //录音完毕显示"0"
    ZLG7289_Download（1,zifu[12]）;      //录音完毕显示"无显示"
}
void Play（ ） //放音函数
{
unsigned char temp,page,page_ctrl;
unsigned int i;
for（page=0;page<4;page++）              //分 4 页读取
{
    switch（page）
    {
        case 0:page_ctrl=0xF8;break;
        case 1:page_ctrl=0xF9;break;
        case 2:page_ctrl=0xFA;break;
        case 3:page_ctrl=0xFB;break;
        default:break;
    }
    RAM_address=0x8000;    //RAM 地址复位
    for（i=0;i<32768;i++）   //每页 32KB
    {
        //***此处的">="条件很重要，少了">"不行***
        if（count >= 18） //考虑到指令执行时间，这里并非 1s 的时间（相差约几十 ms）
        {
            count = 0;
```

```
            if (m == 10)      //先判断后显示，防止显示不符合正常习惯
            {
                m = 0;
                ZLG7289_Download (1,zifu[n]);
                n += 1;
                if (n==10) n=1;
            }
            ZLG7289_Download (0,zifu[m]);
            m += 1;
        }
        P1=page_ctrl;                      //RAM 分页控制有效
        temp = XBYTE[RAM_address++];       //读取 RAM 中的数据
        delay_us (8);                      //输出和采样等时    //12MHz    9
        P1=DAC_CTRL;                       //DAC 控制有效
        DAC = temp;                        //DAC 输出
    }
}
m = 0;
n = 1;
ZLG7289_Download (0,zifu[0]);              //放音完毕显示"0"
ZLG7289_Download (1,zifu[12]);            //放音完毕显示"无显示"
}
void UART_init ( )  //串口初始化函数
{
    SCON = 0X50;                   //串口工作于模式 1
    TMOD = 0x20;                   //T1 工作于定时模式 2
    PCON = 0x00;                   //电源管理寄存器（此时单片机正常工作）
    TL1 = TH1=253;                 //定时器装值（比特率为 4800 时的值）11.0592MHz
    TR1=1;                         //启动定时器 T1
    ES = 0;                        //关串口中断，采用查询方式收发数据
}


void UARTSend ( )  //串口发送函数
{
unsigned char temp,page,page_ctrl;
unsigned int i;
ZLG7289_Download (0,zifu[11]);            //开始发送显示"F"
for (page=0;page<4;page++)                //分 4 页读取
{
    switch (page)
    {
        case 0:page_ctrl=0xF8;break;
```

```c
            case 1:page_ctrl=0xF9;break;
            case 2:page_ctrl=0xFA;break;
            case 3:page_ctrl=0xFB;break;
            default:break;
        }
        RAM_address=0x8000;                    //RAM 地址复位
        for (i=0;i<32768;i++)                  //每页 32KB
        {
            P1=page_ctrl;                      //RAM 分页控制有效
            temp = XBYTE[RAM_address++];       //读取 RAM 中的数据
            SBUF=temp;                         //将 RAM 中的数据发送出去
            while (!TI);                       //等待数据发送完毕
            TI=0;                              //为下次发送数据做准备
        }
    }
    ZLG7289_Download (0,zifu[12]);             //发送完毕显示"无显示"
}
void UARTReceive ( )  //串口接收函数
{
    unsigned char temp,page,page_ctrl;
    unsigned int i;
    for (page=0;page<4;page++)                 //分 4 页存储
    {
        switch (page)
        {
            case 0:page_ctrl=0xF8;break;       //RAM 第一页控制信号
            case 1:page_ctrl=0xF9;break;       //RAM 第二页控制信号
            case 2:page_ctrl=0xFA;break;       //RAM 第三页控制信号
            case 3:page_ctrl=0xFB;break;       //RAM 第四页控制信号
            default:break;
        }
        RAM_address=0x8000;                    //RAM 地址复位
        for (i=0;i<32768;i++)                  //每页 32KB
        {
            while (!RI);                       //等待接收数据
            RI=0;                              //为下次接收做准备
            temp = SBUF;                       //读串口发送来的数据
            P1=page_ctrl;                      //RAM 分页控制有效
            XBYTE[RAM_address++] = temp;
        }
    }
}
```

```c
void main ( )  //主函数
{
  unsigned char k;
  ZLG7289_Init ( ) ;          //初始化 ZLG7289
  ZLG7289_Reset ( ) ;         //复位 ZLG7289
  UART_init ( ) ;             //串口初始化
  EA = 0;
  TMOD |= 0x01;               //T0 工作于 16 位定时模式
  TH0 = （65536-47000） /256;
  TL0 = （65536-47000）%256;
  ET0 = 1;                    //使能定时/计数器 T0 中断
  TR0 = 1;                    //启动定时/计数器 T0
  IT0 = 1;                    //外部中断 0 选择边沿触发方式
  EX0 = 1;                    //打开外部中断 0
  EA = 1;                     //开总中断
  while (1)
  {
      k = key;
      key = 0xff;
      switch (k)
      {
          case 0: Record ( ) ;break;
          case 1: Play ( ) ;break;
          case 2: UARTReceive ( ) ;break;
          case 3: UARTSend ( ) ;break;
          default: break;
      }
  }
}
void Int0 ( )  interrupt 0 //外部中断 0 服务函数
{
      key = ZLG7289_ReadKey ( ) ;
}
void T0int ( )  interrupt 1 //定时计数器 0 中断服务函数
{
      TH0 = （65536-50000）/256;
      TL0 = （65536-50000）%256;
      count += 1;
}
```

6. 数字语音录放系统调试

本数字语音录放系统调试顺序应为：显示模块、键盘模块、串口模块、RAM 模块、定时计数模块、DAC 模块和 ADC 模块。

　　由于系统采用总线的控制思想，所以在调试时明确总线方式下 P0 口地址（低 8 位）、数据复用，P2 口产生高 8 位地址。对于初学者来说，总线控制方式的程序设计有一定难度，可先用非总线方式调试完成所有模块的功能后，再用总线方式实现。另外，RAM 和其他外设的片选地址也是本系统的一个难点。

10.3　单片机应用系统设计实例二——乒乓球球台振动模式测试系统

1. 课题背景

　　现代体育运动中大量使用先进技术来提高运动员的战术水平和保证比赛的公平性。乒乓球比赛项目虽然一直在球拍上不断更新材料，但是球台始终没有什么大的改进，在乒乓球高速运行当中无法准确判断球速和方向，不能在训练过程中给运动员提供准确的乒乓球运行数据，甚至在比赛过程中由于球速过高人眼无法观察清楚而造成误判，例如擦边球。本系统可在训练过程中为运动员提供准确的乒乓球运行数据，有利于运动员更加准确地掌握各种技术，在比赛过程中也可实时为裁判和观众显示每一个球的有效球、无效球、擦边球等状态，减少人为原因造成的误判。

　　随着电子技术和计算机技术的快速发展，微型计算机技术，尤其是微控制器（单片机）的发展极为迅速，其应用越来越广。采用单片机进行乒乓球球台振动检测、分析、数据存储及实时显示，对于提高训练效率和减少误判等都有重要的作用。

　　STC89C55RD+是 STC 公司推出的一款 8051 内核的加强型 8 位单片机。该芯片与 8051 完全兼容，最高时钟频率能达到 80MHz，具有超强的抗干扰能力，系统可在线编程，使用非常方便。STC89C55RD+内嵌 20KB 的 Flash 程序存储器、16KB 的 EEPROM 存储器以及 1280B 的 SRAM，其中 1KB 的 SRAM 可当作外部 SRAM 用于高速数据存储。利用 STC89C55RD+的这些特性很容易实现振动信号采集分析，及实时显示，而且其大容量的 Flash 和可用的 SRAM 能够满足高速数据采集时的数据存储和后期处理需要。

　　目前常采用加速度传感器来测量振动信号。一般加速度传感器是利用其内部由于加速度造成的晶体变形这个特性工作的。由于这个变形会产生电压，只要计算出产生电压和所施加的加速度间的关系，就可将加速度转化成电压输出。当然，还有很多其他方法来制作加速度传感器，比如电容效应、热气泡效应、光效应、但是其最基本的原理都是由于加速度引起某个介质产生变形，通过测量其变形量并用相关电路转化成电压输出。

2. 系统总体方案设计

　　本设计以 STC89C55RD+单片机为控制核心，设计乒乓球球台振动模式测试系统，并具有实时显示和存储分析功能。系统结构图如图 10-15 所示。

　　振动信号由 ADXL150 加速度传感器转换为电信号，先经过放大电路将微弱信号放大，再经过 12 位高速 AD 完成模数转换，通过并行总线送入单片机进行数据存储处理。同时进行全波检波、电压比较产生中断触发信号和简单数据量化处理。单片机实现数据采集、存储、处理、传输。数据输出部分通过无线传输模块和串行通信方式完成乒乓球与乒乓球球台每次接触时的简单状态的实时显示、全波数据存储、将数据传输到 PC 机进行数据分析。

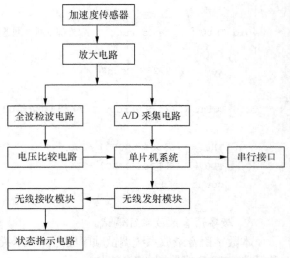

图 10-15　乒乓球球台振动模式测试系统结构图

3. 乒乓球球台振动模式测试系统硬件设计

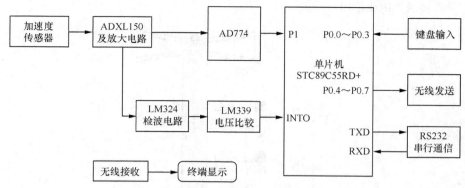

图 10-16　乒乓球球台振动模式测试系统硬件连接图

系统整体硬件连接如图 10-16 所示，以 STC89C55RD+ 为核心控制器，包括信号放大电路、AD 采集电路、全波检波电路、电压比较电路、无线数据传输和显示电路。

（1）ADXL150 加速度传感器及放大电路。

ADXL150 是美国模拟器件公司（ANALOG DEVICE）生产的低噪声、低功耗、单轴微 MEMS 加速度传感器。该器件内部有时钟源、增益放大器、同步解调系统、输出缓冲运放、二阶滤波器和自检系统，可编程控制量程为±25g 或±50g，80dB 的动态范围，通过设置 VOUT 和 OFFSET NULL 端口跳线可将输出比例系数从 38mV/g 调节到 76mV/g。在工业级温度范围内 0g 温漂小于 0.4g。

ADXL150 的管脚排列如图 10-17 所示，COMMON 为公共接地端；ZERO g ADJ 为 0g 调节端；SELF-TEXT 为自检端，当其输入为高电平时芯片进入自检模式；VOUT 为信号输出端；VS 为电源输入端。

ADXL150 内部结构如图 10-18 所示，主要由 5 部分组成：敏感元件、增益放大、时钟源、同步解调、缓冲放大器。增益放大的作用是将敏感

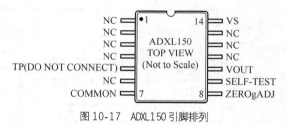

图 10-17　ADXL150 引脚排列

元件输出的信号进行放大以便测量。加速度传感器的时钟源主要为敏感元件和同步解调电路提供 100kHz 时钟信号。同步解调系统能够抑制除敏感元件信号外的所有信号，能够使传感器不受电磁干扰的干扰。缓冲放大器可以调节传感器的输出比例系数，正常情况下为 38mV/g。

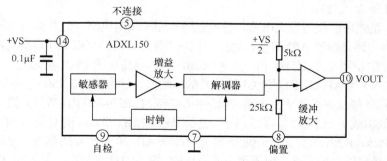

图 10-18　ADXL150 内部结构

敏感元件是通过在氧化层上沉积多晶硅，然后经过蚀刻形成。图 10-19 所示为一个简化的敏

感元件结构。实际传感器有 42 个晶胞检测加速度。中间横梁由于加速度作用而移动，引起板间电容改变，最后转换为电压输出。

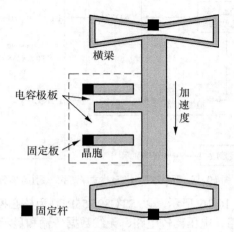

图 10-19   ADXL150 敏感元件结构

4. ADXL150 基本电路

可采用外接电源与地之间接 0.1μF 去耦电容供电。调节 R1b 可增加输出精度，调节 RT 可改变直流偏置，通常将 0g 时的输出调节到 2.5V。

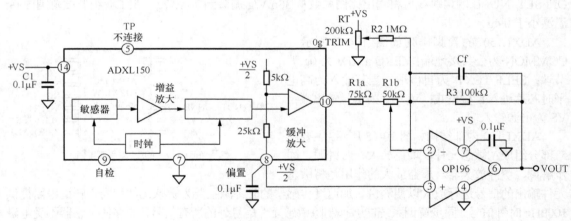

图 10-20   ADXL150 基本电路

5. ADXL150 放大电路

ADXL150 虽然内部集成放大电路、滤波电路和缓冲输出电路，但其输出信号的幅值仍然很小，不利于后级电路处理和 A/D 转换。因此，在本系统中，在 ADXL150 输出端增加了两级放大电路。放大电路中使用一片 TL084 和一片 AD620，具体电路如图 10-21 所示。

图 10-21 中 Vo 为 ADXL150 的 VOUT 信号输出端口，Vg 为 ADXL150 的 0g 调节端口。TL084 的 A 运放构成第一级反相差动放大电路，电路中 $R17=R22$、$R20=R21$，其增益系数为 $R17/R19=7.5$。TL084 的 B 运放构成了一个放大倍数为 1 倍的反相放大电路。TL084 的 C 运放构成一个射极跟随器，通过调节 R25、R26、R27 三个电阻的阻值可改变 AD620 反相端的电压，且这个输出电压作为 AD620 的基准电压。调节这个电压可改变 AD620 输出的直流偏置，实现 0g 时的输出调节到 0V 电平。

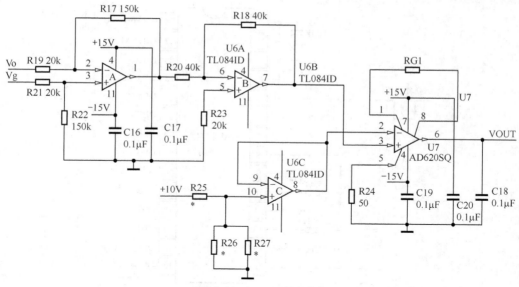

图 10-21　ADXL150 放大电路

AD620 构成了一个正向放大器，AD620 是仪表放大器。在一般的信号放大电路中通常采用差动放大电路即可满足要求，然而基本的差动放大电路的精密度较差、且差动放大电路上要改变增益时，必须调整两个电阻，使得影响整个信号放大的变因就更加复杂。AD620 具有精确度高、低噪声、使用简易等优点。AD620 通过在 1、8 端跨接电阻 RG1 来实现增益调节。增益 G 与跨接电阻 RG1 的关系如式 10.1 所示。

$$G = \frac{49.4}{RG1} + 1 \qquad\qquad (10.1)$$

于是，调节电阻 RG1 的阻值可将输出 VOUT 的峰峰值调节到合适的范围。调节 AD620 反相端电压和 RG1 阻值使最后的输出满足：0g 时输出 0V 电压，+1g 时输出+0.5V 电压，-1g 时输出-0.5V 电压。

6. 模数转换电路

振动信号频率在 10kHz 左右，为了保证波形的完整性，需采用高速 AD 进行数据转换，本系统采用 12 位精度、转换时间 8.5μs 的 AD774。AD774 的基本外围电路如图 10-22 所示，有多种模式，包括±10V、±20V 和 2.5V 三种，单电源供电可输入正负电压。12 位输出时还可设置为 12 同时输出或先输出高 8 位再输出低 4 位两种输出方式。鉴于本系统的单片机为 8 位机，并考虑节省端口，选择先输出高 8 位再输出低 4 位的工作方式。AD774 与单片机接口电路中，用单片机的一个 8 位端口和两个控制端口就能完成 12 位数据的读取。

7. 高输入阻抗绝对值电路

振动信号经放大后为无规则信号，无法为单片机提供中断触发信号。将放大电路输出信号经过全波检波电路和电压比较电路可为单片机提供中断触发信号。

图 10-23 所示为高输入阻抗绝对值电路。一般的绝对值电路由于采用反相输入结构，其输入阻抗较低。因此，当信号源内阻较大时，在信号源与绝对值电路之间要增加缓冲，而使电路复杂化。为使电路尽可能简单，而输入阻抗较高，可将运放改为同相输入形式。这种电路的输入阻抗约为两个运算放大器的共模输入电阻并联，可高达 10MΩ 以上。其工作原理：当输入信号 U_i 为正极性时，D2 导通，D1 截止，A1 工作于电压跟随状态，使 a 点跟随输入信号 Ui 而变，相当于在 A2 的反相端加有信号 U_i。同时，输入信号 Ui 亦加至 A2 的同相端。利用叠加原理可得

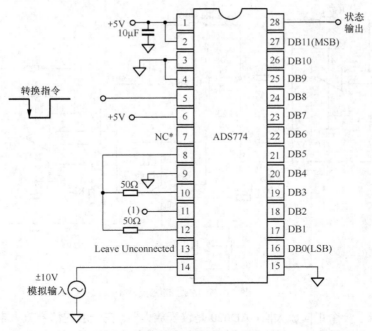

图 10-22 AD774 双极性工作电路

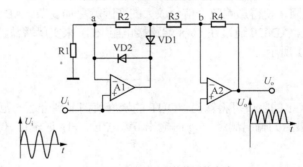

图 10-23 高输入阻抗绝对值电路

$$U_{o+} = \left(1 + \frac{R_4}{R_2 + R_3}\right)U_{i+} - \frac{R_4}{R_2 + R_3}U_{i+} = U_{i+} \tag{10.2}$$

当输入信号 Ui 为负极性时，D1 导通，D2 截止。此时 A1 的输出电压为

$$U_{o1} = \left(1 + \frac{R2}{R1}\right)U_{i-} \tag{10.3}$$

此电压经过 D1 加到 A2 的反相端。同时，输入信号 Ui 亦加至 A2 的同相端。由此可得

$$U_{o-} = \left(1 + \frac{R_4}{R_3}\right)U_{i-} - \frac{R_4}{R_3}U_{o1} = \left(1 + \frac{R_4}{R_3}\right)U_{i-} - \left(1 + \frac{R2}{R1}\right)U_{i-} \tag{10.4}$$

按照下式选择匹配电阻

$$R_1 = R_2 = R_3 = \frac{1}{2}R_4 \tag{10.5}$$

则

$$U_{o-} = (1 + 2)U_{i-} - 2(1 + 1)U_{i-} = -U_{i-} \tag{10.6}$$

由于 $U_i<0$，所以 $-U_i>0$。由此可见，随着输入信号极性改变，整个电路的电压增益也从 +1 到 -1 改变。从而保证输出电压 Uo 的极性不随输入电压 U_i 的极性而改变，实现绝对值运算。

8. 检波电路

上一级高输入阻抗绝对值电路输出波形虽然都为正向波形，但是仍然无法经过电压比较器产生一个稳定的低电平，为单片机提供中断触发信号和 A/D 采集控制电平，所以要将高输入阻抗绝对值电路输出再经过检波电路使波形变的更加平滑，如图 10-24 所示。

U_i 接图 10-23 中的输出信号 Uo，此电路中二极管 D1 起到检波作用。R1、C1 构成一个低通滤波器，将信号的高频成分滤除。通过调节电容 C1 的容值使 c 点电压保持一个平缓的变化过程。A3 运放构成一个射极跟随器，将检波电路与后级的电压比较电路隔离，避免电压比较电路的输入对检波电路的输出。

9. 电压比较电路

经全波检波电路的输出不能直接输入单片机为单片机提供中断触发控制信号，需经过一级电压比较电路，如图 10-25 所示。

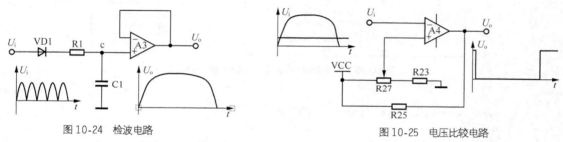

图 10-24　检波电路　　　　　　　　　　　图 10-25　电压比较电路

本设计中选用 LM393 构成电压比较电路，全波检波输出信号由 LM393 的反相端输入，电位器 R27 调节触发电压输入同相端。由输出端经过一个 10kΩ 的上拉电阻为单片机提供中断触发信号和采集控制电平。单片机进入中断后启动 A/D 采集，采集时间长短是由比较器的低电平宽度决定。

10. 乒乓球球台振动模式测试系统软件设计

程序的控制思想：系统运行后初始化系统变量、初始化串行口和中断源、启动键盘扫描子程序等待有键按下；如果 S1 键按下，将 Data Flash 中存储的数据通过串行口发送到 PC；如果 S2 键按下则启动单次转换子程序，完成单次数据采集并存储到 Data Flash 中；如果 S3 键按下则删除 Data Flash 中 "0" 而不能写入 "1"，所以每次要写数据前必须先擦除，即将其所有位置 "1"，写数据时只能改变相应的位置 "0"，而为 "1" 的位则不变；如果 S4 键按下则启动连续采集并无线发送子程序，实时采集并做出判断，将结果通过无线传输模块送到终端显示模块。系统软件流程如图 10-26 所示。

STC89C55RD+单片机可通过 ISP/IAP 技术对其内部 Data Flash 进行擦除、读取和写入操作。STC89C55RD+单片机内部用户程序可写的 Data Flash 地址从 0x8000 到 0xf3ff，共计 33KB。STC89C55RD+单片机 Data Flash 的字节读参考程序如下。

```
void ISPgoon (void)  // ISP 触发代码
{
ISP_IAP_enable ();    /* 打开 ISP,IAP 功能      */
ISP_TRIG =0x46;       /* 触发 ISP_IAP 命令字节 1    */
ISP_TRIG =0xb9;       /* 触发 ISP_IAP 命令字节 2    */
_nop_ ();
```

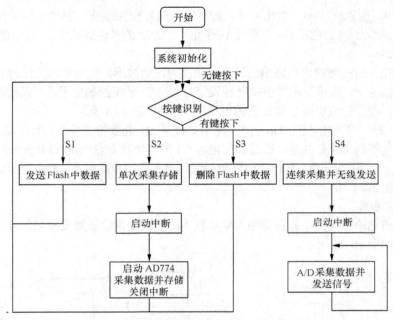

图 10-26　乒乓球球台振动模式测试系统软件流程图

```
}
uchar byte_read (uint byte_addr)    // 字节读
{
    ISP_ADDRH = (uchar) (byte_addr >> 8);        /* 地址赋值*/
    ISP_ADDRL = (uchar) (byte_addr & 0x00ff);
    ISP_CMD  = ISP_CMD    & 0xf8;                 /* 清除低 3 位*/
    ISP_CMD  = ISP_CMD    | ReadCommand;          /* 写入读命令*/
    ISPgoon ();                                   /* 触发执行*/
    ISP_IAP_disable ();                           /* 关闭 ISP,IAP 功能*/
    return (ISP_DATA);                            /* 返回读到的数据*/
}
```

STC89C55RD+单片机 Data Flash 的字节写参考程序如下：

```
uchar byte_write (uint addr, uchar wdata)      // 字节写
{
    ISP_IAP_enable ();                           /* 打开 IAP 功能      */
    ISP_ADDRH = (uchar) (addr >> 8);
    ISP_ADDRL = (uchar) (addr & 0x00ff);
    ISP_DATA = wdata;                            /* 取数据*/
    ISP_CMD  = ISP_CMD & 0xf8;                    /* 清低 3 位      */
    ISP_CMD  = ISP_CMD | PrgCommand;              /* 写命令 2 */
    ISP_TRIG = 0x46;                             /* 触发 ISP_IAP 命令字节 1 */
    ISP_TRIG = 0xb9;                             /* 触发 ISP_IAP 命令字节 2 */
    _nop_ ();
    /* 读回来*/
```

```
ISP_DATA =0x00;
ISP_CMD  = ISP_CMD & 0xf8;              /* 清低 3 位    */
ISP_CMD  = ISP_CMD | ReadCommand;       /* 读命令 1     */
ISP_TRIG = 0x46;                        /* 触发 ISP_IAP 命令字节 1 */
ISP_TRIG = 0xb9;                        /* 触发 ISP_IAP 命令字节 2 */
_nop_ ();
if (ISP_DATA != wdata)  //比较对错
{
     ISP_IAP_disable ();
     return Error;
}
ISP_IAP_disable ();
return   Ok;
}
```

STC89C55RD+单片机 Data Flash 扇区必须一次擦除一个扇区（512B），不能跨扇区擦除，所以每次调用扇区擦除子程序时，输入的地址都为每个扇区的首地址（例如 0x8000），单次扇区擦除时间大概为 10μs 左右。所以在启动单次采集前要手动擦除扇区，具体参考程序如下。

```
void sector_erase (uint sector_addr) //扇区擦除
{
uint iSectorAddr;
iSectorAddr = (sector_addr & 0xfe00); /* 取扇区地址*/
ISP_ADDRH = (uchar) (iSectorAddr >> 8);
ISP_ADDRL = 0x00;
ISP_CMD  = ISP_CMD & 0xf8;              /* 清空低 3 位   */
ISP_CMD  = ISP_CMD | EraseCommand;      /* 擦除命令 3    */
ISPgoon ();                             /* 触发执行       */
ISP_IAP_disable ();                     /* 关闭 ISP,IAP 功能*/
}
```

AD774 以独立方式工作时，要将 CE、$12/\overline{8}$ 端接入+5V，$\overline{CS}$ 和 A_0 接地，将 R/$\overline{C}$ 作为数据读出和转换启动控制。当 R/$\overline{C}$ =1 时，数据输出端输出转换后的数据；R/$\overline{C}$ =0 时，启动一次 A/D 转换。在延时 0.5μs 后，STS=1，表示转换正在进行。经过一次转换周期 Tc（典型值为 25μs）后，STS 跳回低电平，表示 A/D 转换完成，可从数据输出端读出新数据。启动 AD774 转换时序和 AD774 读操作时序分别如图 10-27 和图 10-28 所示。

本系统中使用 AD774 的十二位转换，数据分两次读出功能。所以需要控制 A0 端以决定输出的数据是高 8 位还是低 4 位。启动 AD 转换后，检测转换完毕信号端 STS，STS 在转换过程中为高电平，当转换结束 STS 为低电平，即可控制 A0 分别读出高 8 位数据和低 4 位数据。具体参考程序如下。

```
uint adin (void)    //A/D 转换程序
{
uint getdata;
uchar dat;
EOC=1;
```

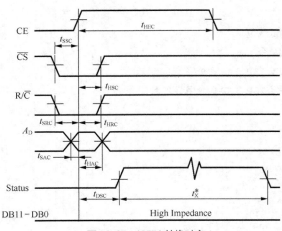

图 10-27　AD774 转换时序

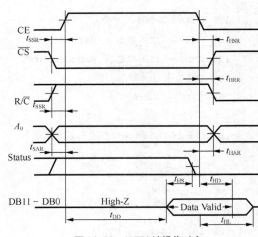

图 10-28　AD774 读操作时序

```
EOC=0;
EOC=1;                    //启动转换
While(ST);               //查询 STS 是否转换完毕
A0=0;                    //输出高 8 位数据
dat=P1;
getdata=dat;            //读取高 8 位数据
A0=1;                    //输出低 4 位数据
getdata=getdata<<4;     //将高 8 位左移 4 位
dat=P1&0X0F;            //读取低 4 位
getdata|=dat;           //将低 4 位与高 8 位组合
return(getdata);        //返回读取到的 12 位数据
}
```

11. 乒乓球球台振动模式测试系统调试

在实际调试的过程中，为确保读数的正确性和稳定性，可利用示波器观察 LM324 全波检波电路的输出波形是否符合要求。如果检波输出波形不符合要求则可通过调节电容、电阻使其输出达到要求，并可通过调节检波放大电路输出电位器 R4 调节波形幅值和直流偏置以输出合适的幅值提供给 LM339 电压比较电路。通过示波器观察 LM339 电压比较电路输出，调节基准电位器 R27，使比较电路能够在检波输出达到或超过一定幅值时为单片机提供触发信号以启动数据采集系统。

经 A/D 采集后的数据存储在单片机的 Data Flash 中，因为 STC89C55RD+单片机为 8 位单片机，数据格式都是 8 位的，而采集回的数据为 12 位数据，所以存储时将高 4 位和低 8 位分别存储。通过串行通信方式向 PC 发送数据时也是先发送高 4 位，再发送低 8 位。PC 接收到这些数据后首先将数据组合还原成原来的 12 位数据，再进行波形还原成像。图 10-29 所示即是一次振动采集回的数据所还原成的波形图。12 位数据的最大值为

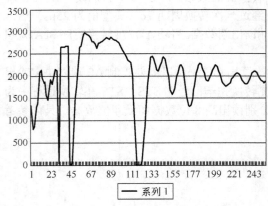

图 10-29　数据还原波形

4095。A/D 转换时以正负电压方式输入，所以当输入 0V 电压时所采集到的数据为 2048。因此图 10-29 中所示的波形会在 2000 左右的一个基准上下振动，而图 10-29 中 3 个较大的脉冲已经达到了 0（即振动信号已达到负向采集的最低电压值-15V），说明此次振动主要集中于负方向，正方向幅值不大且波形变化比较缓和。不同振动所产生的波形特征不同，所以可先测试，采集大量数据，提取特征量，构建振动特征库。当进行数据分析时就可提取特征量，于已构建的特征库中的数据进行比对、分析，便可判断此次击球的各项指标。

乒乓球球台的振动信号能够体现乒乓球与球台接触时的力、方向等多种运动参数，通过对这些参数的分析、处理可综合判断每一次接触的状态，实时确认是否擦边球等简单状态。也可单次存储振动数据并输入 PC 机，通过 PC 机进行波形还原、细节分析，为运动员训练提供科学依据。乒乓球球台振动模式测试系统电路原理图如图 10-30 所示，参考程序如下。

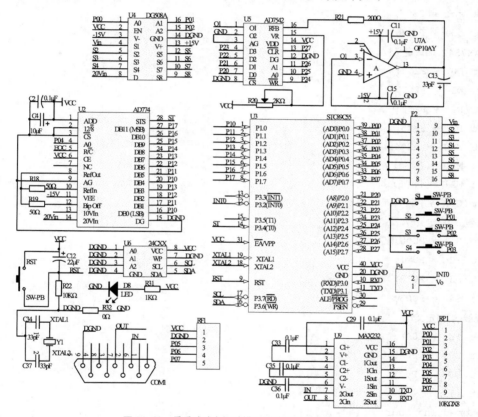

图 10-30 乒乓球球台振动模式测试系统电路原理图

```c
#include<INTRINS.H>
#include "STC89C51RC.H"
#include "StcEeprom.H"
#define UART_ASK 0xA5
#define uchar unsigned char
#define uchar unsigned char
#define uint  unsigned int
#define WriteDeviceAddress 0xa0 //从器件地址（写）
#define ReadDeviceAddress 0xa1 //从器件地址（读）
```

```c
sbit P3_2=P3^2;
/*AD774 端口定义*/
sbit  A0  = P0^4;
sbit  EOC  = P3^5;
sbit  ST = P3^4;
/*DG508 端口定义*/
sbit DA0 = P0^0;
sbit DA1 = P0^1;
sbit DA2 = P0^2;
/*24CXX 端口定义*/
sbit scl = P3^7;
sbit sda = P3^6;
/*MAX7542 端口定义*/
sbit  D0  = P2^0;
sbit  D1  = P2^1;
sbit  D2  = P2^2;
sbit  D3  = P2^3;
sbit  WRN  = P2^4;
sbit  MA0  = P2^5;
sbit  MA1  = P2^6;
sbit  CLR = P2^7;
/*按键 端口定义*/
sbit  S1  = P0^0;
sbit  S2  = P0^1;
sbit  S3  = P0^2;
sbit  S4  = P0^3;
/*无线 端口定义*/
sbit  TE  = P0^6;
sbit  DD1  = P0^5;
sbit  DD3  = P0^7;
uint add;
unsigned int addr;
unsigned char da_buff[8];
bit flag;
void delay (uint n)  //延时函数
{
  uchar i;
  while (n--)
    for (i=0;i<125;i++);
}
void rs232_port_init (void)  //RS232 初始化函数
{
```

```
    SCON=0x50;      //串口工作在方式1，异步模式
    PCON=0x80;      //波特率翻倍
    TMOD=0x20;      //定时器1工作在方式2
    TH1=0xfA;       //波特率9600，晶振为11.0592MHz
    TL1=0xfA;
    TR1 = 1;
    RI  = 0;
    TI  = 0;
}
void uart_putc (unsigned char c)      //串口发送函数
{
    SBUF = c;
    while (!TI);
    TI = 0;
}
unsigned char uart_getc ( )           //串口接收函数
{
    while (!RI);
    RI = 0;
    return SBUF;
}
uint adin (void)                      //A/D转换
{
    uint getdata;
    uchar dat;
    EOC=1;
    EOC=0;
    EOC=1;
    while (ST);
    A0=0;
    dat=P1;
    getdata=dat;                      //读取高8位
}
void send_data (void)                 //串口多字节发送函数
{
    for (addr=0x8000;addr<0x8400;addr++)
    {
        uart_putc (byte_read (addr) );
    }
}
void single (void)
{
```

```
    EX0=1;
    flag=0;
}
void del_flash (void)   //删除 0x8000 第一扇区 512 字节
{
  addr=0x8000;
  sector_erase (addr);
  sector_erase (addr+0x200);
  uart_putc (byte_read (addr));
}
void continuum (void)   //连续采集并无线发送
{
  flag=1;
  EX0=1;
}
void key (void)   //键盘扫描程序
{
  while (1)
  {
      if (S1&S2&S3&S4) ;
      else
          { delay (1);                    //消抖
            if (!S1) send_data ();        //发送一扇区数据
              else if (!S2) single ();    //单次转换并存储
                else if (!S3) {del_flash ();delay (1000);}   //删除 Flash 数据
                  else if (!S4) continue ();//连续采集并无线发送
          }
  }
}
void main ()
{
  EA=1;    //打开 CPU 总中断请求
      IT0=0;   //设定 INT0 的触发方式为低电平触发
  TE=0;
  delay (50);
  DD1=0;
  DD3=0;
  TE=1;
  delay (50);
  TE=0;
  delay (50);
  DD1=0;
```

```
    DD3=0;
    TE=1;
    delay (50);
    TE=0;
    rs232_port_init ();
    key ();
}
void int0 () interrupt 0
{
    uchar dat1,dat2;
    uint temp2,i;
    bit xx;
    unsigned char xdata dat[800];
    DA0=0;
    DA1=0;
    DA2=0;     //选通 DG508 第 0 通道
    EX0=0;     //屏蔽中断
    for (i=0;i<800;)
    {
        temp2=adin ();
        dat1=temp2&0xff;
        dat2=temp2>>8&0x0f;
        dat[i]=dat2;
        i++;
        dat[i]=dat1;
        i++;
    }
    for (addr=0x8000,i=0;i<800;i++,addr++)
    {
        byte_write (addr,dat[i]);//从 RAM 中写入 Flash
    }
    if (flag)
    {
    for (i=0;i<800;i++)
        {
        if (dat[i]>122)
            {
                xx=0;
                i=800;
            }
        else
            {
```

```
                  xx=1;

              }
          }
      if（xx）
      {
          DD1=1;
          DD3=0;
      }
      else
      {
          DD1=0;
          DD3=1;
      }
      TE=1;
      delay（10）;
      TE=0;
      EX0=1;    //开中断
      }
      DA0=1;
      DA1=1;
      DA2=1;
  }
```

习   题

10-1 一般情况下，单片机应用系统的开发过程有哪些步骤？

10-2 单片机应用系统软件开发大体包括哪些方面？应注意哪些要点？

10-3 简述指令冗余的目的及方法。

10-4 简述设置软件陷阱的目的、方法及设置软件陷阱的位置。

10-5 简述看门狗技术及其实现方法。

10-6 试设计一个顺序开关灯控制器，要求当按钮 K 第一次按下时，灯 A 立刻亮，灯 B 在延时 1s 后亮，在灯 B 亮后 15s，灯 C 亮；当按钮 K 第 2 次按下时，灯 C 立刻灭，延时 17s 后灯 B 灭，灯 B 灭后 12s，灯 A 灭。

附录 **KEIL C51 库函数**

C51 强大功能及其高效率的重要体现之一在于其丰富的可直接调用的库函数，多使用库函数能使程序代码简单、结构清晰、易于调试和维护，下面将介绍 C51 的几类重要库函数。

1. 专用寄存器 include 文件 reg51.h

在 reg51.h 的头文件中定义了所有特殊功能寄存器的相应位。定义时都采用大写字母。在程序的头部将寄存器库函数 reg51.h 包括后，就可以在程序中直接使用特殊功能寄存器以及相应的位。一般系统都包含有此文件。

2. 绝对地址 include 文件 absacc.h

该文件中实际只定义了几个宏，以确定各存储空间的绝对地址，具体如下。

函数原型：#include CBYTE((unsigned char*)0x50000L)
功能： CBYTE 以字节形式对 CODE 区寻址。

函数原型：#include DBYTE((unsigned char*)0x40000L)
功能： CBYTE 以字节形式对 DATA 区寻址。

函数原型：#include PBYTE((unsigned char*)0x30000L)
功能： CBYTE 以字节形式对 PDATAE 区寻址。

函数原型：#include XBYTE((unsigned char*)0x20000L)
功能： CBYTE 以字节形式对 XDATA 区寻址。

函数原型：#include CWORD((unsigned char*)0x50000L)
功能： CBYTE 以字节形式对 CODE 区寻址。

函数原型：#include DWORD ((unsigned char*)0x50000L)
功能： CBYTE 以字节形式对 DATA 区寻址。

函数原型：#include PWORD ((unsigned char*)0x50000L)
功能： CBYTE 以字节形式对 PDATA 区寻址。

函数原型：#include XWORD ((unsigned char*)0x50000L)
功能： CBYTE 以字节形式对 XDATA 区寻址。

3. 动态内存分配函数

动态内存分配函数位于 stdlib.h，是将一些常用函数放到 stdlib.h 这个头文件中。stdlib.h 可以提供一些函数与符号常量，具体如下。

根据 ISO 标准，stdlib.h 提供以下类型：size_t、wchar_t、div_t、ldiv_t、lldiv_t

常量：NULL、EXIT_FAILURE、EXIT_SUCESS、RAND_MAX、MB_CUR_MAX

函数：atof、atoi、atol、strtod、strtof、strtols、strtol、strtoll、strtoul、strtoull、rand、srand、 callc、free、maloc、realloc、abort、atexit、exit、getenv、system、bsearch、qsort、abs、div、labs、ldiv、llabs、tlldiv、mblen、mbtowc、wctomb、mbstowcs、wcstombs

部分函数原型及功能如下。

函数原型：void * calloc(unsigned n,unsign size)

功能：　　分配 n 个数据项的内存连续空间，每个数据项的大小为 size。

返回值：　分配内存单元的起始地址，如果不成功，返回 0。

函数原型：void free(void* p)

功能：　　释放 p 所指的内存区。

参数说明：p 为被释放的指针。

函数原型：void * malloc(unsigned size)

功能：　　分配 size 字节的存储区。

返回值：　所分配的内存区地址，如果内存不够，返回 0。

函数原型：void * realloc(void * p,unsigned size)

功能：　　将 p 所指的已分配内存区的大小改为 size，size 可以比原来分配空间大或小。

返回值：　返回指向该内存区的指针，NULL 表示分配失败。

函数原型：int rand(void);

功能：　　产生 0 到 32767 间的随机整数（0 到 0x7fff 之间）。

返回值：　随机整数。

函数原型：void abort(void)

功能：　　异常终止一个进程。

函数原型：void exit(int state)

功能：　　程序中止执行，返回调用过程。

参数说明：state 为 0 表示正常中止；非 0 表示非正常中止

函数原型：char* getenv(const char *name)

功能：　　返回一个指向环境变量的指针。

返回值：　环境变量的定义。

参数说明：name：环境字符串

函数原型：int putenv(const char *name)

功能：　　将字符串 name 增加到 DOS 环境变量中。

返回值：　0：操作成功；-1：操作失败。

参数说明：name-环境字符串

函数原型：long labs(long num)

功能：　　求长整型参数的绝对值。

返回值：　绝对值。

函数原型：double atof(char *str)

功能：　　将字符串转换成一个双精度数值。

返回值：　转换后的数值。

参数说明：str：待转换浮点型数的字符串

函数原型：int atoi(char *str)

功能：　　将字符串转换成一个整数值。

返回值：　转换后的数值。

参数说明：str：待转换为整型数的字符串

函数原型: long atol(char *str)

功能: 将字符串转换成一个长整数。

返回值: 转换后的数值。

参数说明: str: 待转换为长整型的字符串

函数原型: char *ecvt(double value,int ndigit,int *dec,int *sign)

功能: 将浮点数转换为字符串。

返回值: 转换后的字符串指针。

参数说明: value: 待转换底浮点数; ndigit: 转换后的字符串长度

函数原型: char *fcvt(double value,int ndigit,int *dec,int *sign)

功能: 将浮点数变成一个字符串。

返回值: 转换后字符串指针。

参数说明: value: 待转换底浮点数; ndigit: 转换后底字符串长度

4. 字符串函数 string.h

缓冲区处理函数位于 "string.h" 中, 其中包括拷贝比较移动等函数, 如 memccpy、memchr、memcmp、memcpy、memmove、memset, 可以很方便地对缓冲区进行处理。

（1）复制

函数原型: char* strcpy (char *s1, const char *s2)

功能: 将字符串 s2 复制到 s1 指定的地址。

函数原型: char* strncpy (char *s1, const char *s2, size_t len)

　　　　　 void* memcpy (void *s1, const void *s2, size_t len)

功能: 将 s2 的前 len 个字符（字节）复制到 s1 中指定的地址, 不加 "\0"。

函数原型: void* memmove (void *s1, const void *s2, size_t len)

功能: 当源单元和目的单元缓冲区交迭时使用。

函数原型: size_t strxfrm (char *s1, const char *s1, size_t len)

功能: 根据程序当前的区域选项, 将 s2 的前 len 个字符（字节）复制到 s1 中指定的地址, 不加 "\0"。

（2）连接

函数原型: char* strcat (char *s1, const char *s2)

功能: 将字符串 s2 连接到 s1 尾部。

函数原型: char* strncat (char *s1, const char *s2, size_t len)

功能: 将字符串 s2 的前 len 个字符连接到 s1 尾部, 不加 "\0"。

（3）比较

函数原型: int strcmp (const char *s1, const char *s2)

功能: 比较字符串 s1 和 s2。

函数原型: int strncmp (const char *s1, const char *s2, size_t len)

　　　　　 int memcmp (const void *s1, const void *s2, size_t len)

功能: 对 s1 和 s2 的前 len 个字符（字节）作比较。

函数原型: int strcoll (const char *s1, const char *s2)

功能: 根据程序当前的区域选项中的 LC_COLLATE 比较字符串 s1 和 s2。

（4）查找

函数原型: char* strchr (const char *s, int ch)

　　　　　 void* memchr (const void *s, int ch, size_t len)

功能：　　　在 s 中查找给定字符（字节值）ch 第一次出现的位置。

函数原型：char* strrchr (const char *s，int ch)

功能：　　　在串 s 中查找给定字符 ch 最后一次出现的位置，r 表示从串尾开始。

函数原型：char* strstr (const char *s1，const char *s2)

功能：　　　在串 s1 中查找指定字符串 s2 第一次出现的位置。

函数原型：size_t strspn (const char *s1，const char *s2)

功能：　　　返回 s1 中第一个在 s2 中不存在的字符的索引（find_first_not_of）。

函数原型：size_t strcspn (const char *s1, const char *s2)

功能：　　　返回 s1 中第一个也在 s2 中存在的字符的索引（find_first_of）。

函数原型：char* strpbrk (const char *s1，const char *s2)

功能：　　　与 strcspn 类似，区别是返回指针而不是索引。

函数原型：char* strtok (char *s1，const char *s2)

功能：　　　从串 s1 中分离出由串 s2 中指定的分界符分隔开的记号（token）第一次调用时 s1 为需分割的字串，此后每次调用都将 s1 置为 NULL，每次调用 strtok 返回一个记号，直到返回 NULL 为止。

（5）其他

函数原型：size_t strlen (const char *s)

功能：　　　求字符串 s 的长度。

函数原型：void* memset (void *s, int val, size_t len)

功能：　　　将从 s 开始的 len 个字节置为 val。

函数原型：char* strerror (int errno)

功能：　　　返回指向错误信息字符串的指针。

5．字符函数 CTYPE.h

在 CTYPE.H 头文件中包含下列一些库函数。

函数原型：extern bit isalpha(char)

功能：　　　检查传入的字符是否在 "A" ～ "Z" 和 "a" ～ "z" 之间，如果为真返回值为 1，否则为 0。

函数原型：extern bit isalnum(char)

功能：　　　检查字符是否位于 "A" ～ "Z"，"a" ～ "z" 或 "0" ～ "9" 之间，为真返回值是 1，否则为 0。

函数原型：extern bit iscntrl(char)

功能：　　　检查字符是否位于 0x00～0x1F 之间或 0x7F，为真返回值是 1，否则为 0。

函数原型：extern bit isdigit(char)

功能：　　　检查字符是否在 "0" ～ "9" 之间，为真返回值是 1，否则为 0。

函数原型：extern bit isgraph(char)

功能：　　　检查变量是否为可打印字符，可打印字符的值域为 0x21～0x7E。若为可打印，返回值为 1，否则为 0。

函数原型：extern bit isprint(char)

功能：　　　除与 isgraph 相同外，还接收空格字符（0X20）。

函数原型：extern bit ispunct(char)

功能：　　　检查字符是否为标点或空格。如果该字符是个空格或 32 个标点和格式字符之一（假定使用 ASCII 字符集中 128 个标准字符），则返回 1，否则返回 0。ispunct 对下列字符返回 1：

（空格）！"$ % ^ & () +, - . / : < = > ? _ ['~{ }。

　　函数原型：extern bit islower(char)

　　功能：　　检查字符变量是否位于"a"～"z"之间，为真返回值是 1，否则为 0。

　　函数原型：extern bit isupper(char)

　　功能：　　检查字符变量是否位于"A"～"Z"之间，为真返回值是 1，否则为 0。

　　函数原型：extern bit isspace(char)

　　功能：　　检查字符变量是否为下列之一：空格、制表符、回车、换行、垂直制表符和送纸。为真返回值是 1，否则为 0。

　　函数原型：extern bit isxdigit(char)

　　功能：　　检查字符变量是否位于"0"～"9"，"A"～"F"或"a"～"f"之间，为真返回 1，否则为 0。

　　函数原型：toascii(c)((c)&0x7F)

　　功能：　　该宏将任何整型值缩小到有效的 ASCII 范围内，它将变量和 0x7F 相与去掉低 7 位以上所有数位。

　　函数原型：extern char toint(char)

　　功能：　　将 ASCII 字符转换为十六进制数值，返回值 0~9 由 ASCII 字符"0"～"9"得到，10 到 15 由 ASCII 字符"a"～"f"（与大小写无关）得到。

　　函数原型：extern char tolower(char)

　　功能：　　tolower 将字符转换为小写形式，如果字符变量不在"A"～"Z"之间，则不作转换，返回该字符。

　　函数原型：tolower(c)　(c-'A'+'a')

　　功能：　　该宏将 0x20 参量值逐位相或。

　　函数原型：extern char toupper(char)

　　功能：　　toupper 将字符转换为大写形式，如果字符变量不在"a"～"z"之间，则不作转换，返回该字符。

　　函数原型：_toupper(c)　((c)-'a'+'A')

　　功能：　　_toupper 宏将 c 与 0xDF 逐位相与。

　　6. 内部函数 INTRINS.h

　　C51 中的 intrins.h 库函数有如下所例。

　　函数原型：unsigned char _crol_(unsigned char val,unsigned char n)

　　　　　　　unsigned int _irol_(unsigned int val,unsigned char n)

　　　　　　　unsigned int _lrol_(unsigned int val,unsigned char n)

　　功能：_crol_、_irol_、_lrol_ 以位形式将 val 左移 n 位，该函数与 8051 "RLA" 指令相关，上面几个函数不同于参数类型。

　　函数原型：unsigned char _cror_(unsigned char val,unsigned char n)

　　　　　　　unsigned int _iror_(unsigned int val,unsigned char n)

　　　　　　　unsigned int _lror_(unsigned int val,unsigned char n)

　　功能：_cror_、_iror_、_lror_ 以位形式将 val 右移 n 位，该函数与 8051 "RRA" 指令相关，上面几个函数不同于参数类型。

　　函数原型：void _nop_(void)

　　功能：_nop_ 产生一个 NOP 指令，该函数可用作 C 程序的时间比较。C51 编译器在_nop_函数工作期间不产生函数调用，即在程序中直接执行了 NOP 指令。

函数原型：bit _testbit_(bit x);

功能：_testbit_产生一个 JBC 指令，该函数测试一个位，当置位时返回 1，否则返回 0。如果该位置为 1，则将该位复位为 0。8051 的 JBC 指令即用作此目的。_testbit_只能用于可直接寻址的位；在表达式中使用是不允许的。

7. 一般 I/O 函数 stdio.h

一般 I/O 函数 C51 编译器包含字符 I/O 函数，它们通过处理器的串行接口操作，若要支持其他 I/O 机制，只需修改 getkey()和 putchar()函数，其他所有 I/O 支持函数依赖这两个模块，不需要改动。

函数原型：extern char _getkey()

功能：_getkey()从 8051 串口读入一个字符，然后等待字符输入，这个函数是改变整个输入端口机制应作修改的唯一一个函数。

函数原型：extern char _getchar()

功能：getchar()使用_getkey 从串口读入字符，除了读入的字符马上传给 putchar 函数以作响应外，与_getkey 相同。

函数原型：extern char *gets(char *s，int n)

功能：该函数通过 getchar 从控制台设备读入一个字符送入由"s"指向的数据组。考虑到 ANSI 标准的建议，应限制每次调用时能读入的最大字符数，函数提供了一个字符计数器"n"。另外在所有情况下，当检测到换行符时，放弃字符输入。

函数原型：extern char ungetchar(char)

功能：ungetchar 将输入字符推回输入缓冲区，因此下次 gets 或 getchar 可用该字符。下次使用 getkey 时可获得该字符 ungetchar 成功时返回"char"，失败时返回 EOF，不可能用 ungetchar 处理多个字符。

函数原型：extern putchar(char)

功能：putchar 通过 8051 串口输出"char"，和函数 getkey 一样，putchar 是改变整个输出机制所需修改的唯一一个函数。

函数原型：extern int printf(const char*，…)

功能：printf 以一定格式通过 8051 串口输出数值和字符串，返回值为实际输出的字符数，参量可以是指针、字符或数值，第一个参量是格式串指针。

函数原型：extern int sprintf(char *s，const char*，…)

功能：sprintf 与 printf 相似，但输出不显示在控制台上，而是通过指针 s，送入可寻址的缓冲区。

注意   sprintf 允许输出的参量总字节数与 printf 完全相同。

函数原型：extern int puts(const char*，…)

功能：puts 将串"s"和换行符写入控制设备，错误时返回 EOF，否则返回非负数。

函数原型：extern int scanf(const char*，…)

功能：scanf 在格式控制下，利用 getcha 函数由控制台读入数据，每遇到一个值（符号格式串规定），就将它按顺序赋给每个参量，注意每个参量必须都是指针。scanf 返回它所发现并转换的输入项数。若遇到错误返回 EOF。

函数原型：extern int sscanf(const *s,const char*，…)

功能：sscanf 与 scanf 方式相似，但串输入不是通过控制台，而是通过另一个以空结束的指针。

附录 **ASCII 码表完整版**

DEC	DEX	控制符	DEC	HEX	控制符	DEC	HEX	控制符	DEC	HEX	控制符
0	00	NUT	32	20	（space）	64	40	@	96	60	、
1	01	SOH	33	21	!	65	41	A	97	61	a
2	02	STX	34	22	"	66	42	B	98	62	b
3	03	ETX	35	23	#	67	43	C	99	63	c
4	04	EOT	36	24	$	68	44	D	100	64	d
5	05	ENQ	37	25	%	69	45	E	101	65	e
6	06	ACK	38	26	&	70	46	F	102	66	f
7	07	BEL	39	27	,	71	47	G	103	67	g
8	08	BS	40	28	(	72	48	H	104	68	h
9	09	HT	41	29	)	73	49	I	105	69	i
10	0A	LF	42	2A	*	74	4A	J	106	6A	j
11	0B	VT	43	2B	+	75	4B	K	107	6B	k
12	0C	FF	44	2C	,	76	4C	L	108	6C	l
13	0D	CR	45	2D	–	77	4D	M	109	6D	m
14	0E	SO	46	2E	.	78	4E	N	110	6E	n
15	0F	SI	47	2F	/	79	4F	O	111	6F	o
16	10	DLE	48	30	0	80	50	P	112	70	p
17	11	DCI	49	31	1	81	51	Q	113	71	q
18	12	DC2	50	32	2	82	52	R	114	72	r
19	13	DC3	51	33	3	83	53	X	115	73	s
20	14	DC4	52	34	4	84	54	T	116	74	t
21	15	NAK	53	35	5	85	55	U	117	75	u
22	16	SYN	54	36	6	86	56	V	118	76	v
23	17	TB	55	37	7	87	57	W	119	77	w
24	18	CAN	56	38	8	88	58	X	120	78	x
25	19	EM	57	39	9	89	59	Y	121	79	y
26	1A	SUB	58	3A	:	90	5A	Z	122	7A	z
27	1B	ESC	59	3B	;	91	5B	[	123	7B	{
28	1C	FS	60	3C	<	92	5C	/	124	7C		
29	1D	GS	61	3D	=	93	5D	]	125	7D	}
30	1E	RS	62	3E	>	94	5E	^	126	7E	~
31	1F	US	63	3F	?	95	5F	—	127	7F	DEL

NUL 空		VT 垂直制表		SYN 空转同步	
SOH	标题开始	FF	走纸控制	ETB	信息组传送结束
STX	正文开始	CR	回车	CAN	作废
ETX	正文结束	SO	移位输出	EM	纸尽
EOY	传输结束	SI	移位输入	SUB	换置
ENQ	询问字符	DLE	空格	ESC	换码
ACK	承认	DC1	设备控制 1	FS	文字分隔符
BEL	报警	DC2	设备控制 2	GS	组分隔符
BS	退一格	DC3	设备控制 3	RS	记录分隔符
HT	横向列表	DC4	设备控制 4	US	单元分隔符
LF	换行	NAK	否定	DEL	删除

参 考 文 献

[1] 求是科技. 单片机典型模块设计实例导航[M]. 北京：人民邮电出版社，2004.

[2] 郭天祥. 新概念 51 单片机 C 语言教程[M]. 北京：电子工业出版社，2010.

[3] 唐颖. 单片机原理与应用及 C51 程序设计[M]. 北京：北京大学出版社，2008.

[4] 周国运. 单片机原理及应用（C 语言版）[M]. 北京：中国水利水电出版社，2009.

[5] 吕凤翥. C++语言基础教程[M]. 北京：清华大学出版社，1999.

[6] 张俊谟. 单片机中级教程（原理与应用）[M]. 北京：北京航空航天出版社，2000.

[7] 曹琳琳，曹巧媛. 单片机原理及接口技术[M]. 长沙：国防科技大学出版社，2000.

[8] 孙涵芳，徐爱卿. MCS-51/96 系列单片机原理及应用[M]. 北京：北京航空航天大学出版社，1996.

[9] 张欣，孙宏昌，尹霞. 单片机原理与 C51 程序设计基础教程[M]. 北京：清华大学出版社，2010.

[10] 张靖武，周灵彬. 单片机系统的 PROTEUS 设计与仿真[M]. 北京：电子工业出版社，2008.

[11] 李念强，王玉泰，张鲁，张羽. 单片机原理及应用[M]. 北京：机械工业出版社，2007.

[12] 徐爱钧，彭秀华. Keil Cx51 V7.0 单片机高级语言编程与 μVision 2 应用实践[M]. 北京：电子工业出版社，2008.

[13] 谢维成，杨加国. 单片机原理与应用及 C51 程序设计[M]. 北京：清华大学出版社，2009.

[14]]蒋辉平，谢维成. 基于 Proteus 的单片机系统设计与仿真实例[M]. 北京：机械工业出版社，2009.

[15] 李广弟，朱月秀，王秀山. 单片机基础（修订本）[M]. 北京：北京航空航天大学出版社，2001.

[16] 戴佳，戴卫横. 51 单片机 C 语言应用程序设计实例精讲[M]. 北京：电子工业出版社，2006.

[17] 张毅刚. 单片机原理及应用[M]. 北京：高等教育出版社，2003.

[18] 李泉溪. 单片机原理与应用实例仿真[M]. 北京：北京航空航天出版社，2009.

[19] ZLG7289B 串行接口 LED 数码管及键盘管理器件数据手册，广州周立功单片机发展有限公司，2002.

[20] 万隆. 单片机原理及应用技术[M]. 北京：清华大学出版社，2010.

[21] Keil C51 学习专题，http://www.51hei.com/，2011.

[22] 张俊谟. 单片机中级教程——原理与应用（第 2 版）[M]. 北京：北京航空航天大学出版社，2010.

[23] 秦文豪. 点阵汉字显示原理及其在点阵 LCD&LED 中的应用，http://www.360doc.com/content/07/0514/22/1523_500367.shtml，2007.

[24] 侯玉宝. 基于 Proteus 的 51 系列单片机设计与仿真[M]. 北京：电子工业出版社，2008.